机械设计课程设计

任嘉卉　李建平
王之栎　马　纲　编著

北京航空航天大学出版社

内容简介

本书是根据前国家教委批准印发的高等工业学校机械设计及机械设计基础教学基本要求编写的。

本书包括机械设计课程设计指导、参考图例及设计资料三篇共十九章。第一篇课程设计指导是在我们多年教学经验的基础上，并考虑当前的教学实际，以齿轮、蜗杆减速器为例，较系统地介绍了机械传动装置的设计内容、步骤以及设计中应注意的问题；第二篇参考图例，是配合第一篇精选了各种典型减速器的部件和零件图例，供学生设计时参考；第三篇设计资料，较系统、全面地提供了机械设计的有关标准、规范等资料，全部采用了最新国家标准，除提供课程设计使用外，还可满足机械类专业学生专业课程设计、毕业设计的需要。

本书可作为普通高等工科院校、职工大学、电视大学、函授大学的教材，亦可供有关工程技术人员参考。

图书在版编目(CIP)数据

机械设计课程设计/任嘉卉等编著. —北京：北京航空航天大学出版社，2001.1

ISBN 978-7-81012-539-0

Ⅰ. 机… Ⅱ. 任… Ⅲ. 机械设计—课程设计—高等学校—教学参考资料 Ⅳ. TH122

中国版本图书馆 CIP 数据核字(2000)第 32157 号

机械设计课程设计

任嘉卉 李建平 王之栎 马 纲 编著

责任编辑 曾昭奇

责任校对 陈 坤

北京航空航天大学出版社出版发行

北京市学院路 37 号，邮编 100083 发行部电话 82317024

http://www.buaapress.com.cn

E-mail: pressell@publica.bj.cninfo.net

涿州市新华印刷有限公司印装 各地书店经销

*

开本：787×1092 1/16 印张：18 字数：461 千字

2001 年 1 月第 1 版 2009 年 6 月第 6 次印刷 印数：13 001~15 000 册

ISBN 978-7-81012-539-0 定价：29.00 元

前　言

机械设计是高等工科院校机械类教学计划中的一门主要的技术基础课，而机械设计课程设计则是继机械设计理论课之后的一个重要教学环节，是使学生在理论学习和生产实践基础上，迈向工程设计的一个转折点。本书是为机械类和近机械类专业进行课程设计教学而编写的。

本书是根据前国家教育委员会批准的高等工业学校《机械基础课程教学基本要求》中关于机械类、近机械类专业机械设计课程设计要求编写的。

在编写中总结了多年来我们的教学经验，考虑目前教学实际需要，并吸取了兄弟院校的宝贵经验，本书具有以下特点。

精练、集中：本书共分三部分，即集教学指导、参考图册、设计资料于一体，一改原来教学指导书、设计手册和课程设计图册分散的状况，在精选内容的基础上，集中满足了教学教材和参考资料的需要。

兼顾性：每一部分都注意兼顾机械类和近机械类两种不同专业的教学特点和要求，适应两种专业进行教学的需要。

更新标准：本书设计资料全部采用了最新国家标准，及时为师生提供新的国家标准信息，为方便师生查找，并给出了必要的新、旧标准对照和代换。

本书可供高等工科院校机械类、近机械类专业机械课程设计使用，也可供电大、夜大相应专业使用，并可供机械类学生毕业设计及有关工程技术人员参考。

本书共分十九章，一至三章，李建平编写；四至六章，王之栎编写；七至九章，马纲编写；十章，李建平、任嘉卉编写；十一至十九章，任嘉卉编写。

全书由清华大学吴宗泽教授主审，并提出了许多宝贵意见，编写过程中得到北京航空航天大学郭可谦教授的大力支持和帮助，在此一并表示感谢。

由于编者水平有限，书中错误与不妥之处在所难免，希望广大读者指正。

编　者

1999年7月

目　　录

第一篇　机械设计课程设计指导

第八章　编写设计说明书及答辩准备

第九章　计算机绘图介绍

第二篇　参考图例

第十章　参考图例

第三篇　设计资料

第十一章　一般标准和常用数据

第十四章 机械联接

第十五章　齿轮传动和蜗杆传动的精度

第一篇
机械设计
课程设计指导

第一章　概　述

§1.1　课程设计的性质和目的

机械设计课程设计是为机械类专业和近机械类专业的本科生在学完机械设计课以后所设置的一个重要的实践教学环节，也是学生首次较全面地进行设计训练，把学过的各学科的理论较全面地综合应用到实际工程中去，力求从课程内容上、从分析问题和解决问题的方法上、从设计思想上培养学生的工程设计能力。课程设计有以下几方面主要目的和要求。

1. 培养学生综合运用机械设计课程和其他先修课程的基础理论和基本知识，以及结合生产实践分析和解决工程实际问题的能力；使所学的理论知识得以融汇贯通、协调应用。

2. 通过课程设计，使学生学习和掌握一般机械设计的程序和方法，树立正确的工程设计思想，培养独立的、全面的、科学的工程设计能力。

3. 在课程设计的实践中学会查找、翻阅、使用标准、规范、手册、图册和相关技术资料等。熟悉和掌握机械设计的基本技能。

§1.2　课程设计的内容

一、设计题目

设计题目一般为机械传动装置或简单机械。如图 1－1 所示的运输机简图中的传动装置。

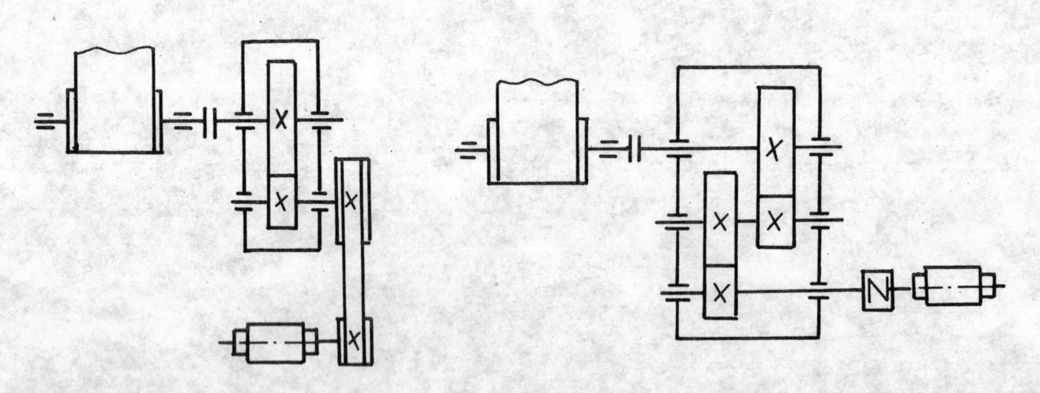

图 1－1　带式运输机简图

传动装置是一般机械不可缺少的组成部分，其设计内容涉及《机械设计》课程所包括的主要零件，已涵盖了机械设计中常遇到的一般问题，适合学生目前的知识水平，可以达到课程设计的目的。

二、学生应完成的工作量

（1）传动装置装配图 1 张（0 号或 1 号图）；

（2）零件工作图 2 张；

（3）设计说明书 1 份。

三、机械设计的一般过程

设计任何一部新机械大体上都需要经过这样一个过程：

设计任务→总体设计→结构设计→零件设计→加工生产→安装调试

安装调试之后需要看是否能完全满足设计要求，如不能满足预先制定的设计要求还要重新审视总体设计、结构设计等各个环节的设计是否合理，对有问题的环节应作相应的改进直到完全满足设计要求为止。

四、课程设计的步骤

在课程设计中我们不可能完整履行机械设计的全过程，而只能进行其中的一些重要的设计环节。

课程设计的步骤如下：

1. 设计准备

认真阅读研究设计任务书，了解设计要求和工作条件。通过查阅有关资料和图纸，参观模型或实物，观看电视教学片、挂图，上网查阅有关资料，有条件的可以进行减速器拆装实验等，加深对设计任务的了解。

2. 传动装置的总体设计

首先根据设计要求，同时参考比较其他设计方案，最终选择确定传动装置的总体布置方案；选择电动机的类型和型号；确定总传动比和各级分传动比；计算传动装置的运动和动力参数。

3. 传动零件的设计计算

设计计算各级传动零件的参数和主要尺寸，包括减速器外部的传动零件（带传动、开式齿轮传动等）和减速器内部的传动零件（齿轮传动、蜗杆传动等），以及选择联轴器的类型和型号等。

4. 结构设计（装配图设计）

首先进行装配草图设计；设计轴（初步估算轴径及同时进行轴的强度计算和轴的结构设计等）；在轴的结构设计完成之后选择轴承并进行轴承寿命计算；同时进行轴承的组合设计；再进行箱体及其附件的设计；最后完成装配图的其他要求（标准尺寸、说明技术特性、提出技术要求，对零件进行编号，填写零件明细表和标题栏等）。在完成装配草图（方格纸图）的基础之上，最终完成白图即正式的装配图结构设计。

5. 完成两张典型零件工作图设计

6. 编写和整理设计说明书

7. 设计总结和答辩

§1.3 课程设计中应注意的问题

课程设计是学生第一次较全面的设计活动，应提倡学生在老师的指导下独立完成，在设计时应注意下面一些问题。

一、全新的设计与继承的关系

机械设计是一项复杂、细致的创造性劳动。在设计中，既不能盲目抄袭，又不能闭门“创新”。在科学技术飞速发展的今天，设计过程中必须要继承前人成功的经验，改进其缺点。应从具体的设计任务出发，充分运用已有的知识和资料，进行更科学、更先进的设计。

二、正确使用有关标准和规范

为提高所设计机械的质量和降低成本，一个好的设计必须较多采用各种标准和规范。设计中采用标准的程度也往往是评价设计质量的一项重要指标，它能提高设计质量，因为标准是经过专业部门研究而制定的，并且经过了大量的生产实践的考验，是比较切实可行的。采用标准还可以保证零件的互换性，减轻设计工作量，缩短设计周期，降低生产成本。因此在设计中应尽量采用标准件、外购件，尽量减少自制件。

三、正确处理强度、刚度、结构和工艺间的关系

在设计中任何零件的尺寸都不可能全部由理论计算来确定，而每个零件的尺寸都应该由强度、刚度、结构、加工工艺、装配是否方便、成本高低等各方面的要求来综合确定的。强度和刚度问题是零件设计中首先必须要满足的基本要求，在此基础上，还必须考虑零件结构的合理性、工艺上的可能性和经济上的可行性。可见零件的强度、刚度、结构和工艺上的关系是互为依存、互为制约的关系，而不是相互独立的关系。

四、计算与画图的关系

进行装配图设计时，并不仅仅是单纯的画图，常常是画图与设计计算交叉进行的。有些零件可以先由计算确定零件的基本尺寸，然后再经过草图设计，决定其具体结构尺寸；而有些零件则需要先画图，取得计算所需要的条件之后，再进行必要的计算。如在计算中发现有问题，必须修改相应的结构。因此，结构设计的过程是边计算、边画图、边修改、边完善的过程。

第二章　传动装置的总体设计

传动装置的总体设计，主要包括拟定传动方案、选择电动机、确定总传动比和各级分传动比以及计算传动装置的运动和动力参数。

§2.1　拟定传动方案

机器通常由原动机、传动装置和工作机三部分组成。

原动机——传动装置——工作机

传动装置是将原动机的运动和动力传递给工作机的中间装置。它常具备减速(或增速)、改变运动形式，以及将动力和运动传递与分配的作用。可见，传动装置是机器的重要组成部分。传动装置的质量和成本在整台机器的质量和成本中占很大比重。如在汽车中，制造传动零部件所使用的劳动量约占整台汽车劳动量的50%。因此，在机器中传动装置设计的好坏，对整部机器的性能、成本以及整体尺寸的影响都是很大的。所以合理地设计传动装置是机械设计工作的一个重要组成部分。

传动方案可用机构简图表示。它反映运动和动力传递路线和各部件的组成和联接关系，如图2-1所示。

合理的传动方案首先应满足工作机的性能要求，例如所传递的功率大小、转速和运动方式。另外，还要适应工作条件(工作环境、场地大小、工作时间等)，工作可靠，结构简单，尺寸紧凑，传动效率高，使用维护方便，工艺性和经济性好等要求。要同时满足这许多要求肯定是比较困难的。因此，要通过分析比较多种传动方案，选择其中最能满足众多要求的合理传动方案，作为最终确定的传动方案。

图2-1所示为带式运输机的四种传动方案。

方案(a)采用二级圆柱齿轮减速器，这种方案结构尺寸小，传动效率高，适合于较差环境下长期工作；方案(b)采用一级带传动和一级闭式齿轮传动，这种方案外廓尺寸较大，有减振和过载保护作用，带传动不适合繁重的工作要求和恶劣的工作环境；方案(c)采用一级闭式齿轮传动和一级开式齿轮传动，成本较低，但使用寿命较短，也不适用于较差的工作环境；方案(d)是一级蜗杆减速器，此种方案结构紧凑，但传动效率低，长期连续工作不经济。这四种方案虽然都能满足带式运输机的要求，但结构尺寸、性能指标、经济性等都不完全相同，要根据具体的工作要求选择较好的传动方案。

传动方案选择指导：在众多的传动零件当中，圆柱齿轮传动因传动效率较高、结构尺寸小，应优先采用；当输入轴和输出轴有一定角度要求时，可采用圆锥-圆柱齿轮传动；对于大传动比，可采用蜗杆或环面蜗杆传动。

对于多级传动，必须合理安排其传动顺序：有带传动应安排在高速级，可以减小带传动的尺寸，提高传动能力，并有吸振和过载保护作用；圆锥齿轮传动也应尽可能布置在高速级，用以减小锥齿轮的尺寸，因为大尺寸锥齿轮的加工设备较少，制造困难；蜗杆传动的承载能力比齿

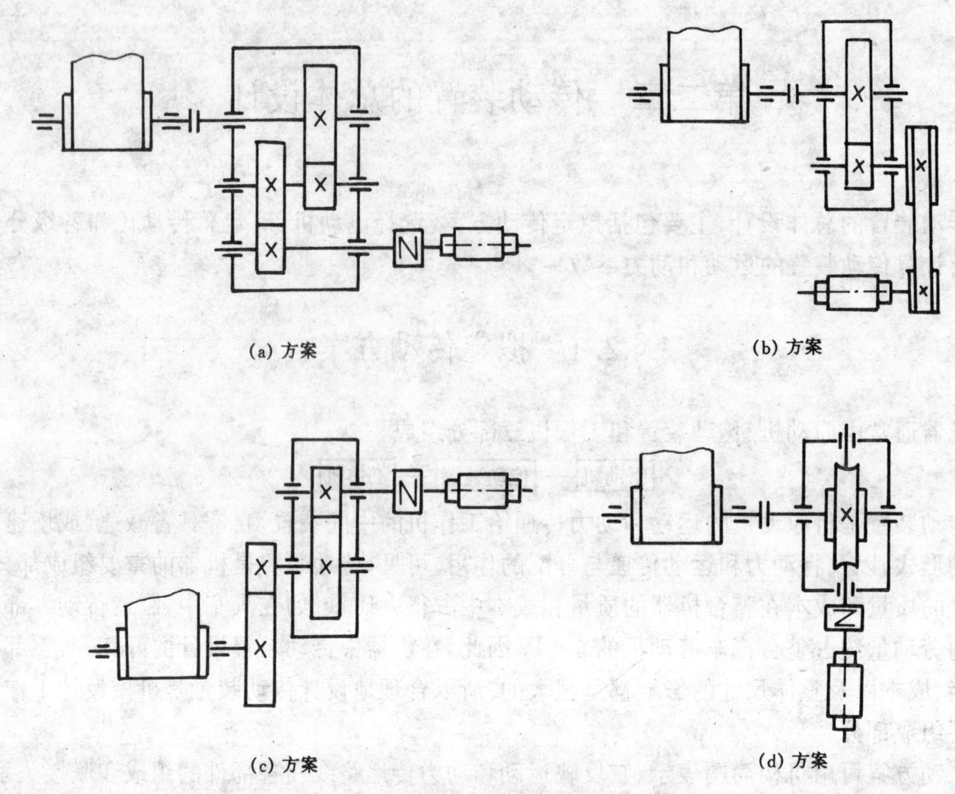

(a) 方案　(b) 方案　(c) 方案　(d) 方案

图 2-1　带式运输机

轮传动的承载能力低，可布置在高速级，以获得较小的尺寸，在高速运转时易于形成油膜，有利于提高承载能力及效率；蜗杆传动也可以放置在低速级，可以减少功率损失，使整个结构尺寸紧凑。在选择传动方案时，应将结构复杂部分置于高速级，可以减小尺寸并有利于制造。为了便于比较和选型，将常用传动机构的主要特性及适用范围列于表 2-1。

表 2-1　常用传动机构的性能及适用范围

<table>
<tr><th colspan="2">传动机构
选用指标</th><th>平带传动</th><th>V 带传动</th><th>圆柱摩擦轮传动</th><th>链传动</th><th colspan="2">齿轮传动</th><th>蜗杆传动</th></tr>
<tr><td colspan="2">功率(常用值)/kW</td><td>小
(≤20)</td><td>中
(≤100)</td><td>小
(≤20)</td><td>中
(≤100)</td><td colspan="2">大
(最大达 50 000)</td><td>小
(≤50)</td></tr>
<tr><td rowspan="2">单级
传动比</td><td>常用值</td><td>2～4</td><td>2～4</td><td>2～4</td><td>2～5</td><td>圆柱
3～5</td><td>圆锥
2～3</td><td>10～40</td></tr>
<tr><td>最大值</td><td>5</td><td>7</td><td>5</td><td>6</td><td>8</td><td>5</td><td>80</td></tr>
<tr><td colspan="2">传动效率</td><td>中</td><td>中</td><td>较低</td><td>中</td><td>高</td><td>高</td><td>低</td></tr>
<tr><td colspan="2">许用的线速度/m · s^{-1}</td><td>≤25</td><td>≤25～30</td><td>≤15～25</td><td>≤40</td><td colspan="2">6 级精度直齿≤18，非直齿≤36；5 级精度达 100</td><td>≤15～35</td></tr>
<tr><td colspan="2">外廓尺寸</td><td>大</td><td>大</td><td>大</td><td>大</td><td colspan="2">小</td><td>小</td></tr>
<tr><td colspan="2">传动精度</td><td>低</td><td>低</td><td>低</td><td>中等</td><td colspan="2">高</td><td>高</td></tr>
<tr><td colspan="2">工作平稳性</td><td>好</td><td>好</td><td>好</td><td>较差</td><td colspan="2">一般</td><td>好</td></tr>
<tr><td colspan="2">自锁能力</td><td>无</td><td>无</td><td>无</td><td>无</td><td colspan="2">无</td><td>可有</td></tr>
</table>

续表 2-1

选用指标 \ 传动机构	平带传动	V 带传动	圆柱摩擦轮传动	链传动	齿轮传动	蜗杆传动
过载保护作用	有	有	有	无	无	无
使用寿命	短	短	短	中等	长	中等
缓冲吸振能力	好	好	好	中等	差	差
要求制造及安装精度	低	低	中等	中等	高	高
要求润滑条件	不需	不需	一般不需	中等	高	高
环境适应性	不能接触酸、碱、油类、爆炸性气休		一般	好	一般	一般

§2.2 减速器的类型、特点及应用

减速器的类型、特点及应用列于表 2-2 中。

表 2-2 减速器的主要类型和特点

类型	简 图	特点、应用
一级圆柱齿轮减速器	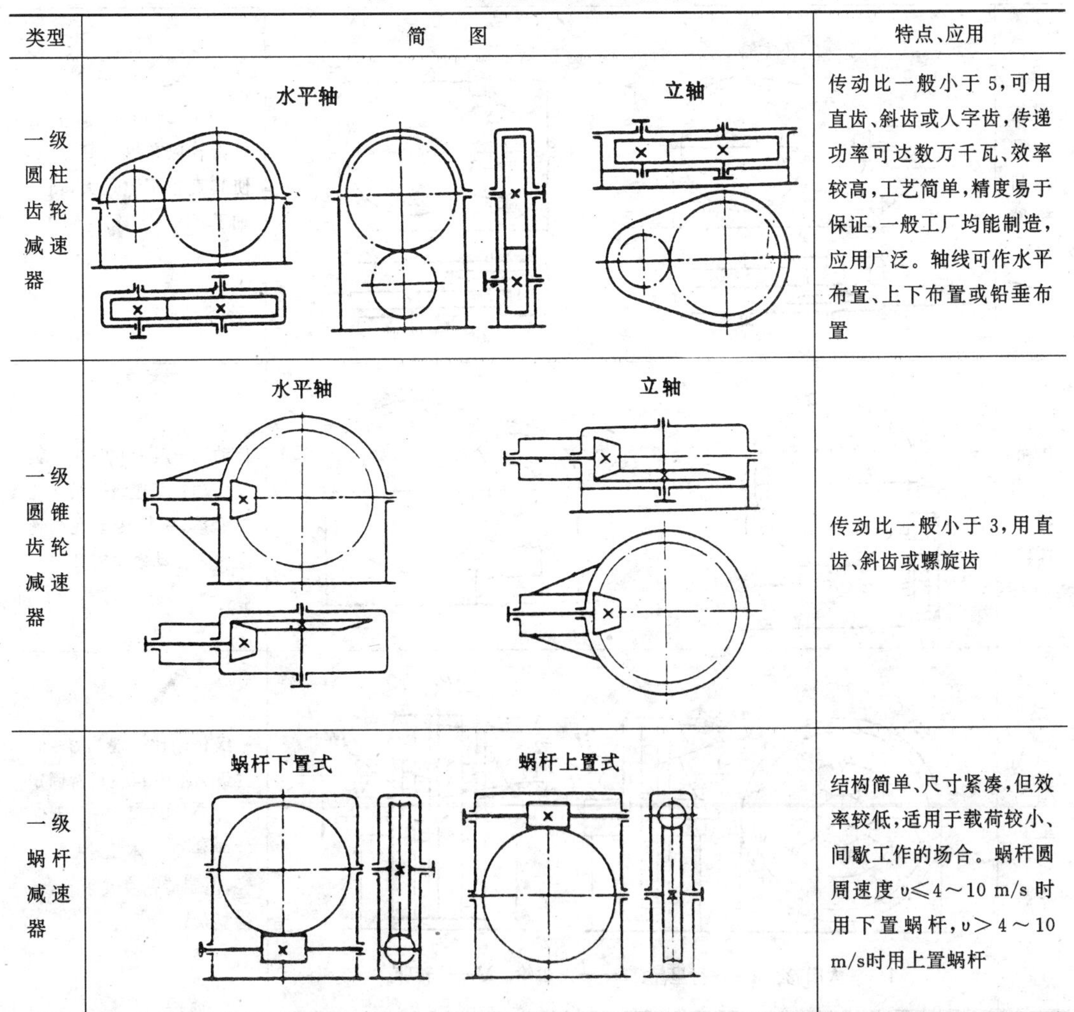 水平轴 立轴	传动比一般小于 5，可用直齿、斜齿或人字齿，传递功率可达数万千瓦、效率较高，工艺简单，精度易于保证，一般工厂均能制造，应用广泛。轴线可作水平布置、上下布置或铅垂布置
一级圆锥齿轮减速器	水平轴 立轴	传动比一般小于 3，用直齿、斜齿或螺旋齿
一级蜗杆减速器	蜗杆下置式 蜗杆上置式	结构简单、尺寸紧凑，但效率较低，适用于载荷较小、间歇工作的场合。蜗杆圆周速度 $v \leqslant 4\sim10$ m/s 时用下置蜗杆，$v > 4\sim10$ m/s时用上置蜗杆

续表 2-2

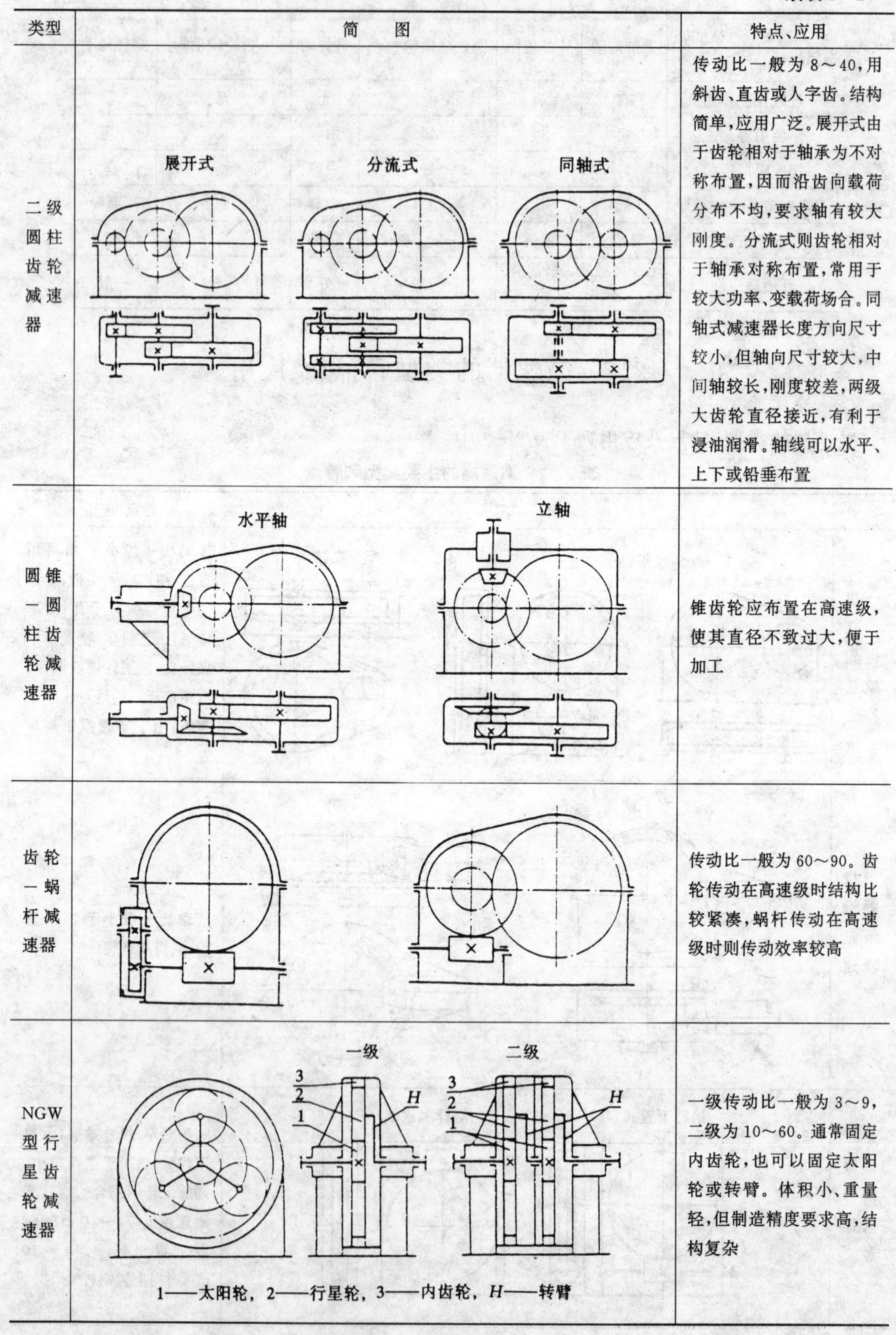

类型	简图	特点、应用
二级圆柱齿轮减速器	展开式　分流式　同轴式	传动比一般为 8～40，用斜齿、直齿或人字齿。结构简单，应用广泛。展开式由于齿轮相对于轴承为不对称布置，因而沿齿向载荷分布不均，要求轴有较大刚度。分流式则齿轮相对于轴承对称布置，常用于较大功率、变载荷场合。同轴式减速器长度方向尺寸较小，但轴向尺寸较大，中间轴较长，刚度较差，两级大齿轮直径接近，有利于浸油润滑。轴线可以水平、上下或铅垂布置
圆锥一圆柱齿轮减速器	水平轴　立轴	锥齿轮应布置在高速级，使其直径不致过大，便于加工
齿轮一蜗杆减速器		传动比一般为 60～90。齿轮传动在高速级时结构比较紧凑，蜗杆传动在高速级时则传动效率较高
NGW 型行星齿轮减速器	一级　二级 1——太阳轮，2——行星轮，3——内齿轮，H——转臂	一级传动比一般为 3～9，二级为 10～60。通常固定内齿轮，也可以固定太阳轮或转臂。体积小、重量轻，但制造精度要求高，结构复杂

§2.3 电动机的选择

电动机为系列化产品，设计中须根据工作机所需要的功率和工作条件，选择电动机的类型、结构形式、容量和转速，并确定电动机的具体型号。

一、电动机类型和结构形式的选择

电动机类型和结构形式可以根据电源(直流或交流)、工作条件(温度、环境、空间尺寸等)和载荷特点(性质、大小、启动性能和过载情况)来选择。

一般情况下应选用交流电动机。Y 系列电动机为 80 年代的更新换代产品，具有高效、节能、振动小、噪声小和运行安全可靠的特点，安装尺寸和功率等级符合 IEC 国际标准，适合于无特殊要求的各种机械设备。对于工作要求频繁启动、制动和换向的机械(如起重机械)，宜选允许有较大振动和冲击，过载能力大，转动惯量小的 YZ 和 YZR 系列起重用三相异步交流电动机。同一系列的电动机有不同的防护及安装形式，可根据具体要求选用。

二、确定电动机的容量

电动机容量的选择须根据工作机容量的需要来确定。如所选电动机的容量过大，必然会增加成本，造成浪费；相反容量过小，则不能保证工作机的正常工作，或使电动机长期过载，发热量大而过早损坏。因此所选电动机的额定功率 p_{ed} 应等于或稍大于电动机所需要的实际功率 p_d，即 $p_{ed} \geqslant p_d$。

电动机所需要的实际功率即电动机的输出功率，用公式表示为

$$p_d = \frac{p_W}{\eta_a} \quad \mathrm{kW}$$

式中 p_d——电动机所需要的实际功率，单位为 kW；

p_W——工作机所需输入功率，单位为 kW；

η_a——电动机至工作机之间传动装置的总效率。

工作机所需要的功率 p_w 由工作机的工作机阻力(F 或 T)和运动参数(n_W)按下式计算：

$$p_W = \frac{Fv}{1\,000} \quad \mathrm{kW}$$

或

$$p_W = \frac{Tn_w}{9\,550} \quad \mathrm{kW}$$

所以

$$p_d = \frac{Fv}{1\,000\eta_a} \quad \mathrm{kW}$$

式中 F——工作机的阻力，单位为 N；

v——工作机的线速度，单位为 m/s；

T——工作机的阻力矩，单位为 N·m；

n_W——工作机的转速，单位为 r/min。

传动装置总效率按下式计算：

$$\eta_a = \eta_1 \cdot \eta_2 \cdot \eta_3 \cdot \cdots \cdot \eta_n$$

其中 $\eta_1, \eta_2, \eta_3, \cdots, \eta_n$ 分别为传动装置中每一传动副(带或链、齿轮、蜗杆转动)、每对轴承、每个

联轴器的效率，其数值如表 2 - 3 所列。

表 2 - 3　机械传动和摩擦副的效率参考值

种　类		效率 η	种　类		效率 η
圆柱齿轮传动	6 级精度和 7 级精度齿轮传动(油润滑)	0.98～0.99	联轴器	弹性联轴器	0.99～0.995
	8 级精度的一般齿轮传动(油润滑)	0.97		十字滑块联轴器	0.97～0.99
	9 级精度的齿轮传动(油润滑)	0.96		齿式联轴器	0.99
	开式齿轮传动(脂润滑)	0.94～0.96		万向联轴器($\alpha \leqslant 3°$)	0.97～0.98
圆锥齿轮传动	6 级和 7 级精度的齿轮传动(油润滑)	0.97～0.98		万向联轴器($\alpha > 3°$)	0.95～0.97
	8 级精度的一般齿轮传动(油润滑)	0.94～0.97	滑动轴承	润滑不良	0.94(一对)
	开式齿轮传动(脂润滑)	0.92～0.95		润滑正常	0.97(一对)
蜗杆传动	自锁蜗杆(油润滑)	0.40～0.45		润滑特好(压力润滑)	0.98(一对)
	单头蜗杆(油润滑)	0.70～0.75		液体摩擦	0.99(一对)
	双头蜗杆(油润滑)	0.75～0.82	滚动轴承	球轴承(稀油润滑)	0.99(一对)
	三头和四头蜗杆(油润滑)	0.80～0.92		滚子轴承(稀油润滑)	0.98(一对)
	环面蜗杆传动(油润滑)	0.85～0.95	卷筒		0.96
带传动	平带开式传动	0.97～0.98	减(变)速器	单级圆柱齿轮减速器	0.97～0.98
	平带交叉传动	0.90		双级圆柱齿轮减速器	0.95～0.96
	V 带传动	0.96		行星圆柱齿轮减速器	0.95～0.98
链传动	焊接链	0.93		单级锥齿轮减速器	0.95～0.96
	片式关节链	0.95		双级圆锥－圆柱齿轮减速器	0.94～0.95
	滚子链	0.96		无级变速器	0.92～0.95
	齿形链	0.97		摆线－针轮减速器	0.90～0.97

计算总效率 η_a 时应注意的问题：

(1) 轴承的效率均指一对轴承而言。所取传动副效率一般不包括其支承轴承的效率，如已包括，则不再计入该对轴承的效率。

(2) 一般情况下推荐的效率值是在一个范围之内，可根据传动副、轴承和联轴器等的工作条件、精度等选取具体值。例如，工作条件好、精度高、润滑良好的齿轮传动取大值，反之取小值，一般取中间值。

(3) 蜗杆传动效率与蜗杆的材料、参数等因素有关，设计时可先初估蜗杆头数，初选其效率值，待蜗杆传动参数确定后再精确地计算效率，并校核传动功率。

三、电动机转速的选择

额定功率相同的同类型电动机，可以有几种转速供选择，如三相异步电动机就有四种常用的同步转速，即 3 000 r/min、1 500 r/min、1 000 r/min、750 r/min。电动机的转速高，极对数少，尺寸和质量小，价格也便宜，但会使传动装置的传动比加大，结构尺寸偏大，成本也会变高；若选用低转速的电动机则相反。因此，应对电动机及传动装置做全面的考虑，综合分析比较，以确定合理的电动机转速。一般来说，如无特殊要求，通常多选用同步转速为 1 500 r/min 或 1 000 r/min 的电动机。

按照工作机的转速及各级传动副的合理传动比范围，可推算出电动机转速的可选范围，即

$$n' = (i_1 \cdot i_2 \cdot \cdots \cdot i_n) n_W$$

式中　n'——电动机可选转速范围，r/min；

$i_1, i_2, \cdots, i_n$——各级传动机构的合理传动比范围。

根据选定的电动机类型、结构、容量和转速，由第十九章表19-1～19-4查出电动机型号，并记录其型号、额定功率、满载转速、外形尺寸、中心高、轴伸出尺寸、键联接尺寸、地脚螺栓尺寸等参数。

这里应当提醒注意的是：在选定电动机型号以后，会出现电动机的额定功率 p_{ed} 和电动机所需要的实际功率 p_d 两种功率，以及电动机同步转速 n 和电动机满载转速 n_m 两种转速。电动机的额定功率 p_{ed} 是电动机所提供的能力，而电动机所需要的实际功率 p_d 是电动机在工作运转时所需要消耗的功率，两者完全不同。前者是能力，后者是负载。能力必然要大于负载，所以在设计传动装置时应按电动机所需要的实际功率 p_d 进行设计计算，转速应取电动机的满载转速 n_m 计算。

§2.4 传动装置总传动比的确定及各级分传动比的分配

电动机选定以后，根据电动机满载转速 n_m 及工作机转速 n_W，就可计算出传动装置的总传动比为

$$i_{总} = \frac{n_m}{n_W} = \frac{满载转速}{工作机转速}$$

由传动方案可知，传动装置的总传动比等于各级分传动比之积。即

$$i_{总} = i_1 \cdot i_2 \cdot \cdots \cdot i_n$$

式中，$i_1, i_2, \cdots, i_n$ 为各级串联传动副的传动比。

合理地分配各级传动比，在传动装置总体设计中是很重要的，它将直接影响到传动装置的外廓尺寸、质量、润滑条件、成本的高低、传动零件的圆周速度大小及精度等级的高低。要同时满足各方面的要求是不现实的，也是非常困难的，应根据具体设计要求，进行分析比较，首先满足主要要求，尽量兼顾其他要求。在合理分配传动比时应注意以下几点。

(1) 各级传动比都应在常用的合理范围之内，以符合各种传动形式的工作特点，能在最佳状态下运转，并使结构紧凑、工艺合理。

(2) 应使传动装置结构尺寸较小，质量较轻。图2-2所示为二级齿轮减速器的两种传动

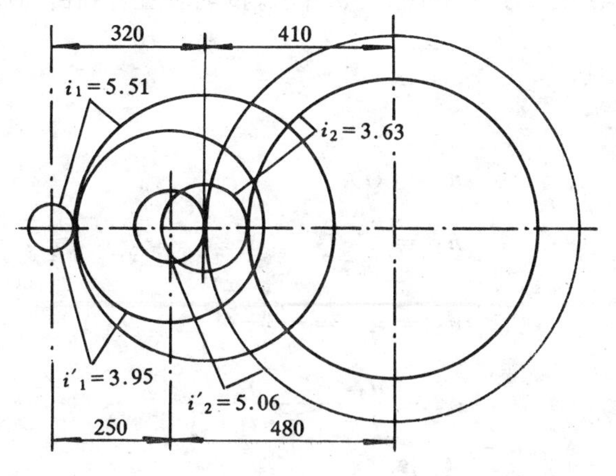

图2-2 二级齿轮减速器的两种传动比分配方案

比分配方案。两种分配方案均满足总传动比要求，但粗实线表示的方案，不仅外廓尺寸小，而且高速级大齿轮也得到了良好的润滑。

(3) 应使各传动件尺寸协调，结构匀称合理，避免相互干扰碰撞。在二级齿轮减速器中，两级大齿轮直径尽量接近，以便于齿轮浸油润滑。

一般展开式二级圆柱齿轮减速器，高速级的传动比应比低速级传动比略高一些，其值为 $i_1=(1.3\sim1.5)\,i_2$，而同轴式则为 $i_1=i_2\approx\sqrt{i_{总}}$。对于圆锥-圆柱齿轮减速器，锥齿轮的传动比可取 $i_1\approx0.25\,i_{总}$，同时为了使大锥齿轮的尺寸不致过大，一般还要控制圆锥齿轮的传动比 $i_1\leqslant3$。蜗杆-齿轮减速器，齿轮传动比可取为 $i_2\approx(0.03\sim0.06)\,i_{总}$。而齿轮-蜗杆减速器，为获得较紧凑的箱体结构和便于润滑，通常取齿轮传动的传动比 $i_1\approx2\sim2.5$。二级蜗杆减速器可取 $i_1\approx i_2$。

传动装置的实际传动比与理论上传动比肯定会有误差存在，一般允许实际传动比与理论上传动比的相对误差为±(3～5)%。

各种传动的传动比见表 2-4 所列。

表 2-4 各种传动的传动比(参考值)

传动类型	传动比	传动类型	传动比
平带传动	≤5	锥齿轮传动：1) 开式	≤5
V 带传动	≤7	2) 单级减速器	≤3
圆柱齿轮传动：		蜗杆传动：1) 开式	15～60
1) 开式	≤8	2) 单级减速器	8～40
2) 单级减速器	≤4～6	链传动	≤6
3) 单级外啮合和内啮合行星减速器	3～9	摩擦轮传动	≤5

§2.5 传动装置的运动和动力参数计算

设计计算传动零件时，需要知道各轴的转速、转矩或功率，因此应将传动装置中各轴的转速、功率和转矩计算出来。

以带式运输机的传动装置为例，如图 2-3 所示。传动装置各轴由高速至低速依次为Ⅰ轴、Ⅱ轴……

1. 计算各轴转速

$$n=f(i)$$

$$n_{\mathrm{I}}=\frac{n_{\mathrm{m}}}{i_0}$$

$$n_{\mathrm{II}}=\frac{n_{\mathrm{I}}}{i_1}=\frac{n_{\mathrm{m}}}{i_0\cdot i_1}$$

$$n_{\mathrm{III}}=\frac{n_{\mathrm{II}}}{i_2}=\frac{n_{\mathrm{m}}}{i_0\cdot i_1\cdot i_2}$$

$$\vdots$$

式中 n_{m}——电动机满载转速，r/min；

$n_{\mathrm{I}}, n_{\mathrm{II}}, n_{\mathrm{III}}$——分别为Ⅰ,Ⅱ,Ⅲ轴转速,r/min;

i_0, i_1, i_2——依次为由电动机轴至高速轴Ⅰ,Ⅰ、Ⅱ轴,Ⅱ、Ⅲ轴间的传动比。

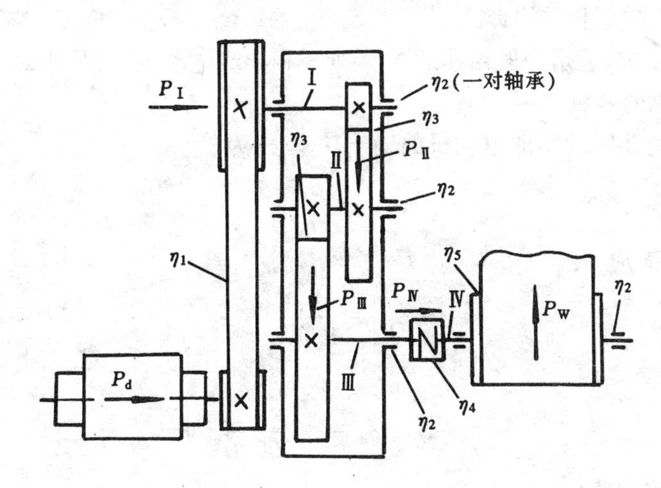

图 2-3　带式运输机

2. 计算各轴输入功率

$$p = f(\eta)$$

$$p_{\mathrm{I}} = p_{\mathrm{d}} \cdot \eta_{01}$$

$$p_{\mathrm{II}} = p_{\mathrm{I}} \cdot \eta_{12} = p_{\mathrm{d}} \cdot \eta_{01} \cdot \eta_{12}$$

$$p_{\mathrm{III}} = p_{\mathrm{II}} \cdot \eta_{23} = p_{\mathrm{d}} \cdot \eta_{01} \cdot \eta_{12} \cdot \eta_{23}$$

$$p_{\mathrm{IV}} = p_{\mathrm{III}} \cdot \eta_{34} = p_{\mathrm{d}} \cdot \eta_{01} \cdot \eta_{12} \cdot \eta_{23} \cdot \eta_{34}$$

式中　p_{d}——工作机所需要的实际功率即电动机的输出功率,单位为kW;

$p_{\mathrm{I}}, p_{\mathrm{II}}, p_{\mathrm{III}}, p_{\mathrm{IV}}$——Ⅰ,Ⅱ,Ⅲ,Ⅳ轴输入功率,单位为kW;

$\eta_{01}, \eta_{12}, \eta_{23}, \eta_{34}$——依次为电动机轴与Ⅰ轴,Ⅰ、Ⅱ轴,Ⅱ、Ⅲ轴,Ⅲ、Ⅳ轴间的传动效率。

3. 计算各轴的输入转矩

$$T = f(i, \eta)$$

$$T_{\mathrm{I}} = T_{\mathrm{d}} \cdot i_0 \cdot \eta_{01}$$

$$T_{\mathrm{II}} = T_{\mathrm{I}} \cdot i_1 \cdot \eta_{12} = T_{\mathrm{d}} \cdot i_0 \cdot i_1 \cdot \eta_{01} \cdot \eta_{12}$$

$$T_{\mathrm{III}} = T_{\mathrm{II}} \cdot i_2 \cdot \eta_{23} = T_{\mathrm{d}} \cdot i_0 \cdot i_1 \cdot i_2 \cdot \eta_{01} \cdot \eta_{12} \cdot \eta_{23}$$

$$T_{\mathrm{IV}} = T_{\mathrm{III}} \cdot \eta_{34} = T_{\mathrm{d}} \cdot i_0 \cdot i_1 \cdot i_2 \cdot \eta_{01} \cdot \eta_{12} \cdot \eta_{23} \cdot \eta_{34}$$

式中　T_{d}——工作机所需的实际扭矩即电动机轴的输出扭矩,N·mm;

$$T_{\mathrm{d}} = 9.55 \times 10^6 \frac{p_{\mathrm{d}}}{n_{\mathrm{m}}}$$

$T_{\mathrm{I}}, T_{\mathrm{II}}, T_{\mathrm{III}}, T_{\mathrm{IV}}$——Ⅰ,Ⅱ,Ⅲ,Ⅳ轴的输入转矩,单位为N·mm。

运动和动力参数的计算数值可以整理成表备查。

4. 设计计算例题

例题:如图2-3所示带式运输机传动方案,已知卷筒直径D=500 mm,运输带的有效拉力F=10 000 N,卷筒效率(不包括轴承),$\eta_{卷}$=0.96,运输带速度v=0.4 m/s,长期连续工作。试选择合适的电动机;计算传动装置的总传动比,并分配各级传动比;计算传动装置中各轴的运动和动力参数。

解：

(1) 选择电动机类型和结构形式

按工作条件和要求，选用一般用途的 Y 系列三相异步电动机，为卧式封闭结构。

(2) 选择电动机的容量

电动机所需要的实际功率即电动机的输出功率 p_d 为

$$p_d = \frac{p_W}{\eta_a}$$

而工作机的输出功率 p_W 为

$$p_W = \frac{Fv}{1\,000}$$

所以

$$p_d = \frac{Fv}{1\,000\,\eta_a}$$

由电动机至运输带的传动总效率为

$$\eta_a = \eta_1 \cdot \eta_2^4 \cdot \eta_3^2 \cdot \eta_4 \cdot \eta_5$$

即

$$\eta_a = \eta_{带} \cdot \eta_{承}^4 \cdot \eta_{齿}^2 \cdot \eta_{联} \cdot \eta_{卷}$$

式中，η_1，η_2……为从电动机至卷筒轴之间的各传动机构和轴承的效率。由表 2-3 查得：$\eta_{带}=0.96$，$\eta_{承}=0.99$，$\eta_{齿}=0.98$，$\eta_{联}=0.99$，$\eta_{卷}=0.96$。

则

$$\eta_a = 0.96 \times 0.99^4 \times 0.98^2 \times 0.99 \times 0.96 \approx 0.84$$

$$p_d = \frac{Fv}{1\,000\,\eta_a} = \frac{10\,000 \times 0.4}{1\,000 \times 0.84} \approx 4.76\ \text{kW}$$

(3) 确定电动机转速

确定工作机转速为

$$n_W = \frac{60 \times 1\,000\,v}{\pi D} = \frac{60 \times 1\,000 \times 0.4}{\pi \times 500} = 15.29\ \text{r/min}$$

为了便于选择电动机转速，需先推算电动机转速的可选范围。由表 2-1 查得 V 带传动常用传动比范围 $i_{带}=2\sim4$，单级圆柱齿轮传动比范围为 $i_{齿}=3\sim6$，则电动机转速可选范围为

$$n_d' = i_{带} \cdot i_{齿}^2 \cdot n_W = (2 \sim 4)(3 \sim 6)^2 n_W = 18n_W \sim 144n_W =$$

$$(18 \sim 144) \times 15.29 = 275 \sim 2\,202\ \text{r/min}$$

符合这一转速范畴的同步转速有 750 r/min、1 000 r/min 和 1 500 r/min，根据容量和转速，由有关手册查出有三种适用的电动机型号，因此有三种传动比方案，如表 2-5 所列。

表 2-5　三种传动比方案

方案	电动机型号	额定功率 p_{ed}/kW	电动机转速/r·min^{-1}		电动机质量/kg	传动装置的传动比		
			同步	满载		总传动比	V 带传动	齿轮传动
1	Y132S－4	5.5	1 500	1 440	68	94.18	3	31.39
2	Y132M_2－6	5.5	1 000	960	84	62.79	2.8	22.42
3	Y160M_2－8	5.5	750	720	119	47.09	2	23.55

由表中数据可知三种方案均可行，但综合考虑电动机和传动装置的尺寸、结构和带传动，及减速器的传动比，认为方案 2 的传动比较合适，所以选定电动机的型号为 Y132M_2－6。

(4) 计算总传动比

总传动比 i_a 为

$$i_a = \frac{n_m}{n_W} = \frac{960}{15.29} = 62.79$$

同时

$$i_a = i_{带} \cdot i_{1齿} \cdot i_{2齿}$$

为使 V 带传动外部尺寸不要太大,初步取 $i_{带}=2.8$,这样减速器的传动比为

$$i = \frac{i_a}{i_{带}} = \frac{62.79}{2.8} = 22.42$$

(5) 分配减速器的各级传动比

按展开式布置,考虑润滑条件,为使两级大齿轮直径相近,取减速器中高速级齿轮 $i_{1齿}=5$,低速级的齿轮传动比为

$$i_{2齿} = \frac{i}{i_{1齿}} = \frac{22.42}{5} = 4.48$$

(6) 计算传动装置的运动和动力参数

计算各轴的转速:

Ⅰ 轴 $$n_{\mathrm{I}} = \frac{n_m}{i_{带}} = \frac{960}{2.8} = 342.9\ \mathrm{r/min}$$

Ⅱ 轴 $$n_{\mathrm{II}} = \frac{n_{\mathrm{I}}}{i_{1齿}} = \frac{342.9}{5} = 68.58\ \mathrm{r/min}$$

Ⅲ 轴 $$n_{\mathrm{III}} = \frac{n_{\mathrm{II}}}{i_{2齿}} = \frac{68.58}{4.48} = 15.31\ \mathrm{r/min}$$

卷筒轴 $$n_{\mathrm{IV}} = n_{\mathrm{III}} = 15.31\ \mathrm{r/min}$$

计算各轴的输入功率:

Ⅰ 轴 $$p_{\mathrm{I}} = p_d \cdot \eta_{01} = p_d \cdot \eta_1 = p_d \cdot \eta_{带} = 4.76 \times 0.96 = 4.57\ \mathrm{kW}$$

Ⅱ 轴 $$p_{\mathrm{II}} = p_{\mathrm{I}} \cdot \eta_{12} = p_{\mathrm{I}} \cdot \eta_{承} \cdot \eta_{1齿} = 4.57 \times 0.99 \times 0.98 = 4.43\ \mathrm{kW}$$

Ⅲ 轴 $$p_{\mathrm{III}} = p_{\mathrm{II}} \cdot \eta_{23} = p_{\mathrm{II}} \cdot \eta_{承} \cdot \eta_{2齿} = 4.43 \times 0.99 \times 0.98 = 4.30\ \mathrm{kW}$$

卷筒轴 $$p_{\mathrm{IV}} = p_{\mathrm{III}} \cdot \eta_{34} = p_{\mathrm{III}} \cdot \eta_{承} \cdot \eta_{联} = 4.30 \times 0.99 \times 0.99 = 4.21\ \mathrm{kW}$$

计算各轴的输入转矩:

电动机所需要的实际转矩即电动机的输出转矩,即

$$T_d = 9\,550\frac{p_d}{n_m} = 9\,550\frac{4.76}{960} = 47.35\ \mathrm{N \cdot m}$$

Ⅰ 轴 $$T_{\mathrm{I}} = T_d \cdot i_0 \cdot \eta_{01} = T_d \cdot i_{带} \cdot \eta_{带} = 47.35 \times 2.8 \times 0.96 = 127.3\ \mathrm{N \cdot m}$$

Ⅱ 轴 $$T_{\mathrm{II}} = T_{\mathrm{I}} \cdot i_1 \cdot \eta_{12} = T_{\mathrm{I}} \cdot i_{1齿} \cdot \eta_{承} \cdot \eta_{1齿} = 127.3 \times 5 \times 0.99 \times 0.98 = 617.5\ \mathrm{N \cdot m}$$

Ⅲ 轴　　$T_{Ⅲ} = T_{Ⅱ} \cdot i_2 \cdot \eta_{23} = T_{Ⅱ} \cdot i_{2齿} \cdot \eta_{承} \cdot \eta_{2齿} =$

$617.5 \times 4.48 \times 0.99 \times 0.98 = 2\,684.0\ \mathrm{N \cdot m}$

卷筒轴　　$T_{Ⅳ} = T_{Ⅲ} \cdot \eta_2 \cdot \eta_4 = T_{Ⅲ} \cdot \eta_{承} \cdot \eta_{联} =$

$2\,684.0 \times 0.99 \times 0.99 = 2\,630.6\ \mathrm{N \cdot m}$

将运动和动力参数计算结果进行整理并列于下表。

轴名	功率 p/kW		转矩 T/N·m		转速 n /r·min^{-1}	传动比 i	效率 η
	输入	输出	输入	输出			
电机轴		4.76		47.35	960	2.8	0.96
Ⅰ轴	4.57		127.3		342.9	5	0.97
Ⅱ轴	4.43		617.5		68.58	4.48	0.97
Ⅲ轴	4.30		2 684.0		15.31	1	0.98
卷筒轴	4.21		2 630.6		15.31		

第三章　传动零件的设计计算

传动零件是传动装置中最主要的零件，它关系到传动装置的工作性能、结构布置和尺寸大小。此外支承零件和联接零件也要根据传动零件来设计或选取。因此，一般应先设计计算传动零件，确定其材料、主要参数、结构和尺寸。

若传动装置中除减速器外还有其他传动时，通常应先设计减速器外部的传动零件。

§3.1　减速器外部传动零件的计算

一、V带传动

设计V带传动所需要的已知条件为：原动机种类和所需的传递的功率(或转矩)、转速、传动比、工作条件和尺寸限制等。

设计计算主要内容为：确定带的种类、选择带的型号、选择小带轮直径、大带轮直径、中心距、带的长度、带的根数、初拉力 F_0 和作用在轴上的载荷 F_Q。

设计计算时所要注意的有以下问题。

设计带传动时，应注意检查带轮尺寸与传动装置外廓尺寸的相互关系的协调，例如小带轮外圆半径是否大于电动机的中心高，大带轮半径是否过大造成带轮与机器底座相干涉等。还要注意带轮轴孔尺寸与电动机轴或减速器输入轴尺寸是否相适应。带传动设计中还要注意小带轮的带速应满足 $5\ m/s \leqslant v_1 \leqslant 25\ m/s$，带的根数应控制在 $Z \leqslant (4\sim5)$ 根以下，避免带的根数过多致使带的受力不均匀。带轮直径确定后，要验算带传动的实际传动比和大带轮转速。

二、开式齿轮传动

设计开式齿轮的已知条件为：所需传递的功率(或转矩)、转速、传动比、工作条件和尺寸限制等。

设计计算主要内容为：选择材料，分析失效形式，确定设计准则，确定齿轮传动的参数(中心矩、齿数、模数和齿宽等)、齿轮的其他几何尺寸和结构。

设计计算时应注意以下问题。

开式齿轮传动一般布置在低速级，常采用直齿圆柱齿轮。因为开式齿轮传动暴露在空间，灰尘大，润滑条件差，所以主要的失效形式是磨损，故此一般只需计算齿轮的弯曲强度，按弯曲强度设计齿轮时，要把模数加大(10～20)%用以补偿磨损的存在。由于开式齿轮不存在点蚀，也就是开式齿轮的磨损发展的快，还来不及产生点蚀的初期裂纹就被磨损掉了，所以开式齿轮传动不必计算接触疲劳强度。选用材料时，要注意耐磨性能和大小齿轮材料的配对。由于开式齿轮一般都在轴的悬臂端，支承刚度小，齿宽系数应取得小些。在选取开式小齿轮齿数时，应尽量取得少一些，使模数适当加大，提高抗弯曲和磨损的能力。

§ 3.2　减速器内部传动零件的计算

一、圆柱齿轮传动

设计圆柱齿轮所需已知条件与开式齿轮相同。

设计计算主要内容与开式齿轮相同。

设计计算时应注意的问题：圆柱齿轮传动是众多传动中使用最多的一种传动。

1. 齿轮材料与热处理的选择

齿轮材料与热处理的选择要根据具体的工作要求来决定，此外还要考虑齿轮毛坯制造方法。当齿轮直径 $d \leqslant 500$ mm 时，根据制造条件，可采用锻造毛坯；当 $d > 500$ mm 时，多采用铸造毛坯。小齿轮根圆直径与轴径接近时，齿轮和轴要制成一体，这时选材要兼顾轴的要求。同一减速器内各级小齿轮（或大齿轮）的材料应尽可能一致，以减少材料牌号和工艺要求。

2. 齿轮强度计算中的规定

齿轮强度计算中不论是针对小齿轮还是针对大齿轮的（许用应力或齿形系数不论用哪个齿轮的数值），其公式中的转矩、齿轮直径或齿数都应是小齿轮的输入转矩 T_1、小齿轮分度圆 d_1 和小齿轮齿数 Z_1。

3. 齿轮齿数的选取

小齿轮齿数的选取首先要注意不能产生根切，即 $z_1 \geqslant z_{\min}$（直齿轮 $z_{\min}=17$），斜齿轮当量齿数 $z_v \geqslant 17$）。另外，z_1 的选取还要考虑在满足强度要求的情况下，应尽可能多一些，这样可以加大重合度系数，提高传动的平稳性，且能减少加工量。z_1 和 z_2 的齿数最好互为质数，防止磨损或失效集中在某几个齿上。

4. 齿宽系数

齿宽系数（$\psi_d = \dfrac{b}{d_1}$，或 $\psi_a = \dfrac{b}{a}$）的选取要看齿轮在轴上所处的位置来决定，齿轮在轴的对称部位齿宽系数 ψ_d（或 ψ_a）可以取得稍大一点，而在非对称位置的就要取得稍小一点儿，防止沿齿宽产生载荷偏斜。同时要注意直齿圆柱齿轮的 ψ_d（或 ψ_a）应比斜齿轮的 ψ_d（或 ψ_a）要小一点儿；开式齿轮的 ψ_d（或 ψ_a）要比闭式齿轮的 ψ_d（或 ψ_a）要小一点儿。有关教材上有 ψ_d（或 ψ_a）推荐表供参考。

5. 齿宽 b

为了保证齿轮安装以后仍能够全齿啮合，那么小齿轮的齿宽应比大齿轮的齿宽要宽 5～8 mm。

6. 模数 *m*

模数首先要标准化，是一个标准值，并且在工程上要求传递动力的齿轮的模数 $m \geqslant 1.5$ mm。

7. 齿轮的参数

齿轮计算中的参数 m，m_n，z，a，α，β，d，d_a，h_a^*，h_c^*，d_f 等，必然相互影响并保持一定的几何关系，计算时要调整到合理的数据。在齿轮参数中，有的要圆整，如中心距 a、齿宽 b、齿数 z；有的要取标准值，如模 m（或 m_n）、分度圆压力角 α；而有的既不需要圆整又不能取标准值，而是要取精确值，如分度圆直径 d、齿顶圆直径 d_a、斜齿轮的螺旋角 β。

二、蜗杆传动

设计条件与要求和圆柱齿轮传动相同。

设计计算的主要内容为：选择材料、分析其主要失效形式并确定相应的设计准则，确定蜗杆传动的参数（中圆直径 d_1、模数 m、中心距 a、蜗轮齿数、蜗杆的头数及导程角 γ 及蜗轮的螺旋升角 β、变位系数和齿宽等）、蜗杆和蜗轮的其他几何尺寸及其结构。

设计时应注意的问题：蜗杆传动因滑动速度大，因此要求蜗杆副材料有较好的减摩，跑合和耐磨损性能。蜗杆常选用较硬的材料如合金钢或中碳钢等，而蜗轮则要选用较软的材料如铸锡青铜（ZCuSn10Pb1、ZCuSn10Zn2Pb1.5）、铸铝青铜（ZCuAl9Fe4、ZCuAl10Fe4Ni4）、铸铁等，具体的取什么材料应视滑动速度 v_s 的大小而定。

由于蜗杆的材料相对来说较硬，同时蜗杆本身的螺旋齿也是连续的，使得蜗杆传动的失效主要发生在蜗轮上面而不会发生在蜗杆上面。因此蜗杆传动的强度计算主要是针对蜗轮的强度计算而言的。一般情况下，闭式蜗杆传动的设计准则应是针对蜗轮按接触强度进行设计，然后再按弯曲强度进行校核。但蜗轮发生轮齿折断的可能性极小，除非当蜗轮齿数 $z_2>90$ 以上时，或是开式蜗杆传动才有可能发生蜗轮轮齿的折断。必要时还可进行刚度验算及热平衡计算。

为了提高蜗杆传动的平稳性，蜗轮齿数的选取也是很重要的，既不能太少也不能太多。蜗轮的齿数的选取应在 $28<z_2<80$ 范围之内，最好是 $z_2\approx32\sim63$，但 z_2 又不能太多，因 z_2 越大要求蜗杆就会越长，刚度就越小。

蜗杆上置或下置取决于蜗杆分度圆的圆周速度 v_1。当 $v_1\leqslant4\sim10$ m/s 时取下置蜗杆；反之取上置蜗杆。

蜗杆传动的模数 m 和蜗杆中圆直径 d_1 都是标准值。中心距 a 圆整为 0.5 结尾的数，为保证 a，m，d_1，z_2 的几何关系，常需对蜗杆传动进行变位。变位蜗杆只改变蜗轮的几何尺寸，蜗杆的几何尺寸不变。

§3.3 选择联轴器类型和型号

联轴器工作时其主要功能是联接两轴并起到传递转矩的作用，除此之外还具有补偿两轴因制造和安装误差而造成的轴线偏移的功能，以及具有缓冲、吸振、安全保护等功能。对于传动装置要根据具体的工作要求来选定联轴器类型。

对中、小型减速器的输入轴和输出轴均可采用弹性柱销联轴器，其加工制造容易，装拆方便，成本低，并能缓冲减振。当两轴对中精度良好时，可采用凸缘联轴器，它具有传递扭矩大，刚性好等优点。

输入轴如果与电动机轴相联，转速高、转矩小，也可选用弹性圈柱销联轴器。如果减速器低速轴（输出轴）与工作机轴联接用的联轴器，由于轴的转速较低，传递的转矩较大，又因为减速器轴与工作机轴之间往往有较大的轴线偏移，因此常选用无弹性元件的挠性联轴器，例如滚子联轴器。

联轴器型号按计算转矩进行选取（参阅第十七章表 17-2～17-4）所选定的联轴器，其轴孔直径的范围应与被联接两轴的直径相适应。应注意减速器高速轴外伸段轴径与电动机的轴径不应相差很大,否则难以选择合适的联轴器。电动机选定后,其轴径是一定的,应注意调整减速器高速轴外伸端的直径。

第四章　减速器初步设计

§4.1　减速器初步设计的主要步骤

减速器传动零件设计计算完成后，即开始对其进行整体结构设计，但由于减速器中所使用的其他零件如轴、轴承等，与减速器的结构型式和具体尺寸有着较密切的联系，因此在进行详细设计前应对减速器进行初步设计，确定减速器的主要结构型式。经必要的计算，确定各零件的基本尺寸、完成各标准件的选择。本阶段工作可参考以下步骤进行。

(1) 确定各级轴及传动零件在整机中的相对位置和布局；

(2) 初步估计轴径尺寸及机体结构尺寸；

(3) 初步选择轴承，通过必要的计算选择和确定其型号和润滑方式；

(4) 选择所用轴系相关零件如轴承盖、联轴器等的类型、型号等，确定轴系部件的轴向位置；

(5) 对轴系进行设计；

(6) 对轴进行受力分析及强度计算，必要时对其安全性进行校核；

(7) 通过寿命计算，确定选用轴承；

(8) 校核键和其他零件的强度；

(9) 根据初步设计及计算结果，完成轴系及减速器主体设计。

§4.2　减速器的典型构造和尺寸要求

减速器中，圆柱齿轮减速器、圆锥齿轮减速器和蜗杆减速器在工程中最为常见，图 4-1、图 4-2 和图 4-3 给出了二级圆柱齿轮减速器、圆锥-圆柱齿轮减速器和蜗杆减速器的典型结构。可以看出，减速器一般主要由传动零件、轴类零件、轴承、箱体以及为保证其正常运转而设置的联接、固定件和减速器附件如油标、启盖螺钉、螺塞等组成。其各部分几何尺寸根据强度、刚度及联接等要求确定，计算参考见表 4.1 所列。

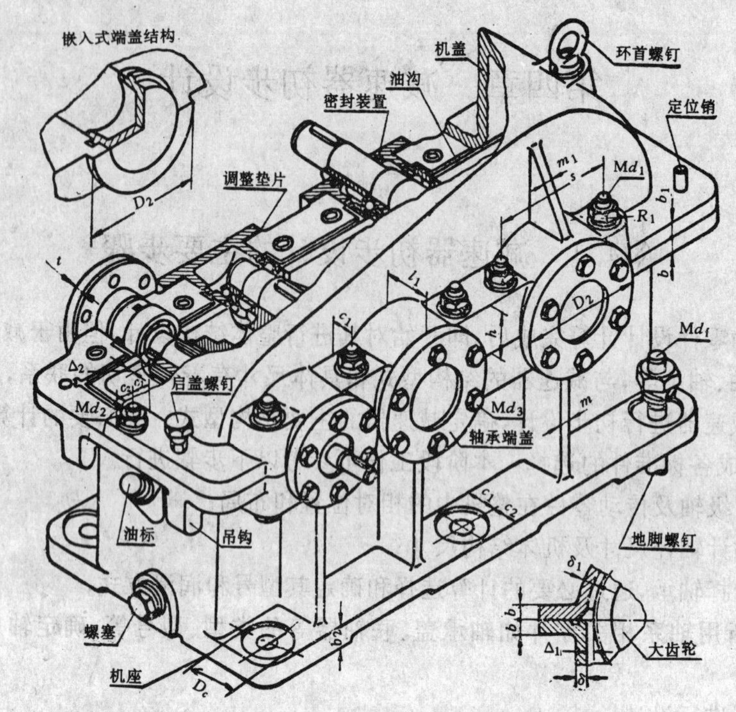

图 4-1 圆柱齿轮减速器

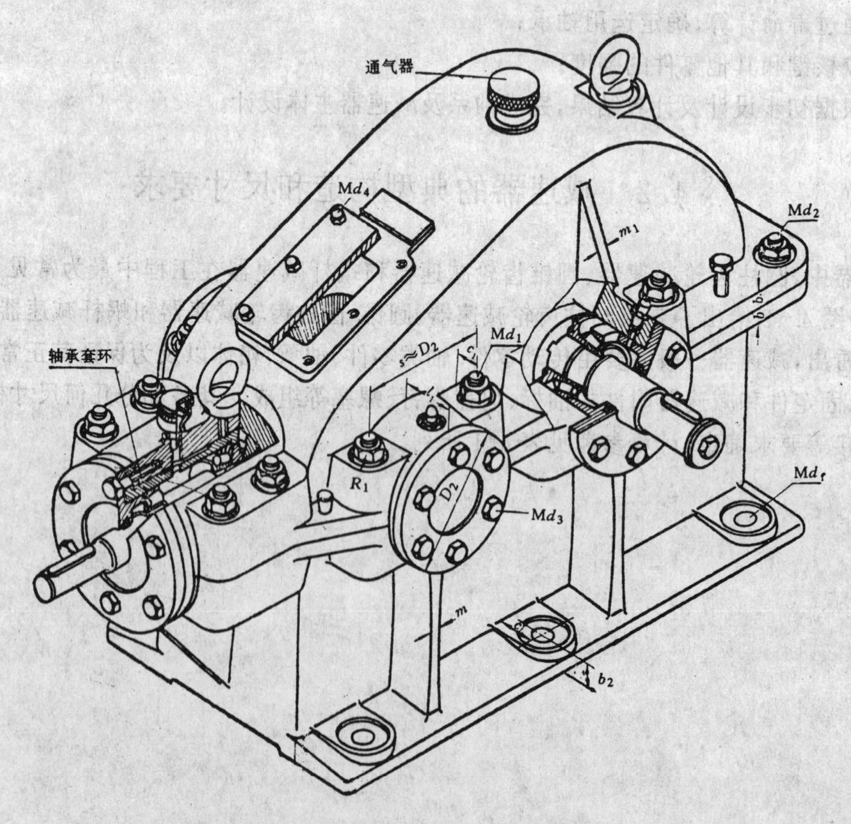

图 4-2 圆锥-圆柱齿轮减速器

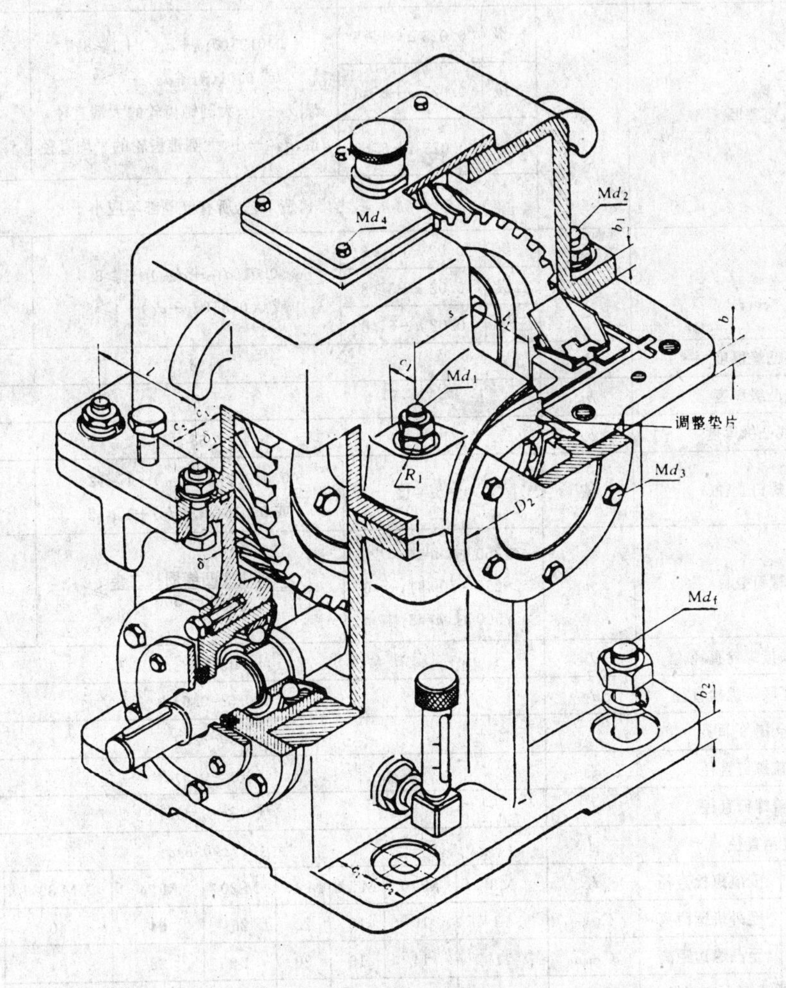

图 4-3　蜗杆减速器

表 4-1　减速器机体各部分结构尺寸

名称	符号	减速器型式及尺寸关系　mm			
		齿轮减速器		圆锥齿轮减速器	蜗杆减速器
机座壁厚	δ	一级	$0.025a+1\geqslant 8$	$0.0125(d_{1m}+d_{2m})+1\geqslant 8$ 或 $0.01(d_1+d_2)+1\geqslant 8$ d_1、d_2—小、大圆锥齿轮的大端直径； d_{1m}、d_{2m}—小、大圆锥齿轮的平均直径	$0.04a+3\geqslant 8$
		二级	$0.025a+3\geqslant 8$		
		三级	$0.025a+5\geqslant 8$		
		考虑铸造工艺，所有壁厚都不应小于 8			
机盖壁厚	δ_1	一级	$0.02a+1\geqslant 8$	$0.01(d_{1m}+d_{2m})+1\geqslant 8$ 或 $0.0085(d_1+d_2)+1\geqslant 8$	蜗杆在上：$\approx\delta$ 蜗杆在下： $=0.85\delta\geqslant 8$
		二级	$0.02a+3\geqslant 8$		
		三级	$0.02a+5\geqslant 8$		
机座凸缘厚度	b	1.5δ			
机盖凸缘厚度	b_1	$1.5\delta_1$			
机座底凸缘厚度	b_2	2.5δ			
地脚螺钉直径	d_f	$0.036a+12$		$0.018(d_{1m}+d_{2m})+1\geqslant 12$ 或 $0.015(d_1+d_2)+1\geqslant 12$	$0.036a+12$
地脚螺钉数目	n	$a\leqslant 250$ 时，$n=4$ $a>250\sim 500$ 时，$n=6$ $a>500$ 时，$n=8$		$n=\dfrac{\text{机座底凸缘周长之半}}{200\sim 300}\geqslant 4$	4
轴承旁联接螺栓直径	d_1	$0.75d_f$			
机盖与机座联接螺栓直径	d_2	$(0.5\sim 0.6)d_f$			
联接螺栓 d_2 的间距	l	150～200			
轴承端盖螺钉直径	d_3	$(0.4\sim 0.5)d_f$			
窥视孔盖螺钉直径	d_4	$(0.3\sim 0.4)d_f$			
定位销直径	d	$(0.7\sim 0.8)d_2$			

名称		符号							
螺栓板手空间与凸缘宽度	安装螺栓直径	d_x	M8	M10	M12	M16	M20	M24	M30
	至外机壁距离	C_{1min}	13	16	18	22	26	34	40
	至凸缘边距离	C_{2min}	11	14	16	20	24	28	34
	沉头座直径	D_{cmin}	20	24	26	32	40	48	60

名称	符号	尺寸关系
轴承旁凸台半径	R_1	c_2
凸台高度	h	根据低速级轴承座外径确定，应便于扳手操作为准(参见图 4-7)
外机壁至轴承座端面距离	l_1	$c_1+c_2+(8\sim 12)$
大齿轮顶圆(蜗轮外圆)与内机壁距离	Δ_1	$>1.2\delta$
齿轮(圆锥齿轮或蜗轮轮毂)端面与内机壁距离	Δ_2	$>\delta$
机盖、机座肋厚	m_1、m	$m_1\approx 0.85\delta_1$　$m\approx 0.85\delta$
轴承端盖外径	D_2	$D+(5\sim 5.5)d_3$；对嵌入式端盖 $D_2=1.25D+10$，D—轴承外径
轴承端盖凸缘厚度	t	$(1\sim 1.2)d_3$(见图 4-1)
轴承旁联接螺栓距离	s	尽量靠近，以 Md_1 和 Md_3 互不干涉为准，一般取 $s\approx D_2$

注：多级传动时，a 取低速级中心距。对圆锥-圆柱齿轮减速器，按圆柱齿轮传动中心距取值。

减速器传动零件设计计算完成后，即开始进行结构设计工作。由于其主要传动零件的几何尺寸已经确定，而支承零件计算及相关的结构设计问题还有待解决，如轴和轴承的强度和寿命计算，但这些计算所需的几何参数常与结构设计关系密切，因此，这部分计算应与相应的结构设计、装配图绘制交叉进行，并逐步使设计完善。

§4.3 轴的设计计算

一、按许用切应力计算

对于主要受扭矩作用的轴，可按许用扭转切应力[τ]计算。对受扭矩又受弯矩的轴也可用此法对轴的直径进行估算后，将估算值作为轴最细处的直径，在进行轴结构初步设计和选择轴承时作为参考。设计应使轴上扭转切应力 τ 满足：$\tau \leqslant [\tau]$。

当轴上有键槽时，轴径的相应尺寸应适当增大，单键时增加 3%，双键时增加 7%。

二、按许用弯曲应力计算

对一般受弯扭矩组合作用的轴，其所受弯曲应力不应超过对称循环应力状态下的许用弯曲应力[σ_{-1b}]，轴上所受弯曲应力 σ_b，应为轴所受弯矩、扭矩所产生应力综合作用的结果。设计应满足条件：$\sigma_b \leqslant [\sigma_{-1b}]$。

三、安全系数校核计算

对于重要的减速器中的轴，在已知轴的具体结构及其几何参数、受力状况明确的条件下，应用安全系数法对其进行疲劳强度和静强度的校核。校核中要计及轴的应力状况、应力集中程度、尺寸影响及表面状态等，计算精度较高。计算时应满足安全系数：$S \geqslant [S]$。

以上三种轴的设计方法，在轴的设计中各有针对性，在具体设计过程中应视设计任务、设计对象的要求，决定取舍。也可根据教学要求和实际工作情况共同确定。

§4.4 轴承的选择及寿命计算

轴承的选择主要取决于其受力大小和运转状况，同时也要考虑其经济性和安装、调整等因素。对于特殊工况要求可选用特殊结构的轴承；一般工作条件、结构要求时选用深沟球轴承、角接触球轴承、圆锥滚子轴承较多；受力大的轴可考虑使用以上轴承与圆柱滚子轴承、推力球轴承的适当组合来完成支承设计。具体尺寸型号可根据轴径初选，一般同一轴上的支点以选择相同轴承为宜，这样可使轴承安装孔在壳体上一次加工成形，精度容易保证。

对于角接触轴承，因其安装方式会影响轴系的刚性，因此支承固定方式应视轴上受力情况、轴上零件安装位置和轴的几何尺寸及对工艺性的影响等多方面因素确定。

轴承的寿命应满足设计任务要求，一般按可靠度为 90%时轴承的基本额定寿命计算。

§4.5 键的强度计算

键常作为轴与毂间的联接件被用来实现圆周方向的定位和扭矩传递。其几何尺寸既要满足联接的强度要求，又要保证对轴不造成过大的强度损失，其截面尺寸 $b \times h$ 应从有关标准中根据安装处轴径大小查取，强度条件通常按挤压强度确定，若用于动联接还应考虑其耐磨性。当单键强度不够时，可考虑采用双键设计。

设计时，静联接键应满足挤压应力 $\sigma_p \leqslant [\sigma_p]$；动联接键应满足承载面压强 $p \leqslant [p]$。$[\sigma_p]$，$[p]$为该联接中易被破坏零件的许用挤压应力和许用压强。具体数值可查阅相关手册和教材。

§4.6 轴系结构设计

轴系为减速器的核心部件，正确合理地对轴系结构进行设计是保证其正常工作的重要条件。在轴的主要几何尺寸及支承固定方式确定后，即应对轴系结构进行详细设计。

一、轴系各零件在减速器中的位置

传动件、箱体、轴、轴承及轴承盖的结构布局和尺寸可参考图 4-1、图 4-2 和图 4-3，然后初步绘出相关零部件的位置。图 4-4、图 4-5 和图 4-6 分别是根据二级圆柱齿轮、圆锥-圆

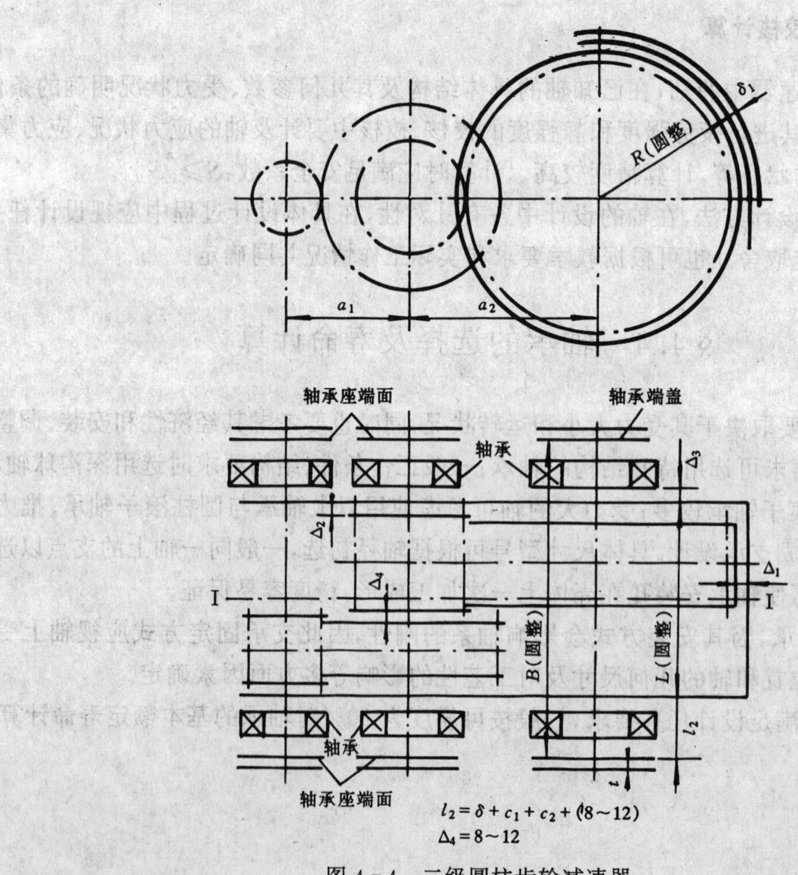

图 4-4　二级圆柱齿轮减速器

柱齿轮和蜗杆蜗轮传动方案绘制的。图中 c_1、c_2、δ 的确定参见图 4-1、图 4-2、图 4-3 和表 4-1。图中尺寸单位:mm,下同。

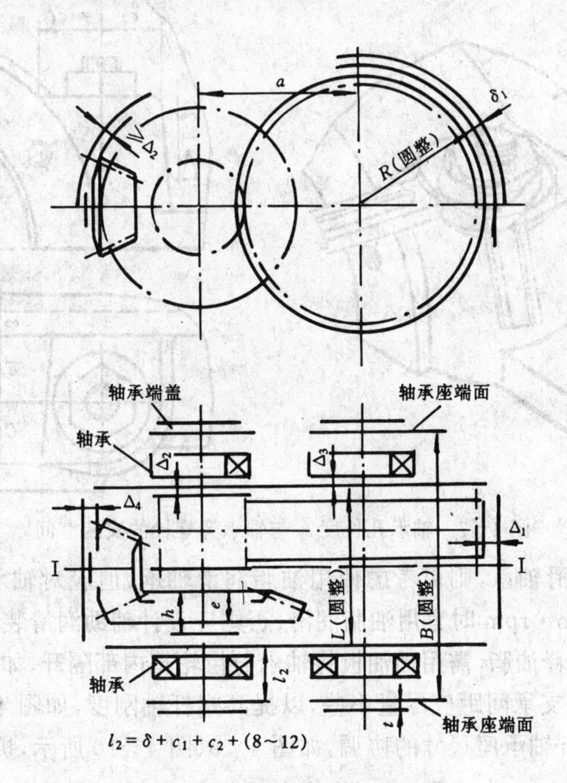

图 4-5　圆锥-圆柱齿轮减速器

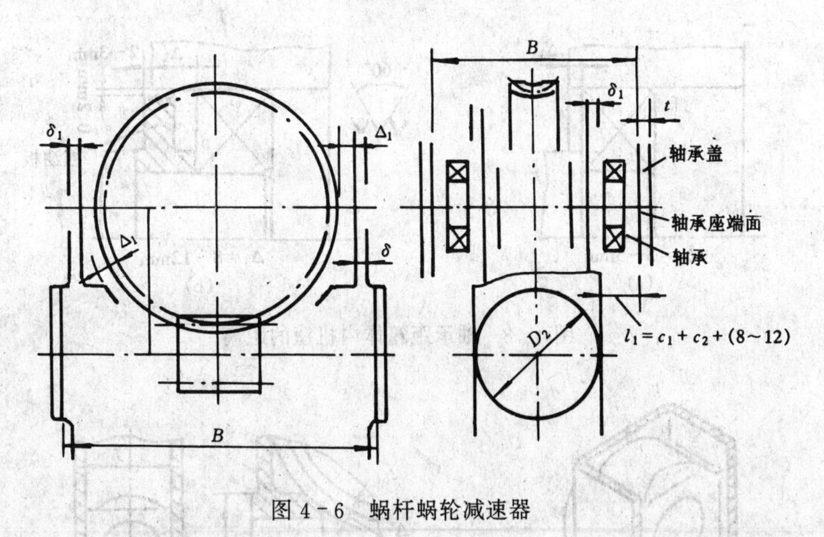

图 4-6　蜗杆蜗轮减速器

轴承孔长度 l_2 应考虑联接螺栓的安装空间和机体加工工艺要求,如图 4-7 所示。图中安装螺栓的最小空间 c_1、c_2,需保证扳手能在拧紧轴承旁的螺栓时方便使用。

轴承在轴承孔内的轴向位置主要由其与内机壁间的距离确定,如图 4-8 所示,其数值根据轴承不同的润滑方式来选择设计。当浸油零件轮缘线速度 $v\geqslant2$ m/s 时,可利用飞溅润滑,油经导油沟润滑轴承,此时轴承可距内机壁较近,如图 4-8(a)所示;当 $v<2$ m/s 时,一般飞溅

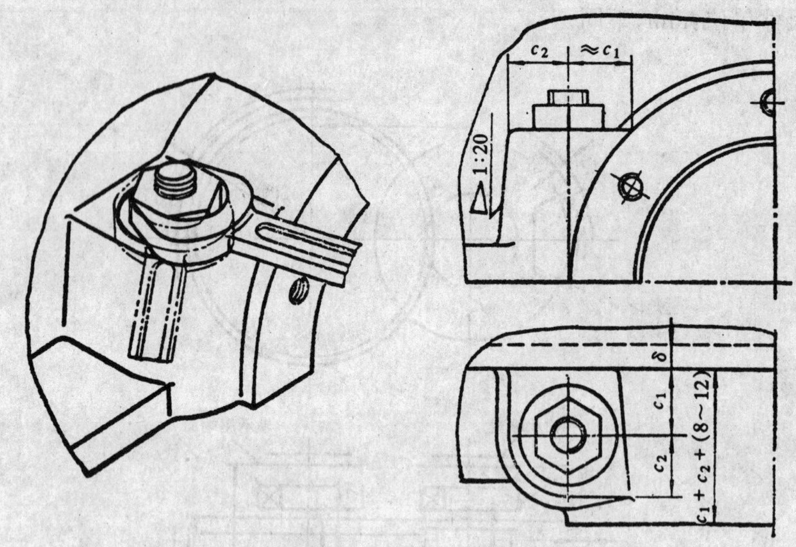

图 4-7　轴承孔长度 l_2 与轴承旁螺栓的安装空间

油液不易保证充分润滑轴承，则可考虑使用油脂润滑轴承，但应对轴承处 $d \cdot n$ 值进行计算。$d \cdot n$ 值小于 2×10^5 mm · rpm 时宜用油脂润滑；否则应设计辅助润滑装置。采用油脂润滑轴承的时候，为避免稀油稀释油脂，需用挡油板将轴承与齿轮箱内部隔开，如图 4-8(b)所示。对于蜗杆蜗轮减速器，蜗杆支承间距应尽量小些，以提高蜗杆轴刚度，如图 4-9 所示；蜗轮轴支承位置应适当考虑与蜗杆轴承座尺寸的协调，如图 4-9、图 4-10 所示，机体宽度 f 与轴承座外径 D_2 以相差不多为宜。

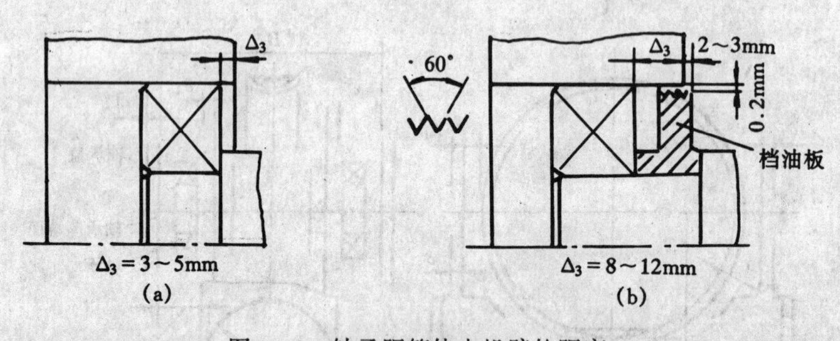

图 4-8　轴承距箱体内机壁的距离

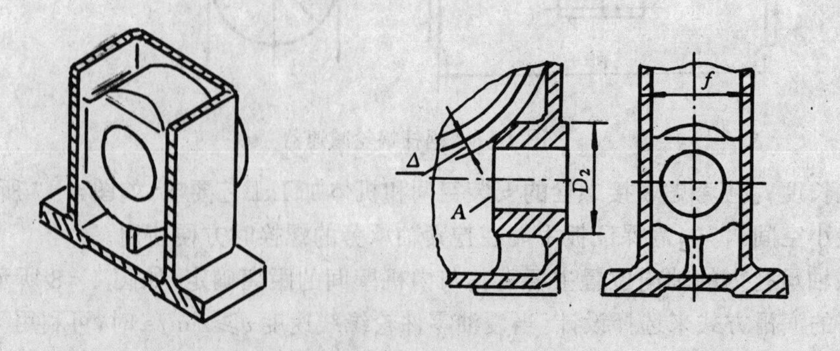

图 4-9　蜗杆轴承座与减速器机体局部

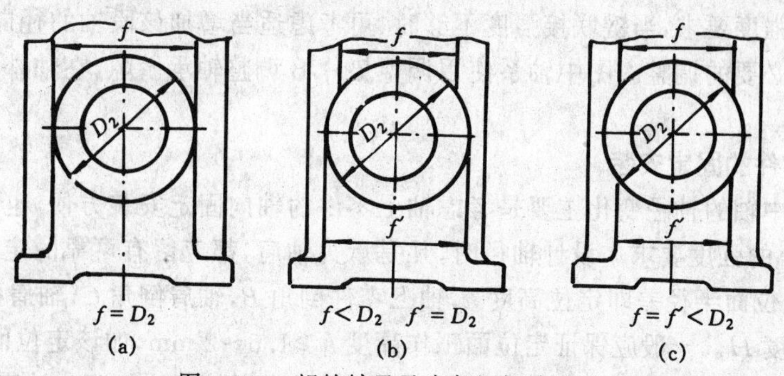

图 4－10　蜗轮轴承及座与蜗杆轴承座

二、轴系的结构设计

1. 轴的结构设计要求

轴的设计除需满足强度要求外，在结构上还要保证轴的加工、轴上零件的固定、定位、装配和拆卸，轴系调整等工艺和维护要求。一般轴多制成阶梯状，各段的长度和直径根据轴上零件的安装和受力要求确定；其表面质量、加工精度等级应视诸零件的配合、工作要求选择。

图 4－11 所示是一闭式齿轮、脂润滑轴承支承外伸轴的轴系设计方案，采用了双端单向固定方式；图 4－12 所示是一闭式蜗杆蜗轮减速器蜗杆轴系设计方案，采用了一端固定一端游动的固定方式，右支点设计为一对角接触圆锥滚子轴承支承，左支点为一深沟球轴承，作为轴系游动端。

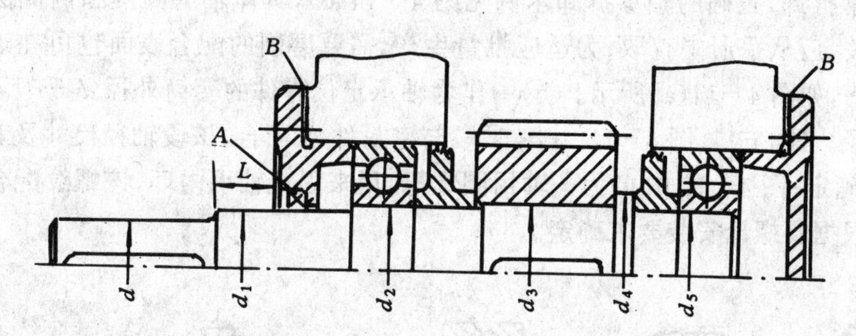

图 4－11　脂润滑轴承齿轮轴系设计方案

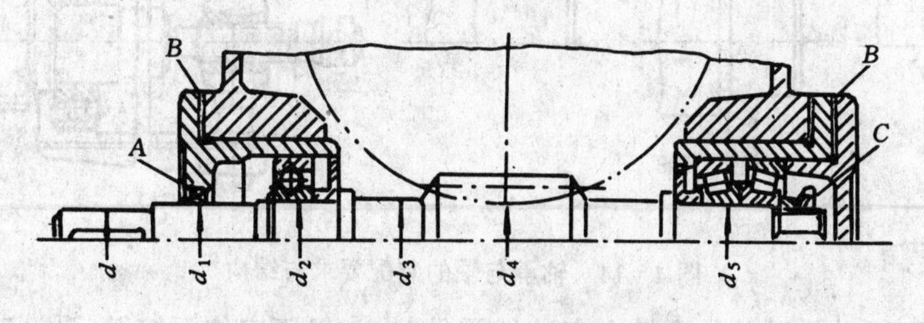

图 4－12　蜗杆轴系设计方案

图 4－11、图 4－12 中各轴由直径为 d，d_1，d_2，d_3，d_4 及 d_5 各段构成，各段直径大小应根据该轴段所受当量弯矩大小，先由强度条件计算最小值，再考虑附加应力如应力集中等对轴强

度的影响及加工装配工艺性来确定。图 4－11 中的 d、d_3 轴段，图 4－12 中的 d 轴段还应满足轴上键联接的强度要求，当键联接强度不够时，可考虑适当增加该段轴的径向尺寸，并同时对其他轴段做出必要的调整。图中轴系使用调整垫片 B 调整轴承游隙，在轴外伸处设计有密封件 A。

2. 轴上零件的固定安装

轴系结构中轴的轴径变化主要是考虑轴上零件的轴向固定安装方便，也符合轴中间受力大，两端受力小的强度要求。设计轴径时，凡是承力轴肩，都应留有可靠的定位、传力面，如图 4－13 所示，定位面半径差即定位高度 h，轴上零件倒角 B，轴肩倒角 C，轴肩内侧圆角 R 共同决定了轴肩高度 H。一般应保证定位面工作高度 $h \geqslant 1.5 \sim 2$ mm，如该定位面受轴向载荷，则该处轴肩高度应适当增加。应注意取值 $R<C$，否则轴上零件无法保证与轴肩定位面接触。

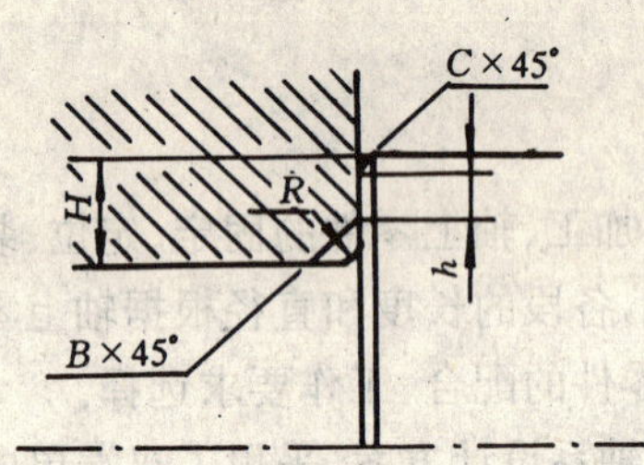

图 4－13　轴肩用于轴上零件的轴向定位

当轴径变化仅限于装配或加工工艺要求，而无定位功能时，轴径变化量可根据实际情况和所安装的零件确定，也可采用相邻轴段名义尺寸相同而公差要求不同的设计，如图 4－11 中 d_2 和 d_5 轴段，为保证挡油板装拆方便，将该轴段轴及挡油板的径向尺寸公差带向正方向适当移动就可满足安装方便的要求。

在安装标准件的轴段，轴的设计要满足标准件的安装要求。图 4－14 所示为一安装滚动轴承处轴的设计，其中(a)为固定轴肩的情况，(b)为借助其他零件如套筒固定轴承的情况。(a)中轴肩高度和内侧圆角设计应按轴承要求处理。轴肩高度不可太高，否则轴承无法正常拆卸，正确的轴承拆卸示例见图 4－14(c)，具体轴肩高度和内侧圆角度要求与轴承型号有关，应从手册中查取；为适应批量生产，需要磨削的配合表面也可在近轴肩处设计一砂轮越程槽，如图 4－14(a)所示。(b)中作为轴承定位零件的套筒外径 d 一般不超过被固定轴承内环外径。图 4－11、图 4－12 中 d_1 轴段与密封件 A 配合，该段轴径尺寸及其表面质量应由 A 件要求确定；图 4－12 中 C 为一轴用圆螺母，用来固定轴承内环，该螺纹配合段上螺纹及槽等结构应根据圆螺母安装要求确定。

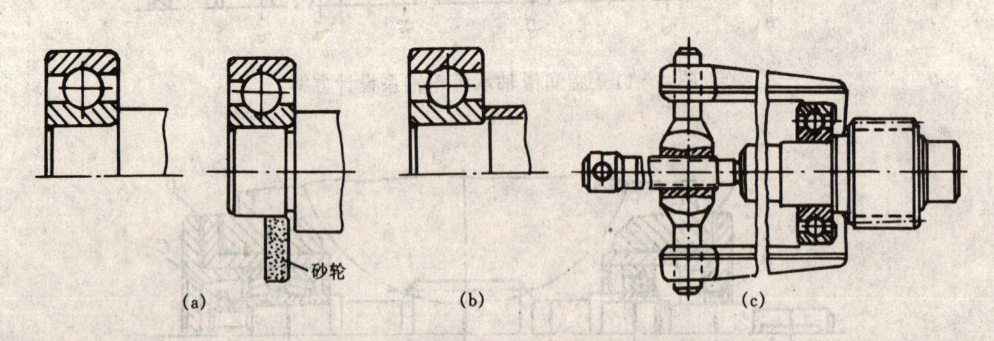

图 4－14　轴承与轴的装配要求与结构

轴上零件固定若借助其他在轴上安装的零件时，为保证定位面接触，设计时要注意轴-毂配合段长度的协调关系，轴端面不参与定位时，应与定位面间保留一定的距离，如图 4－15 中的 l。图 4－16 所示结构中，由于轴和毂加工时存在加工误差，当相应轴段加工误差大于毂段时，即 $A>B+C$ 或 B 段轴比轴承尺寸大时，会导致轴承或轴承和锥齿轮在工作中于轴向发生窜动，这在设计中是不允许的。设计中一般可取 $l\approx1\sim3$ mm。

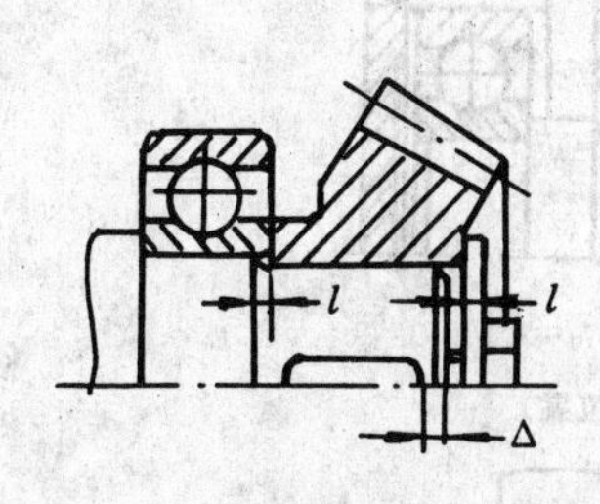

图 4-15　轴毂正确固定示例

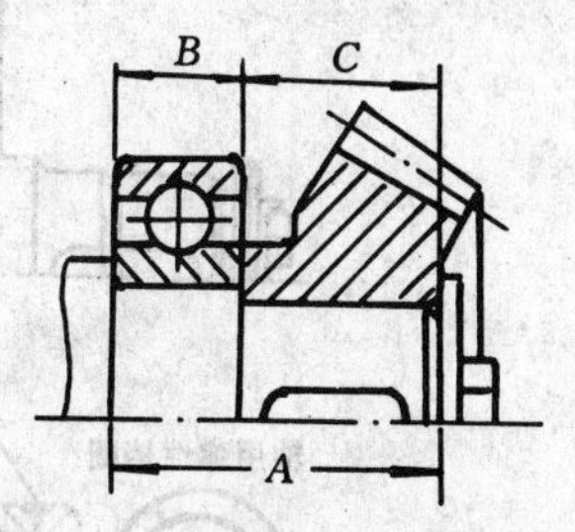

图 4-16　轴毂不正确固定示例

在设计有键槽的轴-毂配合段，键槽应靠近装配时轴-毂进入接触的一端，如图 4-15 中 Δ 可尽量取小值，一般可取 3～5 mm，这样有利于安装齿轮时键与键槽对准，否则将给齿轮安装带来困难，轴-毂配合较紧时更应注意。

当轴外伸段安装有零件时，若箱体采用剖分结构、轴承盖采用凸缘结构时，考虑在不拆卸外部零件即能打开箱盖，则轴端应留出相关联接件的装拆空间，如图 4-17(a)、(b)所示。如有轴向尺寸要求时，也可设计为先拆下轴端零件再打开箱体，这样距离 A 可适当减小，但维护检修时稍有不便。

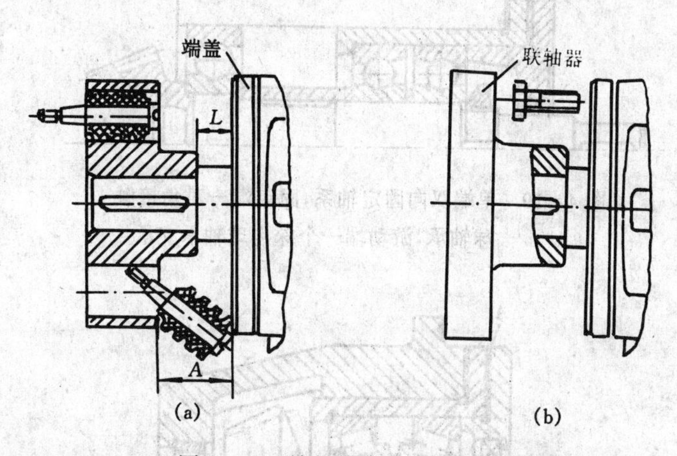

图 4-17　轴外伸段零件的安装结构

3. 轴系的固定和调整

轴系的固定有单端双向固定，如图 4-19、图 4-20 所示；也有双端单向固定，如图4-18(a)、(b)所示，等。

有些轴上零件如圆锥齿轮，在安装时需通过调整轴系的整体位置，使其处于正确的传动位置以保证其正确传动关系。为实现这一调整，图 4-18(b)、图 4-19 和图 4-20 均采用了套杯固定方式，利用套杯与箱体间的垫片来实现整个轴系轴向位置的调整。图 4-18 结构简单，图 4-19 和图 4-20 结构更适于较大负载的圆锥齿轮支承，它们具有较大的支承刚度和承载能力。

轴系工作时，为确保其灵活运转，在轴承处必须留有适当游隙，考虑到加工公差、工作温度变化时轴的热伸长等因素，这一游隙通常在装配轴系时用调整垫片调整，如图 4-11、图 4-12

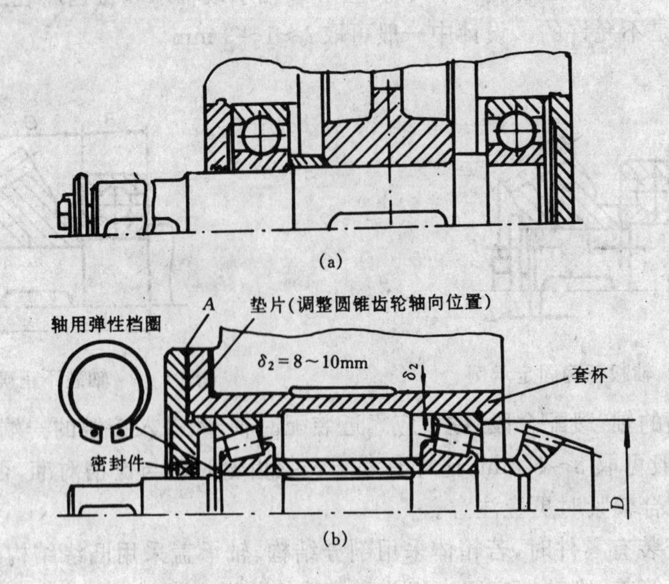

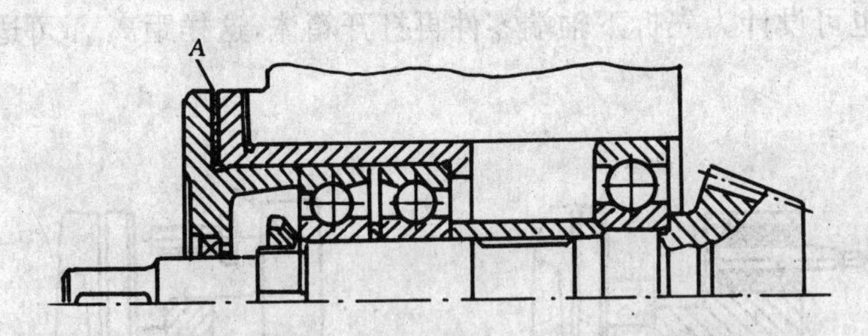

图 4-19　单端双向固定轴系，固定端一对角接触球轴承，游动端一个深沟球轴承支承

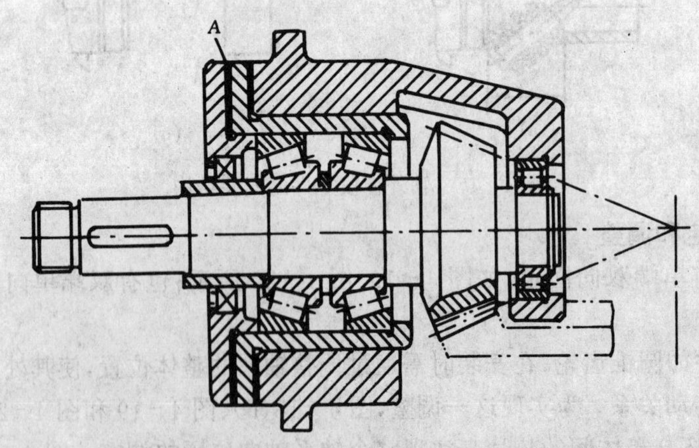

图 4-20　单端双向固定轴系，固定端一对角接触圆锥滚子轴承，游动端一圆柱滚子轴承支承

中的件 B，图 4-18 至图 4-20 中的件 A 均为成组不同厚度的钢片组成的垫整垫片。

轴系结构涉及多种零部件，各有特点，要求也不尽相同，设计者应根据总体设计方案边设计、边计算、边修改、边完善，逐步使各部分设计趋于合理，减速器设计除轴系外还有其他设计要求，高质量完成轴系设计阶段工作，可给后面的设计工作打下良好的基础，整机的结构框架也就初步形成了。图 4－21、图 4－22 和图 4－23 分别给出了轴系结构设计初步完成后的二级圆柱齿轮、圆锥-圆柱齿轮、蜗杆蜗轮减速器的结构框架图。

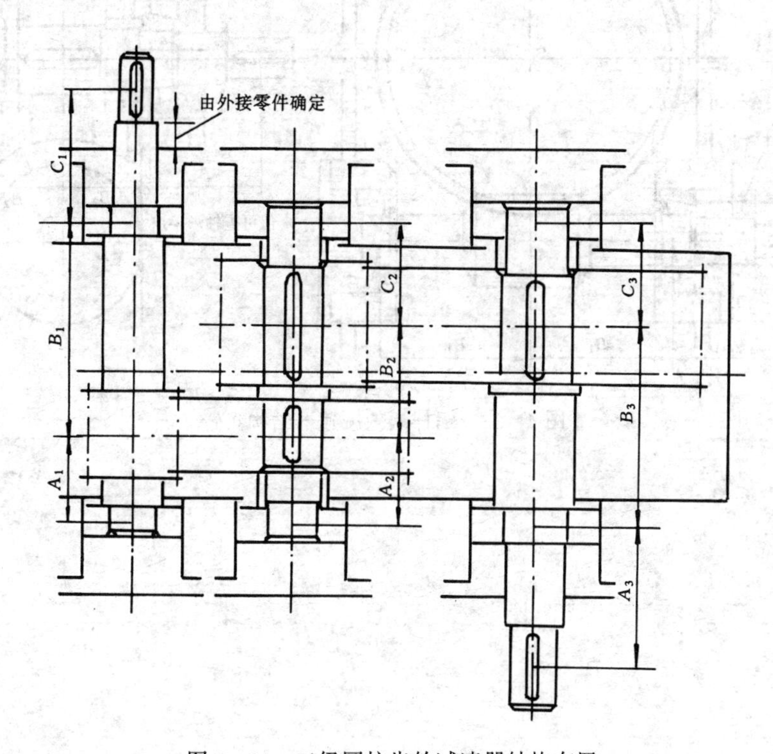

图 4－21　二级圆柱齿轮减速器结构布置

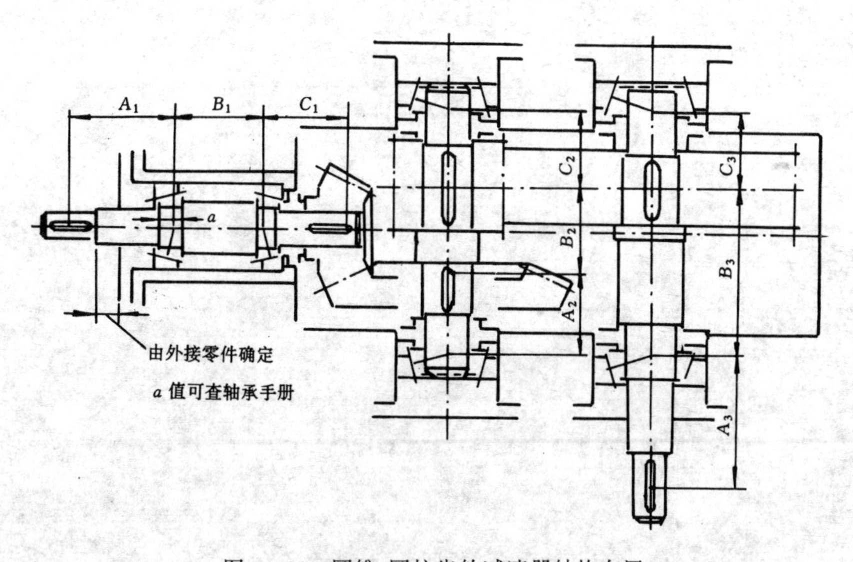

图 4－22　圆锥-圆柱齿轮减速器结构布置

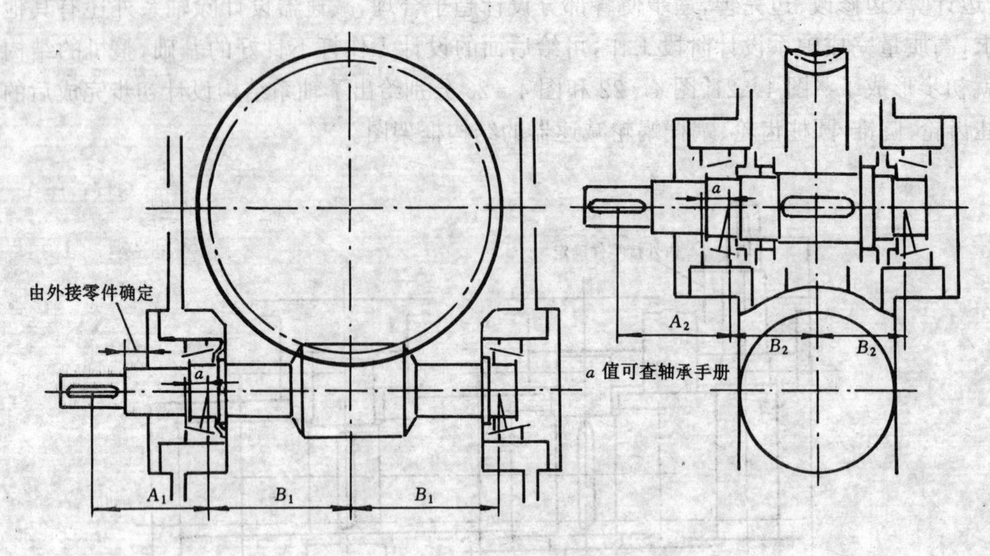

图 4-23　蜗杆蜗轮减速器结构布置

第五章　减速器结构设计

在轴系结构及其几何尺寸基本确定后，即进入箱体、内部零件及减速器附件的设计阶段。

§5.1　传动零件的结构尺寸

一、齿轮结构

齿轮结构通常与其几何尺寸、材料及制造工艺有关，一般多采用锻造或铸造毛坯。当毛坯直径大于 400 mm 时，可考虑采用铸造毛坯；当齿轮根圆直径与该处轴所需直径差值过小时，为避免由于键槽处轮毂过于薄弱而发生失效，应将齿轮与轴加工成一体；一般齿轮与轴分开加工时应保证 $x \geqslant 2.5\ m_n$，见图 5-1；若 $x < 2.5\ m_n$ 时，应将齿轮与轴加工成一体，如图 5-2 所示；图 5-3(a)、(b)分别为锻造和铸造齿轮结构，其各部分几何尺寸可参考有关手册、标准设计。

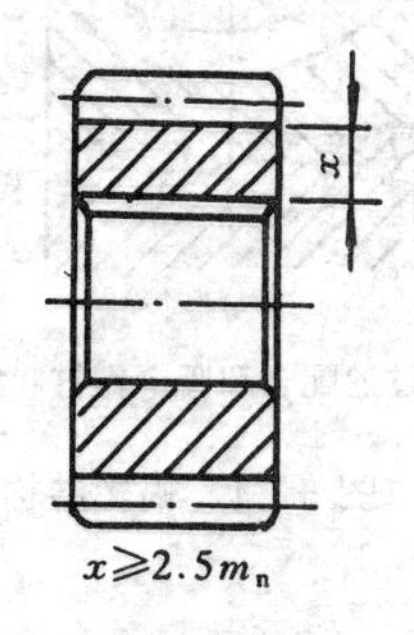

图 5-1　齿轮轮毂键槽至齿根的最小距离

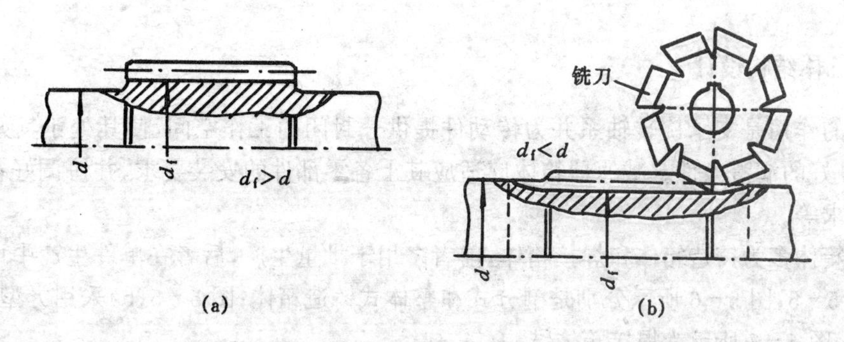

图 5-2　齿轮与轴制成一体时的结构及加工方法示例

二、蜗杆、蜗轮结构

蜗杆一般在蜗杆轴上直接车制，蜗轮轮缘需用减摩性良好的材料，为节省贵重金属材料，可与轮芯采用不同材料制造。轮缘和轮芯常用图 5-4 所示的组合结构，轮缘可采用直接铸造，用紧定螺钉或受剪螺栓联接于轮芯上。

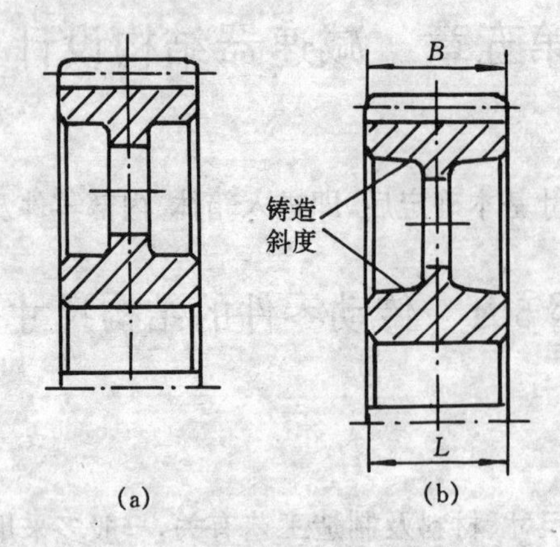

图 5-3　锻造和铸造齿轮结构

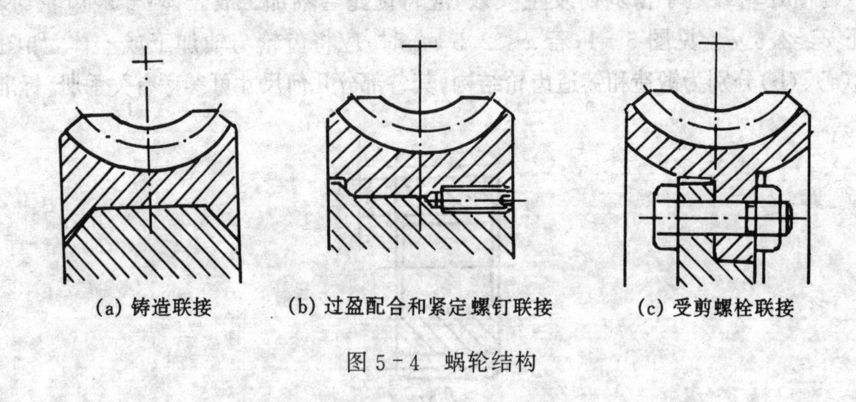

图 5-4　蜗轮结构

§5.2　机体结构设计及其工艺性

一、机体结构设计

机体的作用是支承旋转轴系并为传动件提供一封闭的工作空间，使其处于良好的工作状况，创造良好的润滑条件。减速器箱体应适应其上各零部件的安装要求，并协调好各零件的联接安装要求等。

常见箱体多为铸造箱体和焊接箱体，前者多用于批量生产，后者在单件生产中可省去铸模费用。图 5-5、图 5-6 所示分别是剖分式和整体式铸造箱体；图 5-5(b)采用方型外廓，外部造形简洁；图 5-7 所示为焊接箱体结构。

箱体设计应保证铸造或焊接工艺要求和适当的强度刚度要求。在机体主要承力部位如支承处，应采用加强肋等提高机体局部承载能力和刚度。联接的设计应以有利于增加其联接刚度为准，如轴承旁的联接螺栓常设计足够尺寸的凸台，轴承座上下方常设计有肋板，如图 4-1、图 4-2 和图 4-3 所示。外肋板还可增加整机散热面积。

机体内部要保证传动件所需的工作空间，其内壁与传动件等旋转件间要留有一定的间距

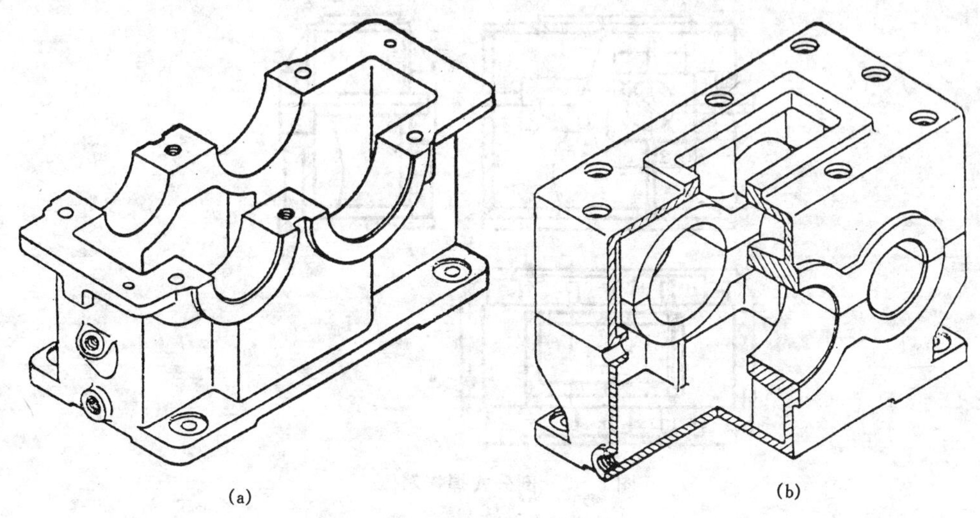

图 5-5　剖分式铸造箱体

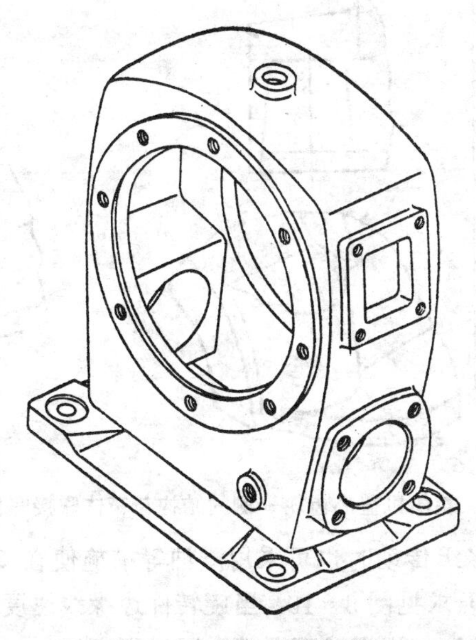

图 5-6　整体式铸造箱体

Δ,如图 4-1～图 4-3 所示。机体外廓尺寸和形状要兼顾周边联接件的安装和布置,圆柱齿轮减速箱轴承座及该处箱体联接螺栓凸台常较内部小齿轮直径大,小齿轮一侧机体外廓形状常根据这几方面需要设计,如图 5-8(a)、(b)所示是两种设计结构。轴承旁凸台设计可参考图 5-8和图 5-9 所示结构。

机体内部应能容纳足够的润滑油,以满足传动件润滑及整机散热的要求。由于旋转零件浸油过深会导致搅油损失过大,一般浸油深度 h 以满足润滑要求为准,油面高度应考虑尽量不给箱体密封带来影响,如图 5-10 所示。油池深度 H 既要考虑不能让旋转零件将池底杂质搅起,又要保证散热要求,一般以每级每千瓦功率 0.35～0.70 dm^3 设计,必要时要根据热平衡计算估计油量,有时采用增加散热面积或附加冷却装置的方法保证正常工作温度。旋转件浸油深度

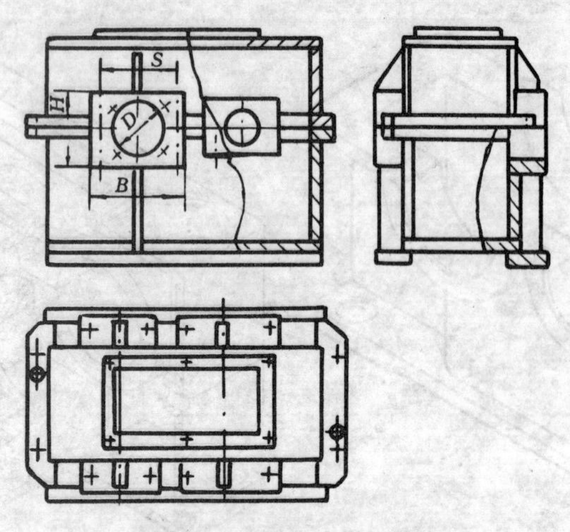

图 5－7　剖分式焊接箱体

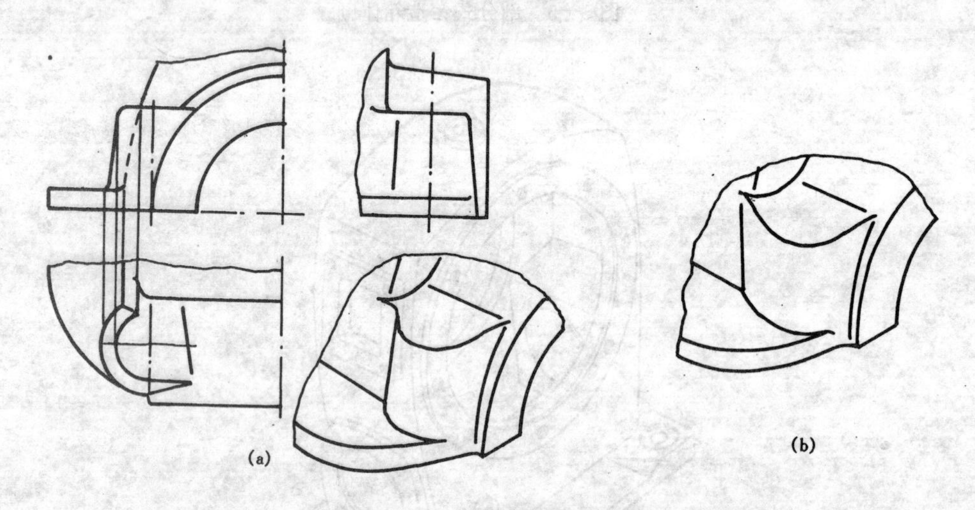

图 5－8　箱体机盖小齿轮一侧的结构与箱体联接螺栓凸台

一般不大于 1/3 零件半径，多级传动时也可采用溅油等措施使在浸油深度不大的条件下保证充分润滑。油池设计的一般要求见图 5－10。当旋转件边缘线速度 $v \geqslant 12$ m/s 时，应考虑采用喷油润滑，利用液压泵通过喷嘴将润滑油喷至啮合区进行润滑。

二、机体结构的工艺性

箱体的工艺性取决于其材料和结构设计，而这直接影响着其最终质量和加工制造成本，甚至整机质量。

1. 铸造工艺性

对于铸造箱体及其他零件，在设计时应力求外形简单，壁厚均匀且过渡平缓，最小壁厚根据铸造条件保证一定厚度，使铸造时金属流动顺畅，避免因结构不合理而造成金属铸造时流动性不良，冷却不均，导致缩孔、疏松和内应力裂纹等缺陷。对壁厚及铸造圆角要求，见第十一章

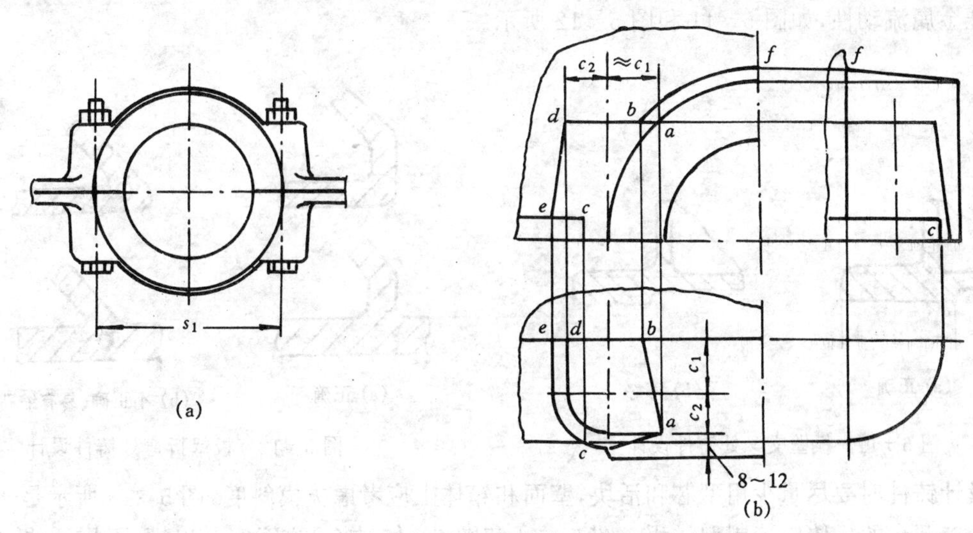

图 5－9　轴承旁箱体联接螺栓凸台与轴承座结构

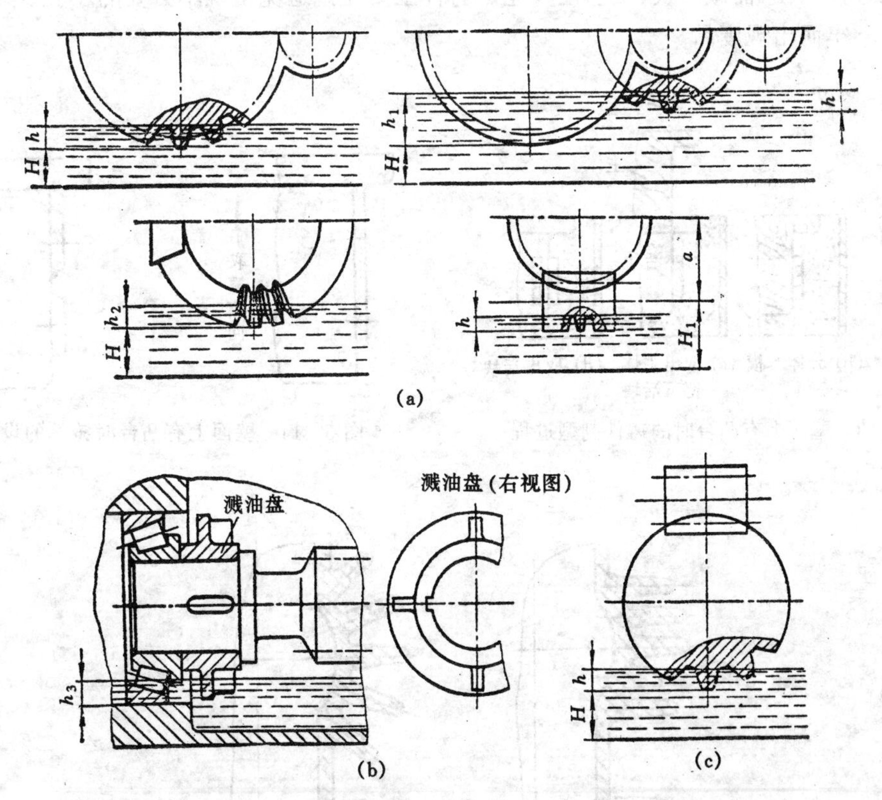

$H=(30\sim50)$mm；h——一个齿高，不小于 10mm；$h_1 \leqslant \frac{1}{3}R$（$R$ 为齿轮半径）；
$h_2=(0.5\sim1)b$（b 为圆锥齿轮齿宽），不小于 10mm；h_3——不超过滚动体中心；
H_1 由功率大小所需油量确定或 $H_1=(0.8\sim0.9)a$

图 5－10　减速器油池设计的一般要求

表 11.18～11.22，铸壁拐弯处及多壁汇交处的设计也要求过渡尽量均匀、不设计为锐角折弯，以保证金属流动性，如图 5－11 和图 5－12 所示。

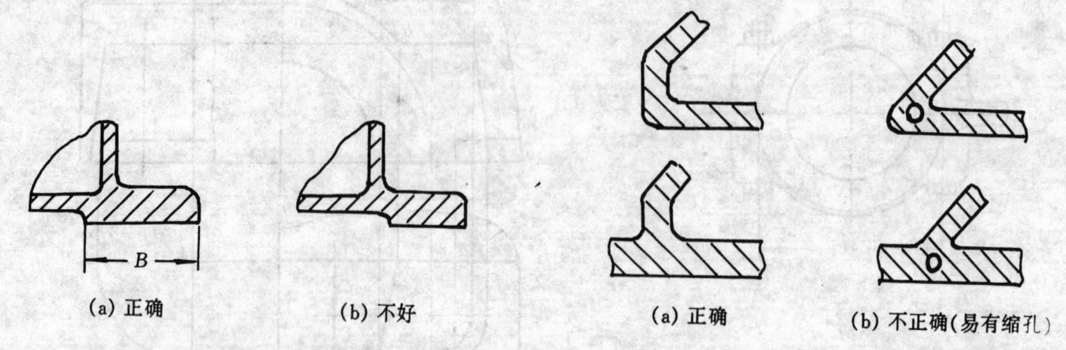

图 5－11　板壁交叉处铸件设计　　图 5－12　板壁折弯处铸件设计

设计铸件时要尽量少用型芯和活块，壁面和箱体上应考虑拔模斜度。图 5－13 所示是一壁面设计有凸台的机体铸造制型过程。图 5－14 和图 5－15 中(a)方案容易出模，不用活块；(b)方案不能直接取模，需做活块，工艺性较差。铸件上要注意避免出现不必要的小孔、窄缝，以免由于砂壁不牢而出现废品。

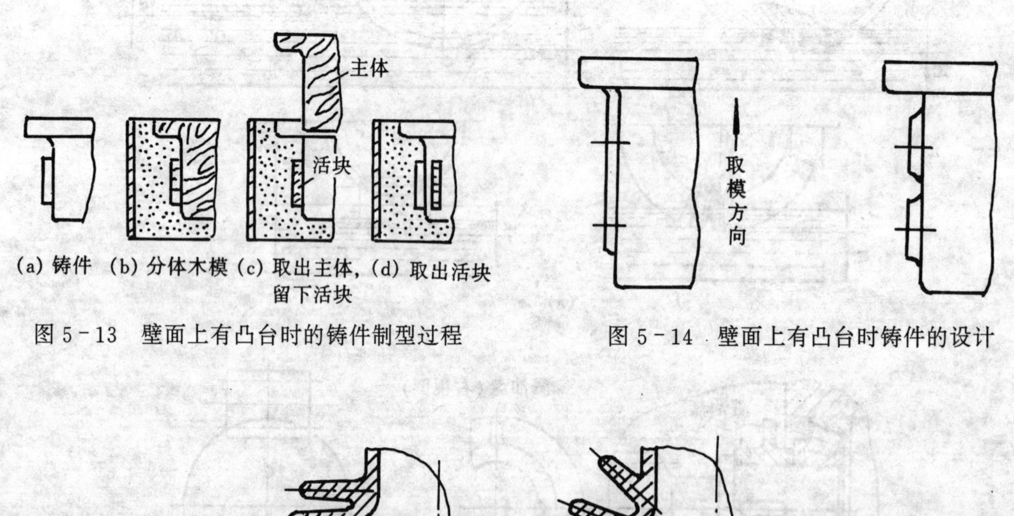

图 5－13　壁面上有凸台时的铸件制型过程　　图 5－14　壁面上有凸台时铸件的设计

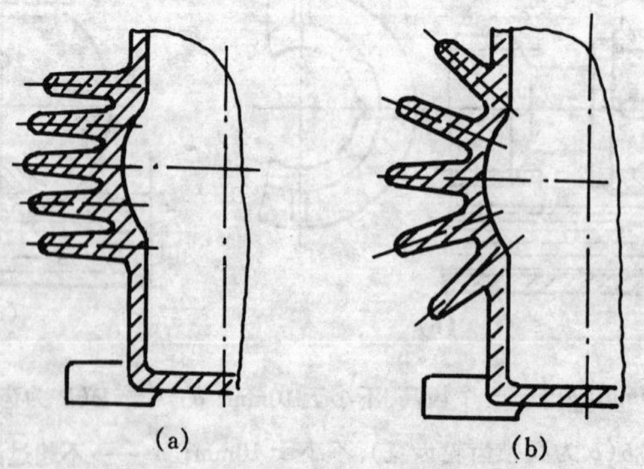

图 5－15　壁面上有散热片时铸件的设计

2. 机械加工工艺性

铸造机体毛坯需根据其与相关零件的装配要求进行机械加工，在设计铸件时应将加工和不需加工的表面区分开，能一次加工的表面应设计在同一平面或轴线上；对于凸起较多，外形复杂的铸件表面，设计时要考虑加工刀具及其夹具的占用空间及退刀距离等。图 5-16(a)为轴承座凸台，其端面与轴承盖配合需要加工，应设计有加工凸台；图 5-16(b)、(c)为箱体机座底部为减少加工面面积而采用的常见设计。箱体机座与机盖联接螺栓凸台，因装配中与螺栓端面接触需进行局部加工，加工面的设计及加工方法如图 5-17 所示；(a)、(c)为沉头座形式，(b)、(d)为凸台结构。

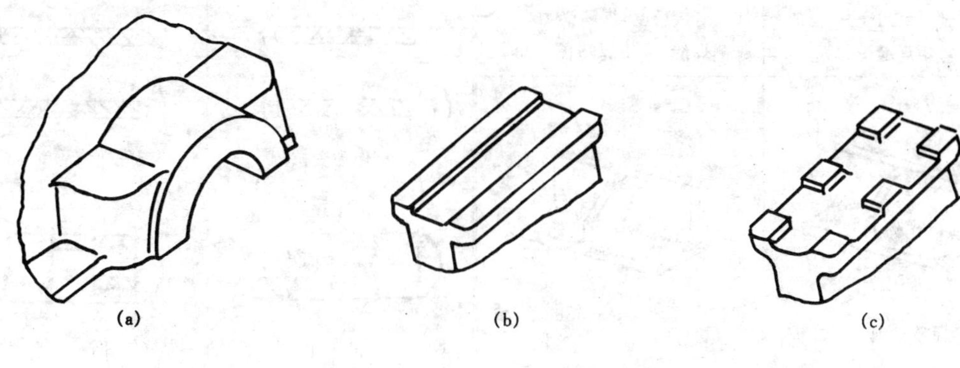

图 5-16 铸件需机加工表面的设计

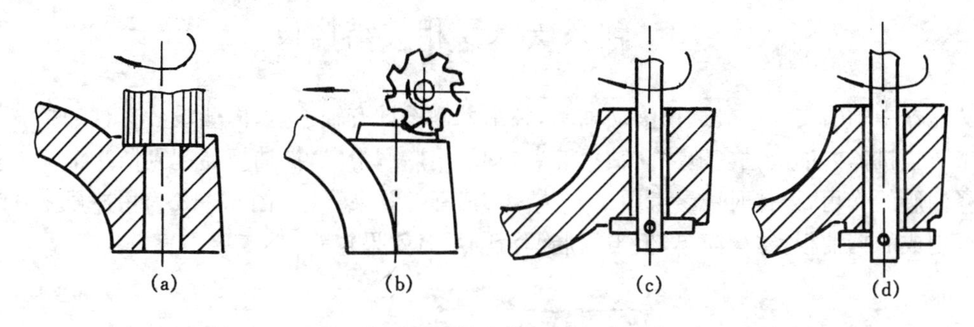

图 5-17 轴承旁联接螺栓处的加工表面设计及加工方法

3. 焊接部件的工艺性

焊接箱体可取材钢板，无铸造制模浇铸过程和相关工艺要求，且机体重量也可减轻 1/4～1/2，但焊接必须保证焊缝质量。由于焊接时局部受热而易使机体产生热变形，应在机加工前采用适当措施去除内应力。焊口应视其承力方式与大小合理设计，表 5-1 给出了各种板件焊接工艺实例。

表 5-1　焊接工艺示例

不合理的结构	合理的结构	不合理的结构	合理的结构
搭接长度过小,为平衡外弯矩焊缝受力大	加大搭接长度,焊缝受力小(对于侧焊缝,应使焊缝长<50 k)	需要预加工关开坡口,工艺较复杂	不开坡口,工艺简单
		不宜作为受拉侧	焊缝底面作为受压侧
交叉处焊缝集中,内应力大	切去焊缝交叉处肋板的角,减小内应力	焊缝十字相交,内应力大	焊缝错开,减小内应力

§5.3　轴系支承及相关结构设计

减速器中轴的支承一般选用滚动轴承,轴承外侧设计有轴承盖,内侧设计有挡油板。挡油板用来防止机体内油液过多地冲向轴承腔。当轴承用脂润滑时,挡油板还起到防止油流入轴承处稀释油脂的作用,设计时可参考图 4-8 结构,其密封效果较好。图 5-18 为用冲压钢片或车制钢板制成的挡油板,结构简单,但当用脂润滑轴承时效果较差。

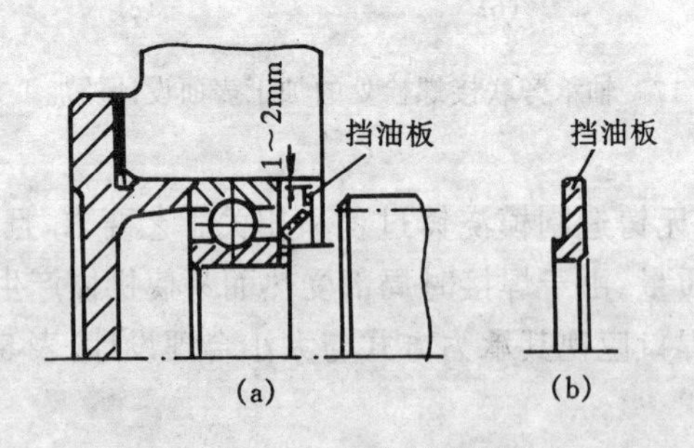

图 5-18　轴承处挡油板结构

轴承用机体内油液润滑时,浸油齿轮圆周速度一般需在 2 m/s 以上,速度较高时可靠飞溅的油液直接润滑轴承,一般情况应设计导油油沟将机体内壁上的油液直接导引致轴承处,以保证润滑充分可靠。在轴承端盖上也应设计槽孔,使油路畅通,图 5-19 中给出了这种结构油路示意和轴承盖的几何形状。当传动件旋转速度较低,轴承位置较高时,可设置刮油板将油液刮入润滑油沟,或直接引至轴承处,这种结构在蜗轮轴上轴承的润滑设计中经常使用,如图5-20及图册中蜗杆减速器所示。

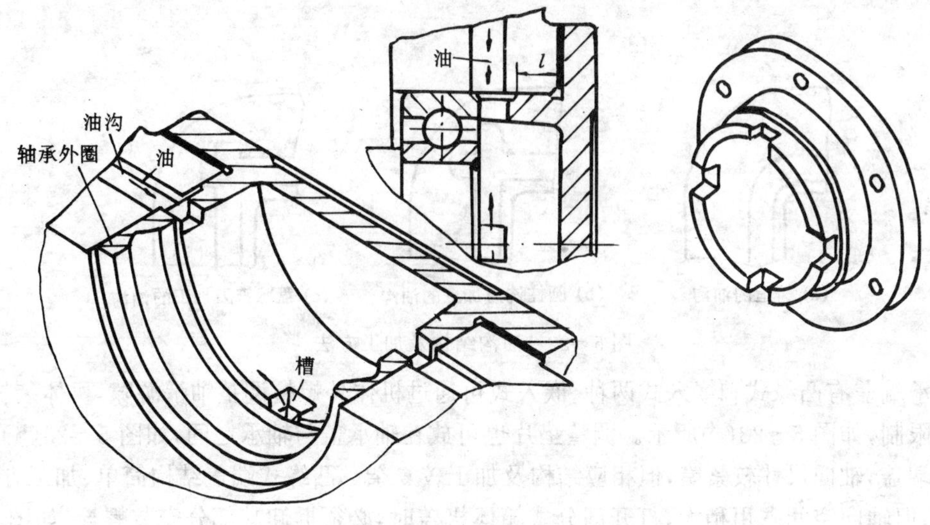

图 5-19　油润滑轴承时的油路及结构

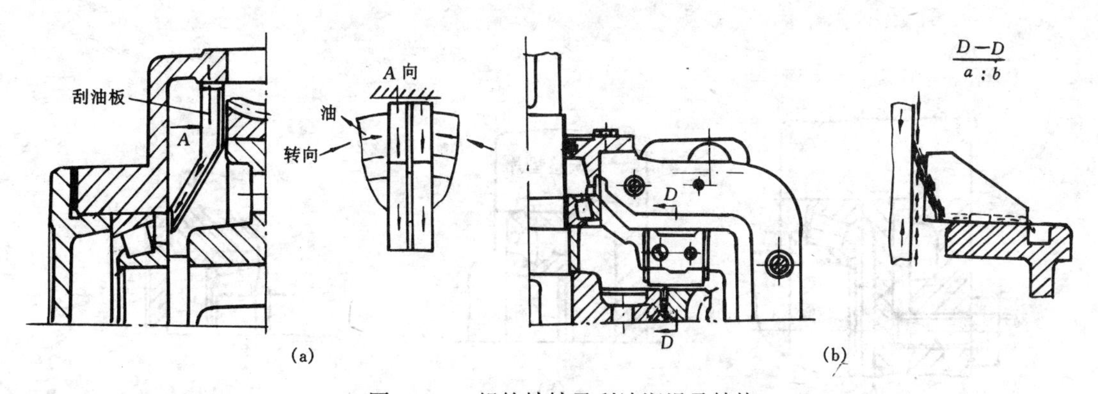

图 5-20　蜗轮轴轴承刮油润滑及结构

油沟可以铸造，也可机加工成型，设计时要在相应的机盖上留有导油斜面，油沟尺寸及加工方法见图 5-21、图 5-22。

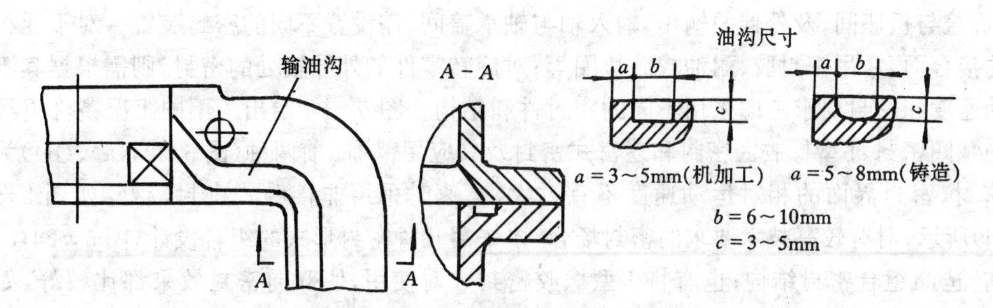

图 5-21　机体输油沟及机盖局部结构和几何尺寸

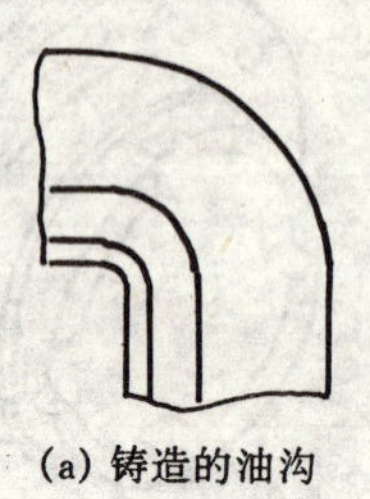

(a) 铸造的油沟

(b) 圆柱铣刀加工的油沟

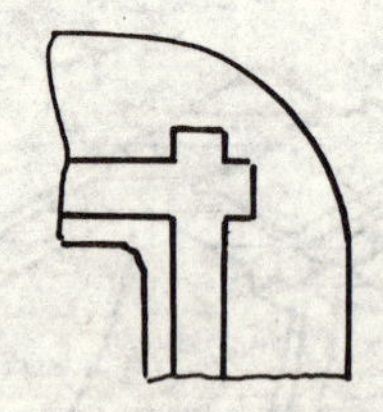

(c) 盘状铣刀加工的油沟

图 5-22 油沟结构及加工方法

轴承端盖有凸缘式和嵌入式两种。嵌入式可通过机体外螺柱调整轴承游隙,机体装拆不受轴承盖限制,如图 5-23(a)所示。调整垫片也可放在轴承盖与轴承之间,如图 5-23(b)所示。嵌入式端盖,轴向尺寸较紧凑,但相应结构及加工较复杂。凸缘式端盖结构简单、加工方便,较为常用;但轴向空间占用稍大,打开剖分式箱体机盖时,必须拆卸其部分安装螺栓,如图 5-23(c)所示。

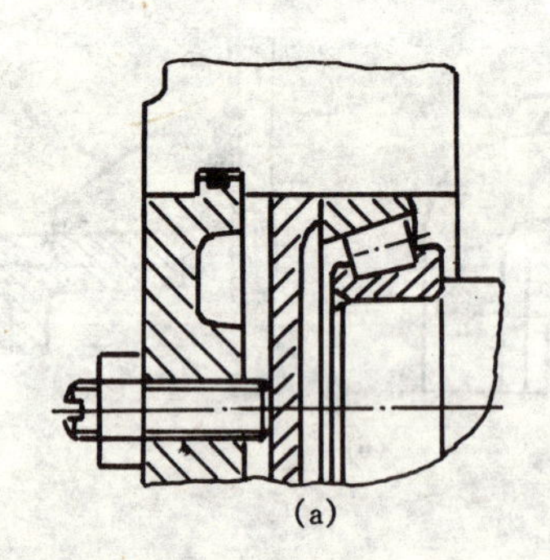

(a)

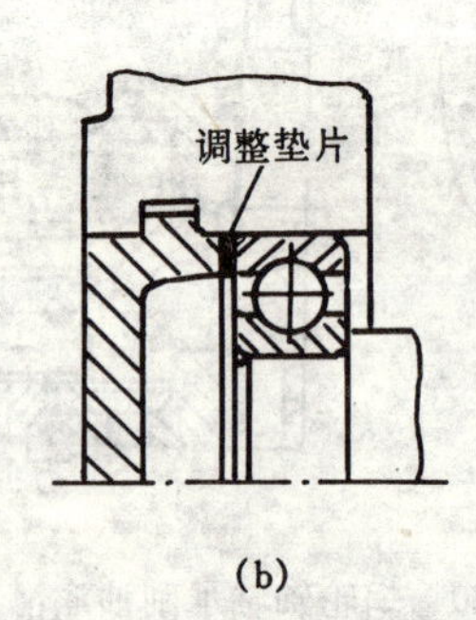

(b)

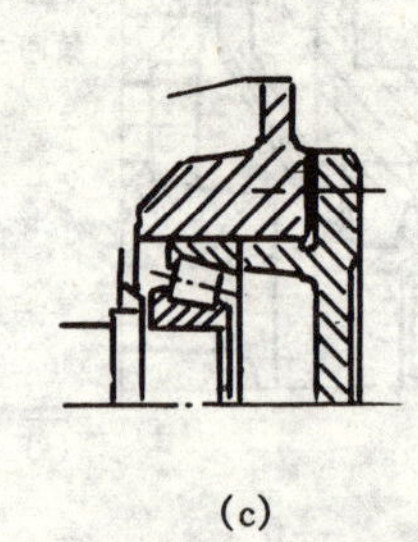

(c)

图 5-23 轴承端盖的结构

为防止机体内润滑剂外泄和外部杂质进入机体内部影响机体工作,在构成机体的各零件间,如机盖与机座间,及外伸的输出、输入轴与轴承盖间,需设置不同的密封装置。对于无相对运动的接合面,常用密封胶、耐油橡胶垫圈等;对旋转零件如外伸轴处的密封,则需根据其不同的运动速度和密封要求考虑采用不同的密封件和结构。图 5-24 给出了不同工况条件下经常采用的毡圈密封、J 型橡胶圈密封和迷宫式密封及其应用范围。前两种(图 5-24(a)、(b))为接触式密封,密封界面的相对运动速度不宜过大,高速时采用非接触式密封较好,如图 5-24(c)、(d)所示;对有较高技术要求的密封场合,多采用几种密封形式的组合设计,图 5-24(e)中是油沟-毡圈组合密封结构;也有将 J 型橡胶密封成对使用,使双向密封效果都比较好,如图 5-24(f)所示。组合式密封设计结构较复杂,但密封工作性能稳定。

粗羊毛毡封油圈（$v<3\mathrm{m/s}$）
半粗羊毛毡封油圈（$v<5\mathrm{m/s}$）
航空用毡封油圈（$v<7\mathrm{m/s}$）

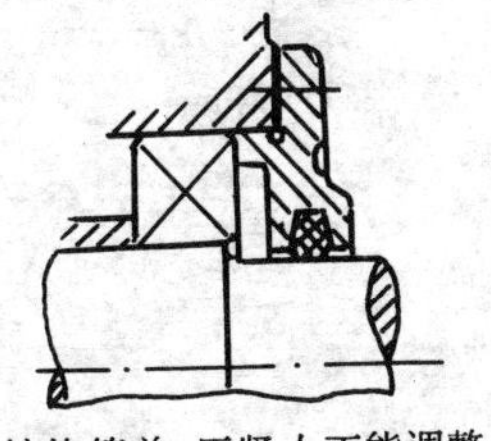

结构简单，压紧力不能调整

(a)

密封圈密封（$v<4\sim12\mathrm{m/s}$）

使用方便，密封可靠。耐油橡胶和塑料密封圈有O，J，U等型式，有弹簧箍的密封性能更好

(b)

油沟密封（$v<5\sim6\mathrm{m/s}$）

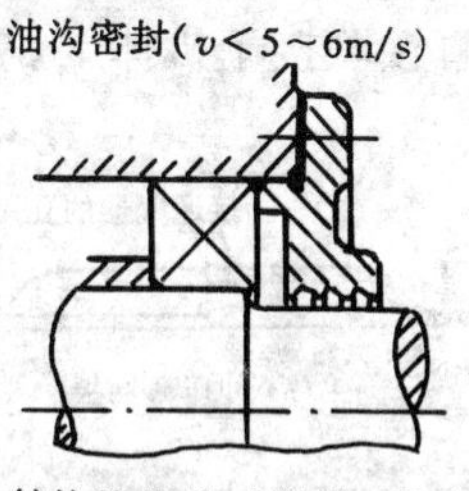

结构简单，沟内填脂，用于脂润滑或低速油润滑。盖与轴的间隙约为0.1～0.3mm，沟槽宽3～4mm，深4～5mm

(c)

迷宫式密封（$v<30\mathrm{m/s}$）

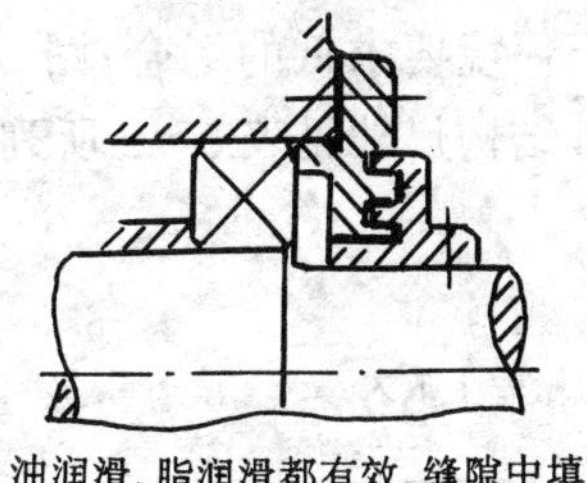

油润滑、脂润滑都有效，缝隙中填脂

(d)

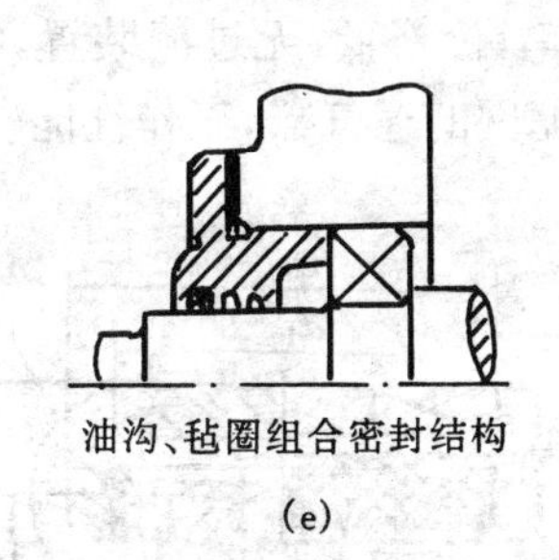

油沟、毡圈组合密封结构

(e)

成对使用的J型橡胶密封双向密封性好

(f)

图5-24　旋转密封常用密封方式及适用工况

§5.4　减速器附件设计

减速器的正常使用和维护，需要依靠若干附件来实现，各附件根据其不同的工作要求和结构特点设置于减速器的不同部位（见图4-1、图4-2和图4-3）。各附件的功用和设计要点应在设计过程中进一步明确，并做出合理的设计。

一、窥视孔和窥视孔盖

窥视孔用于检查传动件的啮合情况，并兼作注油孔。由于检测时常需使用相应的工具并需观察，所以窥视孔一般设计在减速器箱体上方，且应有足够的尺寸，以便观察和操作。为防止杂质进入机体和机体内油液溢出，窥视孔上设有窥视孔盖及密封垫，如图5-25所示。窥视孔盖

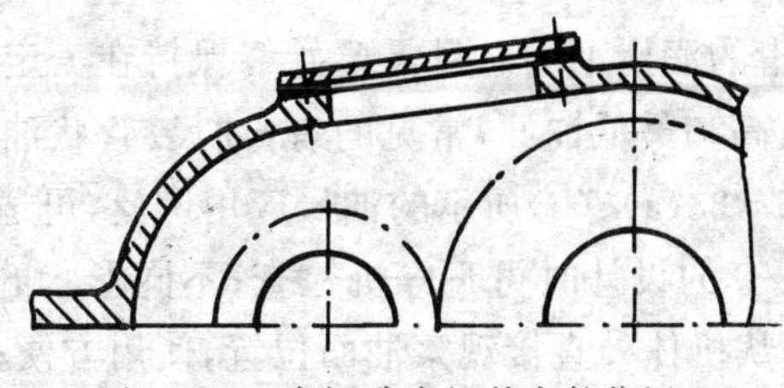

图5-25　窥视孔在机盖上的位置

可用不同材料制造,如薄板冲压成型、铸造加工或用钢板加工,如图 5-26 所示。窥视孔盖常用螺栓直接联接于机体上。

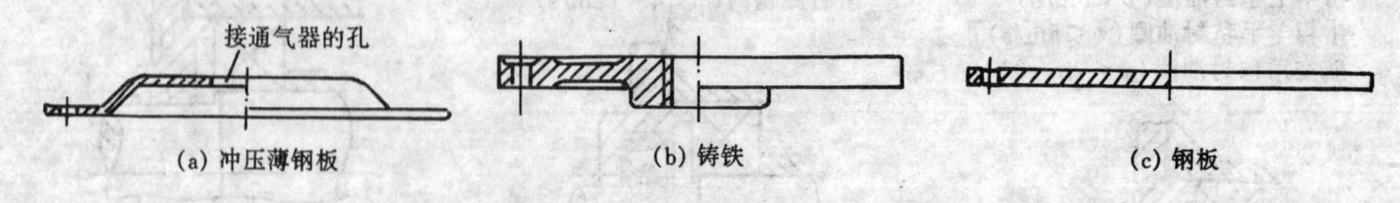

图 5-26　窥视孔盖的制造方法和结构

二、通气器

机器工作时,其内部温度会随之升高,机内气体膨胀,如无通气管道则油气混合气体会从减速器周边密封处溢出,为此应在机体上方设置通气器,使机器运转升温时气体通畅逸出,停机后机器冷却时气体由此吸入。为避免停机时吸入粉尘,通常使用带有过滤网的通气器。图 5-27(a)所示的通气器,结构简单,价格低,无过滤装置,常用于环境要求低的场合;图 5-27(b)所示为一设计为曲路带有过滤网的通气器,工作性能较优,其结构尺寸见表 5-2 所列。

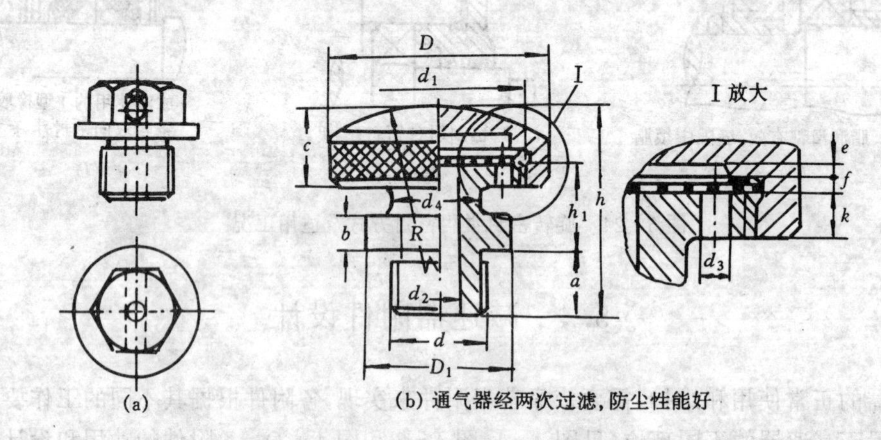

图 5-27　通气器及结构

表 5-2　图 5-27(b)所示通气器结构尺寸

d	d_1	d_2	d_3	d_4	D	a	b	c	h	h_1	D_1	R	k	e	f
M18×1.5	M33×1.5	8	3	16	40	12	7	16	40	18	25.4	40	6	2	2
M27×1.5	M48×1.5	12	4.5	24	60	15	10	22	54	24	39.6	60	7	2	2

三、油位测量装置

供减速器内部机件润滑的润滑油的总量需要始终保持在一定范围,油位的高低一般用油标观测,油标上需标示出最高和最低油面,常见的有:油尺、管状油标,圆形油标和长形油标以及油面指示螺钉等。如图 5-28(a)、(b)所示的油尺应用广泛,可适用于各种场合,但测油时需取出油尺观察,采用带隔离套的设计时可不停机检查;不同形状的透明油标,如图 5-28(c)、(d)所示圆形、管状油标,可从机体外直接观察油面位置,使用方便;使用指示螺钉时,易有油液流出,但其结构简单,加工安装容易,如图 5-28(e)所示。油标的安装位置应在设计中合理选择，以保证加工、装配和使用方便。

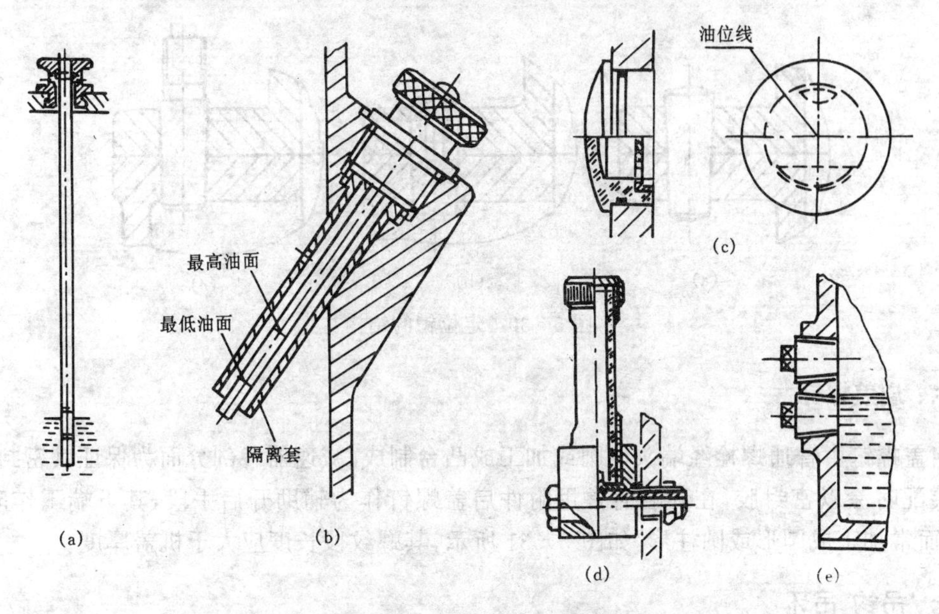

图 5－28　各种油面指示器

四、放油孔和放油螺塞

为放出机体内油液，应在机体底部设置放油孔，其设计位置应在机体底面稍低部位，以便排油时将油液基本排净。机器正常工作时用螺塞加耐油垫片将其阻塞密封，为加工内螺纹方便，应在靠近放油孔机体上局部铸造一小坑，使钻孔攻丝时，钻头丝锥不会一侧受力，如图5－29所示。

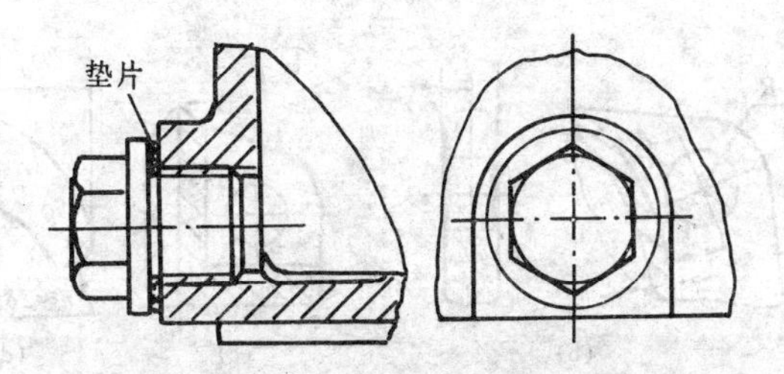

图 5－29　放油孔位置及与螺塞结构

五、定位销

当机体由多个零件联接而成，而各部分又需在加工装配时保持精确位置时，应采用定位销定位。如剖分式箱体由机盖和机座组成，其上轴承孔的加工具有较高的精度要求，因此在设计时，应在剖分面上设置二个相距较远的定位销，以保证其加工装配精度。定位销有圆柱销和圆锥销。前者加工简单；后者在经多次装拆后仍能保证定位可靠，较多使用。为保证其工作可靠和便于装拆，也可选用端头上加工有螺纹的销，典型结构见图 5－30。

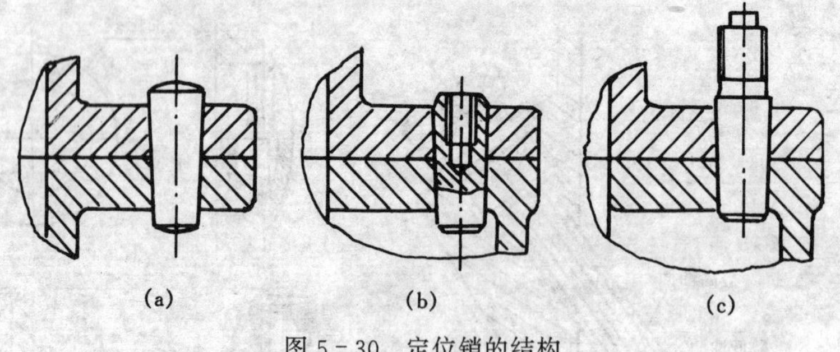

图 5-30　定位销的结构

六、启盖螺钉

启盖螺钉由普通螺栓经端头倒圆或加工成凸台制成。减速器各剖分面为保证其密封要求，常在装配时涂以密封胶，在开启时常用附件启盖螺钉作为辅助开启手段，其下端工作时受力大，因而常加工成圆形或圆柱形，如图 5-31 所示，其螺纹段长度应大于机盖厚度。

七、吊钩、吊环

为方便减速器的搬运，应在机座机盖上直接加工或安装供起运用的吊钩吊环。吊钩可直接在机体上铸造，如图 5-32(d)、(g)所示；吊耳环孔的设置可在机体上铸造相应的结构上打孔完成，如图 5-32(a)、(b)、(c)、(e)、(f)所示；环首螺钉可安装在机体上铸造的安装凸台上，如图 5-32(h)、(i)所示。各种结构的推荐尺寸见图 5-32，当减速器较为轻小时，可适当减小图示尺寸，但应以吊索及吊具能方便穿入为准。

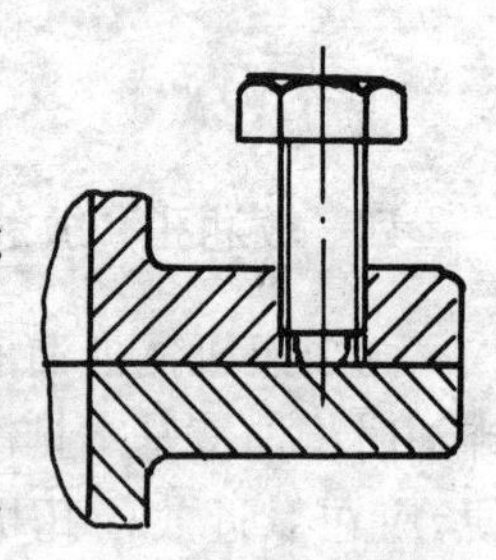
图 5-31　启盖螺钉

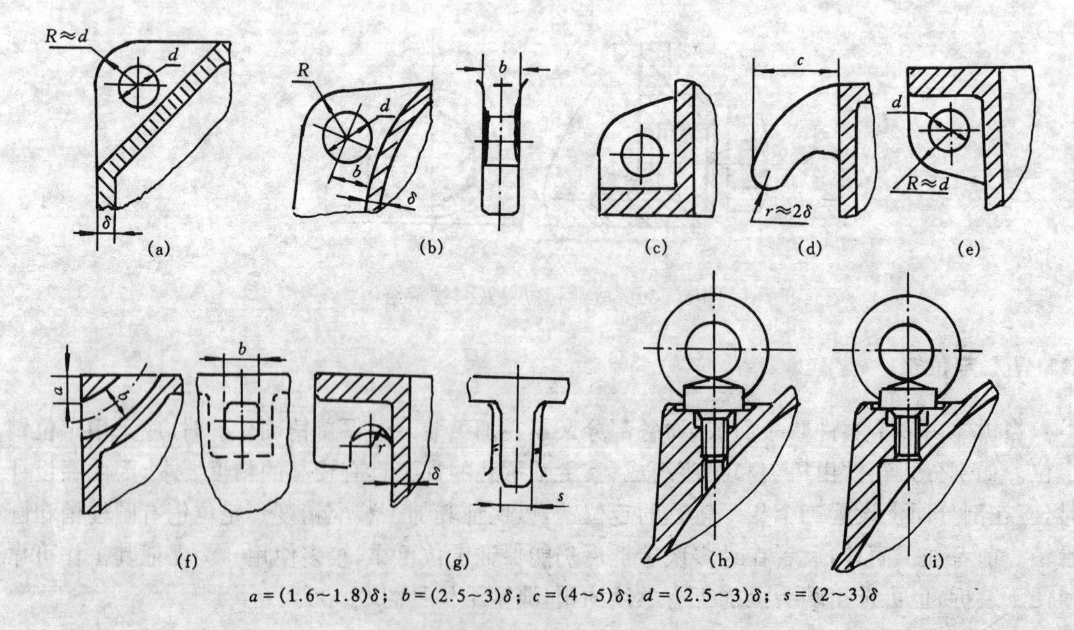

$a=(1.6\sim1.8)\delta$；$b=(2.5\sim3)\delta$；$c=(4\sim5)\delta$；$d=(2.5\sim3)\delta$；$s=(2\sim3)\delta$

图 5-32　减速器吊钩吊环及安装结构

§5.5 完成减速器草图

减速器主体及附件设计完成后，需要对整体设计进行全面的审查、完善，应使其功能完备、性能优良、工艺合理、工作可靠。图 5-33、图 5-34 和图 5-35 给出了蜗杆蜗轮减速器、二级圆柱齿轮减速器和圆锥-圆柱齿轮减速器的设计草图。

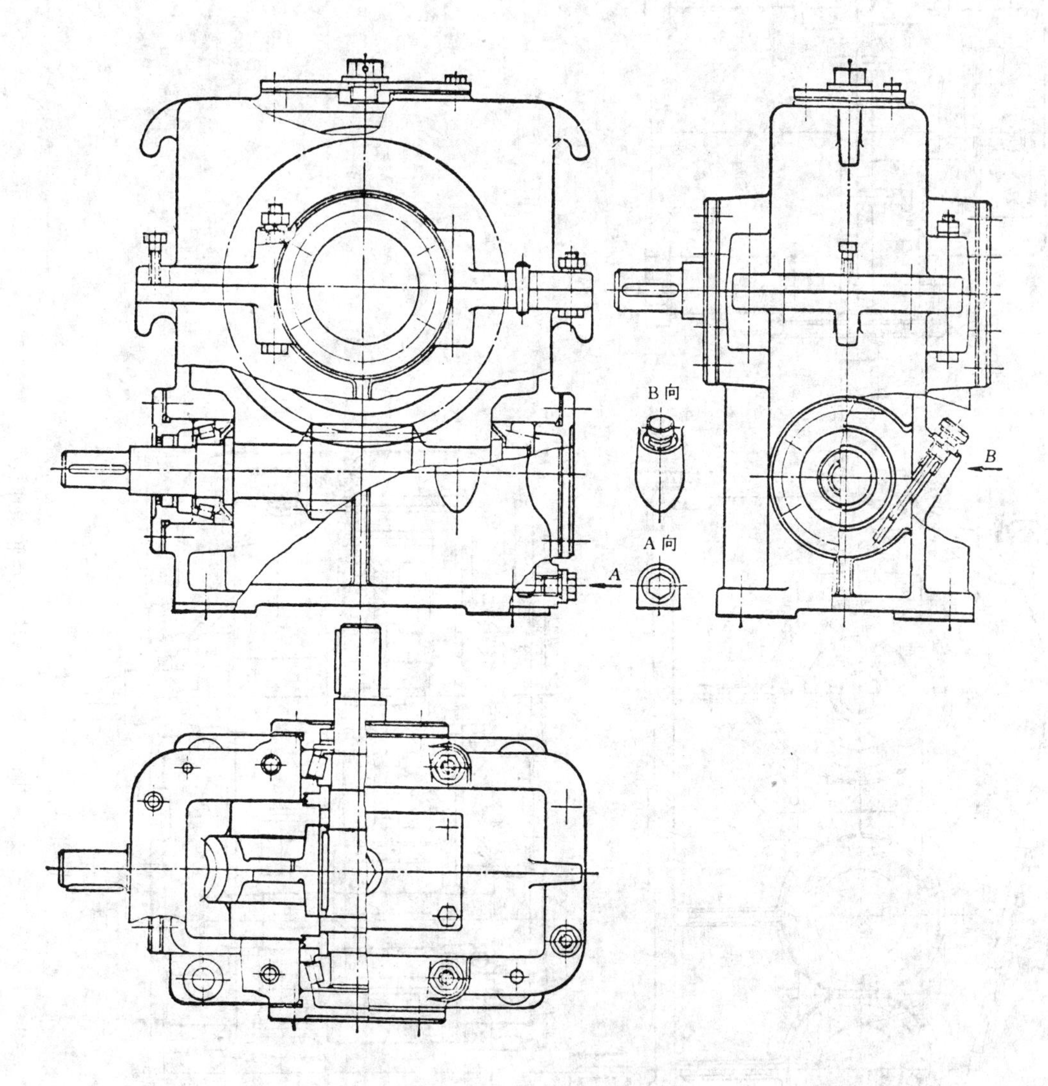

图 5-33 蜗杆蜗轮减速器

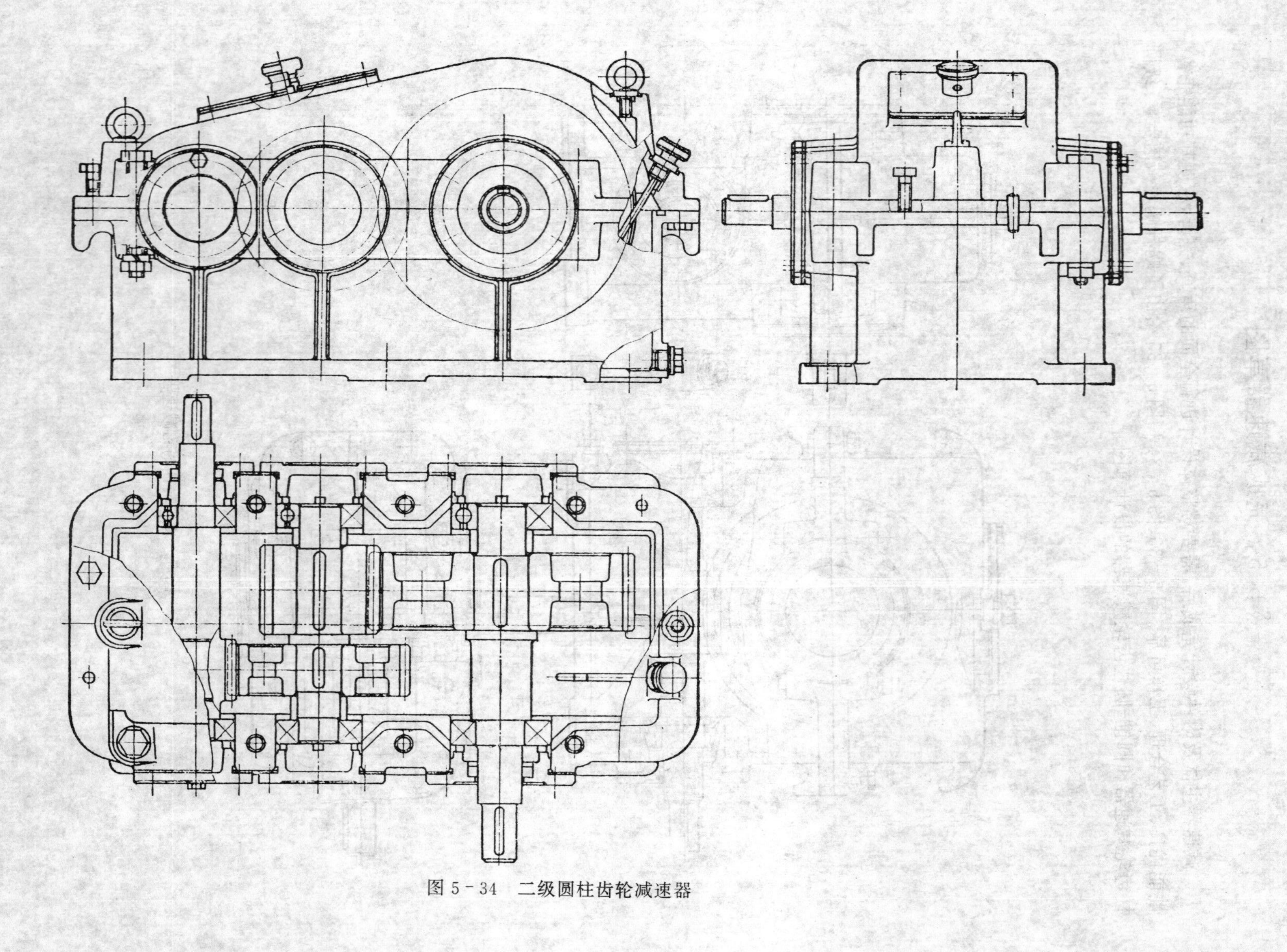

图 5-34 二级圆柱齿轮减速器

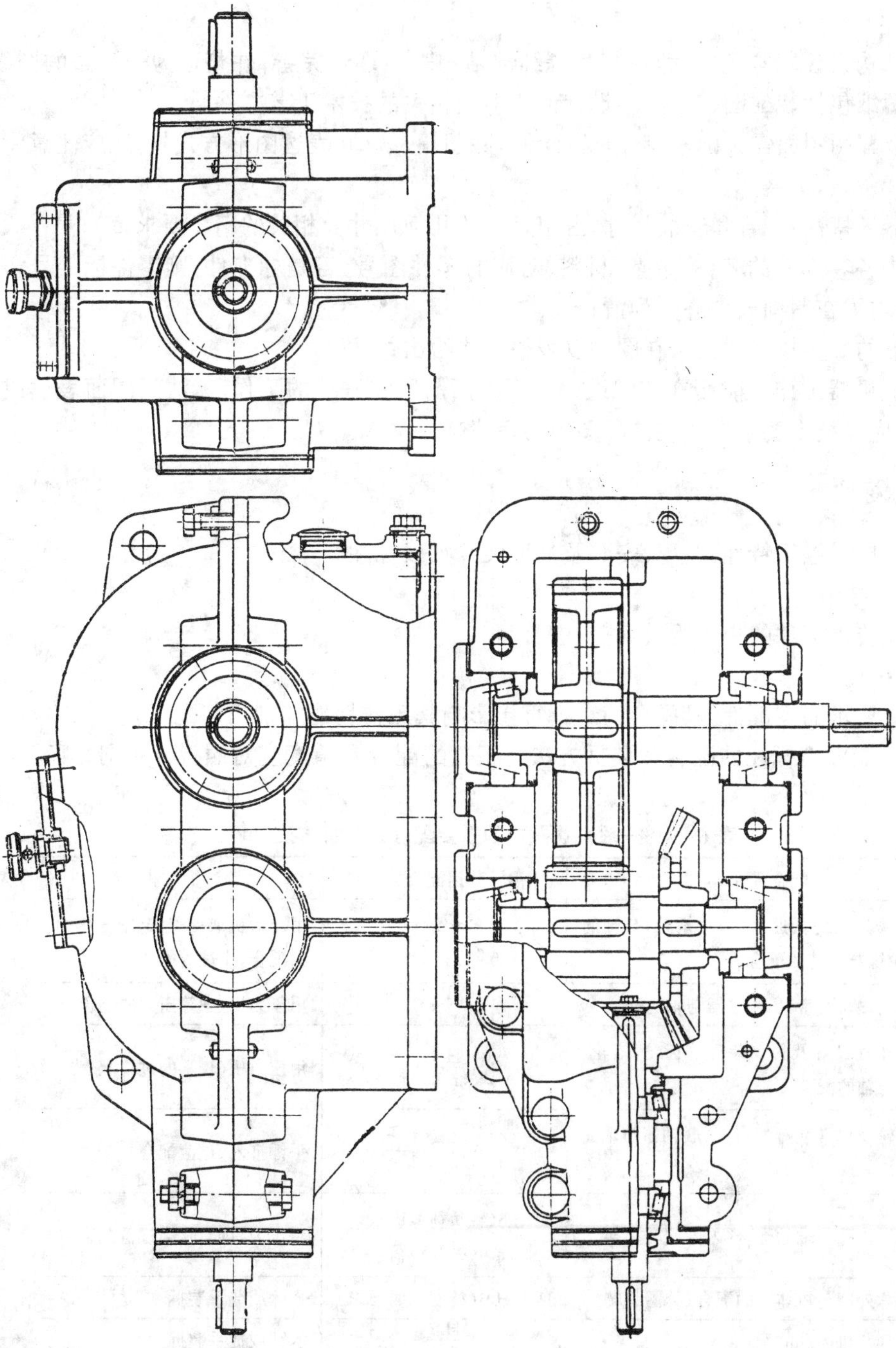

图 5 - 35　圆锥-圆柱齿轮减速器

第六章　完成减速器设计

减速器结构设计基本完成后，应将其各细部结构表达逐步完善，并整理为一完整的图纸。一套完整的图纸包括装配图、零件图、设计说明书及相关的技术工艺文件。

减速器装配图图面需按国家有关标准绘制，除图幅、线型、表达图形方式外，还应注意将如下内容表达清楚。

· 减速器的特性、配合和安装尺寸，占用空间的几何尺寸及相关的精度要求；

· 图纸中各零部件的名称、数量、材料、对应的零件图号，若是标准件，则零件标准号和具体规格尺寸，均需在明细表中逐一列清；

· 减速器的主要技术特性可在图中以表格方式给出；

· 为保证机器工作性能而在装配过程直至出厂前所需进行的工作，无法用图面表达或表达不清楚的，应以技术要求方式在装配图中书写清楚。

一、尺寸标注

装配图中应对以下特性、装配、安装及外形尺寸加以标注。

1. 特性尺寸

主要标注传动部件的中心距及偏差、中心高。

2. 配合尺寸

对有配合要求的零部件，其配合的选择直接影响其工作性能和加工装配工艺。表 6-1 给出了一般减速器内需标注的配合和装拆方法。相关的配合及精度应对照设计手册、规范正确选择。

表 6-1　一般减速器中的重要配合及装拆方法

配合零件	荐用配合	装拆方法
大中型减速器的低速级齿轮（蜗轮）与轴的配合，轮缘与轮芯的配合	$\frac{H7}{r6}$，$\frac{H7}{s6}$	用压力机或温差法（中等压力的配合，小过盈配合）
一般齿轮、蜗轮、带轮、联轴器与轴的配合	$\frac{H7}{r6}$	用压力机（中等压力的配合）
要求对中性良好及很少装拆的齿轮、蜗轮、联轴器与轴的配合	$\frac{H7}{n6}$	用压力机（较紧的过渡配合）
小锥齿轮及较常装拆的齿轮、联轴器与轴的配合	$\frac{H7}{m6}$，$\frac{H7}{k6}$	手锤打入（过渡配合）
滚动轴承内孔与轴的配合（内圈旋转）	j6（轻负荷），k6，m6（中等负荷）	用压力机（实际为过盈配合）
滚动轴承外圈与机体孔的配合（外圈不转）	H7，H6（精度高时要求）	木锤或徒手装拆
轴承套杯与机体孔的配合	$\frac{H7}{h6}$	木锤或徒手装拆

3. 安装尺寸

安装尺寸包括减速器与其他零部件的联接安装尺寸，如外伸轴端尺寸及与外接零件的配合等；还有减速器与安装基础间的安装尺寸，如图 4－1 中减速器底面地脚螺钉的位置及间距，底板尺寸等。

4. 外形尺寸

为明确减速器的整体大小，占用空间，方便运输包装，现场布置，要在装配图中将其最大长、宽、高表达清楚。

二、填写标题栏和明细表

标题栏、明细表应按国标规定绘于图纸右下角指定位置，尺寸规格按国家标准或行业、企业标准。零件编号、标题栏、明细表、技术特性及技术要求见图 10－1 及图 11.1～11.4。

1. 标题栏

标题栏内容需逐项填写，图号应根据设计内容用汉语拼音字母及数字编写。

2. 明细表

明细表作为装配图上所有零部件的总目录，每种零件都必须在图中编号并列于明细表中。零件要逐一编号，引线之间不允许相交，不应与尺寸线、尺寸界线平行，编号位置应整齐顺或逆时针顺序编写；成组使用的零件可共用同一引线后，在线端顺序标注其中各零件，如螺栓、垫片和螺母；整体购置的组件、标准件可共用同一标号，如轴承、通气器等。编号时也可将标准件与非标准件分开标号，标准件前加注"B"，以示区别。明细表中按图中零件逐一顺序按项填写，不能遗漏，必要时可在备注栏中加注。

三、技术特性

减速器的主要性能指标和主要传动件的特性参数、精度等级需在装配图上以技术特性表的形式给出，表 6－2 是二级斜齿轮减速器的技术特性表示例。

表 6－2　减速器技术特性表示例

输入功率 /kW	输入转速 /r · min^{-1}	效　率 η	总传动比 i	传　动　特　性							
				第 一 级				第 二 级			
				m_n	z_2/z_1	β	精度等级	m_n	z_2/z_1	β	精度等级

四、技术要求

装配图的技术要求中主要表述图面上无法表达或表达不清楚的关于装配、检验、使用及维护等要求。技术要求的执行，是保证减速器正常工作的重要条件。

1. 装配前要求

减速器装配前，必须按图纸检验各零部组件，确认合格后，用煤油或其他方法清洗，并在某些零件的非配合表面做必要的防蚀处理，如在机体内表面涂防蚀涂料等。视情况和装配条件及要求，可对零件的装配工艺做出具体规定，如装配方法等。

2. 对装配过程的要求

技术要求中应对装配过程中必须控制而又无法在视图中明确表达的内容记叙清楚。如轴承装配时要保证的游隙，其值可根据工作温升，相关零件的实际加工误差及零件的几何尺寸如轴的跨距等因素估算确定。游隙过大,轴系可能在工作中发生过大的轴向窜动;游隙过小,则轴承易因轴热膨胀而导致轴承轴向过紧,运转摩擦阻力大,不灵活、发热高,严重时会使轴承加速失效。

对于内外环可分离的角接触轴承,其游隙在装配时应调整准确,以保证支承刚性、减小振动噪声。表 6-3 列出了常用角接触轴承的轴向游隙荐用值。当采用内外环不可分的轴承支承,如深沟球轴承时,其轴向间隙一般可取 0.25～0.4 mm,也可视不同减速器轴系的工作要求确定。

表 6-3　角接触轴承的轴向游隙荐用值

轴承类型	轴承内径 d/mm		允许轴向游隙的范围/μm					
			一端固定,一端游动		两端单向固定		一端固定,一端游动	
			最　小	最　大	最　小	最　大	最　小	最　大
	超过	到	接　触　角　α					
			α=1.5°				α=25°及 40°	
角接触球轴承	—	30	20	40	30	50	10	20
	30	50	30	50	40	70	15	30
	50	80	40	70	50	100	20	40
	80	120	50	100	60	150	30	50
			α=10°～16°				α=25°～29°	
圆锥滚子轴承	—	30	20	40	40	70	—	—
	30	50	40	70	50	100	20	40
	50	80	50	100	80	150	30	50
	80	120	80	150	120	200	40	70

游隙的调整,可用增减调整垫片和使用调隙螺柱等方法实现,如图 6-1(a)、(b)所示。调整时可先压紧轴承,使轴向游隙为零,然后调整轴承盖的轴向位置(或调节螺柱),同时加垫合适的垫片(或拧紧调节螺栓上的螺母),使轴承处于设计游隙范围。

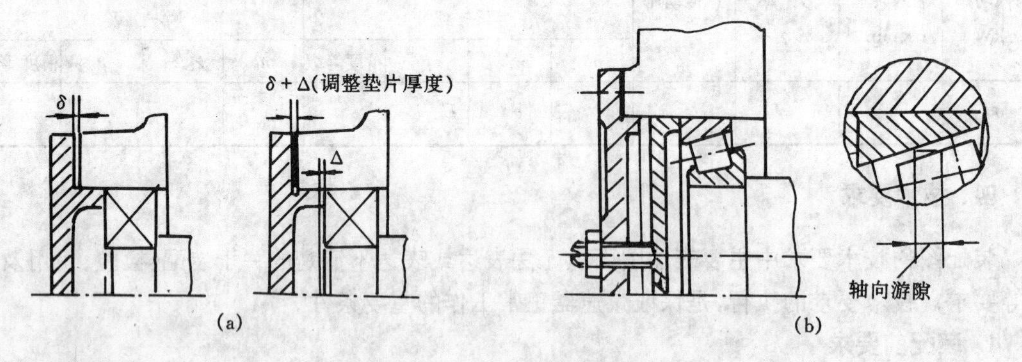

图 6-1　轴承轴向游隙的调整

装配技术要求还包括对主要传动零件安装位置的调整要求,如圆锥齿轮和蜗轮等;以及对相互啮合传动件的接触精度和侧隙的具体要求,供装配时检验检测用。侧隙测量一般用铅丝置于齿轮轮齿之间,测量其经啮合区后的残留厚度;接触状况一般通过观察着色接触面经试运转后的接触斑点位置及分布,确定调整改进方案。表 6-4 给出了常见的接触斑点部位及其造成原因和调整改进方法。

表 6-4 常见接触斑点部位及原因分析和调整改进方法

接触部位	原因分析	调整、改进方法
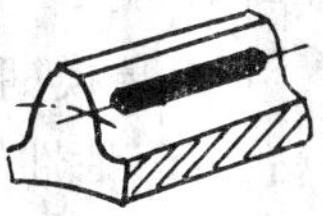	正常接触	
 	齿形误差超差或齿轮的齿圈径向跳动超差	对轮齿进行返修
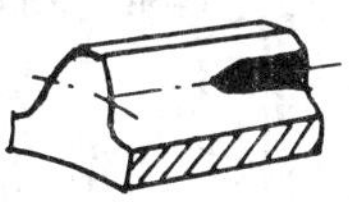	两齿轮轴线歪斜等	对轮齿或轴承座孔进行返修
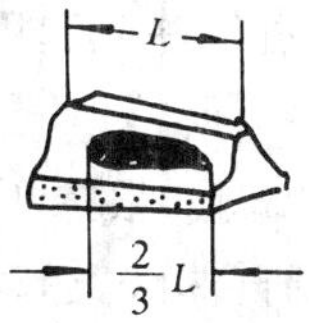 L $\frac{2}{3}L$	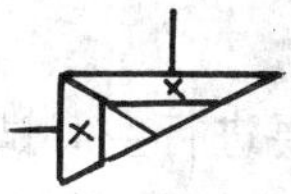 正常接触(两齿轮锥顶重合)	
 a 轮	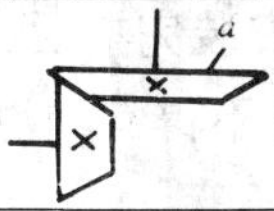 两齿轮锥顶不重合;a轮小端接触	调整大小齿轮位置使锥顶重合
 a 轮	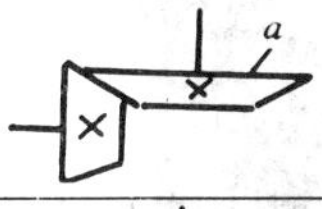 两齿轮锥顶不重合,a轮大端接触	调整大小齿轮位置使锥顶重合
	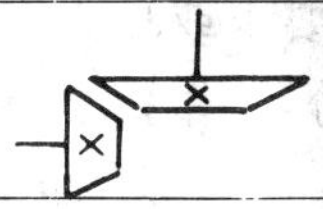 两齿轮过分分离、侧隙过大	调整大小齿轮位置使锥顶重合
	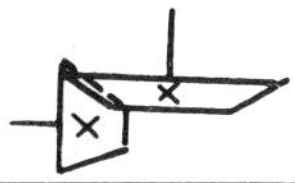 两齿轮过分靠近,侧隙太小	调整大小齿轮位置使锥顶重合
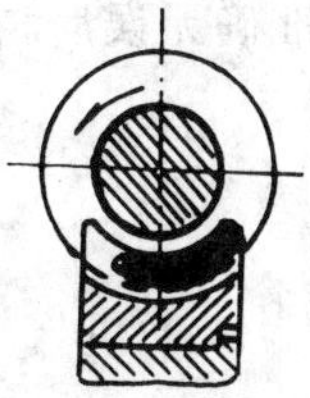	正常接触(蜗杆轴心线通过蜗轮中间平面,接触区偏向出口端)	
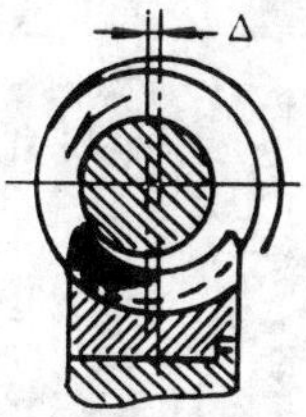 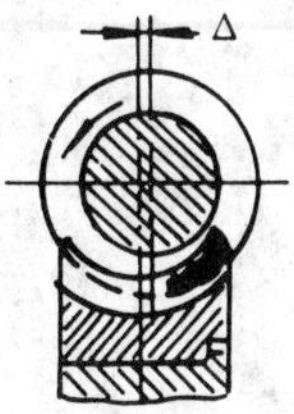 Δ　Δ	蜗杆轴心线不通过蜗轮中间平面	调整蜗轮位置,使蜗杆轴心线通过蜗轮中间平面

同一减速器中不同零件的装配要求，应分项写明，必要时可列表表达。

3. 减速器的润滑与密封

润滑对减速器整机性能影响较大，良好的润滑有减少摩擦、降低磨损、冷却散热、清洁运动副表面，以及减振防蚀等功用。在技术要求中应规定润滑剂的牌号，用量，更换期等。一般高速重载，频繁启动等温升较大或不易形成油膜的工况下，应适当选用粘性高、油性极压性好的油品；对轻载工况，润滑油粘度可适当降低，具体品种可查阅有关手册。

机体内油量的计算，主要是根据传动件要求、散热要求和油池基本高度等因素确定。轴承部位如用油脂润滑，其填入量一般小于其所在轴承腔空间的 2/3；轴承转速较高时，如 $n>1\ 500$ r/min，一般用脂量不超过其所在轴承腔空间的 1/3～1/2。否则会导致该处润滑脂搅动过大，阻力增加，温升过大。

减速器的润滑剂除在跑合后应立即更换外，还应定期检查、更换，更换期一般可在半年左右，用润滑脂润滑轴承时应定期添加润滑剂；润滑油量应按时检查，发现润滑油不足时及时添加。

为防止润滑剂流失和外部杂质进入机体，在相关部位要设计适当的密封结构，在不允许加密封垫片的密封界面，如机盖机体间，在装配时涂密封胶或水玻璃。密封件应选用耐油材料。

4. 试验要求

减速器装配完毕后，在出厂前一般要进行空载试验和整机性能试验，根据工作和产品规范，可选择抽样或全部产品试验。做空载试验时，应规定最大温升或温升曲线，运动平稳性及对应其他运转条件的检查项目。例如：机器安装完毕后，正反空载运转各一小时，要求运转期间无异常噪声，或噪声低于×× dB；各密封处不得有油液渗出，温升不得超过××℃；各部件试验前后无明显变化；各联接固定处无松动；等等。如有特殊产品要求或国家、行业标准，应按规定设列相关技术要求。

5. 对外观、包装、运输的要求

机器出厂前，应对外观做符合用户要求或相关标准的外部处理，如箱体外表面涂防护漆等；外伸并将与其他零件配合安装的部分，应做防蚀处理后严格包装，如涂脂后包装等；运输外包装后应注明放置要求，如勿倒置、防水、防潮等要求。

五、提交装配图

以上各项内容全部完成后，应认真检查全图各部分内容，确认准确无误后，在标题栏“设计”栏内签名，按标准叠图准备提交指导教师审查及考试答辩。

有关减速器装配图可参阅第十章图 10-1 至图 10-7。

第七章　零件工作图

机器的装配图设计完成之后，必须设计和绘制各非标准件的零件工作图。零件工作图是每个零件制造、检验和制定工艺规程的基本技术文件，是零件由设计者的思想变为实际使用的产品的基本依据。它既要反映设计的意图，又要考虑加工制造的可能性和使用的合理性。因此，要求零件工作图应包括制造和检验零件所需的全部内容。包括：基本图形、尺寸、加工检验的要求、技术要求和标题栏等。零件图要保证这些基本内容完整、无误、合理。

每个零件应单独绘制在一个标准图幅中，其基本结构和尺寸应与装配图一致。视图比例优先选用 1∶1。应合理安排视图，用各种视图（包括三视图、剖面图、向视图等）将零件的各部分结构和尺寸表达清楚。特殊的细部结构可以另行放大绘制。

尺寸标注要选择好基准面，标注在最能反映形体特征的视图上。应保证尺寸完整而不重复，并且要便于零件的加工制造。

对要求精确及有配合关系的尺寸应注明相应的极限偏差，便于加工测量。具体标注应根据装配图所设计的配合性质来确定。

要保证零件可靠工作，对重要的装配表面及定位表面等还需标注相应的形位公差。具体标注可按各表面的作用及必要的制造经济精度来确定。

零件的所有表面均应注明表面粗糙度。重要表面单独标注，较多表面具有同样粗糙度，可在图纸右上角统一标注，并加“其余”字样。具体数值的选择可根据其表面作用及制造经济精度来确定。

对不便用符号及数值表明的技术要求（如材料、检验、装配要求等）可用文字说明。

对传动零件（如齿轮、蜗轮、蜗杆等）还要列出啮合特性表，反映特性参数，精度等级和误差检验要求。

图纸右下角应画出标题栏，格式与尺寸可按相应国标绘制，见第十一章图 11－1～11－4。

§7.1　轴类零件工作图设计要点

一、视　图

视图（参考设计资料篇轴类零件工作图）一般由主视图和剖面图组成。主视图按轴线水平位置布置，反映零件外形；在有键槽及特殊结构的部分，辅以必要的剖面图。细微结构部分（如退刀槽、中心孔等）必要时可辅以局部放大图。

二、尺寸标注

径向尺寸：以轴线为基准标注。首无要保证尺寸完整，其次凡是有配合处的直径都应标注尺寸偏差。偏差数值应按装配图配合性质来查找。

轴向尺寸：选好基准面，通常以轴孔配合端面及轴端面作为基准面。尽量使尺寸的标注既反映加工工艺的要求，又满足装配尺寸链精度要求，不允许出现封闭的尺寸链。如图 7－1 所示。

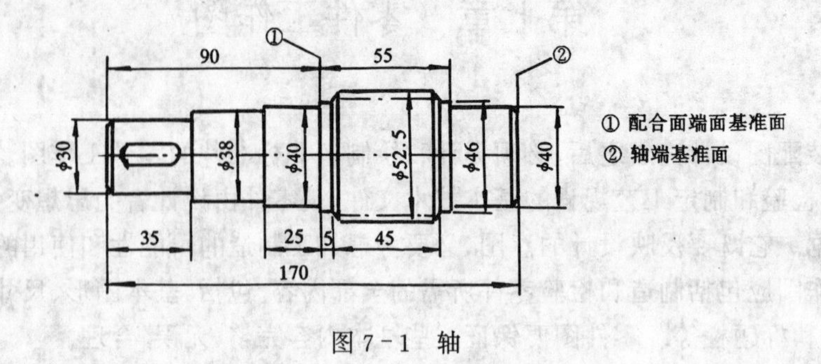

图 7－1　轴

图 7－2 为上述轴的加工工序简图。

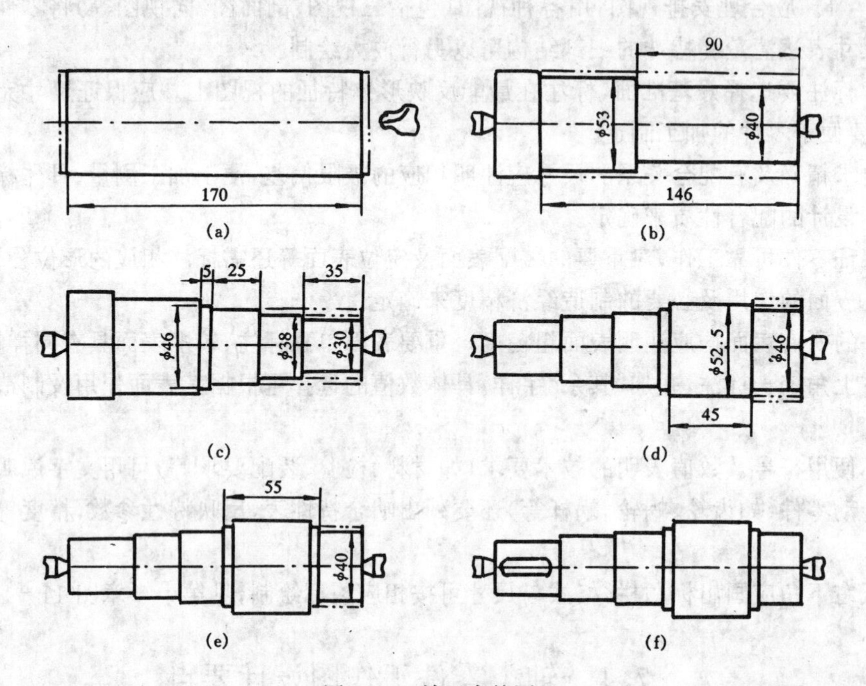

图 7－2　轴工序简图

加工工序为：

工序 1：车两端面，打中心孔，定总长 170 mm。

工序 2：中心孔定位，粗车 φ53 mm，长 146 mm；精车 φ40 mm，长 90 mm。

工序 3：车 φ46 mm，长 5 mm；φ38 mm，满足 25 mm；车 φ30 mm，长 35 mm。

工序 4：掉头，车 φ52.5 mm，长 45 mm。

工序 5：车 φ40 mm，满足 55 mm。

工序 6：铣键槽。

由此可以看出：(1) 与左轴承安装面 φ40 有关的轴向尺寸，选择配合面端面为基准面直接标出，φ40 段长为 25 mm；与之相关的加工尺寸 90 直接标出；(2) 轴的总长，选轴端基准面，全长 170 mm；(3) 零件图中的尺寸即为工序图中所需的制造测量尺寸，零件图中未标出的尺寸，即为工序过程中自然形成的尺寸，如 φ38 段轴长，是封闭尺寸。这样，设计与加工很好地结合起来。

另外还需注意键槽的尺寸注标，沿轴向应标注键槽的长度和轴向定位尺寸，键槽的宽度和深度应标注相应的尺寸偏差。

所有的尺寸应逐一标注，不可因相同尺寸而省略。对所有的倒角、圆角、切槽都应标注或在技术要求中说明。

三、表面粗糙度

轴所有表面均为加工面，其粗糙度可按各表面作用查阅手册或根据荐用表选择。从经济角度出发，在满足要求前提下，可尽量选取数值较大者。

表 7－1　轴的表面粗糙度 R_a 荐用值

加　工　表　面	表　面　粗　糙　度　R_a
与传动件及联轴器等轮毂相配合的表面	3.2 ～ 1.6
与 O 级滚动轴承配合的表面	1（d≤80 mm）　1.6（d>80 mm）
与传动件及联轴器相配合的轴肩端面	6.3 ～ 3.2
与滚动轴承相配合的轴肩端面	2（d≤80 mm）　2.5（d>80 mm）
平键键槽	6.3 ～ 3.2（工作表面）12.5（非工作表面）

四、形位公差

对有配合要求的轴段圆柱面，有定位要求的轴端面及键槽的侧面等，均应标注形位公差。具体标注按表面作用查阅荐用表确定。

表 7－2　轴的形位公差推荐项目

内　　容	项　　目	符　　号	荐用精度等级	对工作性能的影响
形状公差	与传动零件轴孔、轴承孔相配合的圆柱面的圆柱度	⌭	7～8	影响传动零件、轴承与轴的配合松紧及对中性
位置公差	与传动零件及轴承相配合的圆柱面相对于轴心线的径向全跳动	⌰	6～8	影响传动件和轴承的运转偏心
	与齿轮、轴承定位的端面相对于轴心线的端面圆跳动	↗	6～7	影响齿轮和轴承的定位及受载均匀性
	键槽对轴中心线的对称度	⌯	8～9	影响键受载的均匀性及装拆的难易

图 7－3 为轴的形位公差标注示例。

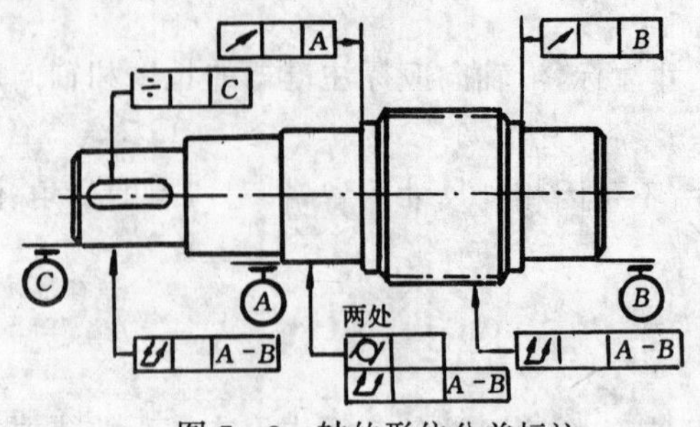

图 7-3　轴的形位公差标注

五、技术要求

技术要求主要包括：

(1) 对零件材料的机械性能和化学成份的要求，允许的代用材料等。

(2) 对材料的表面机械性能的要求。如热处理方法，热处理后的表面硬度等。

(3) 对加工的要求。如是否允许保留中心孔，是否需要与其他零件组合加工等。

(4) 对未注倒角、圆角的说明，个别部位的修饰加工要求及长轴毛坯的校直等。

轴零件工作图参阅第十章图 10-8。

§7.2　齿轮类零件工作图设计要点

一、视　图

视图(参考设计资料篇齿轮零件工作图)一般包括主视图和侧视图。主视图可按轴线水平布置(可全剖)，反映基本形状；辅以侧视图(可用局部图)或向视图反映轮廓、辐板、键槽等结构。对组合式的蜗轮，可先画出部件装配图，再分别绘制齿圈、轮芯的零件工作图。

二、尺寸标注

径向尺寸：以轴线为基准标出。轴孔是加工、装配的重要表面，齿顶圆是测量基准，二者尺寸精度较高，应标出相应的尺寸偏差。

轴向尺寸：以端面为基准标出。

(同时注意标注键槽的尺寸，应注出相应的尺寸偏差。)

三、表面粗糙度

齿轮类零件表面有加工表面和非加工表面区别，均应按照各表面工作要求查阅手册或参考荐用表标注。

表 7-3　齿轮(蜗轮)表面粗糙度 R_a 推荐值

加工表面		传动精度等级 6	7	8	9
轮齿工作面	圆柱齿轮	1.6 ~ 0.8	3.2 ~ 0.8	3.2 ~ 1.6	6.3 ~ 3.2
	圆锥齿轮	1.6 ~ 0.8	1.6 ~ 0.8	3.2 ~ 1.6	6.3 ~ 3.2
	蜗杆及蜗轮	1.6 ~ 0.8	1.6 ~ 0.8	3.2 ~ 1.6	6.3 ~ 3.2
齿顶圆		12.5 ~ 3.2			
轴　孔		3.2 ~ 1.6			
与轴肩配合的端面		6.3 ~ 3.2			
平键键槽		6.3 ~ 3.2(工作面) 12.5(非工作面)			
轮圈与轮芯的配合面		3.2 ~ 1.6			
其他加工表面		12.5 ~ 6.3			
非加工表面		100 ~ 50			

四、齿坯形位公差

齿坯形位公差按表面作用参考荐用表(见表 7-4)确定。

表 7-4　齿坯形位公差荐用表

内　容	代　号	项　　目	符　号	推荐精度等级	对工作性能影响
位置公差	E_n	圆柱齿轮以顶圆作为测量基准时齿顶圆的径向圆跳动	↗	按齿轮及蜗轮(蜗杆)的精度等级	影响齿厚的测量精度并在切齿时产生相应的齿圈径向跳动误差。产生传动件的加工中心与使用中心不一致,引起分齿不均。同时会使轴心线与机床垂直导轨不平行而引起齿向误差。影响齿面载荷分布及齿轮副间隙的均匀性
位置公差	E_n	圆锥齿轮的齿顶圆锥的径向圆跳动	↗	按齿轮及蜗轮(蜗杆)的精度等级	同上
位置公差	E_n	蜗轮顶圆的径向圆跳动 蜗杆顶圆的径向圆跳动	↗	按齿轮及蜗轮(蜗杆)的精度等级	同上
位置公差	E_T	基准端面对轴线的端面圆跳动	↗	按齿轮及蜗轮(蜗杆)的精度等级	同上
位置公差		键槽侧面对孔中心线的对称度	⌯	8～9	影响键侧面受载的均匀性及装拆难易
形状公差		轴孔的圆柱度	⌭	7～8	影响传动零件与轴配合的松紧及对中性

五、啮合特性表

齿轮类零件应在零件图右上角位置列出啮合特性表。表中包括齿轮的主要参数及测量项目。表 7-5 为圆柱齿轮啮合特性表具体格式,可供参考。其误差检验项目和具体的数值可查齿轮公差标准或有关手册。

表 7-5　齿轮啮合特性表

模　数	$m(m_n)$		精度等级			
齿　数	z		相啮合齿轮图号			
压力角	α		变位系数		x	
分度圆直径	d		误差检验项目			
齿顶高系数	h_a^*					
齿根高系数	$h_a^*+c^*$					
齿全高	h					
螺旋角	β					
轮齿倾斜方向	左或右					

注：1. 误差检验项目包括：传递运动的准确性，传动的平稳性，载荷分布的均匀性及齿轮副侧隙的检查测量项目、代号和极限偏差或公差的数值。

2. 由于加工蜗轮齿所用滚刀即相当于与蜗轮相啮合的蜗杆，因此在蜗轮零件图中的啮合特性表中要列出蜗杆的有关参数。

3. 一般圆柱齿轮应注公法线平均长度及其极限偏差，若必须标注固定弦齿厚或分度圆弦齿厚时，应画出齿形剖面图，并标注有关尺寸及偏差数值。标注方法可参考有关图册及手册。

六、技术要求

与轴类零件类似，技术要求主要包括：

(1) 对齿轮毛坯的要求。

(2) 对材料的力学性能和化学成份的要求及允许的代用材料。

(3) 对材料表面力学性能的要求，如热处理方法，处理后的硬度、渗碳深度及淬火深度等。

(4) 未注倒角，圆角半径的说明。

(5) 对大型或高速齿轮的平衡试验要求。

齿轮类零件工作图可参阅第十章图 10-9～10-13。

§7.3　箱体类零件工作图设计要点

一、视　图

箱体类零件结构复杂、形状各异，一般所需视图(参考设计资料篇箱体零件图)较多。可按箱体工作位置布置主视图，辅以左侧、俯视及剖视、向视图等。细部结构可用局部剖视、剖面图或局部放大等。

二、尺寸标注

箱体的尺寸标注比较复杂，尺寸繁多。标注时要认清形状特征，综合考虑设计、制造和测量的要求，着重注意以下几点。

(1) 根据箱体结构，确定尺寸基准。如分别选择轴承孔中心线、宽度对称中心线及剖分面作为长、宽、高的基准来进行标注。同时，设计基准和加工基准力求一致，使标注尺寸便于加工时测量。

(2) 箱体尺寸分为形状尺寸和定位尺寸。形状尺寸是箱体各部分形状大小的尺寸，如壁厚、机体的长、宽、高等，应直接标出。定位尺寸是确定机体各部分相对于基准的位置尺寸，如油尺孔的中心位置尺寸等，应从基准直接标出。

(3) 影响机器工作性能的尺寸，如轴孔中心及偏差，以及影响零部件装配性能的尺寸，应直接标出。

(4) 考虑箱体制造工艺特点，标注尺寸要便于制作。

(5) 配合尺寸都应标出偏差。

箱体尺寸繁多，应避免尺寸遗漏、重复以及封闭。倒角、圆角、拔模斜度等必须标注或在技术要求中说明。

三、表面粗糙度

表面粗糙度根据机体各表面的工作作用参考荐用表(见表 7－6)确定或从手册中查出。

表 7－6　箱体表面粗糙度 R_a 荐用值

表　　面	表　面　粗　糙　度(R_a)
减速器剖分面	3.2/ ～ 1.6/
与滚动轴承(O 级)配合的轴承座孔(D)	1.6/ ($D\leqslant 80$ mm)　3.2/ ($D>80$ mm)
轴承座外端面	6.3/ ～ 3.2/
螺栓孔沉头座	12.5/
与轴承端盖及套杯配合的孔	3.2/
油沟及窥视孔的接触面	12.5/
减速器底面	12.5/
圆锥销孔	3.2/ ～ 1.6/
铸、焊毛坯表面	○/ ～ ○/

四、形位公差

箱体形位公差要求较多，可根据表面作用查阅荐用表或手册。

表 7-7　箱体形位公差推荐项目

内　容	项　　目	符　号	推荐精度等级(或公差值)	对工作性能的影响
形状公差	轴承座孔圆柱度	⌭	O 级轴承选 6～7 级	影响体机与轴承的配合性能及对中性
	机体剖分面的平面度	▱	7～8	
位置公差	轴承座孔的中心线对其端面的垂直度	⊥	对 O 级轴承选 7 级	影响轴承固定及轴向受载的均匀性
	轴承座孔中心线对机体剖分面在垂直平面上的位置度	⌖	公差值≤0.3 mm	影响镗孔精度和轴系装配。影响传动件的传动平稳性及载荷分布的均匀性
	轴承座孔中心线相互间的平行度	//	以轴承支点跨距代替齿轮宽度,根据轴线平行度公差及齿向公差数值查出	影响传动件的传动平稳性及载荷分布的均匀性
	圆锥齿轮减速器及蜗轮减速器的轴承孔中心线相互间的垂直度	⊥	根据齿轮和蜗轮精度确定	
	两轴承座孔中心线的同轴度	◎	7～8	影响减速器的装配及传动零件的载荷分布均匀性

五、技术要求

技术要求主要包括一些有关配合加工的要求(如轴承孔)、铸造(焊接)的时效处理要求、铸造(焊接)的工艺要求及箱体表面的处理要求等。具体内容视箱体的具体情况,参阅参考图例来加以说明。

箱体零件工作图可参阅第十章图 10－14。

每个零件的零件工作图设计完成之后,应对所绘零件图进行认真地检查,除保证每张零件工作图内容完整外,还必须保证所设计的零件的结构、尺寸、材料、精度、热处理方法、硬度范围、配合性质等与装配图、计算说明书一致,并与其他零件图相互协调,不能出现互相矛盾及不符合的情况。

第八章　编写设计说明书及答辩准备

图纸设计完成之后，应编写设计计算说明书。它是设计的理论基础和基本依据，同时也是审核设计的基本技术文件。

§8.1　设计计算说明书内容

计算说明书是设计计算的整理和总结，具体内容视任务而定，对于以减速器为主的传动装置设计，主要包括以下几方面内容。

(1) 目录(标题、页次)。

(2) 设计任务书。

(3) 传动方案的拟定(对方案的简要说明及传动方案简图)。

(4) 电动机的选择，传动系统的运动和动力参数(包括：计算电机所需功率、选择电机型号、分配各级传动比、计算各轴的转速、功率和转矩等)。

(5) 传动零件的计算(确定带传动、齿轮或蜗杆传动的主要参数和几何尺寸)。

(6) 轴的计算(初估轴径，结构设计和强度校核)。

(7) 键联接的选择和计算。

(8) 滚动轴承的选择和计算。

(9) 联轴器的选择和计算。

(10) 润滑和密封形式的选择，润滑油或润滑脂牌号的选择。

(11) 其他技术说明(如装配、拆卸、安装时的注意事项等)。

(12) 参考资料(包括：资料的编号、作者名、书名、出版时间、地点、单位)。

§8.2　编写要求和注意事项

应简要说明设计中所考虑的主要问题和全部计算项目，要求计算正确，论述清楚明了、文字精炼通顺。书写中应注意以下几点。

(1) 计算部分参考书写格式示例。可只列出计算公式，代入有关数据，略去计算过程，直接得出计算结果。对计算结果应注明单位，计算完成后应有简短的分析结论，说明计算合理与否。

(2) 对所引用的公式和数据，应标明来源——参考资料的编号和页次。对所选用的主要参数、尺寸和规格及计算结果等，可写在每页的“结果”栏内，或采用表格形式列出，或采用集中书写的方式写在相应的计算之中。

(3) 为了清楚地说明计算内容，应附必要的插图和简图(如传动方案简图，轴的结构、受力、弯扭矩图及轴承组合形式简图等)。在简图中，对主要零件应统一编号，以便在计算中称呼或作脚注之用。

(4) 全部计算中所使用的参量符号和脚注，必须前后一致，不能混乱；各参量的数值应标明单位，且单位要统一，写法要一致，避免混淆不清。

(5) 对每一自成单元的内容，都应有大小标题或相应的编写序号，使整个过程条理清晰。

(6) 计算部分也可用校核形式书写，但一定要有结论。

(7) 一般用16开纸按合理的顺序及规定格式用蓝(黑)色钢笔书写。书写要工整、清晰、标好页次，最后加封面装订成册。

§8.3　书写格式示例

以传动零件设计中高速级齿轮为例，书写格式如下。

计算项目	计算内容	计算结果
材料选择	小齿轮用45钢，调质处理，硬度230～260 HBS； 大齿轮用45钢，调质处理，硬度，210～230 HBS	
齿面接触疲劳强度设计		有关数据引自[×]第××～××页
(1) 初步计算		
转矩 T_1	$T_1=9.55\times10^6\dfrac{P}{n_1}=9.55\times10^6\dfrac{2.37}{1\ 420}$	$T_1=15\ 800$ N·mm
齿宽系数 ψ_d	由表××－××取 $\psi_d=1.0$	$\psi_d=1.0$
接触疲劳极限 $\sigma_{H\lim}$	由图××－××	$\sigma_{H\lim_1}=580$ MPa $\sigma_{H\lim_2}=530$ MPa
初步计算的许用接触应力$[\sigma_H]$	$[\sigma_{H_1}]\approx0.9\ \sigma_{H\lim_1}$ $[\sigma_{H_2}]=0.9\sigma_{H\lim_2}$	$[\sigma_{H_1}]=522$ MPa $[\sigma_{H_2}]=477$ MPa
A_d 值	由表××－××取	$A_d=88$
初步计算小齿轮直径 d_1	$d_1\geqslant A_d\cdot\sqrt[3]{\dfrac{T1}{\psi_d[\sigma_H]^2}\cdot\dfrac{u+1}{u}}\geqslant88\sqrt[3]{\dfrac{15\ 800}{1\times4\ 772}\cdot\dfrac{4.5+1}{4.5}}$ $\geqslant39.2$	取 $d_1=45$ mm
初步齿宽 b	$b=\psi_d\cdot d_1=45$ mm	$b_2=45$ mm $b_1=50$ mm
(2) 校核计算		
圆周速度 v 精度等级 齿数 模数	$v=\dfrac{\pi d_1n_1}{60\times1\ 000}=\dfrac{\pi\times45\times1\ 420}{60\times1\ 000}$ 由表××－×× 初取齿数 $Z_1=22$，$Z_2=iZ_1$ $m_t=d_1/Z_1=2.05$ mm	$v=3.35$ m/s 选8级精度 $Z_1=22$，$Z_2=99$ $m_t=2.05$ mm

（续书写格式）

计算项目	计算内容	计算结果
	由表××－××取 $m_n=2$	$m_n=2$ mm
螺旋角 β	$\beta=\arccos\frac{m_n}{m_t}=\arccos\frac{2.0}{2.05}$	$\beta=12.680°$
使用系数 K_A	由表××－××	$K_A=1.25$
动载系数 K_v	由图××－××	$K_v=1.18$
齿间载荷分配	由表××－××先求	
系数 $K_{H\beta}$	$F_t=\frac{2T_1}{d_1}=\frac{2\times 15\ 800}{45}=702.2$ N	
	$\frac{K_AF_t}{b}=\frac{1.25\times 702.2}{45}=19.51$ N/mm＜100 N/mm	
	$\varepsilon_\alpha=[1.88-3.2(\frac{1}{Z_1}+\frac{1}{Z_2})]\cdot\cos\beta$	$\varepsilon_\alpha=1.661$
	$\varepsilon_\beta=\frac{b\sin\beta}{\pi m_n}=\frac{45\times\sin 12.680°}{\pi\times 2}$	$\varepsilon_\beta=1.572$
	$\varepsilon_\gamma=\varepsilon_\alpha+\varepsilon_\beta=1.661+1.572$	$\varepsilon_\gamma=3.233$
	$\alpha_t=\mathrm{arctg}\frac{\mathrm{tg}\alpha_n}{\cos\beta}=\mathrm{arc\ tg}\frac{\mathrm{tg}20°}{\cos 12.680°}=20.459°$	
	$\cos\beta_b=\cos\beta\cos\alpha_n/\cos\alpha_t=\cos 12.680°\cos 20°/\cos 20.459°=0.979$	
	由此得：$K_{H\alpha}=K_{F\alpha}=\varepsilon_\alpha/\cos^2\beta_b=1.661/0.979^2$	$K_{H\alpha}=K_{F\alpha}=1.73$
齿向载荷分布系数	由表××－××	
$K_{H\beta}$	$K_{H\beta}=A+B[1+0.6(\frac{b}{d_1})^2](\frac{b}{d_1})^2+C\cdot 10^{-3}b=$ $1.17+0.16[1+0.6\times 1^2]\times 1^2+0.61\times 10^{-3}\times 45$	$K_{H\beta}=1.45$
载荷系数 K	$K=K_A\cdot K_v\cdot K_{H\alpha}\cdot K_{H\beta}=1.25\times 1.18\times 1.73\times 1.45$	$K=3.74$
弹性系数 Z_E	由表××－××	$Z_E=189.8\sqrt{\mathrm{mPa}}$
节点区域系数 Z_H	由图××－××	$Z_H=2.45$
重合度系数 Z_ε	因 $\varepsilon_\beta>1$，取 $\varepsilon_\beta=1$	
	$Z_\varepsilon=\sqrt{\frac{4-\varepsilon_\alpha}{3}(1-\varepsilon_\beta)+\frac{\varepsilon_\beta}{\varepsilon_\alpha}}=\sqrt{\frac{1}{\varepsilon_\alpha}}=\sqrt{\frac{1}{1.661}}$	$Z_\varepsilon=0.78$
螺旋角系数 Z_β	$Z_\beta=\sqrt{\cos\beta}=\sqrt{\cos 12.680°}$	$Z_\beta=0.988$
接触强度最小安全系数 $S_{H\min}$	表××－××	$S_{H\min}=1.05$
总工作时间	$t_h=3\times 4\times 10\times 300$	$t_h=36\ 000$ h
应力循环次数 N_L	$N_{L_1}=60\gamma nt_h=60\times 1\times 1\ 420\times 36\ 000$	$N_{L_1}=3.07\times 10^9$
	$N_{L_2}=N_{L_1}/i=3.07\times 10^9/4.5$	$N_{L_2}=6.82\times 10^8$
接触寿命系数 Z_N	图××－××	$Z_{N1}=0.95$ $Z_{N2}=0.97$
许用接触应力$[\sigma_H]$	$[\sigma_{H_1}]=\frac{\sigma_{H\lim 1}Z_{N1}}{S_{H\min}}=\frac{580\times 0.95}{1.05}$	$[\sigma_{H_1}]=525$ MPa
	$[\sigma_{H_2}]=\frac{\sigma_{H\lim 2}\cdot Z_{N2}}{S_{H\min}}=\frac{530\times 0.97}{1.05}$	$[\sigma_{H_2}]=489.7$ MPa
验算	$\sigma_H=Z_E\cdot Z_H\cdot Z_\varepsilon\cdot Z_\beta\cdot\sqrt{\frac{2KT_1}{bd_1^2}\cdot\frac{u+1}{u}}=$ $189.8\times 2.45\times 0.78\times 0.988\times\sqrt{\frac{2\times 3.74\times 15\ 800}{45\times 45^2}\times\frac{4.5+1}{4.5}}$	$\sigma_H=451.2$ MPa＜$[\sigma_{H_2}]$

（续书写格式）

计算项目	计算内容	计算结果
	计算结果表明，接触疲劳强度足够，能够满足工作要求	
(3) 确定传动主要尺寸		
中心距	$a=\frac{d_1}{2}(i+1)=\frac{45}{2}(4.5+1)=123.75\ \text{mm}$	取 $a=125\ \text{mm}$
实际分度圆直径 d_1、d_2	$d_1=\frac{za}{i+1}=\frac{2\times125}{4.5+1}\ \text{mm}$ $d_2=id_1=4.5\times45.455\ \text{mm}$	$d_1=45.455\ \text{mm}$ $d_2=204.545\ \text{mm}$
模数 m_t、m_n	$m_t=\frac{d_1}{Z_1}=\frac{45.455}{22}\ \text{mm}$	$m_t=2.066\ \text{mm}$ $m_n=2\ \text{mm}$
螺旋角	$\text{arc cos}\beta=\text{arc cos}\frac{m_n}{m_t}=\text{arc cos}\frac{2}{2.066}$	$\beta=14.521°$
齿宽 b	$b=\psi_d\cdot d_1=1\times45.455\ \text{mm}$	取 $b_2=45\ \text{mm}$ $b_1=50\ \text{mm}$
齿根弯曲疲劳强度验算		

§8.4 答辩准备

完成设计任务后，即可准备答辩。答辩是课程设计的最后一个环节，是对整个设计的一个总结和必要的检查。通过答辩准备和答辩，可以较全面地分析所做设计的优缺点，总结、巩固所学知识，发现设计中存在的问题，为今后的工作提供经验，进一步提高解决工程问题的能力。

答辩前，应做好以下工作。

(1) 总结、巩固和提高所学知识。从开始确定方案到每个零件的结构设计整个过程各方面的具体问题入手，做系统全面的回顾。例如：总体传动方案确定的优、缺点；各零部件的结构、作用、相互关系，受力分析、强度计算；零部件主要参数的确定、选材、结构细节、工艺性，使用维护以及资料、标准的运用等。通过总结和回顾，把整个设计过程当中的问题理清楚、弄懂、弄透，取得更大的收获。

(2) 完成规定的设计任务后，需经指导老师签字，整理好设计结果，叠好图纸，装订好说明书，一起放在图纸袋内，然后方可答辩。图纸袋封面应标明袋内包含内容、班级、姓名、指导教师和完成日期。

答辩只是一种手段，通过答辩达到系统总结设计方法，巩固分析和解决工程实际问题的能力，才是真正的目的。

第九章　计算机绘图介绍

工程图样是工程师的语言，是表达与交流技术思想的重要工具，是一切设计的根本。由于制图工具发展的缓慢，长期以来，图样的绘制一直采用的都是手工绘制，不仅效率低，工作繁重，而且制图的精度以及图纸的修改和保存等等都存在着许多问题，逐渐不能适应现代工业发展的需要。随着现代工业和计算机技术的发展，采用计算机绘图已经成为绘图的一个重要手段。

计算机绘图即是应用计算机软、硬件，制作符合设计要求的图样，再通过绘图设备自动绘图或将绘制结果传输给相关的加工设备，直接完成零件的加工制造。当前在工业发达国家，工程图纸都已用计算机来绘制。在1991年我国的大型土建设计院90%以上的计算工作、50%的方案设计、25%的绘图工作已由计算机来完成。在机电行业中，90年代中期有近半数的大、中型企业采用CAD技术，提高了计算机绘图的比例。目前，许多科研院所，已基本取缔了手工绘图，大部分工作均由计算机完成。因此，了解和掌握计算机绘图的方法，是现代工程设计人员必须的素养。

计算机绘图目前已作为一门成熟的技术，用软件的方式提供给千千万万的使用者。计算机绘图的软、硬件也是各种各样，可选用的范围因使用者而异。这些软件的使用，不要求用户通晓理论与算法，只需掌握软件功能及所要求的操作技能就能实现计算机绘图的目的。因此，我们主要根据目前计算机绘图的常用软件，做针对实际的一些介绍。

§9.1　计算机绘图的硬件系统

一、系统的基本构成

图9-1表示了一个计算机图形系统的基本构成。主要包括三部分：(1)计算机部分(包括CPU、键盘和图形显示终端)；(2)图形输入设备；(3)图形输出设备。输入、输出设备种类很多，可根据需要进行不同的选配。

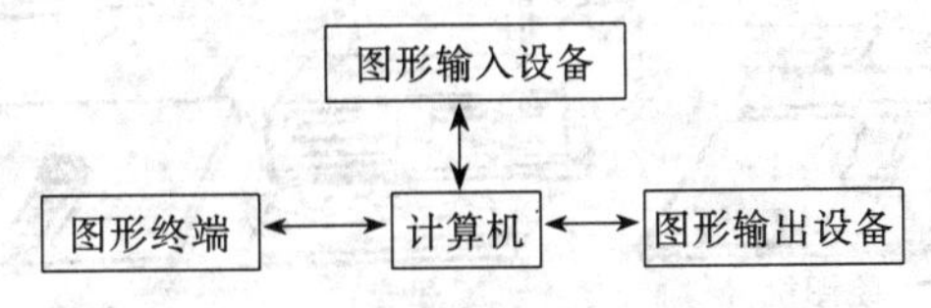

图9-1　计算机图形系统的基本构成

现代图形系统均为交互系统，通过用户操作图形输入设备来完成交互功能。

二、系统的分类

根据系统中使用的硬件，绘图系统可分为PC机系统(微型机系统)和工作站系统。一般个人常用均为 PC 机系统。每台 PC 机只配一个图形终端,保证操作命令的快速响应。近年来,微机在速度、精度、内外存容量等方面已完全能满足绘图应用的要求,且价格越来越便宜;同时,各种软件满足了用户的大部分要求,网终技术将许多微机连为一体,做到了网内资源共享。因此,使微机系统广泛应用,成为计算机绘图的主流。但也要看到,目前微机由于在速度及内外存方面的限制,使复杂三维造型及一些复杂的图形处理工作难以在微机上实现。

工作站系统是一种更为优质的系统。它是把一组工作站通过网络联接起来,构成以数据库为核心的,可视化的网络计算环境,保证了优良的时间响应及用户的高效率工作,为高性能的图形软件运行提供了良好的平台,也为各种复杂图形处理,提供了优越的环境。

三、微型计算机图形系统的硬件

硬件主要包括:PC 机,图形输入设备,图形终端,图形输出设备。

1. PC 机部分

一般要求 CPU 芯片为 486 以上的芯片,主频较高,内存 8 M 以上,带硬盘和光驱、键盘。现在流行的 586 微机均能满足要求。

2. 图形输入设备

图形输入设备有各种类型。第一类是定位设备,常用的鼠标、触笔、光笔都可以,另外还有图形输入板等。第二类是数字化仪,能将放在上面的图形用游标指点摘取大量的点,经数字化之后存储起来。第三类是图像输入设备,如扫描仪、摄像机、录像机等。图形经图像数字化及处理后存储或输出。

3. 图形终端即图形显示设备

一般采用带 VGA 显示卡的彩色显示器,用于图形时可选尺寸稍大的,利于使用。

4. 图形输出设备

常见的有打印机和绘图机,它们的种类很多,可根据实际使用情况来选择。

以下即为目前常用的微机个人绘图系统硬件配置(见图 9-2),适宜初学者使用。

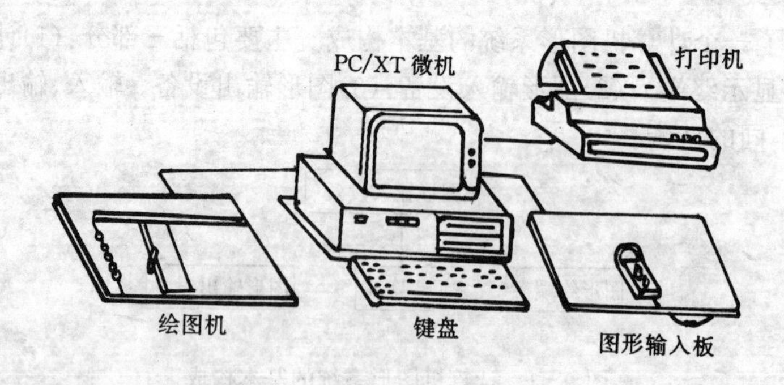

图 9-2 微机绘图系统硬件配置

586 兼容机(主频 220 Hz 以上),14 寸彩显,8 MB 以上内存,24 倍速光驱,4.3 GB 硬盘,小型喷墨打印机,鼠标等附件。

硬件设备的选择根据不同需要来定,更新速度较快。不同类型的选择成本可能差别很大,应根据具体使用情况选择。

§9.2　微型计算机图形系统的软件

微型计算机图形软件的配置层次如图 9-3 所示。内层是包括操作系统在内的系统软件，中间是通用图形软件，外层是用户的图形应用软件。

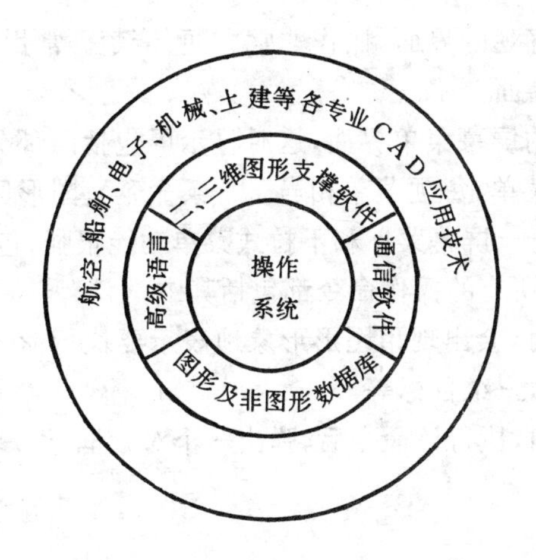

图 9-3　微机系统软件配置层次

系统软件主要指操作系统及机器语言等，它着眼于计算机资源的有效管理和用户任务的有效完成，目的在于构成一个良好的软件环境，供应用程序开发使用。微机上常用的操作系统(如 WIN 95、MS-DOS 等)都可用作计算机绘图的系统软件。

程序设计语言是绘图软件的基础，常用来编制图形软件。常用的语言有汇编语言，高级BASIC，C 语言，C++及 LISP 语言等。其中在图形软件编制中，后三种语言应用较多。

通用图形软件是指直接提供给用户使用，并能以此为基础进一步进行用户开发应用的商品软件，主要包括以下几类：基本图形资源软件，二、三维交互图形软件和几何造型软件。

在这几类软件中，二、三维交互图形软件应用较广，它主要解决装配图、零件图的绘制问题，是当今最广泛使用的通用图形软件。在微机上使用最多的是美国 Auto desk 公司的 Auto CAD 软件。另外，还有台湾的 CAD 软件，CAD key，PD(Personal Design)和北京航空航天大学华正软件所开发的华正电子图板软件等等可供使用。这类软件的种类非常多，每一种软件的开发环境和使用方法有很大差别。因此，在使用图形软件时要注意它本身的环境要求和使用方法，必须在合适的系统软件和硬件环境下，采用正确的使用方法，才会有好的效果。

§9.3　用 Auto CAD 完成机械工程图

Auto CAD 是美国 Auto desk 公司推出的在微机上运行的商业化 CAD(Computer-Aided Design)软件，是我国目前应用最广的通用二、三维交互图形软件。Auto CAD 具有功能强、适用面广、易学易用的特点，特别是它的开放型的结构，不但方便了用户，而且也保证了该系统本身能得到不断的扩充和完善。从 1982 年 12 月的 Auto CAD 1.0 版问世以来，先后推出了十余个版本，特别是在 1999 年早些时候，又推出了 Auto CAD 2000，将该软件推向了更高的水平。因此，掌握这种通用软件的使用，对机械工程设计人员来说，是非常有意义的。

一、Auto CAD 的主要功能

Auto CAD 软件版本较多，各版本之间具体功能略有不同，现以 14.0 版为例，对其主要功能简介如下。

1. 界　面

Auto CAD 具有非常直观的界面，操作非常方便、清楚。常用的界面有三种：屏幕菜单界面、图标菜单界面、对话框界面。

一般情况下都是使用的屏幕菜单界面，这时显示屏包括四部分：屏幕菜单（按根菜单—分菜单的分层方式组织全部菜单，每项菜单相当于一条命令）；图形区；菜单条（选取某项菜单条后出现下拉式菜单）；命令行。屏幕菜单和下拉式菜单功能很强，包括了文件管理、绘图、编辑、系统设置等各项功能，几乎所有的操作命令都包括其中。

在执行某些特定操作时，会出现用图形形象地表示要执行命令的菜单，称之为图标菜单。一般有视窗配置，剖面图案，三维目标等。

有些命令是面向对话的，执行该命令后，弹出一个对话框，用户进行填写。对话框界面也是一种常见的形式。

2. 绘图和编辑功能

Auto CAD 具有较强的绘图和编辑功能。它能绘制各种图形元素，包括：点、直线、圆和圆弧，文本，型，块，折线，三维折线，标注尺寸等。一般常用二维、三维工程图形的绘制，可以通过这些实体的组合，很方便地完成。它提供了不同线型（Line type），不同颜色（Color），使用时可根据需要来定义和选择。此外还提供了图层（Layer）功能，可根据需要将图形分在几个图层中，每个图层有自已的属性（如线型，颜色等），整个图形就相当于各层图形的透明叠加，可以以图层为单位来进行相关状况的编辑、修改。

在作图过程中，Auto CAD 提供了很强的图形编辑功能，为作图提供了很多方便。用户可方便地完成如删除（Erase）、复制（Copy）、位移（Move）、旋转（Rotate）、镜像（Mirror）、伸展（Stretch）等各种编辑、修改工作。

3. 显示功能

显示功能提供了多种方法来显示和观看图形。可通过（Zoom 命令，缩放当前视窗中图形的视觉尺寸，随意观察图形的全部或某一细微区域；可以通过（Pan）命令，扫视图形，上、下、左、右移动一张大图，观看不同图表；三维视图控制（Vpoint、Dview）等，能选择视点或投影方向，显示轴测图、透视图，能消除三维显示中的隐藏线，实现三维动态显示；另外，通过多视窗控制，可将屏幕分成多个窗口，各自独立进行各种显示。

4. 三维实体造型功能

从 11.0 版开始，Auto CAD 增加了一个附加模块 AME，可以进行三维实体造型。14.0 版的这一功能更加强大，还具有视点与鸟瞰功能。可以进行：参数化生成基本图素，生成经旋转和平移扫描而成的实体。可以通过交、并、差等操作生成复杂物体，并对实体进行编辑等。同时，有多种显示方式可供选择。

5. 系统的二次开发

为适应不同用户的各种不同要求，Auto CAD 具有较好的系统开放性，为用户提供了二次开发的手段。用户可以自定义屏幕菜单，下拉菜单，可以自定义与图形有关的属性，可以通过DxF 或 IGES 规范的图形数据转换接口，与其他 CAD 系统或应用程序进行数据交换，实现不同系统图形的传递。另外还可以用 Auto LISP，C，C++或 ADS(Auto CAD Development System)等语言编程进行更新的开发应用。

二、用 Auto CAD 软件绘制二维工程图的主要步骤及应注意的问题

根据所使用 Auto CAD 软件的版本和使用环境要求(主要是对微机系统软件和硬件配置的要求)，在适宜环境下安装 CAD 软件，即可进行工程图纸的绘制，基本步骤如下：

(1) 开机。

(2) 启动 Auto CAD 系统(根据微机系统软件的功能，可以自行设定多种启动方式)。

(3) 建立新的绘图文件或打开已有的绘图文件。

(4) 定义图形绘制环境参数。(一般所绘制图形绘制环境参数多与 Auto CAD 提供的原型图的设定参数不同，可根据所需来定义环境参数。主要包括：边界设定；长度单位进制、精度；角度进制、精度；对各层状态的规定；字体，字高；显示状态；光标位置，刻度等辅助工具状态等。可以根据绘图各种需要，定义好各种环境参数，然后将图纸保存起来，作为样板图保存，以后工作时即可直接调用。)

(5) 绘制图形。Auto CAD 具有非常强大的绘图功能，通过下拉式菜单或直接输入命令即可完成各种工程图形的绘制。绘制时，应把整个图纸分为不同的层来进行，便于观察和修改；各种实体绘制时，注意给出正确的绘制参数；坐标或点的确定，可充分利用辅助工具来提供方便。文字的写入中，应注意字型的选择，需在已有的库文件中选定。同时，绘制的过程中，可进行及时的修改和编辑，充分利用 Auto CAD 的各种方便命令。

在绘图和审阅中，可以通过不同的屏幕显示方式的选择，方便地观察各个局部的细节。各种编辑命令的使用(如复制，镜像，伸展等)，可以给绘图带来极大地方便。另外，对块的操作，也是绘图中一个非常重要的方面。

绘图和编辑是完成计算机绘图的核心，使用命令也非常丰富，必须通过认真琢磨和练习，才能较好的领会其中的要领，方便、快捷地完成工作。

(6) 标注尺寸。Auto CAD 中有专门的尺寸标注命令，对一般地图形尺寸均可较好的完成。但对一些尺寸公差标注，形位公差标注等，没有专门的标注命令，略显繁锁，可以通过二次开发，根据自己的需要来补充这部分内容。

(7) 存储图形。图纸在绘制完成后，用存盘命令即可保存。同时，在绘制过程中，也需注意图形的保存，可以工作一段时间后，通过保存命令来存盘，也可以在开始工作前，通过整个 CAD 系统的设置，设定自动保存间隔来定时自动存储。

(8) 输出图纸。根据微机系统硬件设备，选择输出命令。执行输出命令后，必须正确确定输出参数对话框的内容，方可输出图形。

(9) 退出 Auto CAD 系统，结束绘图工作。

计算机绘图是一门内涵丰富地新兴边缘科学，Auto CAD 软件本身也是功能非常丰富，掌握它的基本内容和有效地使用方法，需要深入地学习和上机练习。只有在熟练使用绘图软件的基础上，才能设计绘制出高质量的工程图纸。

第二篇

参考图例

第十章　参考图例

配合第一篇的教学内容，本章编选了部分课程设计典型题目中的参考图例，包括装配图、零件工作图等共十五幅。在装配图和零件图中，大部分只示出了典型结构供参考，设计中，学生还需针对自己的题目和方案完成自己的设计。

图 10-1 至图 10-7 为减速器装配图，其中图 10-1 一级圆柱齿轮减速器装配图内容是完整的，包括视图、尺寸、公差配合、技术特性、技术要求以及零件名细表、标题栏，其余装配图只画出各减速器主要视图，示出主要结构。

图 10-1 所示一级圆柱齿轮减速器，为最典型、最基本的传动装置，所采用剖分式壳体、凸缘式端盖也是减速器中最常见的。

图 10-2 二级圆柱齿轮减速器装配图，轴分布采用展开式，应用广泛，但由于齿轮相对轴承为不对称分布，造成沿齿向载荷分布不均，要求轴有较大刚度。分流式常用于较大功率或变载场合，同轴式则用于长度方向受限制的情况。后二者可参考此图进行设计。

图 10-3 蜗杆减速器装配图，采用下置蜗杆、剖分式壳体，一端固定、一端游动的轴系结构，均为蜗杆减速器的典型结构方案。

图 10-4 圆锥-圆柱齿轮减速器，一般高速级锥齿轮传动的传动比小于 3。

图 10-5 和图 10-6 均为齿轮-蜗杆减速器装配图。图 10-5 采用整体式机体，两侧有大端盖，以安装蜗轮轴承，机体上安装大端盖的孔的直径应大于蜗轮最大直径，且必须保证机体内上壁与蜗轮最大直径之间有足够的间隙，以便安装蜗轮；大齿轮的轴端采用圆锥轴颈，便于装配。图 10-6 比较注重装配工艺性，采用了剖分式壳体，大齿轮轴上制有用以拆装的螺纹孔，此时大齿轮与轴配合不宜太紧。

图 10-7 蜗杆-齿轮减速器，高速级采用蜗杆传动，有利于啮合处油膜形成，效率较高，低速级采用齿轮传动，可适当降低齿轮制造精度，降低成本。但这种结构不如齿轮-蜗杆减速器紧凑。

图 10-8 至图 10-13 分别为轴、齿轮、蜗杆、蜗轮(轴芯、轮缘)零件工作图。其中齿轮、蜗轮蜗杆零件工作图，除一般零件工作图所需的视图、公差、技术要求等项要求外，还应用啮合特性表说明齿轮(蜗轮、蜗杆)的主要参数和测量项目；对组合式蜗轮，除组件图外，还应有轮芯、轮缘零件工作图。

图 10-14、图 10-15 为机体的零件工作图和加工过程图，目的是让学生掌握较复杂的机体类零件工作图的要求。

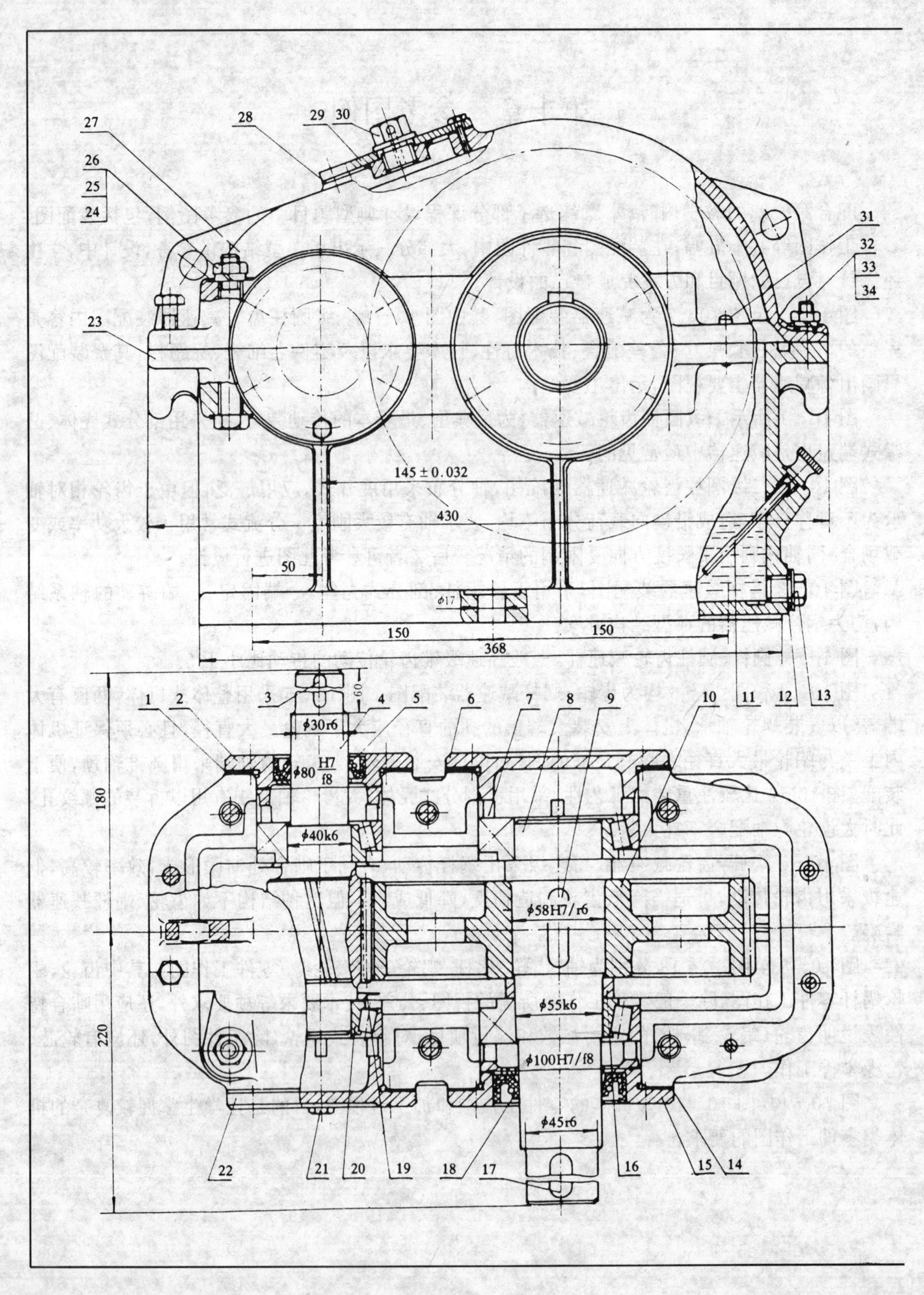

27
28
29
30
26
25
24
31
32
33
34
23
145 ± 0.032
430
50
ϕ17
150
150
368
11
12
13
180
220
1
2
3
60
4
5
6
7
8
9
10
ϕ30r6
ϕ80 H7/f8
ϕ40k6
ϕ58H7/r6
ϕ55k6
ϕ100H7/f8
ϕ45r6
22
21
20
19
18
17
16
15
14

图 10-1　一级圆柱齿

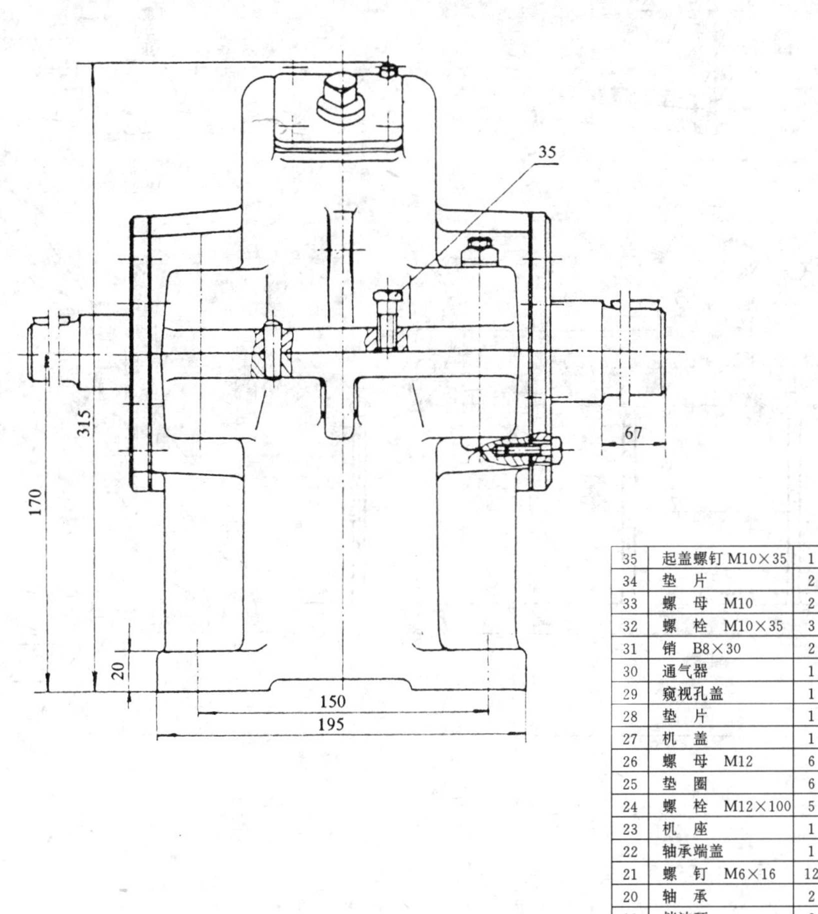

35	起盖螺钉 M10×35	1	Q235A	GB 5782—86
34	垫 片	2	65Mn	GB 93—8710
33	螺 母 M10	2	Q235A	GB 6170—86
32	螺 栓 M10×35	3	Q235A	GB 5782—86
31	销 B8×30	2	35	GB 117—86
30	通气器	1	Q235A	
29	窥视孔盖	1	35	
28	垫 片	1	石棉橡胶纸	
27	机 盖	1	HT200	
26	螺 母 M12	6	Q235A	GB 6170—86
25	垫 圈	6	65Mn	GB 93—8712
24	螺 栓 M12×100	5	Q235A	GB 5782—86
23	机 座	1	HT200	
22	轴承端盖	1	HT150	
21	螺 钉 M6×16	12	Q235A	GB 5782—86
20	轴 承	2		30208
19	挡油环	2	35	
18	油封	1	橡胶	
17	键 14×56	1	Q275	GB 1095—79
16	定距环	1	Q235A	
15	轴承端盖	1	HT150	
14	调整垫片	2组	08F	
13	螺 塞	1	Q235A	
12	垫 片	1	石棉橡胶纸	
11	油标尺	1		组合件
10	大齿轮	1	40	
9	键 14×56	1	Q275	GB 1095—79
8	轴	1	45	
7	轴 承	2		30211
6	轴承端盖	1	HT200	
5	油 封	1	橡胶	
4	齿轮油	1	45	
3	键 8×7	1	Q275	GB 1095—79
2	轴承端盖	1	HT200	
1	调整垫片	2组	08F	
序号	名 称	数量	材 料	备 注

齿轮减速器		图号		比例	1:1
		重量		数量	
设计		(校名)		共 页	
审核		(班号)		第 页	
一级圆柱齿轮减速器				图 号	01

技 术 特 性

输出功率:4 kW;高速轴转速:572 r/min;传动比:3.95。

技 术 要 求

1. 装配前,所有零件用煤油清洗,滚动轴承用汽油清洗,机体内不许有任何杂物存在。内壁涂刷抗机油浸蚀的涂料两次。
2. 啮合侧隙用铅丝检验不小于 0.16 mm,铅丝直径不得大于最小侧隙4倍。
3. 用涂色法检验斑点。按齿高方向接触斑点不小于 40%;按齿长方向接触斑点不小于 50%;必要时可进行研磨以达到上述要求。
4. 应调整轴承轴向间隙。30208 轴承为 0.05~0.1 mm。30211 轴承为 0.08~0.15 mm。
5. 检查减速器剖分面,各接触面及密封处均不许漏油;剖分面允许涂以密封胶或水玻璃。
6. 减速器安装后应按逐步加载法进行试运转,切不可直接满载运转。

轮减速器

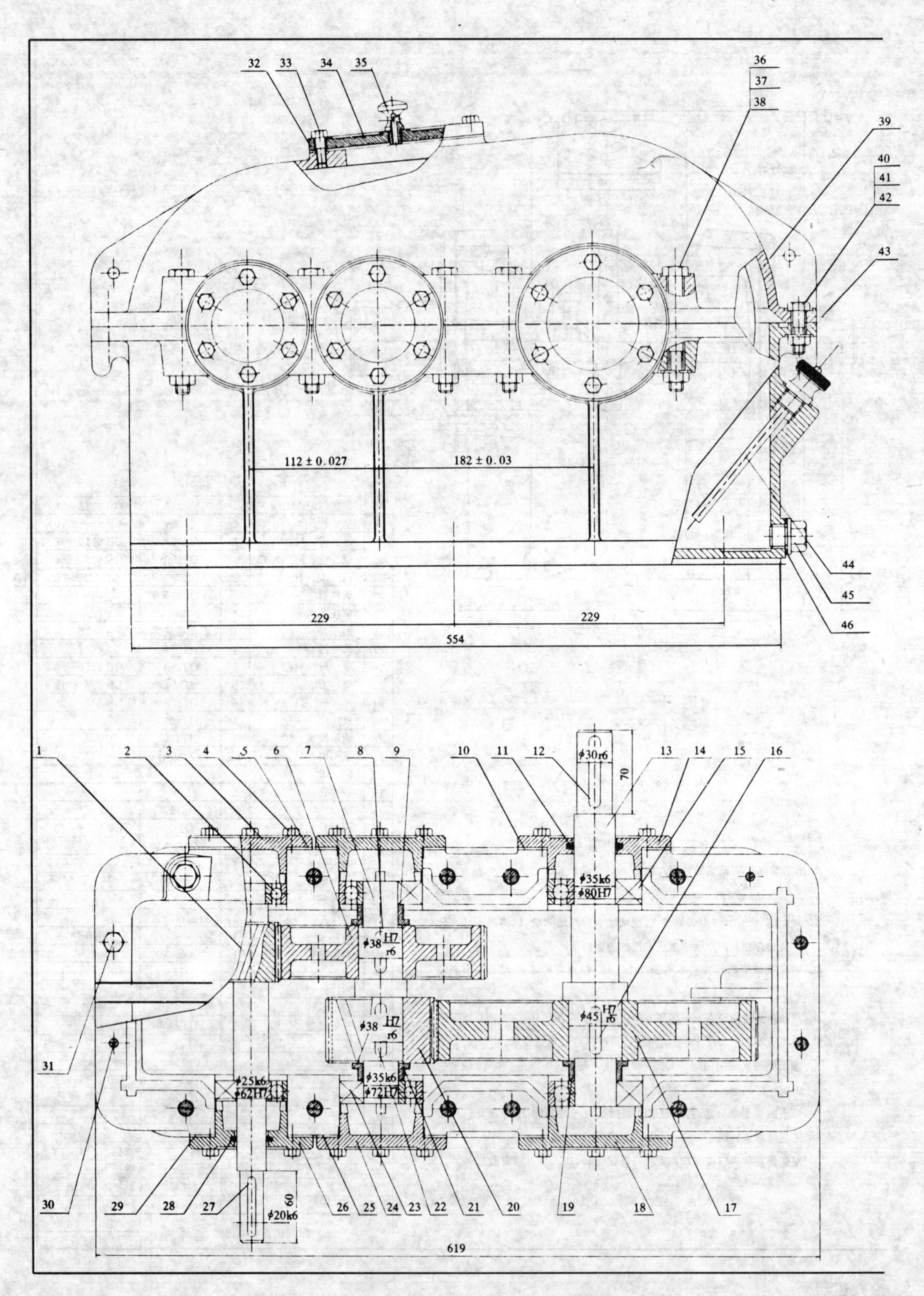
32
33
34
35
36
37
38
39
40
41
42
43
112 ± 0.027
182 ± 0.03
44
45
46
229
229
554
1
2
3
4
5
6
7
8
9
10
11
12
13
14
15
16
ϕ30r6
70
ϕ35k6
ϕ80H7
ϕ38 H7/r6
ϕ38 H7/r6
ϕ45 H7/r6
ϕ35k6
ϕ72H7
ϕ25k6
ϕ62H7
60
ϕ20k6
31
30
29
28
27
26
25
24
23
22
21
20
19
18
17
619

图 10-2　二级圆柱齿

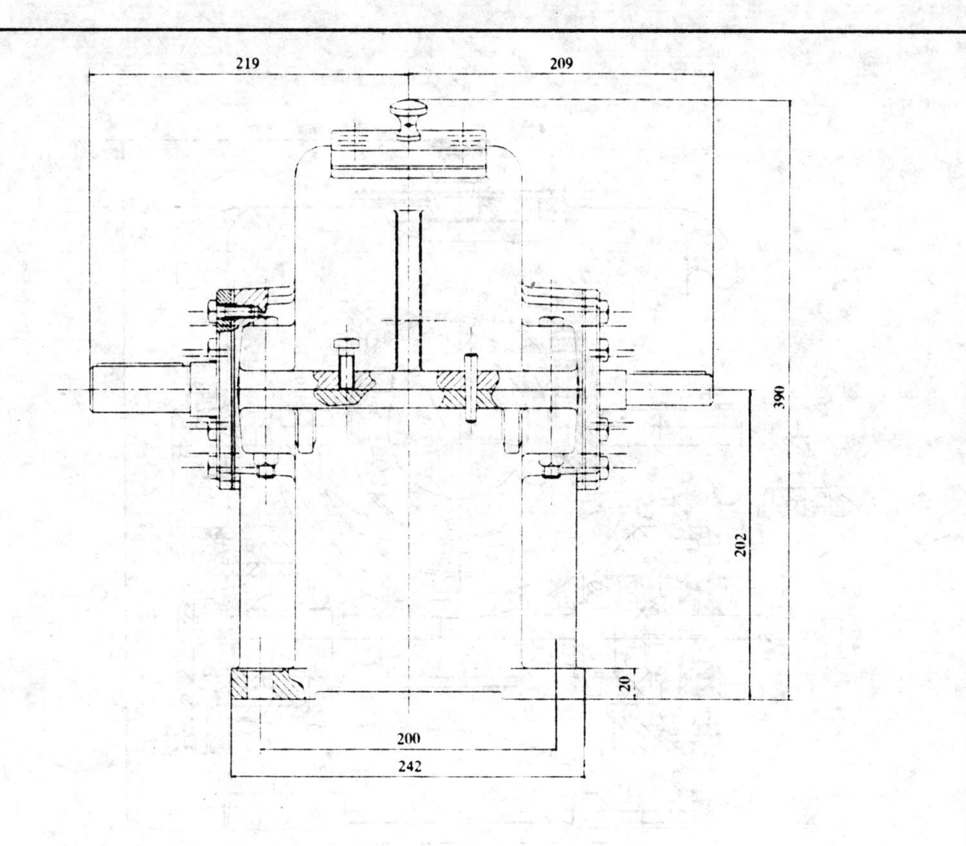

轮减速器

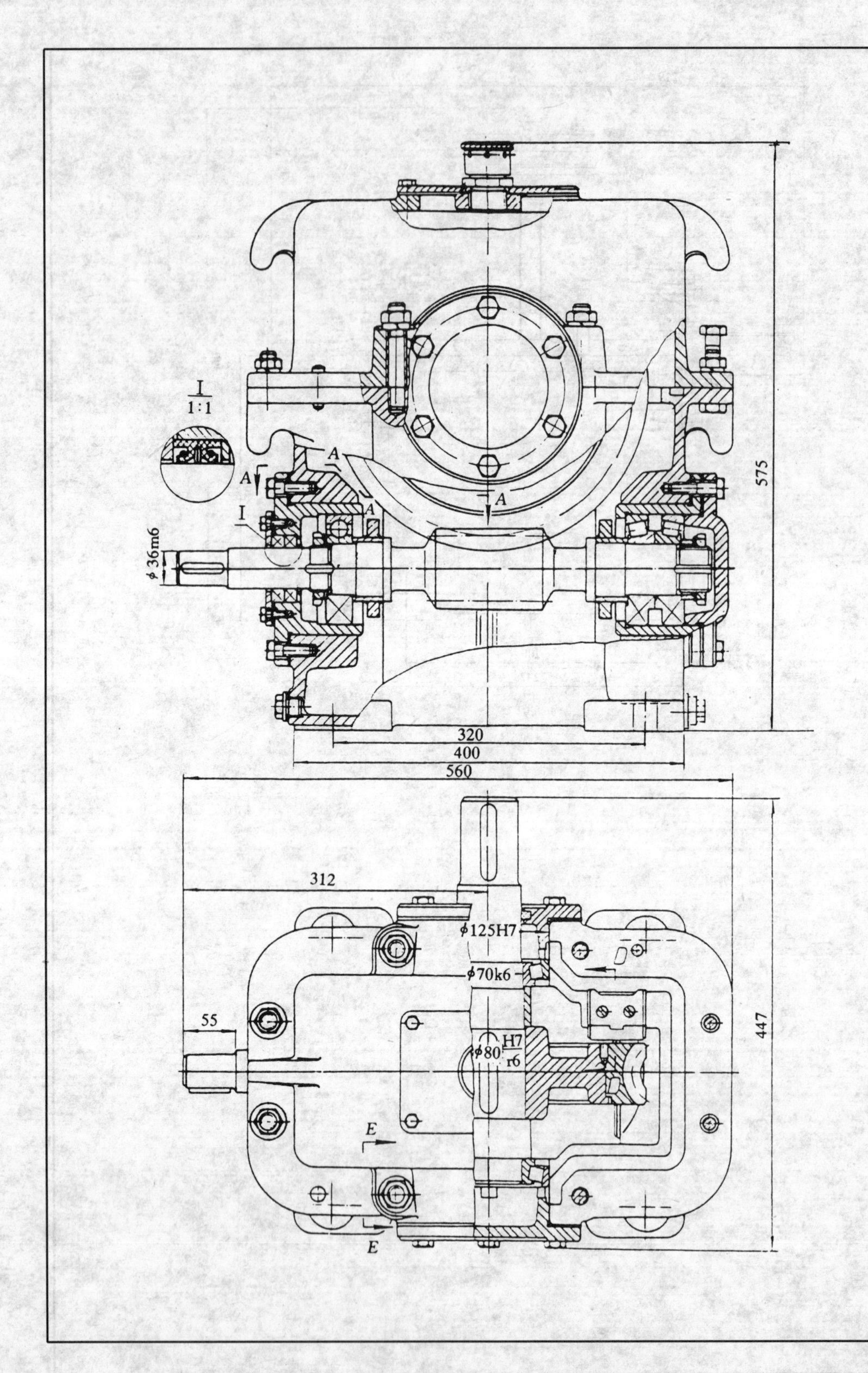
I
1:1
A
A
A
A
I
φ36m6
575
320
400
560
312
φ125H7
φ70k6
55
φ80 H7/r6
447
E
E

图 10-3 蜗 杆

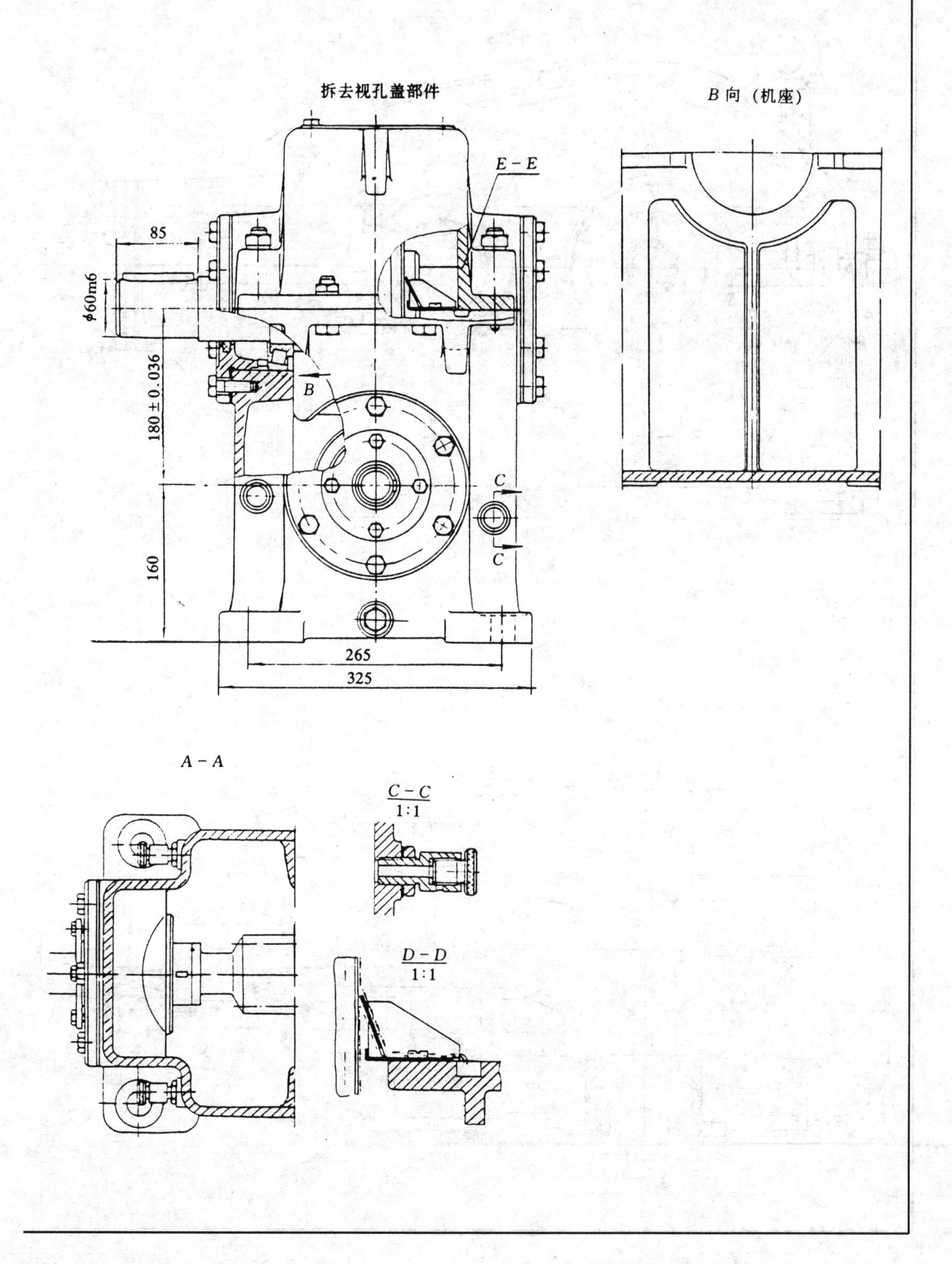

减 速 器

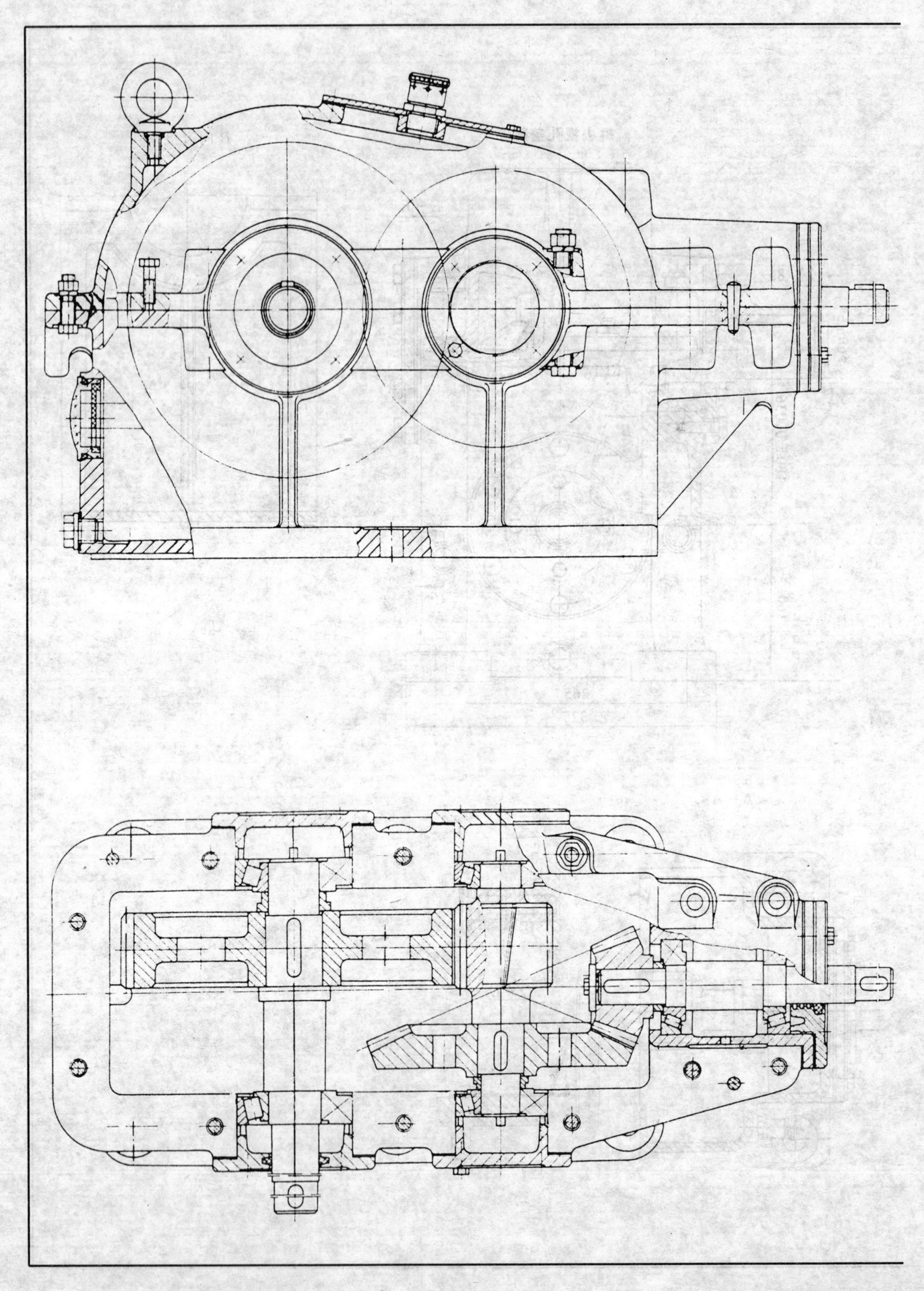

图 10－4　圆锥-圆柱

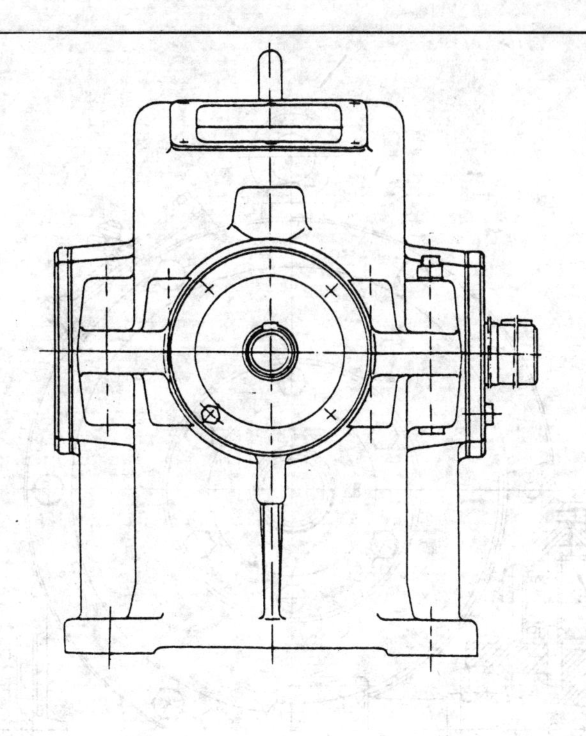

齿轮减速器

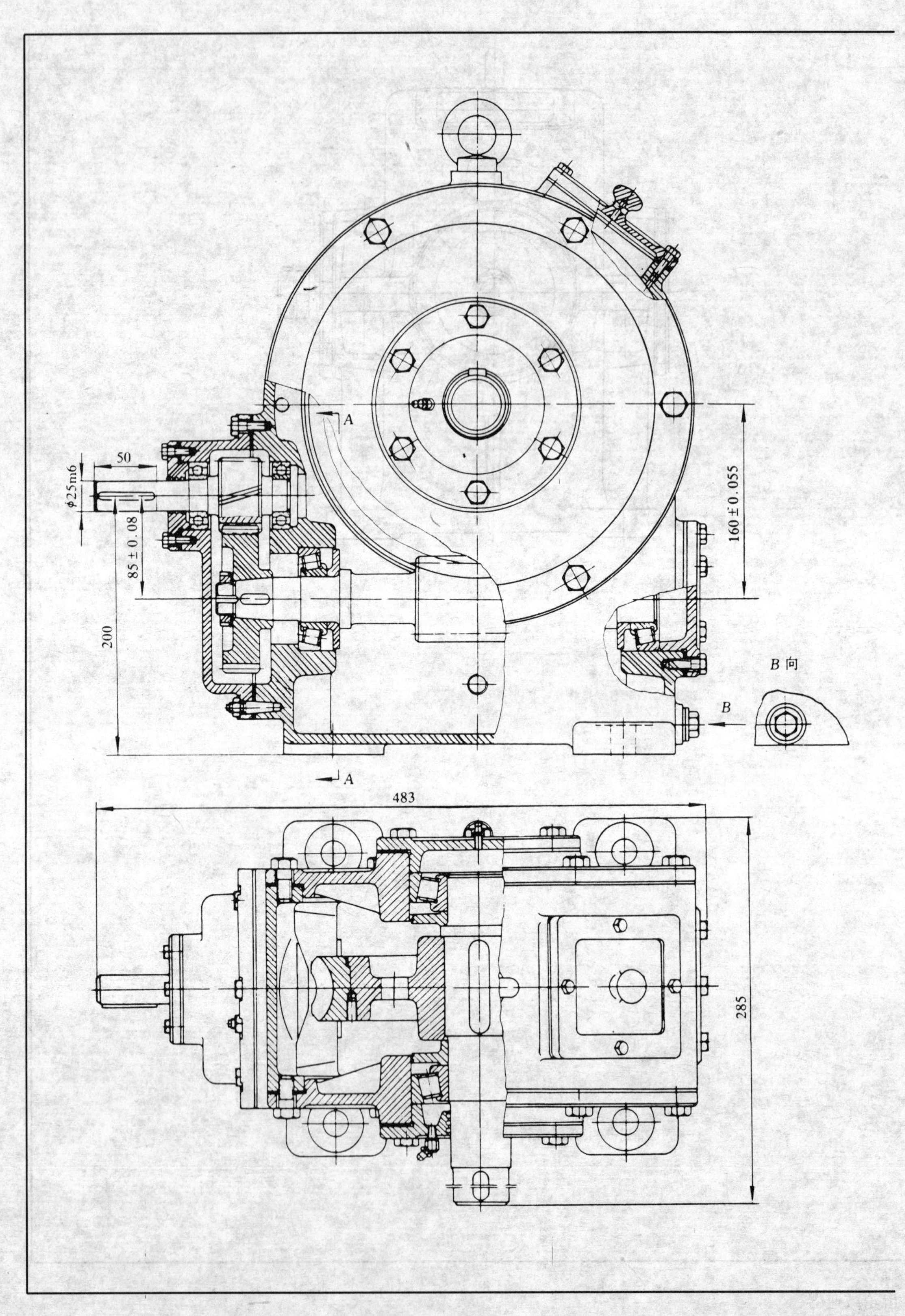

图 10-5　齿轮-蜗杆

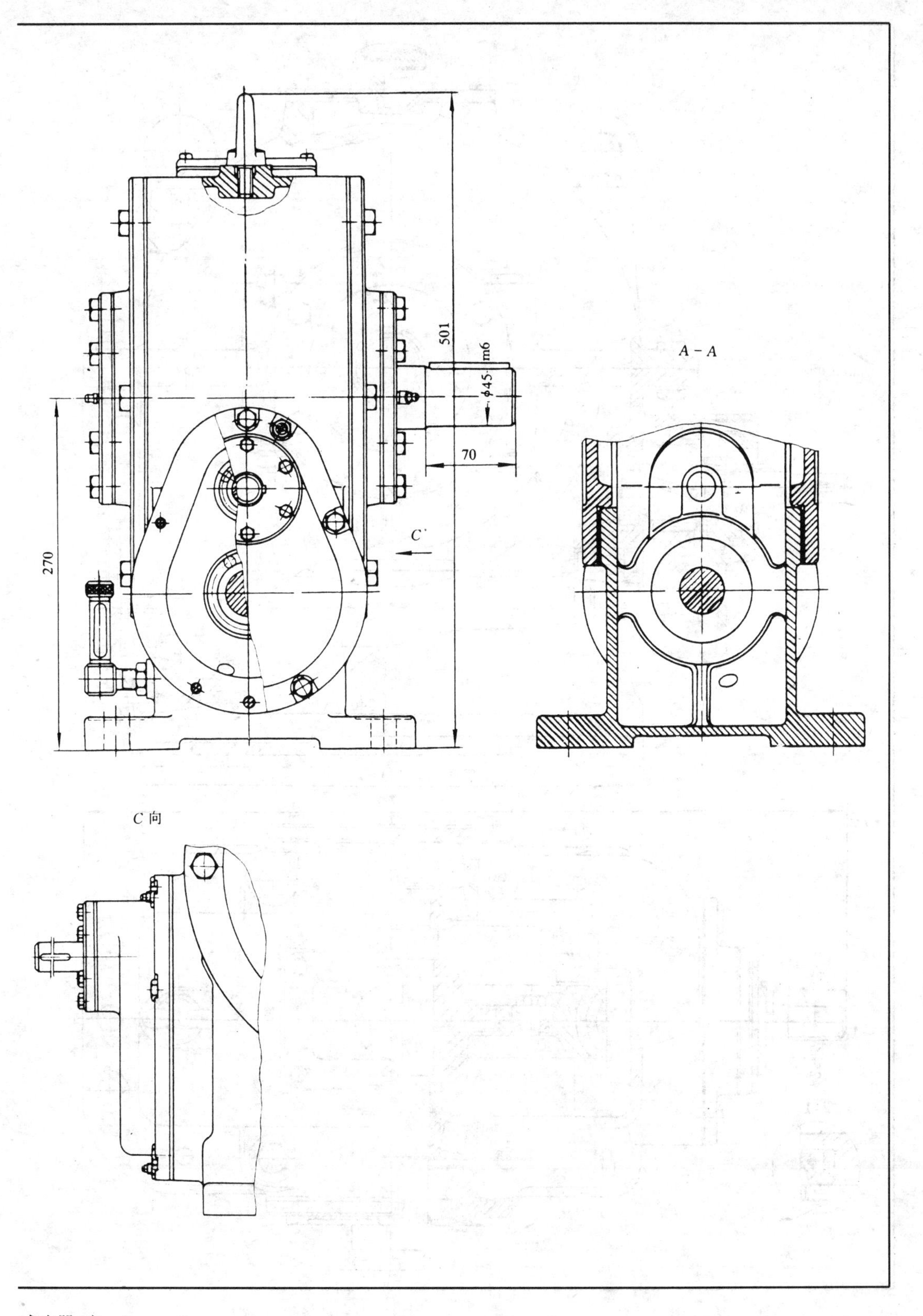

减速器(之一)

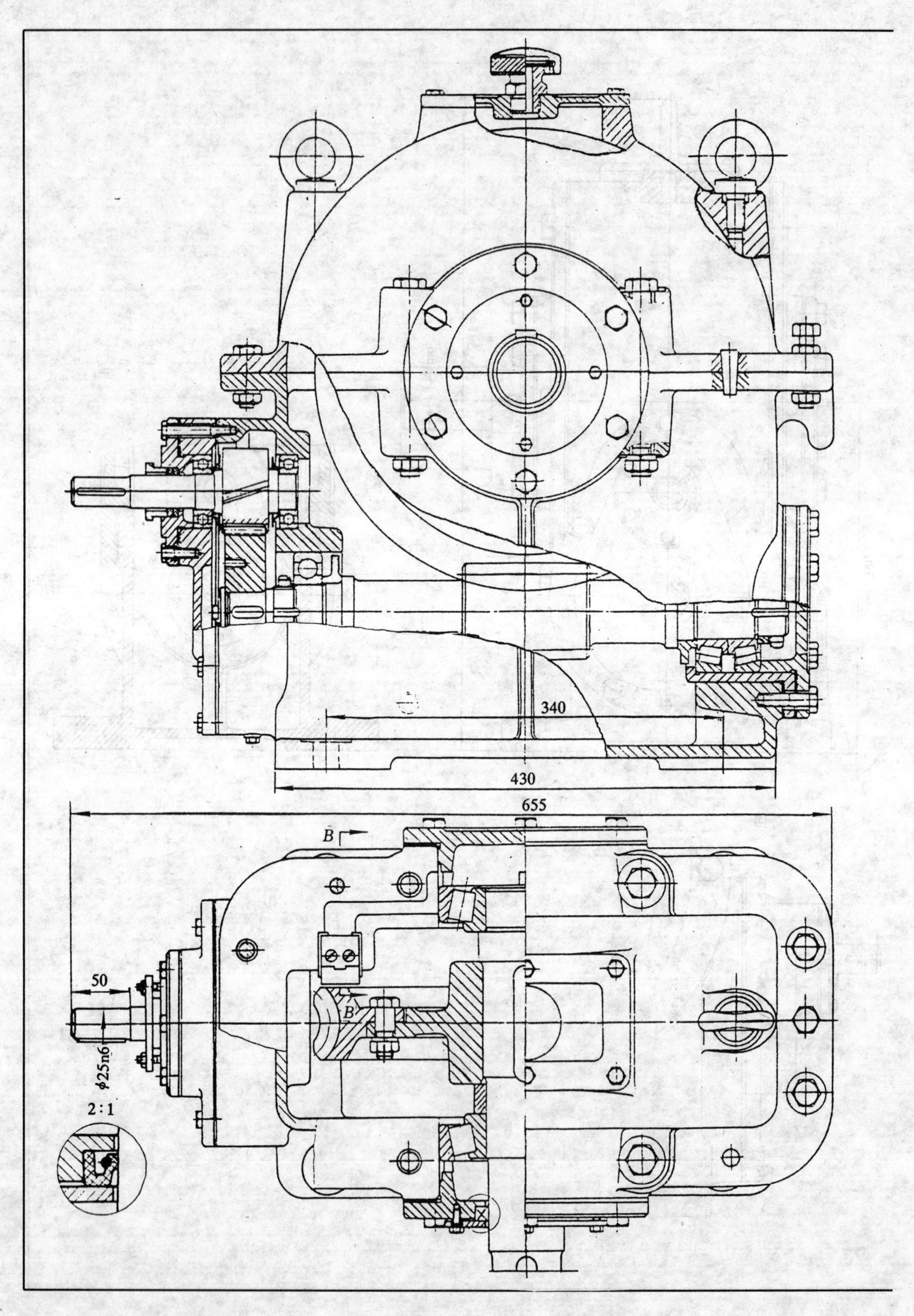

图 10-6　齿轮-蜗杆

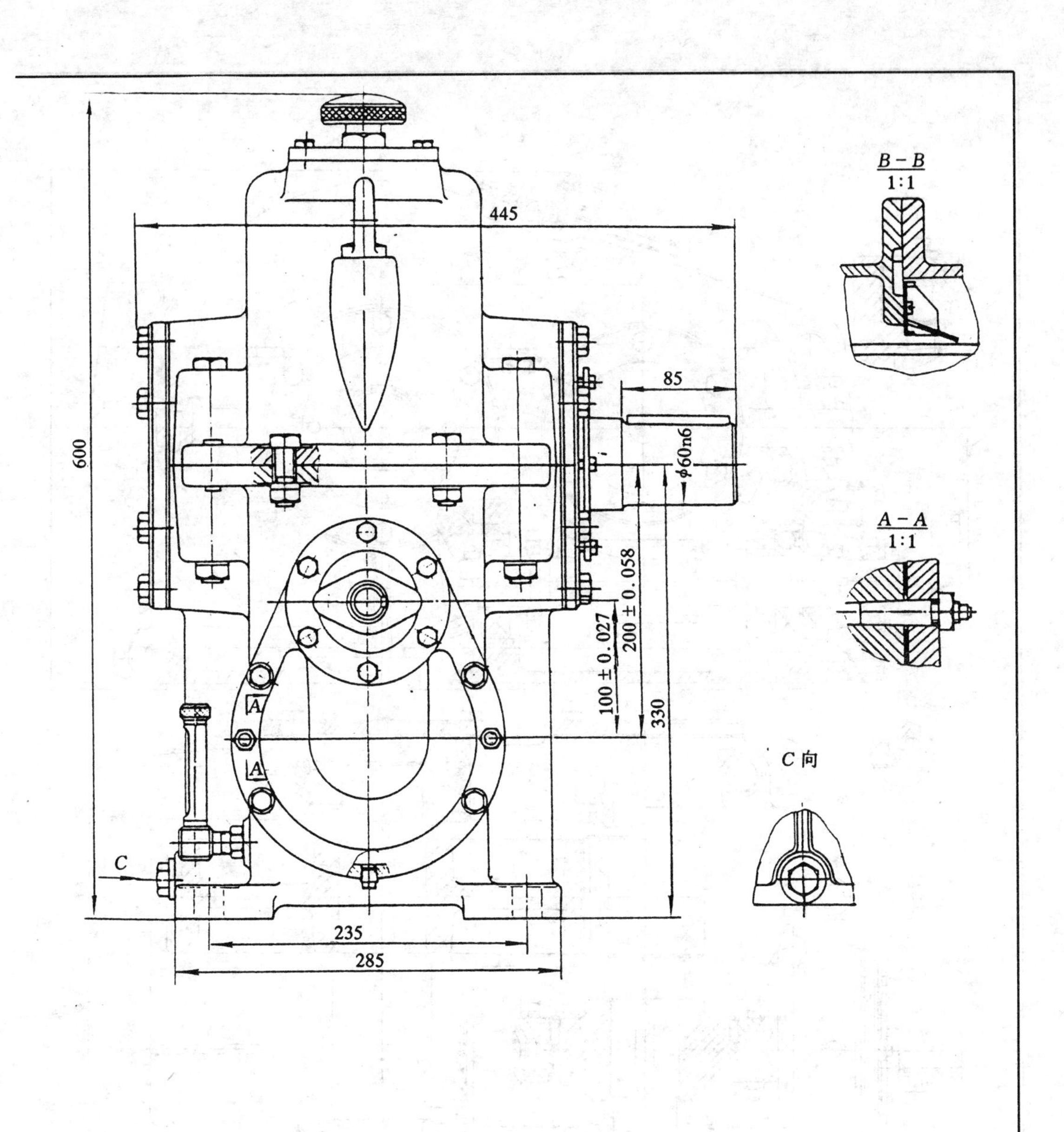

减速器(之二)

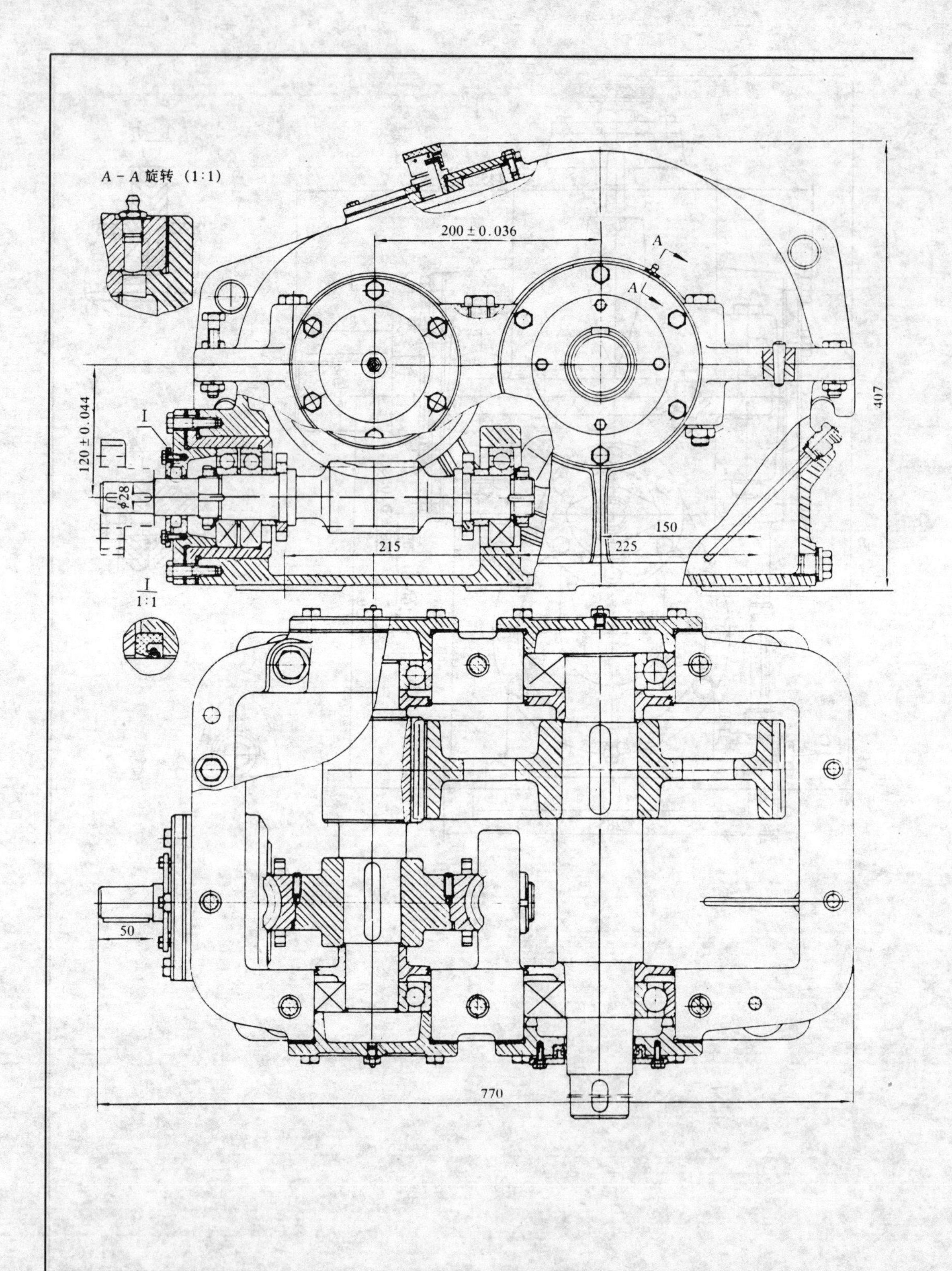

图 10－7　蜗杆-齿

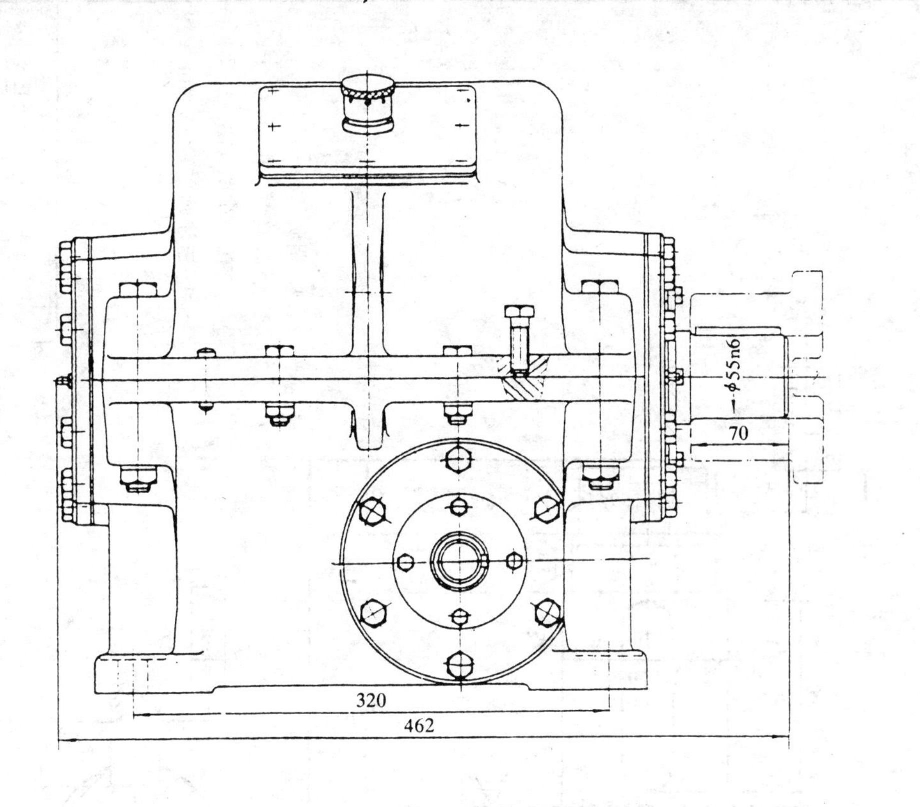

轮减速器

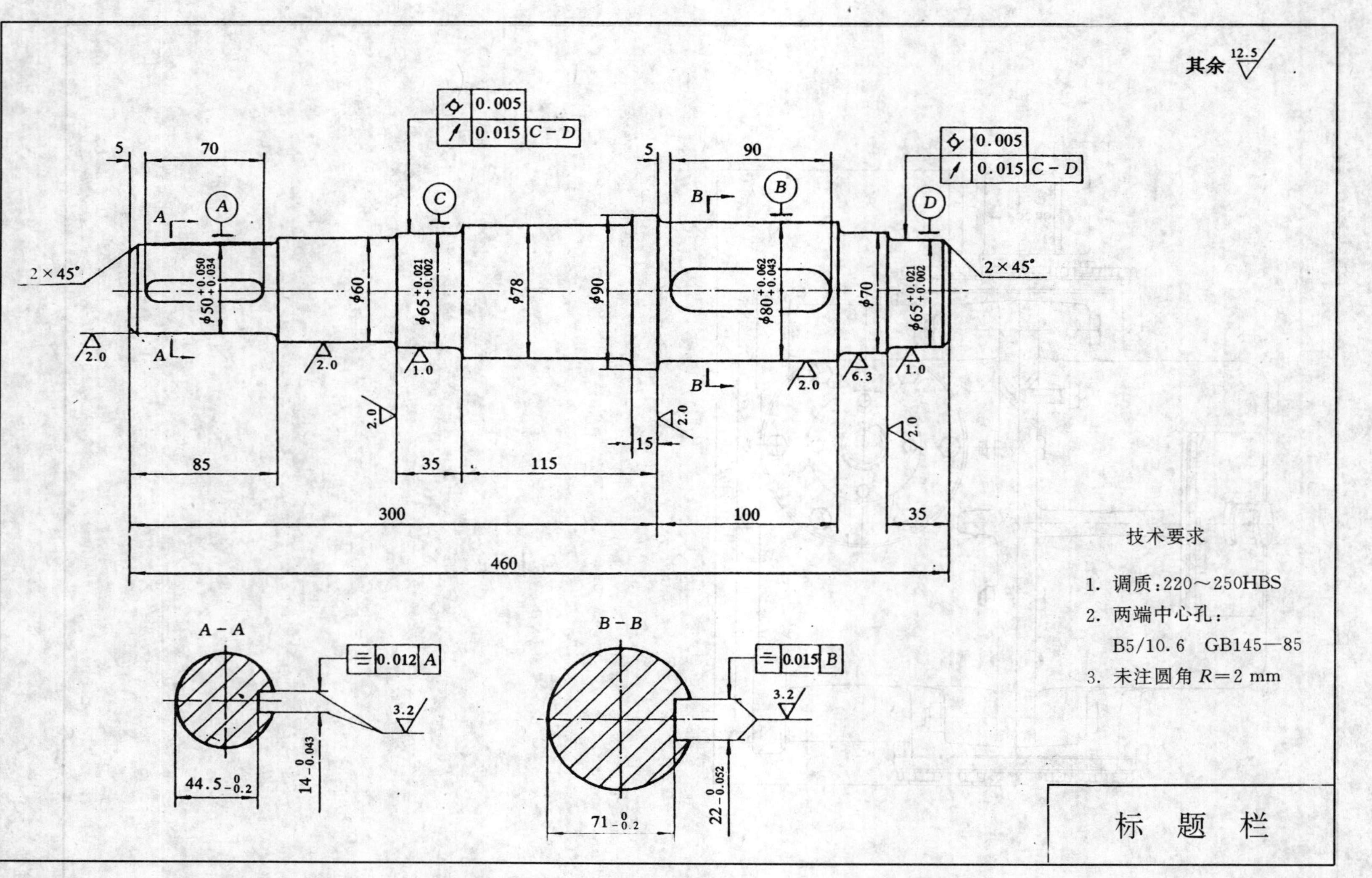
其余 12.5
0.005
0.015 C－D
0.005
0.015 C－D
A
B
C
D
2×45°
2×45°
φ50 +0.050 +0.034
φ60
φ65 +0.021 +0.002
φ78
φ90
φ80 +0.062 +0.043
φ70
φ65 +0.021 +0.002
5
70
5
90
2.0
1.0
6.3
15
85
35
115
300
100
35
460
技术要求
1. 调质:220～250HBS
2. 两端中心孔:
B5/10.6 GB145—85
3. 未注圆角 R=2 mm
A－A
0.012 A
3.2
44.5 0 −0.2
14 0 −0.043
B－B
0.015 B
71 0 −0.2
22 0 −0.052
标 题 栏

图10-8 轴零件工作图

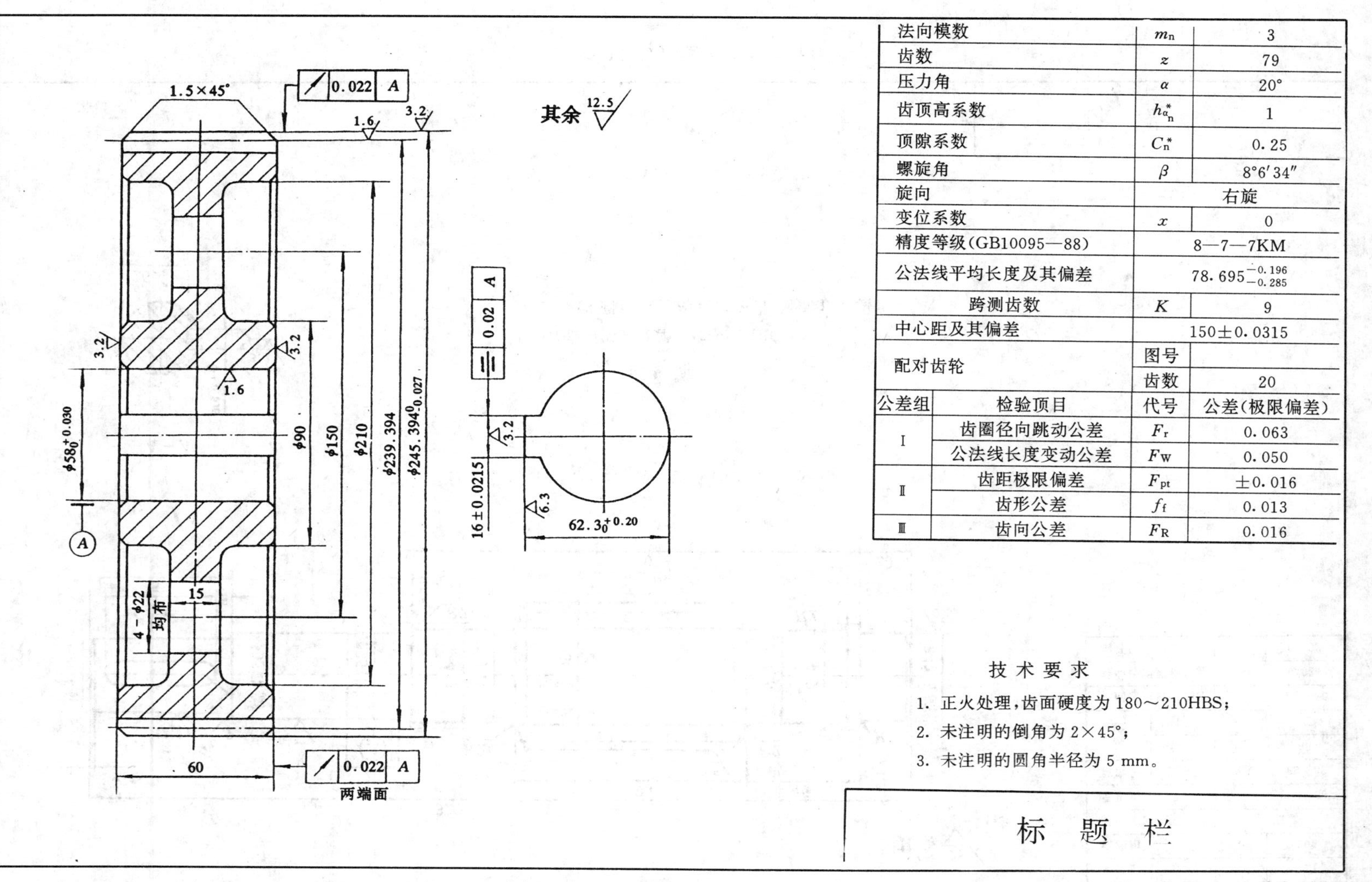

法向模数		m_n	3
齿数		z	79
压力角		α	20°
齿顶高系数		$h_{a_n}^*$	1
顶隙系数		C_n^*	0.25
螺旋角		β	8°6′34″
旋向			右旋
变位系数		x	0
精度等级(GB10095—88)			8—7—7KM
公法线平均长度及其偏差			$78.695_{-0.285}^{-0.196}$
跨测齿数		K	9
中心距及其偏差			150±0.0315
配对齿轮		图号	
		齿数	20
公差组	检验项目	代号	公差(极限偏差)
Ⅰ	齿圈径向跳动公差	F_r	0.063
	公法线长度变动公差	F_W	0.050
Ⅱ	齿距极限偏差	F_{pt}	±0.016
	齿形公差	f_f	0.013
Ⅲ	齿向公差	F_R	0.016

技 术 要 求

1. 正火处理,齿面硬度为180～210HBS;
2. 未注明的倒角为2×45°;
3. 未注明的圆角半径为5 mm。

标　题　栏

图10－9　斜齿圆柱齿轮零件工作图

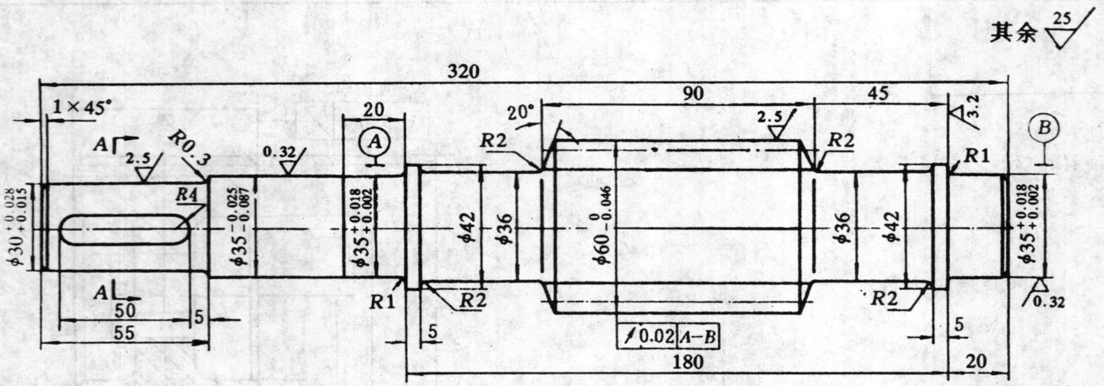

其余 25

蜗杆型式		阿基米德	
轴向模数		m_x	5
头　数		z_1	2
齿形角		α	20°
螺旋方向		右	
导程角		γ	11°18′36″
精度等级		8c GB10089—88	
蜗轮	齿数	z_2	38
	件号		
轴向齿距极限偏差		f_{px}	±0.020
轴向齿距累积公差		f_{px1}	0.034
蜗杆齿形公差		f_{f1}	0.032

A－A

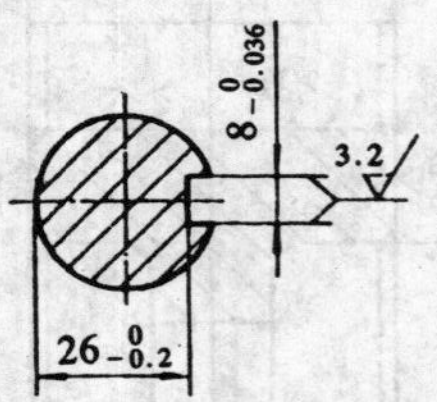

技 术 条 件

1. 表面淬火处理　45～55HRC
2. 未注圆角半径 R=1.5 mm，倒角 1.5×45°

标　题　栏

图 10－10　蜗杆零件工作图

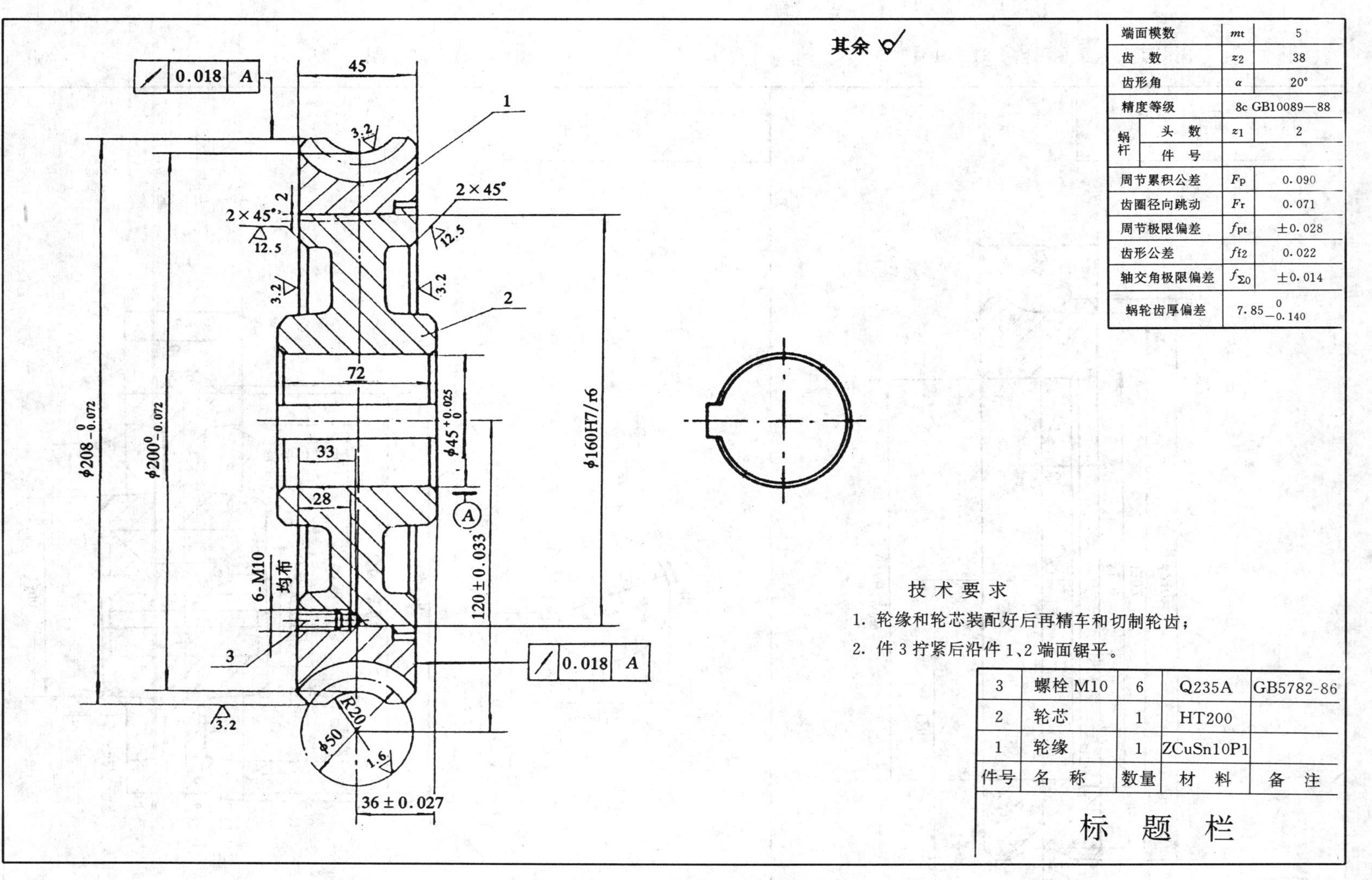

端面模数		m_t	5
齿　数		z_2	38
齿形角		α	20°
精度等级			8c GB10089—88
蜗杆	头　数	z_1	2
	件　号		
周节累积公差		F_p	0.090
齿圈径向跳动		F_r	0.071
周节极限偏差		f_{pt}	±0.028
齿形公差		f_{f2}	0.022
轴交角极限偏差		$f_{\Sigma 0}$	±0.014
蜗轮齿厚偏差			$7.85_{-0.140}^{0}$

技术要求

1. 轮缘和轮芯装配好后再精车和切制轮齿；
2. 件 3 拧紧后沿件 1、2 端面锯平。

3	螺栓 M10	6	Q235A	GB5782-86
2	轮芯	1	HT200	
1	轮缘	1	ZCuSn10P1	
件号	名　称	数量	材　料	备　注

标　题　栏

图 10－11　蜗轮工作图

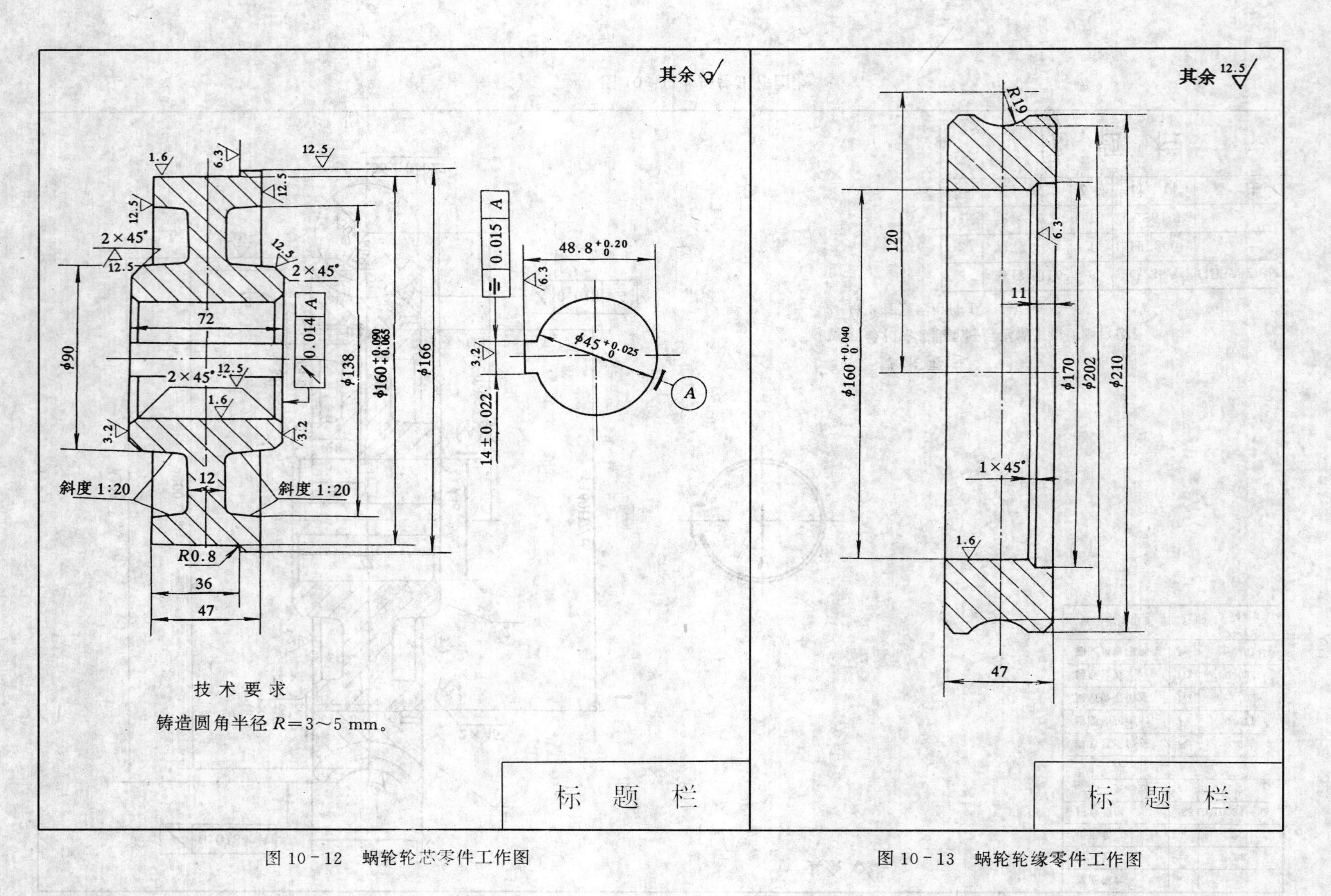

图 10-12　蜗轮轮芯零件工作图

图 10-13　蜗轮轮缘零件工作图

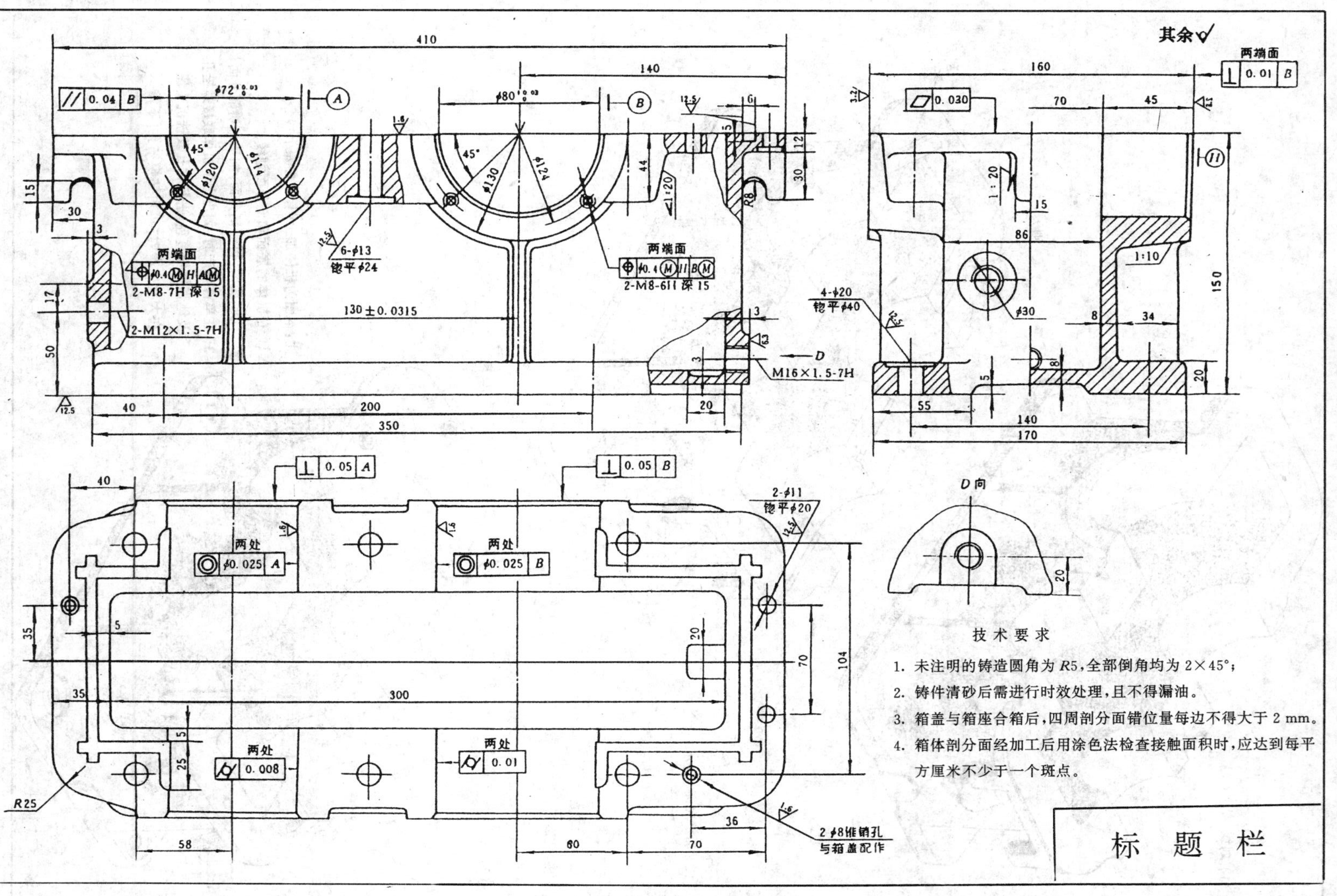

图 10-11 单级圆柱齿轮减速器箱体零件工作图

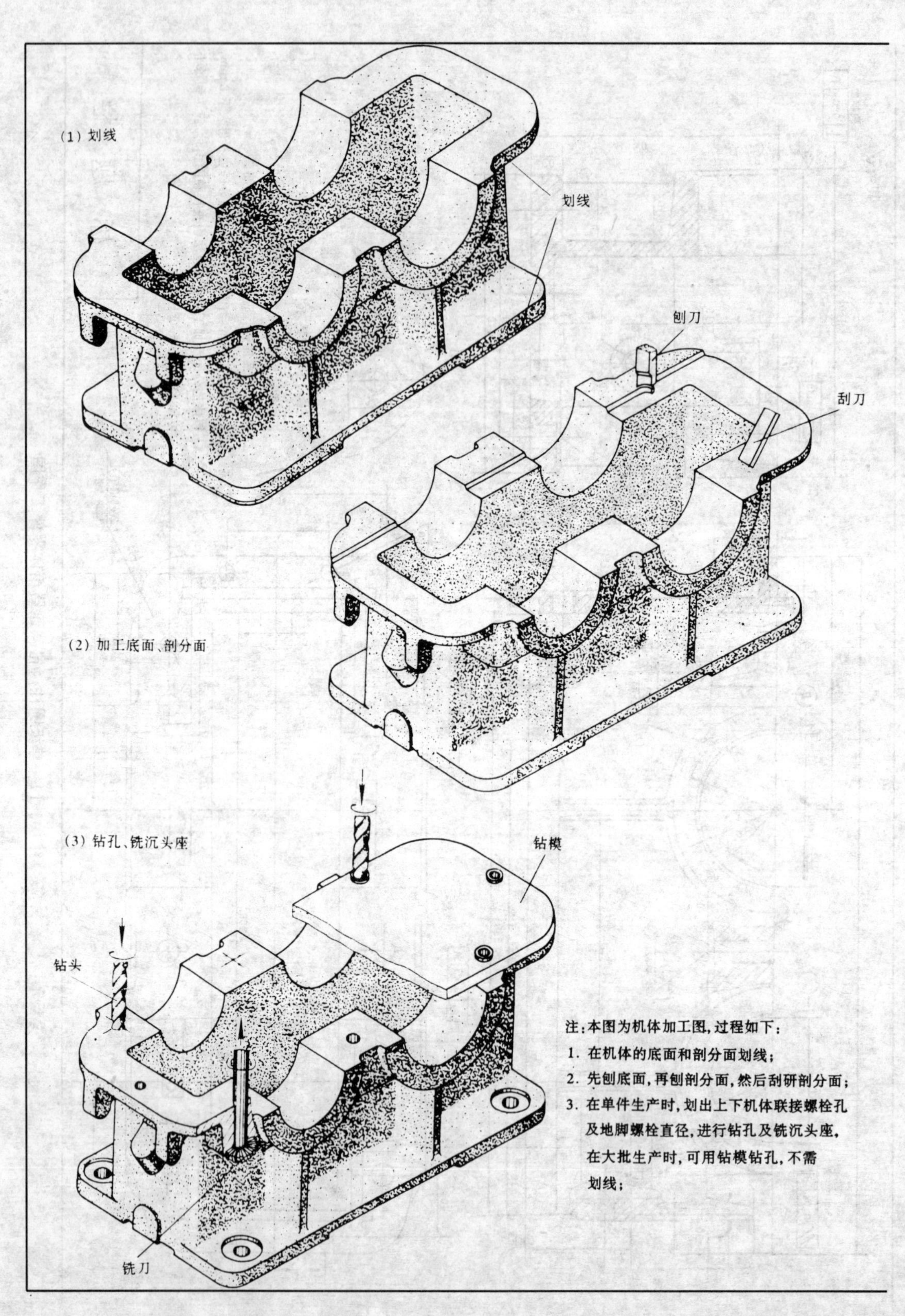
(1) 划线
划线
刨刀
刮刀
(2) 加工底面、剖分面
(3) 钻孔、铣沉头座
钻模
钻头
铣刀
注:本图为机体加工图,过程如下:
1. 在机体的底面和剖分面划线;
2. 先刨底面,再刨剖分面,然后刮研剖分面;
3. 在单件生产时,划出上下机体联接螺栓孔
及地脚螺栓直径,进行钻孔及铣沉头座,
在大批生产时,可用钻模钻孔,不需
划线;

图 10-15 机体

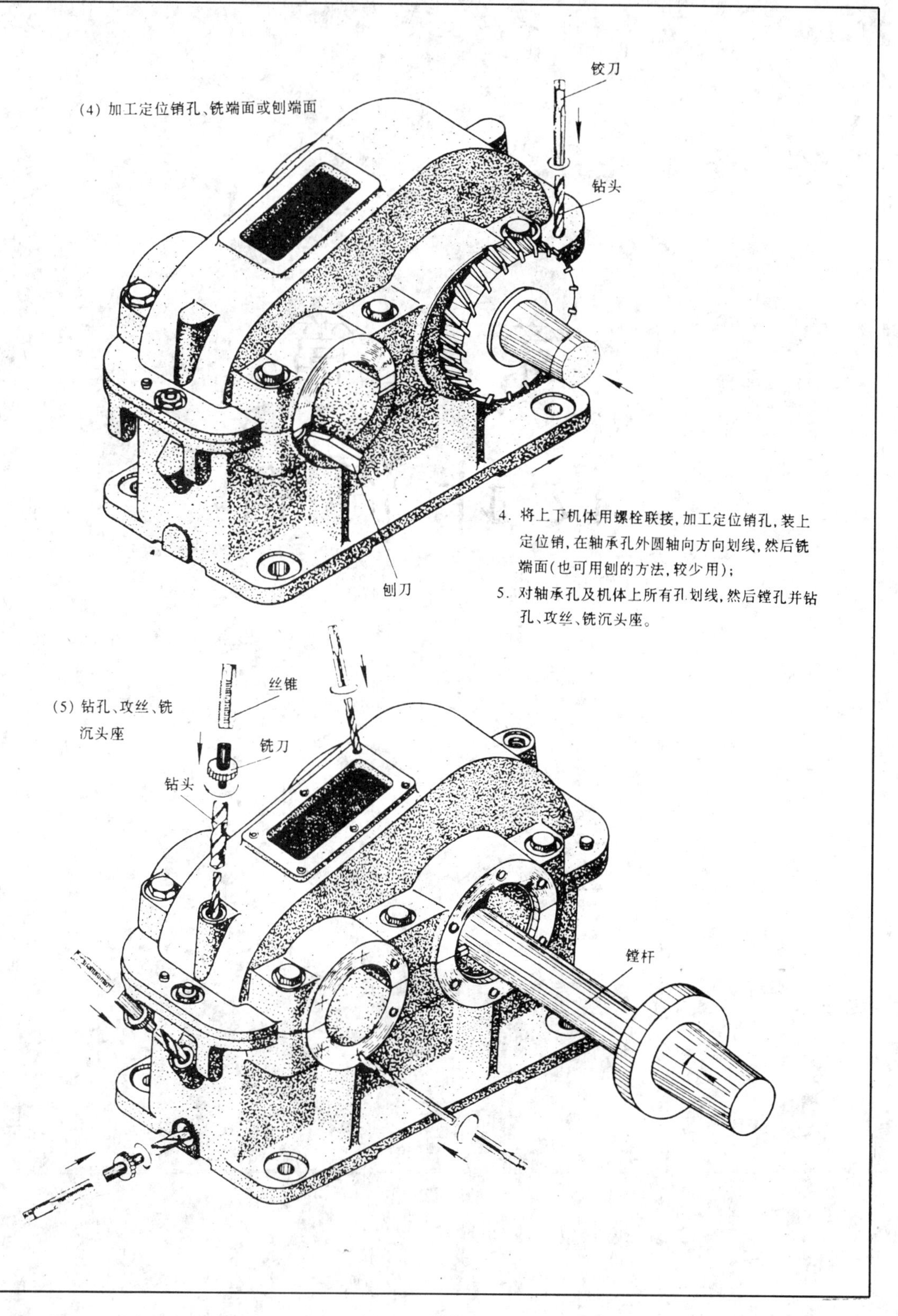

4. 将上下机体用螺栓联接，加工定位销孔，装上定位销，在轴承孔外圆轴向方向划线，然后铣端面（也可用刨的方法，较少用）；
5. 对轴承孔及机体上所有孔划线，然后镗孔并钻孔、攻丝、铣沉头座。

加工过程

第三篇
设计资料

第十一章　一般标准和常用数据

§11.1　常用数据

一、常用材料的密度

常用材料的密度如表 11-1 所列。

表 11-1　常用材料的密度

材料名称	密度 ρ/g·cm^{-3}	材料名称	密度 ρ/g·cm^{-3}
碳钢	7.8～7.85	金	19.32
铸钢	7.8	银	10.5
高速钢(含钨 9%)	8.3	汞	13.55
高速钢(含钨 18%)	8.7	镁合金	1.74
合金钢	7.9	硅钢片	7.55～7.8
镍铬钢	7.9	锡基轴承合金	7.34～7.75
灰铸铁	7.0	铅基轴承合金	9.33～10.67
白口铸铁	7.55	硬质合金(钨钴)	14.4～14.9
可锻铸铁	7.3	硬质合金(钨钴钛)	9.5～12.4
紫铜	8.9	胶木板、纤维板	1.3～1.4
黄铜	8.4～8.85	纯橡胶	0.93
铸造黄铜	8.62	皮革	0.4～1.2
锡青铜	8.7～8.9	聚氯乙烯	1.35～1.40
无锡青铜	7.5～8.2	聚苯乙烯	0.91
轧制磷青铜	8.8	有机玻璃	1.18～1.19
冷拉青铜	8.8	无填料的电木	1.2
工业用铝	2.7	赛璐珞	1.4
可铸铝合金	2.7	酚醛层压板	1.3～1.45
铝镍合金	2.7	尼龙 6	1.13～1.14
镍	8.9	尼龙 66	1.14～1.15
轧锌	7.1	尼龙 1010	1.04～1.06
铅	11.37	橡胶夹布传动带	0.8～1.2
锡	7.29	木材	0.4～0.75

二、常用材料的膨胀系数

常用材料的膨胀系数如表 11-2 所列。

表 11-2　常用材料的线膨胀系数 α/(×10^{-6}/℃)

材料名称	温度范围 ℃						
	20～100	20～200	20～300	20～400	20～600	20～700	20～900
工程用铜	16.6～17.1	17.1～17.2	17.6	18～18.1	18.6		
黄铜	17.8	18.8	20.9				

续表 11-2

材料名称	温度范围						℃
	20～100	20～200	20～300	20～400	20～600	20～700	20～900
青铜	17.6	17.9	18.2				
铝合金	22.0～24.0	23.4～24.8	24.0～25.9				
碳钢	10.6～12.2	11.3～13	12.1～13.5	12.9～13.9	13.5～14.3	14.7～15	
铬钢	11.2	11.8	12.4	13	13.6		
3Cr13	10.2	11.1	11.6	11.9	12.3	12.8	
1Cr18Ni9Ti	16.6	17	17.2	17.5	17.9	18.6	19.3
铸铁	8.7～11.1	8.5～11.6	10.1～12.1	11.5～12.7	12.9～13.2		
有机玻璃	130						

三、常用材料的弹性模量及泊松比

常用材料的弹性模量及泊松比如表 11-3 所列。

表 11-3 常用材料的弹性模量及泊松比

名称	弹性模量 E /GPa	切变模量 G /GPa	泊松比 μ	名称	弹性模量 E /GPa	切变模量 G /GPa	泊松比 μ
灰铸铁	118～126	44.3	0.3	轧制锰青铜	108	39.2	0.35
球墨铸铁	173		0.3	有机玻璃	2.35～29.4		
碳钢、镍铬钢、合金钢	206	79.4	0.3	电木	1.96～2.94	0.69～2.06	0.35～0.38
铸钢	202		0.3	夹布酚醛塑料	3.92～8.83		
铸铝青铜	103	41.1	0.3	尼龙 1010	1.068		
铸锡青铜	103		0.3	聚四氟乙烯	1.137～1.42		
轧制磷锡青铜	113	41.2	0.32～0.35				

四、常用材料极限强度的近似关系

常用材料极限强度的近似关系如表 11-4 所列。

表 11-4 常用材料极限强度的近似关系 MPa

材料名称	极限强度					
	对称应力疲劳限			脉动应力疲劳限		
	抗压疲劳限 σ_{-1t}	弯曲疲劳限 σ_{-1}	扭转疲劳限 τ_{-1}	拉压脉动疲劳限 σ_{0t}	弯曲脉动疲劳限 σ_0	扭转脉动疲劳限 τ_0
结构钢	$\approx 0.3\sigma_b$	$\approx 0.43\sigma_b$	$\approx 0.25\sigma_b$	$\approx 1.42\sigma_{-1t}$	$\approx 1.33\sigma_{-1}$	$\approx 1.5\tau_{-1}$
铸铁	$\approx 0.225\sigma_b$	$\approx 0.45\sigma_b$	$\approx 0.36\sigma_b$	$\approx 1.42\sigma_{-1t}$	$1.35\sigma_{-1}$	$\approx 1.35\tau_{-1}$
铝合金	$\approx \frac{\sigma_b}{6}+73.5$	$\approx \frac{\sigma_b}{6}+73.5$	$\approx (0.55\sim0.58)\sigma_{-1}$	$\approx 1.5\sigma_{-1t}$		

注：结构钢 $\sigma_b=(3.2\sim3.5)$HBSMPa，$\sigma_s=(0.52\sim0.65)\sigma_b$。

五、物体的摩擦系数

物体的摩擦系数如表 11-5 所列。

表 11-5 物体的摩擦系数

名称		摩擦系数 f	名称		摩擦系数 f
滑动轴承	液体摩擦	0.001～0.008	滚动轴承	深沟球轴承	0.002～0.004
	半液体摩擦	0.008～0.08		调心球轴承	0.0015
	半干摩擦	0.1～0.5		圆柱滚子轴承	0.002
密封软填料盒中填料与轴的摩擦		0.2		调心滚子轴承	0.004
制动器普通石棉制动带(无润滑) p=0.2～0.6 MPa		0.35～0.46		角接触球轴承	0.003～0.005
				圆锥滚子轴承	0.008～0.02
离合器装有黄铜丝的压制石棉 p=0.2～1.2 MPa		0.40～0.43		推力球轴承	0.003

六、常用材料的摩擦系数

常用材料的摩擦系数如表 11-6 所列。

表 11-6 常用材料的摩擦系数

材料名称	摩擦系数 f				材料名称	摩擦系数 f			
	静摩擦		滑动摩擦			静摩擦		滑动摩擦	
	无润滑剂	有润滑剂	无润滑剂	有润滑剂		无润滑剂	有润滑剂	无润滑剂	有润滑剂
钢-钢	0.15	0.1～0.12	0.15	0.05～0.1	钢-夹布胶木			0.22	
钢-低碳钢			0.2	0.1～0.2	青铜-夹布胶木			0.23	
钢-铸铁	0.3		0.18	0.05～0.15	纯铝-钢			0.17	0.02
钢-青铜	0.15	0.1～0.15	0.15	0.1～0.15	青铜-酚醛塑料			0.24	
低碳钢-铸铁	0.2		0.18	0.05～0.15	淬火钢-尼龙 9			0.43	0.023
低碳钢-青铜	0.2		0.18	0.07～0.15	淬火钢-尼龙 1010				0.0395
铸铁-铸铁		0.18	0.15	0.07～0.12	淬火钢-聚碳酸酯			0.30	0.031
铸铁-青铜			0.15～0.2	0.07～0.15	淬火钢-聚甲醛			0.46	0.016
皮革-铸铁	0.3～0.5	0.15	0.6	0.15	粉末冶金-钢			0.4	0.1
橡胶-铸铁			0.8	0.5	粉末冶金-铸铁			0.4	0.1

七、黑色金属硬度对照表

黑色金属硬度对照如表 11-7 所列。

表 11-7 黑色金属硬度对照表(GB1172-74)

洛氏 HRC	维氏 HV	布氏 $30D^2$		洛氏 HRC	维氏 HV	布氏 $30D^2$		洛氏 HRC	维氏 HV	布氏 $30D^2$		洛氏 HRC	维氏 HV	布氏 $30D^2$	
		HBS	d_{10}、$2d_5$、$4d_{2.5}$			HBS	d_{10}、$2d_5$、$4d_{2.5}$			HBS	d_{10}、$2d_5$、$4d_{2.5}$			HBS	d_{10}、$2d_5$、$4d_{2.5}$
69	997	—	—	56	620	—	—	43	411	401	3.049	30	289	283	3.611
68	959	—	—	55	599	—	—	42	399	391	3.087	29	281	276	3.655
67	923	—	—	54	579	—	—	41	388	380	3.130	28	274	269	3.701
66	889	—	—	53	561	—	—	40	377	370	3.171	27	268	263	3.741
65	856	—	—	52	543	—	—	39	367	360	3.214	26	261	257	3.783
64	825	—	—	51	525	—	—	38	357	350	3.258	25	255	251	3.826
63	795	—	—	50	509	—	—	37	347	341	3.299	24	249	245	3.871
62	766	—	—	49	493	—	—	36	338	332	3.343	23	243	240	3.909
61	739	—	—	48	478	—	—	35	329	323	3.388	22	237	234	3.957
60	713	—	—	47	463	449	2.886	34	320	314	3.434	21	231	229	3.998
59	688	—	—	46	449	436	2.927	33	312	306	3.477	20	226	225	4.032
58	664	—	—	45	436	424	2.967	32	304	298	3.522	19	221	220	4.075
57	642	—	—	44	423	413	3.006	31	296	291	3.563	18	216	216	4.111

注：$30D^2$——试验载荷/kgf；D——钢球直径/mm。d_{10}、$2d_5$、$4d_{2.5}$——分别为钢球直径 10 mm、2×钢球直径 5 mm、4×钢球直径 2.5 mm 时的压痕直径。

§11.2 一般标准

一、机械制图

1. 图纸幅面

图纸幅面见表 11-8 所列。

表 11-8 图纸幅面(GB/T14689—93)

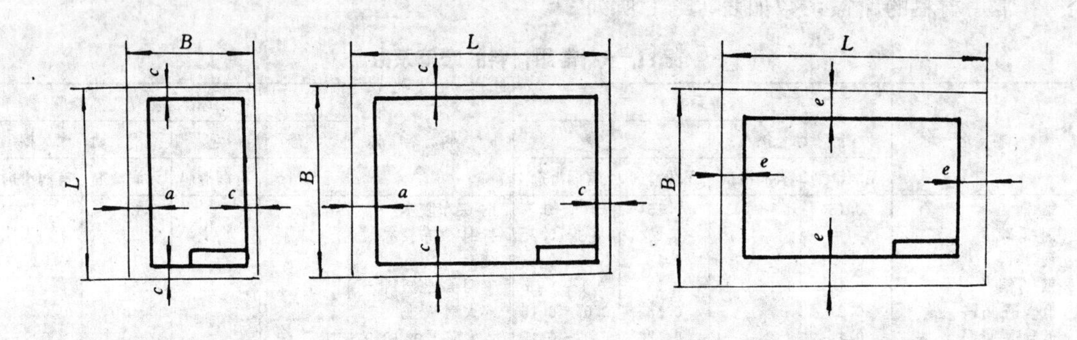

装订　　　　　　不装订　　　　　　mm

幅面代号	A0	A1	A2	A3	A4
$B\times L$	841×1189	594×841	420×594	297×420	210×297
c	10			5	
a	25				
e	20		10		

注：必要时可以将表中幅面的边长加长。对于 A0、A2、A4 幅面加长量按 A0 幅面边长的 1/8 的倍数增加；对于 A1、A3 幅面加长量按 A0 幅面短边的 1/4 倍数增加；A0 及 A1 允许同时加长两边。

2. 比　例

比例见表 11-9 所列。

表 11-9 比例(GB/T14690—93)

原值比例	1∶1
缩小的比例	1∶2,1∶5,1∶10,(1∶1.5),(1∶2.5),(1∶3),(1∶4),(1∶6)
放大的比例	5∶1,2∶1,(4∶1),(2.5∶1)

注：括号中比例尽可能不用。

3. 装配图或零件图标题栏格式

装配图或零件图标题栏格式如图 11－1 所示。

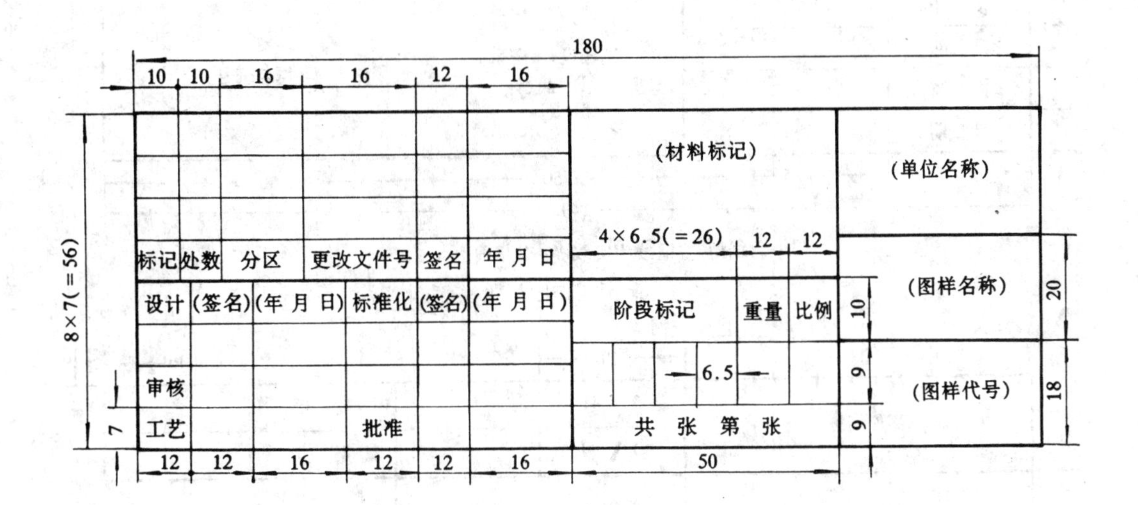

图 11－1 装配图或零件图标题栏格式(GB10609.1—89)

4. 明细表及装配、零件工作图标题栏格式

明细表及装配、零件工作图标题栏格式如图 11－2～11－5 所示。

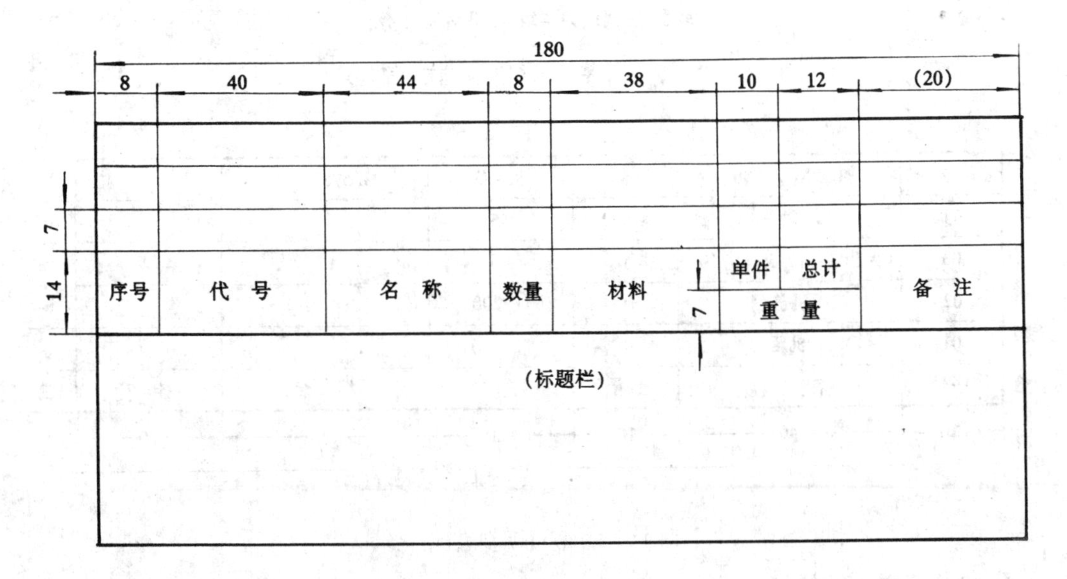

图 11－2 明细表格式(GB10609.2—89)

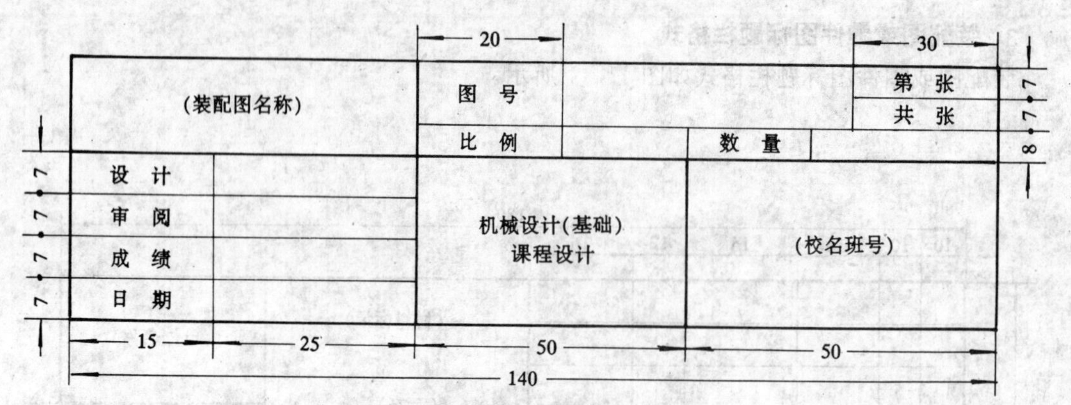

20
30
(装配图名称)
图 号
第 张
共 张
比 例
数 量
7
7
8
设 计
审 阅
成 绩
日 期
机械设计(基础)
课程设计
(校名班号)
7
7
7
7
15
25
50
50
140

线型:主框线为实线 b;分格线为 $b/4$

图 11-3 装配工作图标题栏(简化)

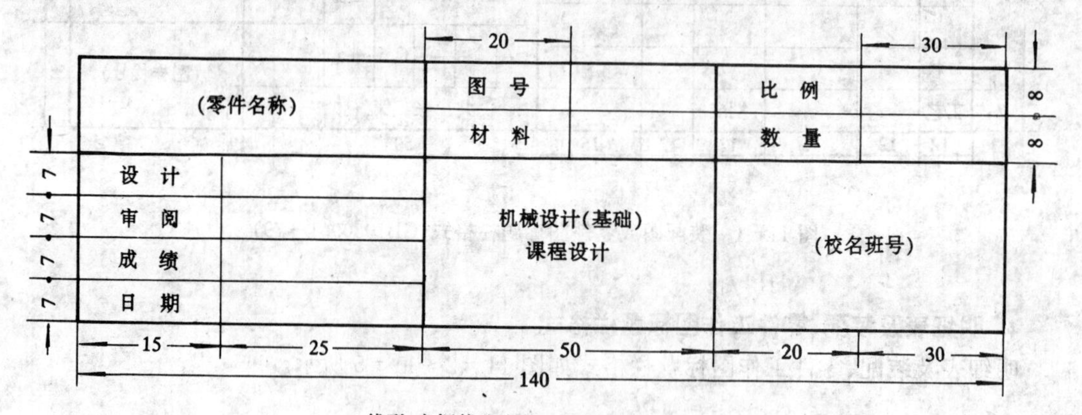

20
30
(零件名称)
图 号
材 料
比 例
数 量
8
8
设 计
审 阅
成 绩
日 期
机械设计(基础)
课程设计
(校名班号)
7
7
7
7
15
25
50
20
30
140

线型:主框线为实线 b;分格线为 $b/4$

图 11-4 零件工作图标题栏(简化)

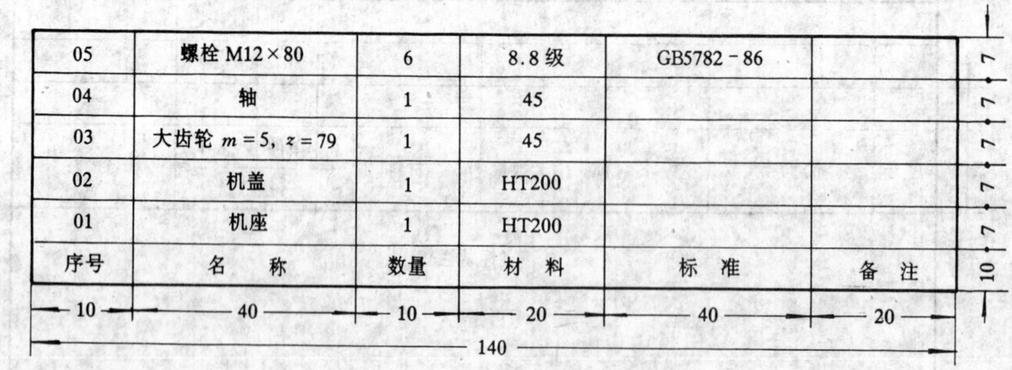

05
螺栓 M12×80
6
8.8 级
GB5782-86
04
轴
1
45
03
大齿轮 m=5, z=79
1
45
02
机盖
1
HT200
01
机座
1
HT200
序号
名 称
数量
材 料
标 准
备 注
7
7
7
7
7
10
10
40
10
20
40
20
140

图 11-5 零件明细表(简化)

5. 机构运动简图符号

机构运动简图符号如表 11-10 所列。

表 11－10 机构运动简图符号(GB4460－84)

名 称	基本符号	可用符号
机架 轴、杆 组成部分与轴(杆)的固定连接	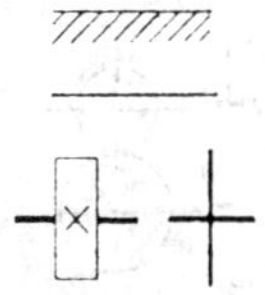	
连杆 平面机构 曲柄(或摇杆) 平面机构	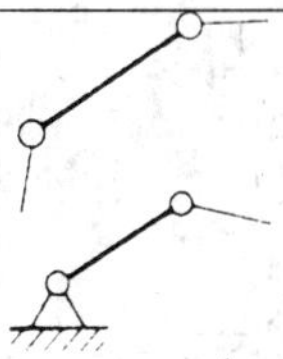	
偏心轮	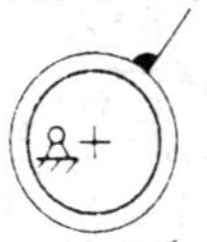	
导杆	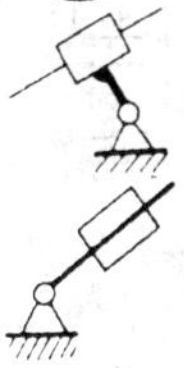	
滑块	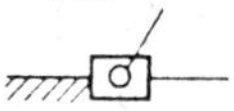	
盘形凸轮	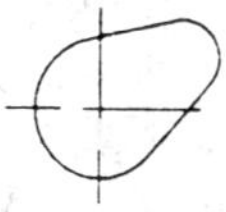	
圆柱凸轮	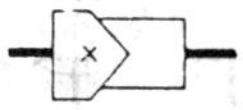	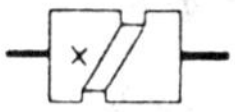
凸轮从动杆 尖顶	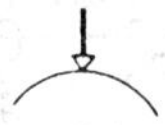	
曲面		
滚子	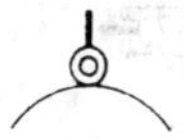	
槽轮机构 一般符号	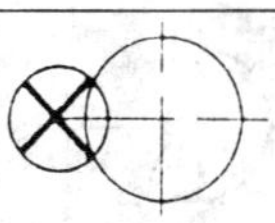	
棘轮机构 外啮合		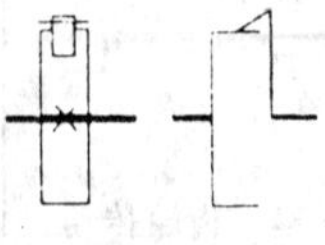
内啮合		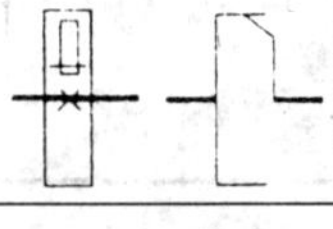

名 称	基本符号	可用符号
弹簧 压缩弹簧	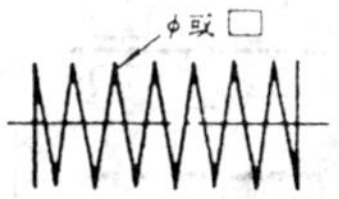	
拉伸弹簧	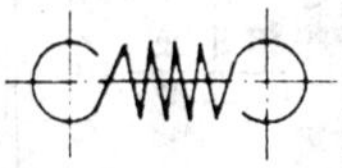	
扭转弹簧	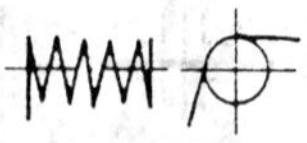	
涡卷弹簧	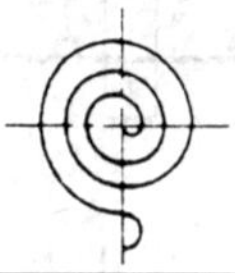	
电动机 一般符号	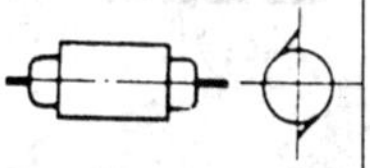	
装在支架上的电动机	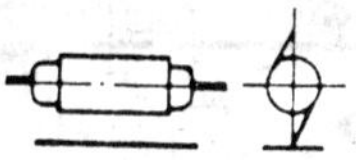	
联轴器 一般符号(不指明类型)	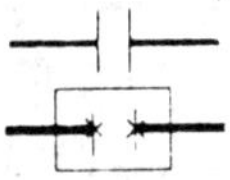	
固定联轴器	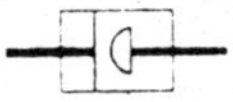	
可移式联轴器 弹性联轴器		
啮合式离合器 单向式	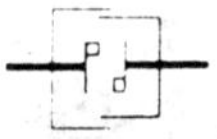	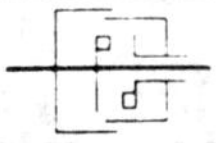
双向式	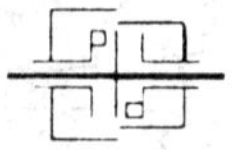	
摩擦离合器 单向式	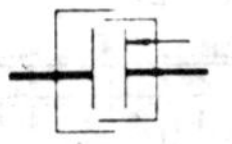	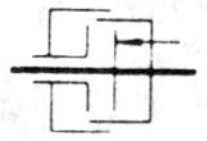
双向式	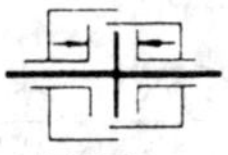	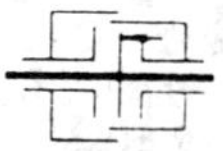
电磁离合器	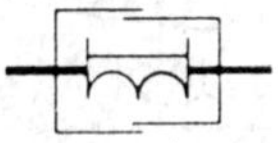	
安全离合器 有易损元件	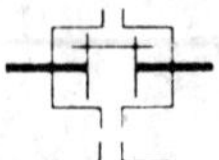	
无易损元件	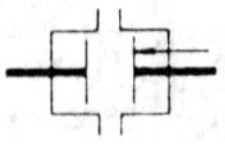	
制动器 一般符号		

续表 11-10

名　称	基本符号	可用符号
向心轴承 普通轴承		
滚动轴承		
推力轴承 单向推力 普通轴承		
双向推力 普通轴承		
推力滚动轴承		
向心推力轴承 单向向心推力 普通轴承		
双向向心推力 普通轴承		
角接触 滚动轴承		
轴上飞轮		
带传动 一般符号(不指明类型)		若需指明类型 可采用下列符号： V带传动
链传动 一般符号(不指明类型)		滚子链传动
螺杆传动 整体螺母		整体螺母
挠性轴		

名　称	基本符号	可用符号
摩擦传动 圆柱轮		
圆锥轮		
可调圆锥轮		
可调冕状轮		
齿轮传动 (不指明齿线) 圆柱齿轮		
锥齿轮		
圆柱蜗杆传动		
齿条传动 一般表示		
扇形齿轮传动		

6. 剖面符号

表 11－11　剖面符号(GB4457.5－84)

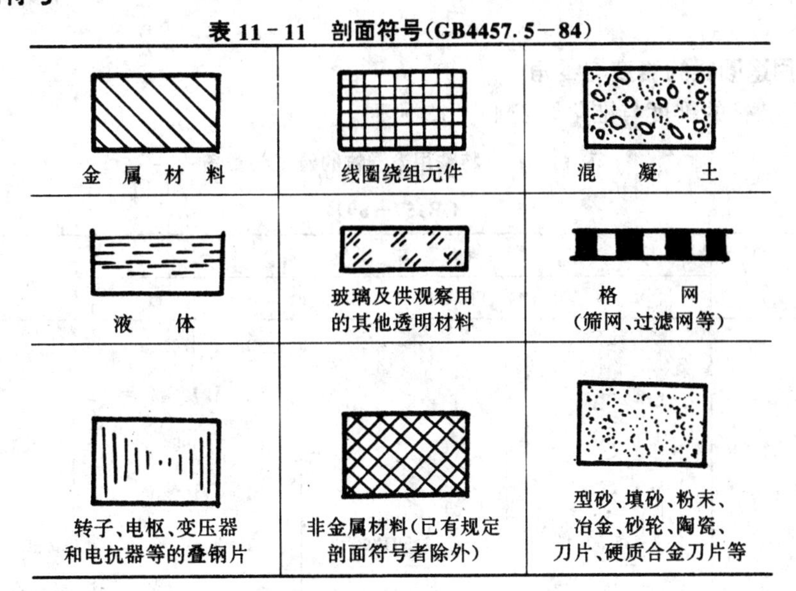

金属材料	线圈绕组元件	混凝土
液体	玻璃及供观察用的其他透明材料	格网(筛网、过滤网等)
转子、电枢、变压器和电抗器等的叠钢片	非金属材料(已有规定剖面符号者除外)	型砂、填砂、粉末、冶金、砂轮、陶瓷、刀片、硬质合金刀片等

二、锥度与锥角系列

1. 一般用途圆锥的锥度与锥角

一般用途圆锥的锥度与锥角如表 11－12 所列。

表 11－12　一般用途圆锥的锥度与锥角(GB157－89)

基本值		推算值		
系列 1	系列 2	圆锥角 α		锥度 C
120°		—	—	1∶0.288675
90°		—	—	1∶0.500000
	75°	—	—	1∶0.651613
60°		—	—	1∶0.866025
45°		—	—	1∶1.207107
30°		—	—	1∶1.866025
1∶3		18°55′28.7″	18.924644°	—
	1∶4	14°15′0.1″	14.250033°	—
1∶5		11°25′16.3″	11.421186°	—
	1∶6	9°31′38.2″	9.527283°	—
	1∶7	8°10′16.4″	8.171234°	—
	1∶8	7°9′9.6″	7.152669°	—
1∶10		5°43′29.3″	5.724810°	—
	1∶12	4°46′18.8″	4.771888°	—
	1∶15	3°49′5.9″	3.818305°	—
1∶20		2°51′51.1″	2.864192°	—
1∶30		1°54′34.9″	*1.909682°	—
	1∶40	*1°25′56.8″	*1.432222°	—
1∶50		1°8′45.2″	1.145877°	—
1∶100		0°34′22.6″	0.572953°	—
1∶200		0°17′11.3″	0.286478°	—
1∶500		0°6′52.5″	*0.114591°	—

2. 特殊用途圆锥的锥度与锥角

特殊用途圆锥的锥度与锥角如表 11－13 所列。

表 11－13　特殊用途圆锥的锥度与锥角

(GB157－89)

基 本 值	推 算 值			备 注
	圆 锥 角 α		锥 度 C	
18°30′	—	—	1∶3.070115	
11°54′	—	—	1∶4.797451	纺织工业
8°40′	—	—	1∶6.598442	
7°40′	—	—	1∶7.462208	
7∶24	16°35′39.4″	16.594290°	1∶3.428571	机床主轴,工具配合
1∶9	6°21′34.8″	6.359660°	—	电池接头
1∶16.666	*3°26′12.2″	*3.436716°	—	医疗设备
1∶12.262	*4°40′11.6″	*4.669884°	—	贾各锥度　No2
1∶12.972	*4°24′58.1″	*4.414746°	—	No1
1∶15.748	3°38′13.4″	*3.637060°	—	No33
1∶18.779	*3°3′1.0″	*3.050200°	—	No3
1∶19.264	*2°58′24.8″	*2.973556°	—	No6
1∶20.288	*2°49′24.7″	*2.823537°	—	No0
1∶19.002	3°0′52.4″	*3.014543°	—	莫氏锥度　No5
1∶19.180	2°59′11.7″	*2.986582°	—	No6
1∶19.212	2°58′53.8″	*2.981618°	—	No0
1∶19.254	*2°58′30.6″	*2.975179°	—	No4
1∶19.922	*2°52′31.5″	*2.875406°	—	No3
1∶20.020	*2°51′41.0″	*2.861377°	—	No2
1∶20.047	*2°51′26.7″	*2.857417°	—	No1

表 11－12、表 11－13 中打“*”注号的圆锥角推算值系按国际标准 ISO1119 修改的推算值,这样该两表中的圆锥角推算值与 ISO1119 完全一致。

三、棱体角度与斜度系列

1. 一般用途棱体的角度与斜度

一般用途棱体的角度与斜度如表 11－14 所列。

表 11－14　一般用途棱体的角度与斜度

（GB4096—83）

基本值			推算值		
系列 1	系列 2	斜度 S	比率 C_P	斜度 S	棱体角 β
120°	—	—	1∶0.288675	—	—
90°	—	—	1∶0.500000	—	—
—	75°	—	1∶0.651613	1∶0.267949	—
60°	—	—	1∶0.866025	1∶0.577350	—
45°	—	—	1∶1.207107	1∶1.000000	—
—	40°	—	1∶1.373739	1∶1.191754	—
30°	—	—	1∶1.866025	1∶1.732051	—
20°	—	—	1∶2.835641	1∶2.747477	—
15°	—	—	1∶3.797877	1∶3.732051	—
—	10°	—	1∶5.715026	1∶5.671282	—
—	8°	—	1∶7.150333	1∶7.115370	—
—	7°	—	1∶8.174928	1∶8.144346	—
—	6°	—	1∶9.540568	1∶9.514364	—
—	—	1∶10	—	—	5°42′38″
5°	—	—	1∶11.451883	1∶11.430052	—
—	4°	—	1∶14.318127	1∶14.300666	—
—	3°	—	1∶19.094230	1∶19.081137	—
—	—	1∶20	—	—	2°51′44.7″
—	2°	—	1∶28.644982	1∶28.636253	—
—	—	1∶50	—	—	1°8′44.7″
—	1°	—	1∶57.294327	1∶57.289962	—
—	—	1∶100	—	—	0°34′25.5″
—	0°30′	—	1∶114.590832	1∶114.588650	—
—	—	1∶200	—	—	0°17′11.3″
—	—	1∶500	—	—	0°6′52.5″

2. 特殊用途棱体的角度与斜度

特殊用途棱体的角度与斜度如表 11－15 所列。

表 11－15　特殊用途棱体的角度与斜度

（GB4096—83）

基本值	推算值	用途
棱体角 β	比率 C_P	
108°	1∶0.3632713	V 型体
72°	1∶0.6881910	V 型体
55°	1∶0.9604911	导轨
50°	1∶1.0722535	榫

四、一般零件的结构尺寸

1. 60°中心孔

表 11-16　60°中心孔(GB145—85)　

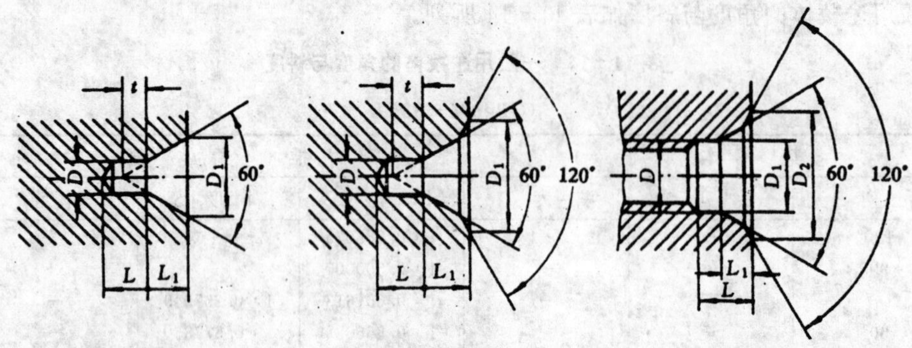

A 型:不带护锥中心孔（不要求保留中心孔时用）　B 型:带护锥中心孔（要求保留中心孔时用）　C 型:带螺纹中心孔

D	A、B型						C型					选择中心孔参考数据		
	A型			B型			D	D_1	D_2	L	参考	原料端部最小直径	轴状原料最大直径	工件最大质量
	D_1	参考		D_1	参考									
		L_1	t		L_1	t					L_1	D_0	D_c	/t
2	4.25	1.95	1.8	6.3	2.54	1.8						8	>10～18	0.12
2.5	5.30	2.42	2.2	8.0	3.20	2.2						10	>18～30	0.2
3.15	6.70	3.07	2.8	10.0	4.03	2.8	M3	3.2	5.8	2.6	1.8	12	>30～50	0.5
4	8.50	3.90	3.5	12.5	5.05	3.5	M4	4.3	7.4	3.2	2.1	15	>50～80	0.8
(5)	10.60	4.85	4.4	16.0	6.41	4.4	M5	5.3	8.8	4.0	2.4	20	>80～120	1
6.3	13.20	5.95	5.5	18.0	7.36	5.5	M6	6.4	10.5	5.0	2.8	25	>120～180	1.5
(8)	17.00	7.79	7.0	22.4	9.36	7.0	M8	8.4	13.2	6.0	3.3	30	>180～220	2
10	21.00	9.70	8.7	28.0	11.66	8.7	M10	10.5	16.3	7.5	3.8	42	>220～260	3

注：1. 尺寸 l 取决于中心钻的长度,此值不应小于 t 值(对 A 型、B 型)。
2. 括号内的尺寸尽量不采用。
3. 选择中心孔参考数据,在 GB145—85 中没有。

表 11-17　中心孔表示法(GB4459.5—84)

要　　求	符　　号	标注示例	解　　释
在完工的零件上要求保留中心孔		B3.15/10	要求作出 B 型中心孔： $D = 3.15$ mm, $D_1 = 10.0$ mm 在完工的零件上要求保留中心孔
在完工的零件上可以保留中心孔		A4/8.5	用 A 型中心孔： $D = 4$ mm, $D_1 = 8.5$ mm 在完工的零件上是否保留都可以
在完工的零件上不允许保留中心孔		A2/4.25	用 A 型中心孔： $D = 2$ mm, $D_1 = 4.25$ mm 在完工的零件上不允许保留中心孔

2. 配合表面的倒圆和倒角

表 11-18　配合表面的倒圆和倒角　（GB6403.4—86）　　mm

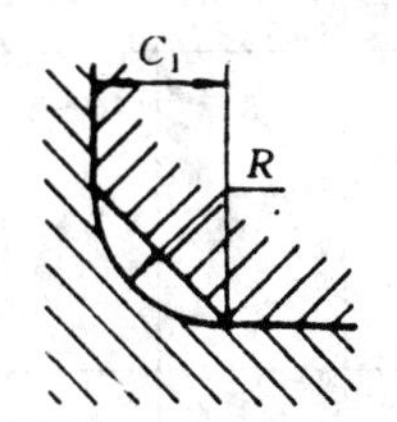

内角倒圆 R
外角倒角 C_1
$C_1>R$

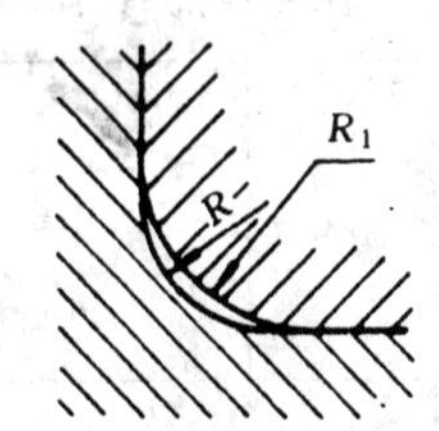

内角倒圆 R
外角倒圆 R_1
$R_1>R$

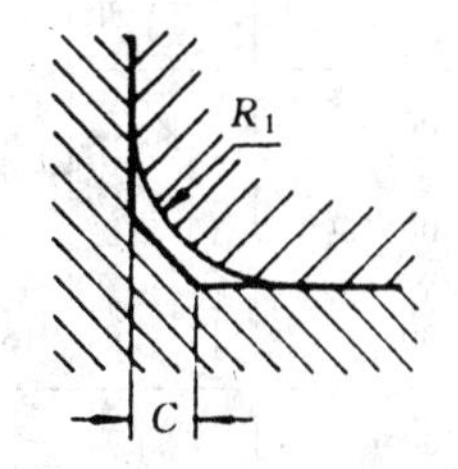

内角倒角 C
外角倒圆 R_1
$C<0.58R_1$

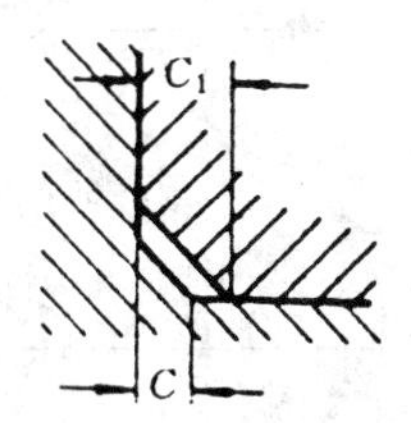

内角倒角 C
外角倒角 C_1
$C_1>C$

与直径 d 相应的倒角倒圆推荐值

d	～3	＞3～6	＞6～10	＞10～18	＞18～30	＞30～50	＞50～80	＞80～120	＞120～180	＞180～250	＞250～320
$R.C$ R_1	0.2	0.4	0.6	0.8	1.0	1.6	2.0	2.5	3.0	4.0	5.0
C_{max}	0.1	0.2	0.3	0.4	0.5	0.8	1.0	1.2	1.6	2.0	2.5

3. 回转面和端面砂轮越程槽

表 11-19　回转面和端面砂轮越程槽　（GB6403.5—86）　　mm

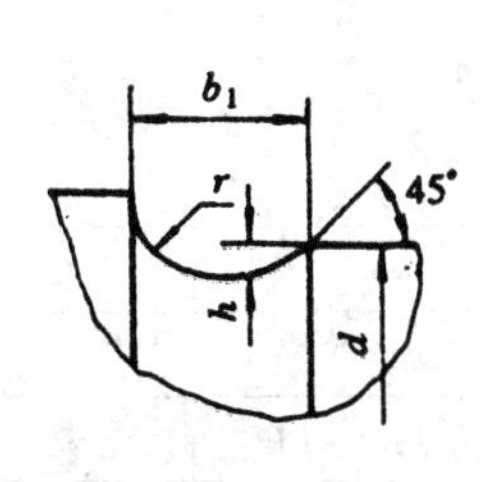

(a) 磨外圆

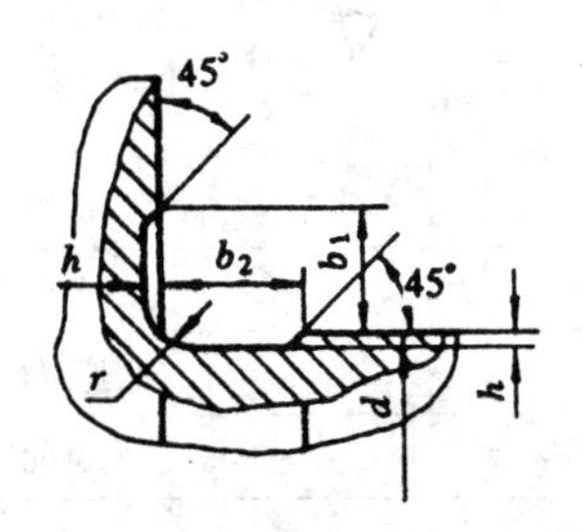

(b) 磨外圆及端面

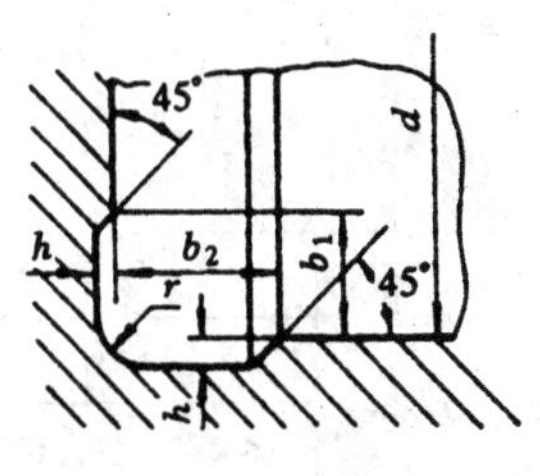

(c) 磨内圆及端面

b_1	0.6	1.0	1.6	2.0	3.0	4.0	5.0	8.0	10
b_2	2.0	3.0		4.0		5.0		8.0	10
h	0.1	0.2		0.3	0.4		0.6	0.8	1.2
r	0.2	0.5		0.8	1.0		1.6	2.0	3.0
d	～10			＞10～50		＞50～100		＞100	

五、铸件一般规范

1. 铸件最小壁厚

表 11－20　铸件最小壁厚　　　　mm

铸造方法	铸件尺寸	铸钢	灰铸铁	球墨铸铁	可锻铸铁	铝合金	镁合金	铜合金
砂型	～200×200	8	～6	6	5	3	3	3～5
	＞200×200～500×500	10～12	＞6～10	12	8	4		6～8
	＞500×500	15～20	15～20			6		
金属型	～70×70	5	4		2.5～3.5	2～3		3
	～70×70～150×150		5			4	2.5	4～5
	＞150×150	10	6			5		6～8

注：1. 一般铸铁条件下，各种灰铸铁的最小允许壁厚：HT100，HT150：$\delta=4\sim6$ mm；HT200：$\delta=6\sim8$ mm；HT250：$\delta=8\sim15$ mm；HT300，HT350：$\delta=15$ mm。

2. 如有特殊需要，在改善铸造条件的情况下，灰铸铁最小壁厚可达 3 mm，可锻铸铁可小于 3 mm。

2. 铸造外圆角

表 11－21　铸造外圆角（JB/ZQ4256—86）

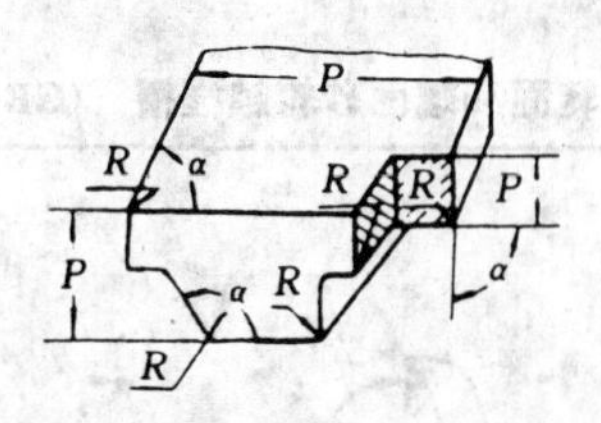

表面的最小边尺寸 P/mm	R/mm 外圆角 α					
	＜50°	51°～75°	76°～105°	106°～135°	136°～165°	＞165°
≤25	2	2	2	4	6	8
＞25～60	2	4	4	6	10	16
＞60～160	4	4	6	8	16	25
＞160～250	4	6	8	12	20	30
＞250～400	6	8	10	16	25	40
＞400～600	6	8	12	20	30	50

3. 铸造内圆角

表 11-22 铸造内圆角(JB/ZQ4255—86)

适用于$\frac{b}{a}\approx 0.8\sim 1.25$ 当 $a\approx b, R_1=R+a$

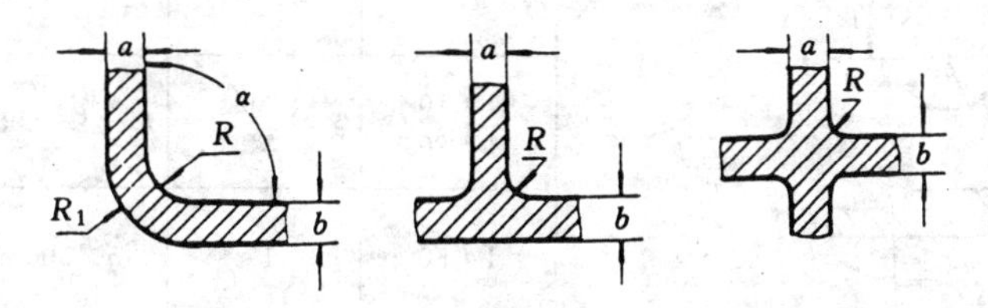

$\frac{a+b}{2}$ /mm	R/mm											
	内圆角 α											
	<50°		51°~75°		76°~105°		106°~135°		136°~165°		>165°	
	钢	铁	钢	铁	钢	铁	钢	铁	钢	铁	钢	铁
≤8	4	4	4	4	6	4	8	6	16	10	20	16
9~12	4	4	4	4	6	6	10	8	16	12	25	20
13~16	4	4	6	4	8	6	12	10	20	16	30	25
17~20	6	4	8	6	10	8	16	12	25	20	40	30
21~27	6	6	10	8	12	10	20	16	30	25	50	40
28~35	8	6	12	10	16	12	25	20	40	30	60	50

4. 铸造过渡斜度

表 11-23 铸造过渡斜度(JB/ZQ 4254—86) mm

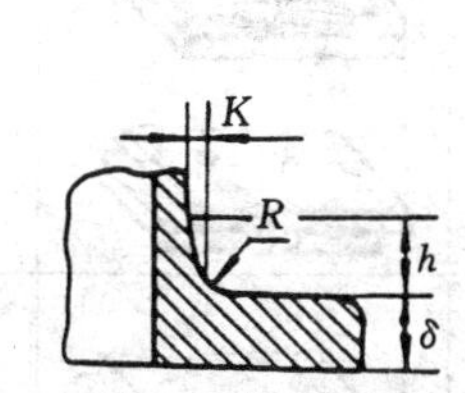

适用于减速器、连接管、汽缸及其他各种连接法兰等铸件的过渡部分

铸铁和铸钢件的壁厚 δ	K	h	R
10~15	3	15	5
>15~20	4	20	5
>20~25	5	25	5
>25~30	6	30	8
>30~35	7	35	8
>35~40	8	40	10
>40~45	9	45	10
>45~50	10	50	10
>50~55	11	55	10
>55~60	12	60	15

5. 铸造斜度

表 11-24　铸造斜度(JB/ZQ4257—86)

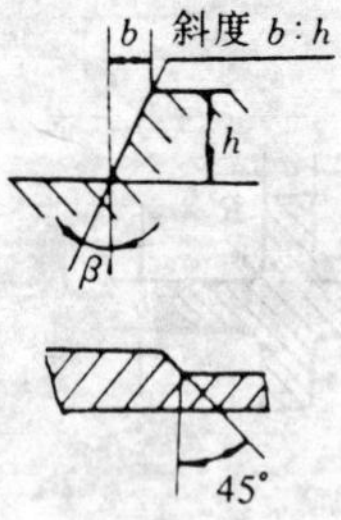

图示	斜度 $b:h$	角度 β	使用范围
斜度 $b:h$	1∶5	11°30′	h<25 mm 时钢和铁的铸件
	1∶10 1∶20	5°30′ 3°	h=25～500 mm 时钢和铁的铸件
	1∶50	1°	h>500 mm 时钢和铁的铸件
	1∶100	30′	有色金属铸件

六、焊缝符号

1. 焊缝符号表示法

表 11-25　焊缝符号表示法(GB324—88)

基本符号					
名　称	示意图	符　号	名　称	示意图	符　号
卷边焊缝* (卷边完全熔化)		八	封底焊缝		
I 形焊缝		‖	角焊缝	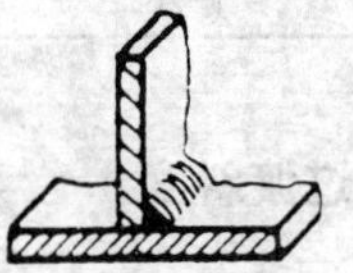	
V 形焊缝		V	塞焊缝或槽焊缝	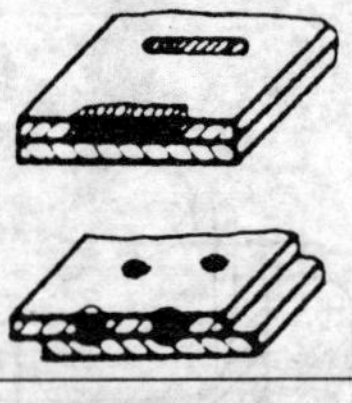	
单边 V 形焊缝					
带钝边 V 形焊缝		Y	点焊缝	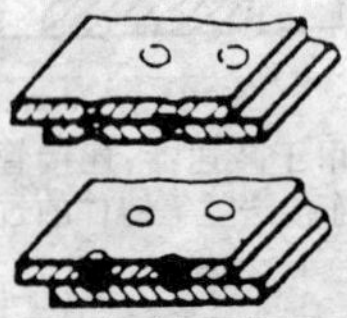	○
带钝边单边 V 形焊缝					
带钝边 U 形焊缝			缝焊缝		
带钝边 J 形焊缝					

2. 焊缝基本符号应用举例

表 11－26 焊缝基本符号应用举例(GB324—88)

示意图	图示法	标注方法	
1.  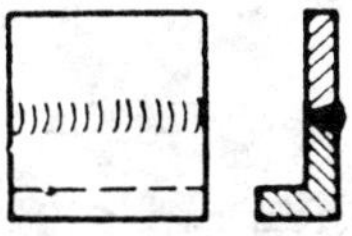 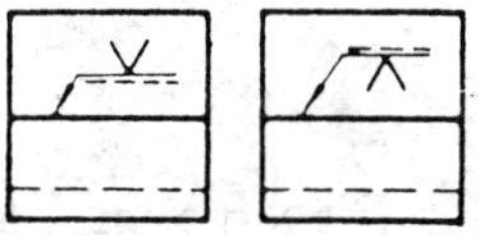 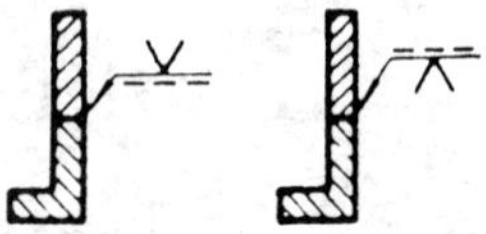			
2.  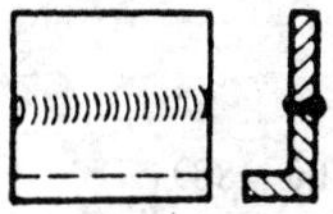 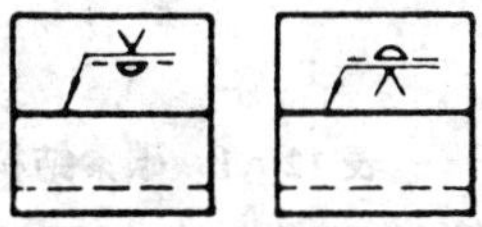 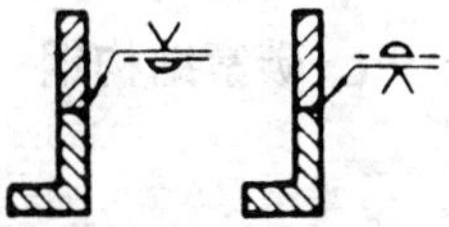			
3.  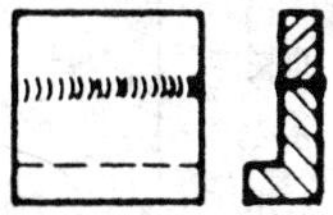 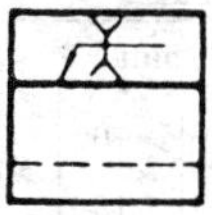 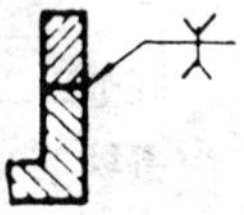			
4. 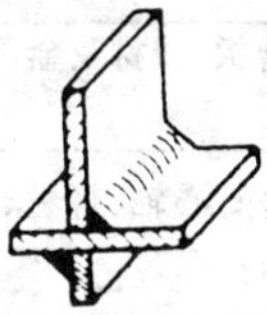 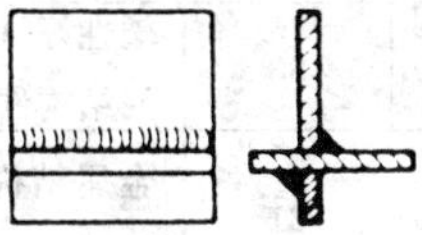 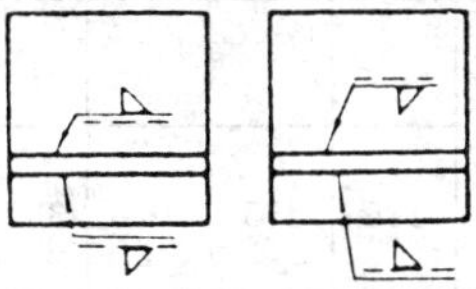 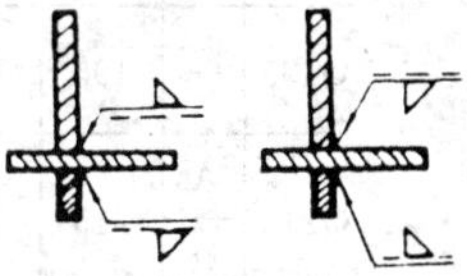			
5. 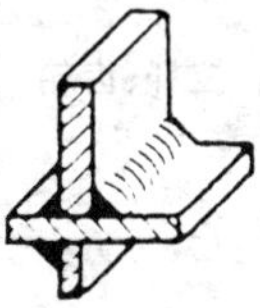 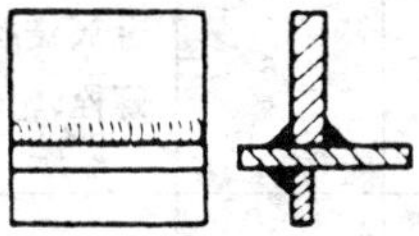 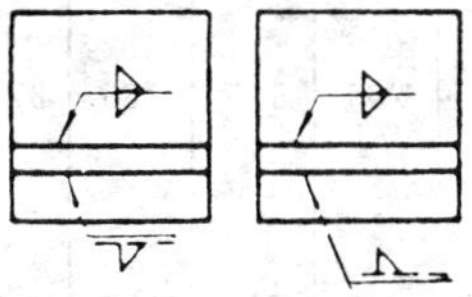 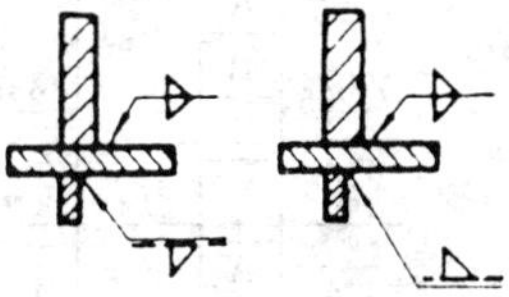			
6. 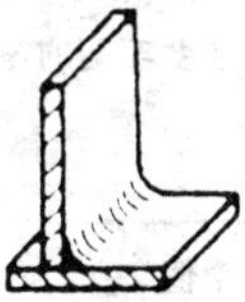 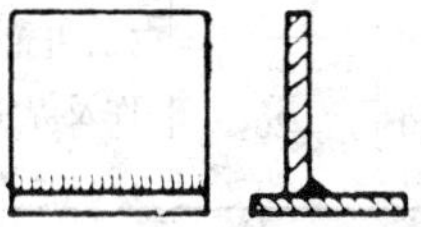 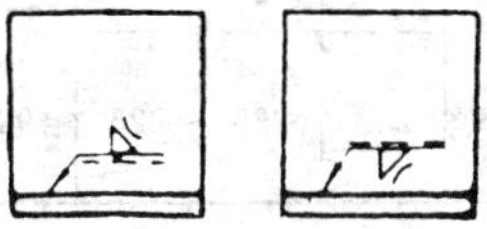 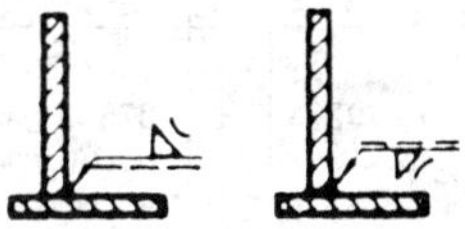			

第十二章　常用材料

§12.1　黑色金属

1. 碳素结构钢

表 12-1　碳素结构钢(GB700—88)

牌号	质量等级	机械性能								应用举例
		屈服点 σ_s/MPa						抗拉强度 σ_b /MPa	伸长率 δ_5/% 不小于	
		材料厚度(直径)/mm								
		≤16	>16 ~40	>40 ~60	>60 ~100	>100 ~150	>150			
		不小于								
Q195	—	195	185					315～390	33	塑性好,可制成薄板、线材及金属结构件
Q215	A B	215	205	195	185	175	165	335～410	31	金属结构件、拉杆、心轴、螺栓、渗碳零件及焊接件
Q235	A B C D	235	225	215	205	195	185	375～460	26	金属结构件、吊钩、拉杆、齿轮、螺栓、轮轴等
Q255	A B	255	245	235	225	215	205	410～510	24	金属结构件,轴、轴销、螺栓、连杆、齿轮以及其他强度较高的零件及焊接件
Q275	—	275	265	255	245	235	225	490～610	20	

注:1. 伸长率为材料厚度(直径)≤16 mm 时的性能,按 σ_s 栏尺寸分段,每一段 δ_5%值降低 1 个值。

2. A 级不做冲击试验;B 级做常温冲击试验;C,D 级重要焊接结构用。

2. 优质碳素结构钢

表 12-2　优质碳素结构钢(GB699—88)

牌　号	推荐热处理 /℃			机械性能					应用举例
				σ_b /MPa	σ_s /MPa	δ_5 /%	ψ /%	A_k /J	
	正火	淬火	回火	不小于					
08F	930			295	175	35	60		垫片、垫圈、摩擦片及薄板、管子
20	910			410	245	25	55		拉杆、轴套、吊钩、垫圈、齿轮
30	880	860	600	490	295	21	50	63	销轴、套杯、螺栓、气缸、吊环、机架
35	870	850	600	530	315	20	45	55	轴、圆盘、销轴、螺栓、螺母、飞轮
40	860	840	600	570	335	19	45	47	轴、齿轮、链轮、键等

续表 12-2

牌号	推荐热处理/℃			机械性能					应用举例
	正火	淬火	回火	σ_b/MPa	σ_s/MPa	δ_5/%	ψ/%	A_k/J	
				不小于					
45	850	840	600	600	355	16	40	39	要求综合力学性能高的零件如齿轮
50	830	830	600	630	375	14	40	31	弹簧、凸轮、轴、轧辊
60	810			675	400	12	36		
15Mn	920			410	245	26	55		焊接性、渗碳性好
25Mn	900	870	600	490	295	22	50	71	凸轮、齿轮、链轮等渗炭件
40Mn	860	840	600	590	355	17	45	47	轴、曲轴、拉杆及高压力下工作的螺栓
50Mn	830	830	600	645	390	13	40	31	轴、齿轮、凸轮、摩擦盘等
65Mn	810			735	430	9	30		弹簧及高耐磨性的零件

注：1. 表中机械性能为试样毛坯尺寸为 25 mm 的值。

2. 热处理保温时间为：正火不小于 30 min；淬火不小于 30 min；回火不小于 1 h。

3. 合金结构钢

表 12-3 合金结构钢(GB3077—88)

牌号	热处理				机械性能							应用举例
	淬火		回火		σ_b/MPa	σ_s/MPa	δ_5%	ψ%	A_k/J	供货状态硬度 HBS 不大于	表面淬火硬度 HRCS 不大于	
	温度/℃	冷却剂	温度/℃	冷却剂								
35Mn2	840	水	500	水	835	685	12	45	55	207	40～50	直径≤15 mm 重要用途的冷镦螺栓及小轴
45Mn2	840	油	550	水、油	885	735	10	45	47	217	45～55	直径≤60 mm 时与 40Cr 相当，做齿轮轴、曲轴、蜗杆、连杆、花键轴、摩擦盘
35SiMn	900	水	570	水、油	885	735	15	45	47	229	45～55	代 40Cr 做中小型轴类、齿轮等零件及重要紧固件
42SiMn	880	水	590	水	885	735	15	40	47	229	45～55	可代 40Cr 做大齿圈
37SiMn2MoV	870	水、油	650	水、空	980	835	12	50	63	269	45～55	做高强度重负荷轴、曲轴、齿轮、蜗杆等，可代替 30CrNi
40MnB	850	油	500	水、油	980	785	10	45	47	207	45～55	代 40Cr 做小截面轴类及齿轮等
20Cr	880[①]	水、油	200	水、空	835	540	10	40	47	179	渗碳 56～62	做心部强度较高、承受磨损、尺寸较大渗碳件，如齿轮、齿轮轴、蜗杆等

续表 12-3

牌号	热处理				机械性能							应用举例
	淬火		回火		σ_b /MPa	σ_s /MPa	δ_5 /%	ψ /%	A_k /J	供货状态硬度 HBS 不大于	表面淬火硬度 HRCS 不大于	
	温度/℃	冷却剂	温度/℃	冷却剂								
40Cr	850	油	520	水、油	980	785	9	45	47	207	48～55	做较重要的调质件，如连杆、螺栓、齿轮、轴等受变载件
20CrNi	850	水、油	460	水、油	785	590	10	50	63	197	渗碳 56～62	做承受较大负荷渗碳件，如齿轮、轴、键、花键轴等
40CrNi	820	油	500	水、油	980	785	10	45	55	241	45～55	做高强度高韧性件，如齿轮、链条、连杆、轴等
35CrMo	850	油	550	水、油	980	835	12	45	63	229	40～55	做表面硬度高，心部高强度、韧性好零件，如齿轮、曲轴
38CrMoAl	940	水、油	640	水、油	980	835	14	50	71	229	＞580HV	高耐磨、高疲劳强度氮化件，如阀门、阀杆、板簧、轴套、表面硬度可达HV1100
20CrMnMo	850	油	200	水、空	1175	885	10	45	55	217	渗碳 56～62	表面硬度高，心部高强度、韧性件，如齿轮、曲轴等，渗碳HRC56～62
40CrMnMo	850	油	600	水、油	980	785	10	45	63	217	渗碳 56～62	相当于40CrNiMo的高级调质件
20CrMnTi	880①	油	200	水、空	1080	835	10	45	55	217	渗碳 56～62	强度、韧性均高，承受中、重负荷重要件，如渗碳齿轮、凸轮
20CrNiMo	850	油	200	空	980	785	9	40	47	197	渗碳 56～62	强度高、负荷大的重要件，如齿轮、轴等
40CrNiMoA	850	油	600	水、油	980	835	12	55	78	269	—	重负荷大尺寸调质件，如大型的齿轮、轴、风机叶片

注：1. 供货状态为钢材退火或高温回火状态。

2. 试件毛坯尺寸为 25 mm，20CrMnTi、20CrMnMo、20CrNiMo 试件尺寸 15 mm。

3. ①为第一次淬火温度。

4. J——N·m/cm^2

4. 一般工程用铸钢及铸铁

表 12-4 一般工程用铸钢及铸铁(GB11352—89、GB9439—88、GB1348—88)

类别	牌号	力学性能						应用举例
		σ_b /MPa	σ_s 或 $\sigma_{0.2}$ /MPa	δ %	ψ %	a_k/ Nm·cm^{-2}	硬度 HBS	
		不小于						
铸钢 GB11352—89	ZG200—400	400	200	25	40	60		各种形状的机件,如机座、机盖等
	ZG230—450	450	230	22	32	45		
	ZG270—500	500	270	18	25	35		飞轮、机架、箱体、联轴器、汽锤等,焊接性尚可
	ZG310—570	570	310	15	21	30		齿轮、齿圈、轴、联轴器、机架、气缸
	ZG340—640	640	340	10	18	20		齿轮、联轴器等重要件
灰铸铁 GB9439—88	HT100	100					93～140	承受小负荷零件如端盖
	HT150	150					122～183	端盖、轴承座、手轮等
	HT200	200					150～225	机架、机体、中压阀体、机床床身
	HT250	250					167～252	机体、轴承座、缸体、联轴器、齿轮等中负荷耐磨件
	HT300	300					185～278	
	HT350	350					202～304	凸轮、齿轮、床身、导板等中负荷耐磨件
球墨铸铁 GB1348—88	QT700—2	700	420	2			225～305	曲轴、缸体、车轮等
	QT600—3	600	370	3			190～270	
	QT500—7	500	320	7			170～230	阀体、气缸、轴瓦等
	QT450—10	450	310	10			160～210	减速机箱体、管路、阀体、盖、中低压阀体
	QT400—15	400	250	15			130～180	

注:1. 灰铸铁的 σ_b 为单铸试棒的抗拉强度;球墨铸铁的 σ_b、σ_s 为单铸试块的性能。

2. 灰铸铁的硬度值是由经验式按表中 σ_b 值算出后处理而得,只供参考。

§12.2 型钢和型材

1. 热轧等边角钢

表 12-5 热轧等边角钢(GB9787—88)

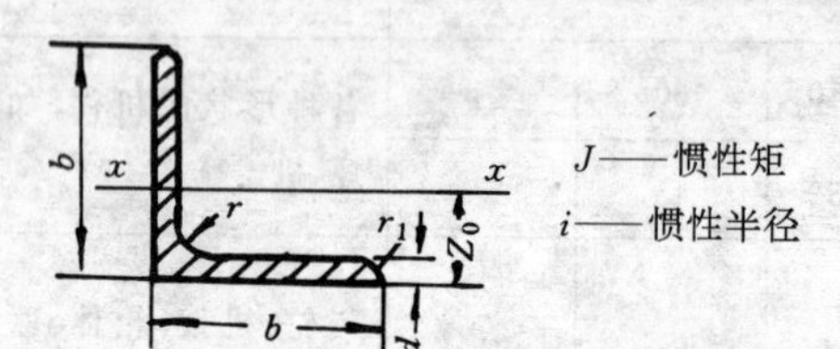

J——惯性矩

i——惯性半径

标记示例：

热轧等边角钢 $\frac{100\times100\times16-\text{GB9787—88}}{\text{Q235}-\text{A}-\text{GB700—88}}$

(碳素结构钢 Q235－A,尺寸为 100 mm×100 mm×16 mm 的 热轧等边角钢)

角钢号数	尺寸/mm b	尺寸/mm d	尺寸/mm r	截面面积 /cm²	参考数值 x－x J_x /cm⁴	参考数值 x－x i_x /cm	重心距离 Z_0 /cm
2	20	3	3.5	1.132	0.40	0.59	0.60
		4		1.459	0.50	0.58	0.64
2.5	25	3		1.432	0.82	0.76	0.73
		4		1.859	1.03	0.74	0.76
3	30	3	4.5	1.749	1.46	0.91	0.85
		4		2.276	1.84	0.90	0.89
3.6	36	3		2.109	2.58	1.11	1.00
		4		2.756	3.29	1.09	1.04
		5		3.382	3.95	1.08	1.07
4	40	3	5	2.359	3.59	1.23	1.09
		4		3.086	4.60	1.22	1.13
		5		3.791	5.53	1.21	1.17
4.5	45	3		2.659	5.17	1.40	1.22
		4		3.486	6.65	1.38	1.26
		5		4.292	8.04	1.37	1.30
		6		5.076	9.33	1.36	1.33
5	50	3	5.5	2.971	7.18	1.55	1.34
		4		3.897	9.26	1.54	1.38
		5		4.803	11.21	1.53	1.42
		6		5.688	13.05	1.52	1.46
5.6	56	3	6	3.343	10.19	1.75	1.48
		4		4.390	13.18	1.73	1.53
		5		5.415	16.02	1.72	1.57
		8		8.367	23.63	1.68	1.68
6.3	63	4	7	4.978	19.03	1.96	1.70
		5		6.143	23.17	1.94	1.74
		6		7.288	27.12	1.93	1.78
		8		9.515	34.46	1.90	1.85
		10		11.657	41.09	1.88	1.93

角钢号数	尺寸/mm b	尺寸/mm d	尺寸/mm r	截面面积 /cm²	参考数值 x－x J_x /cm⁴	参考数值 x－x i_x /cm	重心距离 Z_0 /cm
7	70	4	8	5.570	26.39	2.18	1.86
		5		6.875	32.21	2.16	1.91
		6		8.160	37.77	2.15	1.95
		7		9.424	43.09	2.14	1.99
		8		10.667	48.17	2.12	2.03
(7.5)	75	5	9	7.367	39.97	2.33	2.04
		6		8.797	46.95	2.31	2.07
		7		10.160	53.57	2.30	2.11
		8		11.503	59.96	2.28	2.15
		10		14.126	71.98	2.26	2.22
8	80	5	9	7.912	48.79	2.48	2.15
		6		9.397	57.35	2.47	2.19
		7		10.860	65.58	2.46	2.23
		8		12.303	73.49	2.44	2.27
		10		15.126	88.43	2.42	2.35
9	90	6	10	10.637	82.77	2.79	2.44
		7		12.301	94.83	2.78	2.48
		8		13.944	106.47	2.76	2.52
		10		17.167	128.58	2.74	2.59
		12		20.306	149.22	2.71	2.67
10	100	6	12	11.932	114.95	3.10	2.67
		7		13.796	131.86	3.09	2.71
		8		15.638	148.24	3.08	2.76
		10		19.261	179.51	3.05	2.84
		12		22.800	208.90	3.03	2.91
		14		26.256	236.53	3.00	2.99
		16		29.627	262.53	2.98	3.06

注：1. 角钢长度为：角钢号 2～9，长度 4～12 m；角钢号 10～14，长度 4～19 m。

2. $r_1=\frac{1}{3}d$。

2. 热轧工字钢

表 12－6　热轧工字钢(GB 706—88)

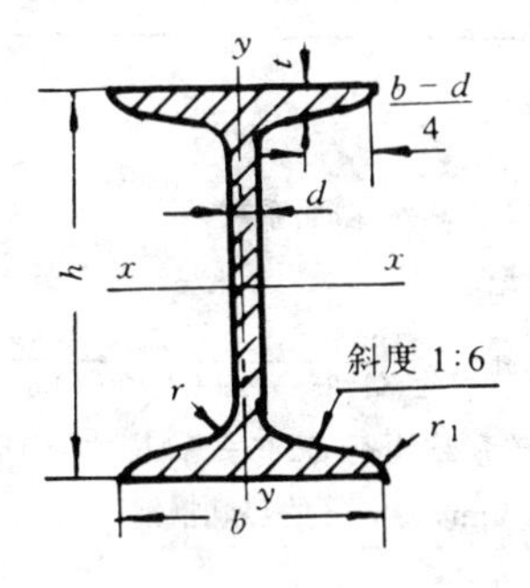

W_xW_y——截面系数

标记示例：

热轧工字钢

$\dfrac{400\times144\times12.5-GB706-88}{Q235-AF-GB700-88}$

(碳素结构钢 Q235－A，尺寸为 400 mm×144 mm×12.5 mm 的热轧工字钢)

型号	尺寸/mm						截面面积/cm²	参考数值	
								x—x	y—y
	h	b	d	t	r	r_1		W_x/cm³	W_y/cm³
10	100	68	4.5	7.6	6.5	3.3	14.35	49.0	9.7
12.6	126	74	5.0	8.4	7.0	3.5	18.12	77.5	12.7
14	140	80	5.5	9.1	7.5	3.8	21.52	102	16.1
16	160	88	6.0	9.9	8.0	4.0	26.13	141	21.2
18	180	94	6.5	10.7	8.5	4.3	30.16	185	26.0
20*a*	200	100	7.0	11.4	9.0	4.5	35.76	237	31.5
20*b*	200	102	9.0	11.4	9.0	4.5	39.58	250	33.1
22*a*	220	110	7.5	12.3	9.5	4.8	42.13	309	40.9
22*b*	220	112	9.5	12.3	9.5	4.8	46.53	325	42.7
25*a*	250	116	8.0	13.0	10.0	5.0	48.54	402	48.3
25*b*	250	118	10.0	13.0	10.0	5.0	53.54	423	52.4
28*a*	280	122	8.5	13.7	10.5	5.3	55.40	508	56.6
28*b*	280	124	10.5	13.7	10.5	5.3	61.00	534	61.2
32*a*	320	130	9.5	15.0	11.5	5.8	67.16	692	70.8
32*b*	320	132	11.5	15.0	11.5	5.8	73.56	726	76
32*c*	320	134	13.5	15.0	11.5	5.8	79.96	760	81.2
36*a*	360	136	10.0	15.8	12.0	6.0	76.48	875	81.2
36*b*	360	138	12.0	15.8	12.0	6.0	83.68	919	84.3
36*c*	360	140	14.0	15.8	12.0	6.0	90.88	962	87.4
40*a*	400	142	10.5	16.5	12.5	6.3	86.11	1090	93.2
40*b*	400	144	12.5	16.5	12.5	6.3	94.11	1140	96.2
40*c*	400	146	14.5	16.5	12.5	6.3	102.11	1190	99.6

注：工字钢长度：工字钢号 10～18，长度为 5～19 m；

工字钢号 20～40，长度为 6～19 m。

3. 热轧槽钢

表 12-7 热轧槽钢(GB707—88)

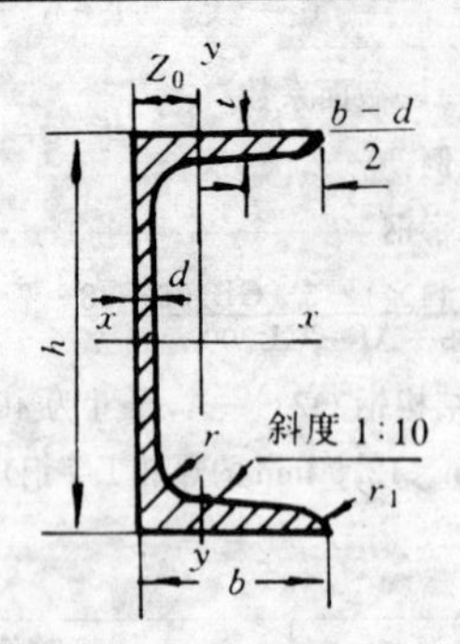

W_x,W_y——截面系数

标记示例:

热轧槽钢$\frac{180\times70\times9-\text{GB707}-88}{\text{Q235}-\text{A}-\text{GB700}-88}$

(碳素结构钢 Q235-A,尺寸为 180 mm×70 mm×9 mm 的热轧槽钢)

型号	尺寸/mm						截面面积/cm²	参考数值		重心距离
								x-x	y-y	
	h	b	d	t	r	r_1		W_x/cm³	W_y/cm³	Z_0/cm
8	80	43	5.0	8.0	8.0	4.0	10.24	25.3	5.79	1.43
10	100	48	5.3	8.5	8.5	4.2	12.74	39.7	7.80	1.52
12.6	126	53	5.5	9.0	9.0	4.5	15.69	62.1	10.2	1.59
14*a*	140	58	6.0	9.5	9.5	4.8	18.51	80.5	13.0	1.71
14*b*	140	60	8.0	9.5	9.5	4.8	21.31	87.1	14.1	1.67
16*a*	160	63	6.5	10.0	10.0	5.0	21.95	108	16.3	1.80
16	160	65	8.5	10.0	10.0	5.0	25.15	117	17.6	1.75
18*a*	180	68	7.0	10.5	10.5	5.2	25.69	141	20.0	1.88
18	180	70	9.0	10.5	10.5	5.2	29.29	152	21.5	1.84
20*a*	200	73	7.0	11.0	11.0	5.5	28.83	178	24.2	2.01
20	200	75	9.0	11.0	11.0	5.5	32.83	191	25.9	1.95
22*a*	220	77	7.0	11.5	11.5	5.8	31.84	218	28.2	2.10
22	220	79	9.0	11.5	11.5	5.8	36.24	234	30.1	2.03
25*a*	250	78	7.0	12.0	12.0	6.0	34.91	270	30.6	2.7
25*b*	250	80	9.0	12.0	12.0	6.0	39.91	282	32.7	1.98
25*c*	250	82	11.0	12.0	12.0	6.0	44.91	295	35.9	1.92
28*a*	280	82	7.5	12.5	12.5	6.2	40.02	340	35.7	2.10
28*b*	280	84	9.5	12.5	12.5	6.2	45.62	366	37.9	2.02
28*c*	280	86	11.5	12.5	12.5	6.2	51.22	393	40.3	1.95
32*a*	320	88	8.0	14.0	14.0	7.0	48.7	475	46.5	2.24
32*b*	320	90	10.0	14.0	14.0	7.0	55.1	509	49.2	2.16
32*c*	320	92	12.0	14.0	14.0	7.0	61.5	543	52.6	2.09

注:槽钢长度:槽钢号 8,长度 5~12 m;

槽钢号 10~18,长度 5~19 m;

槽钢号 20~32,长度 6~19 m。

4. 钢板和圆钢尺寸系列

表 12-8 钢板和圆钢尺寸系列(GB709—88、GB702—86、GB/T905—94) mm

名 称	尺 寸 系 列
热轧钢板厚度	0.8、0.9、1.0、1.2、1.3、1.4、1.5、1.6、1.8、2.0、2.2、2.5、2.6、2.8、3.0、3.2、3.5、3.8、3.9、4.0、4.5、5、6、7、8、9、10、11、12、13、14、15、16、17、18、19、20、21、22、25、26、28、30、32、34、36、38、40、42、45、48、50、52、55、60、65、70、75、80、85、90、95、100、105、110、120、125、130、140、160、165、170、180、185、190、195、200
热轧圆钢直径	7、8、9、10、11、12、13、14、15、16、17、18、19、20、21、22、23*、24、25、26、27*、28、29*、30、31*、32、33*、34、35*、36、38、40、42、45、48、50、53、55*、56、58*、60、63、65*、68*、70、75、80、85、90、95、100、105、110、115、120、125、130、140、150、160、170、180、190、200
冷拉圆钢直径	7.0、7.5、8.0、8.5、9.0、9.5、10、10.5、11、11.5、12、13、14、15、16、17、18、19、20、21、22、24、25、26、28、30、32、34、35、38、40、42、45、48、50、53、56、60、63、67、70、75、80

注：表中带 * 号者不推荐使用。

§12.3 有色金属

表 12-9 铸造铜合金(GB1176—87)

合金牌号	合金名称(或代号)	铸造方法	合金状态	机械性能(不低于) 抗拉强度 σ_b MPa	屈服强度 $\sigma_{0.2}$ MPa	伸长率 δ_5 %	布氏硬度 HBS	应用举例
铸造铜合金								
ZCuSn5Pb5Zn5	5—5—5 锡青铜	S、J Li、La		200 250	90 100	13	590* 635*	在较高负荷、中速下工作的耐磨耐蚀件，如轴瓦、衬套、缸套及蜗轮、活塞等
ZCuSn10Pb1	10—1 锡青铜	S J Li La		220 310 330 360	130 170 170 170	3 2 4 6	785* 885* 885* 885*	高负荷(20MPa 以下)和高滑动速度(8m/s)下工作的耐磨件，如连杆、衬套、轴瓦、蜗轮、齿轮等
ZCuSn10Pb5	10—5 锡青铜	S J		195 245		10	685	耐蚀、耐酸件及破碎机衬套、轴瓦等
ZCuPb17Sn4Zn4	17—4—4 铅青铜	S J		150 175		5 7	540 590	一般耐磨件、轴承等
ZCuAl10Fe3	10—3 铝青铜	S J Li、La		490 540 540	180 200 200	13 15 15	980* 1080* 1080*	要求强度高、耐磨、耐蚀的零件，如轴套、螺母、蜗轮、齿轮等及在 250℃下工作的管配件
ZCuAl10Fe3Mn2	10—3—2 铝青铜	S J		490 540		15 20	1080 1175	

续表 12-9

合金牌号	合金名称(或代号)	铸造方法	合金状态	机械性能(不低于) 抗拉强度 σ_b MPa	屈服强度 $\sigma_{0.2}$ MPa	伸长率 δ_5 %	布氏硬度 HBS	应用举例
ZCuZn38	38黄铜	S J		295		30	590 685	一般结构件和耐蚀件,如法兰、阀座、螺母等
ZCuZn40Pb2	40-2 铅黄铜	S J		220 280	 120	15 20	785* 885*	一般用途的耐磨、耐蚀件,如轴套、齿轮等
ZCuZn38Mn2Pb2	38-2-2 锰黄铜	S J		245 345		10 18	685 785	一般用途的结构件,如套筒、衬套、轴瓦、滑块等
ZCuZn16Si4	16-4 硅黄铜	S J		345 390		15 20	885 980	接触海水工作的管配件以及水泵、叶轮等

表中:S——砂型铸造;J——金属型铸造;

Li——离心铸造;La——连续铸造。

§12.4 工程塑料

表 12-10 工程塑料

品种	机械性能 抗拉强度 /MPa	抗压强度 /MPa	抗弯强度 /MPa	延伸率 /%	冲击值 $\times10^3$ $\frac{N\cdot m}{m^2}$	弹性模量 $\times10^3$MPa	硬度	热性能 熔点 /℃	马丁耐热 /℃	脆化温度 /℃	线胀系数 ($\times10^{-5}$/℃)	应用举例
尼龙6	54~78	60~90	70~100	150~250	带缺口 3.1	0.83~2.6	HRR 85~114	215~223	40~50	-20~-30	7.9~8.7	具有优良的机械强度和耐磨性,广泛用作机械、化工及电气零件,例如:轴承、齿轮、凸轮、滚子、辊轴、泵叶轮、风扇叶轮、蜗轮、螺钉、螺母垫圈、高压密封圈、阀座、输油管、储油容器等。尼龙粉末还可喷涂于各种零件表面,以提高摩擦磨损性能和密封性能
尼龙9	58~65		80~85		无缺口 250~300	0.97~1.2		209~215	12~48		8~12	
尼龙66	67~83	90~120	100~110	60~200	带缺口 3.9	1.4~3.3	HRR 100~118	265	50~60	-25~-30	9.1~10.0	
尼龙610	47~60	70~90	70~100	100~240	带缺口 3.5~5.5	1.2~2.3	HRR 90~113	210~223	51~56		9.0~12.0	
尼龙1010	52~55	110	82~89	100~250	带缺口 4~5	1.6	HBS 7.1	200~210	45	-60	10.5	

续表 12-10

品种	机械性能							热性能				应用举例
	抗拉强度/MPa	抗压强度/MPa	抗弯强度/MPa	延伸率/%	冲击值 $\times 10^3$ $\frac{N \cdot m}{m^2}$	弹性模量 $\times 10^3$MPa	硬度	熔点/℃	马丁耐热/℃	脆化温度/℃	线胀系数($\times 10^{-5}$/℃)	
MC尼龙(无填充)	91.6	106.8	158.6	20	无缺口 520～624	3.6(拉伸)	HBS 21.3		55		8.3	强度特高，适于制造大型齿轮、蜗轮、轴套、大型阀门密封面、导向环、导轨、滚动轴承保持器、船尾轴承、起重汽车吊索绞盘蜗轮、柴油发动机燃料泵齿轮、矿山铲掘机轴承、水压机立柱导套、大型轧钢机辊道轴瓦等
聚甲醛(均聚物)	70(屈服)	127	98	15	带缺口 7.6	2.9(弯曲)	HBS 17.2		60～64		8.1～10.0(当温度在0～40 ℃时)	具有良好的摩擦磨损性能，尤其是优越的干摩擦性能。用于制造轴承、齿轮、凸轮、滚轮、辊子、阀门上的阀杆螺母、垫圈、法兰、垫片、泵叶轮、鼓风机叶片、弹簧、管道等
聚碳酸脂	66～70	83～88	106	100	带缺口 64～75	2.2～2.5(拉伸)	HBS 9.7～10.4	220～230	110～130	−100	6～7	具有高的冲击韧性和优异的尺寸稳定性。用于制造滑轮、蜗轮、蜗杆、齿条、凸轮、心轴、轴承、滑轮、铰链、传动链、螺栓、螺母垫圈、铆钉、泵叶轮、汽车化油器部件、节流阀、各种外壳等
聚砜	85.6(屈服)	89～97	108～127	20～100	带缺口 7.0～8.1	2.5～2.8(拉伸)	HRR 120		156	−100	5.0～5.2	具有高的热稳定性，长期使用温度可达150～174℃，是一种高强度材料。可做齿轮、凸轮、电表上的接触器、线圈骨架、仪器仪表零件、计算机和洗涤机零件及各种薄膜、板材、管道等

注：尼龙 6、66 和 610 等由于吸水性很大，因此其各项性能上下限差别很大。

第十三章　极限与配合、形位公差及表面粗糙度

§13.1　极限与配合

1. 基本偏差系列

极限与配合包括公差制与配合制，是对工件极限偏差的规定。标准规定：公差是由两个独立要求——标准公差（公差带的大小）和基本偏差（公差带的位置）确定的。通过标准化形成标准公差和基本偏差两个系列，基本偏差是用来确定公差带相对于零线位置的上偏差或下偏差，一般为靠近零线的那个极限偏差，用拉丁字母表示，大写为孔；小写为轴（见图 13－1、13－2）。

2. 标准公差值

标准规定公差等级为 20 级，IT 表示标准公差，等级用阿拉伯数字表示，即 IT01，IT0，IT1，IT2，…，IT18，公差值依次增大，公差等级依次降低（见表 13－1）。公差等级与加工方法的对应关系如表 13－2 所列。

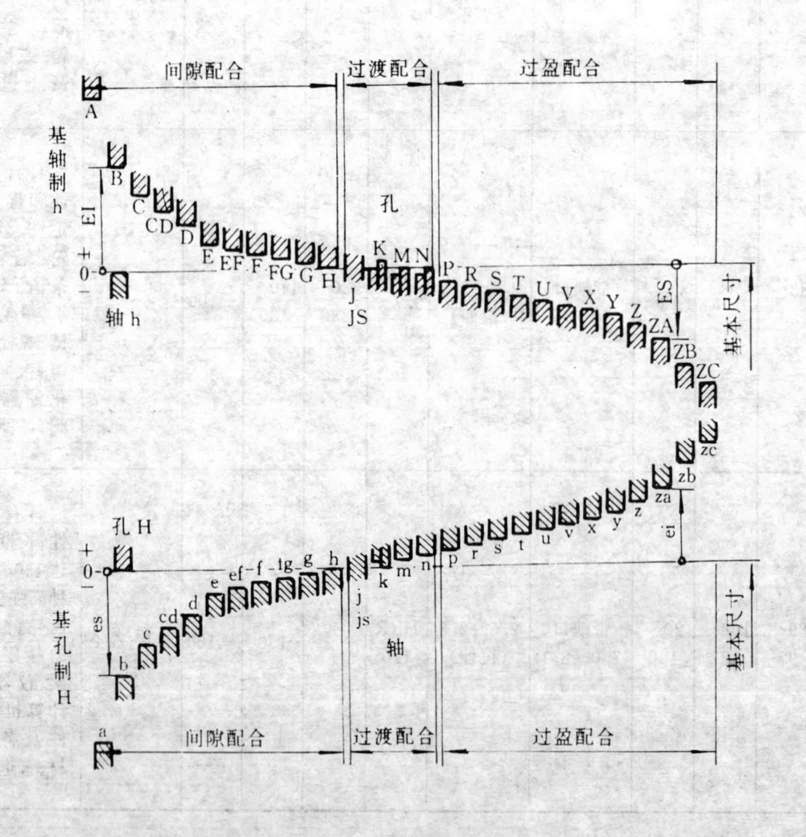

图 13－1　基本偏差系列

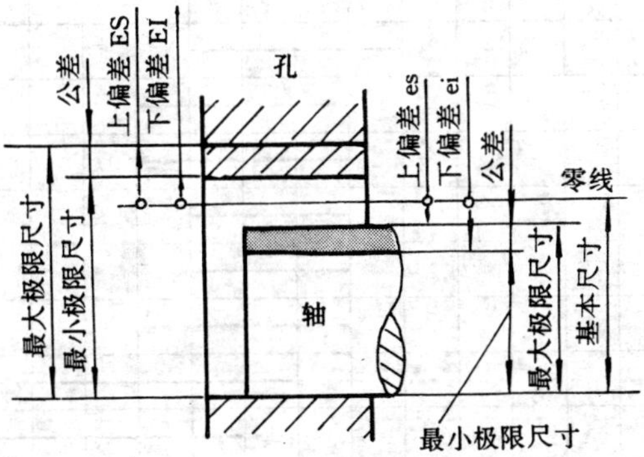

图 13－2 公 差

表 13－1 标准公差值(GB1800.3—1998)

基本尺寸/mm		公差等级													
		IT01	IT0	IT1	IT2	IT3	IT4	IT5	IT6	IT7	IT8	IT9	IT10	IT11	IT12
大于	至	μm													mm
—	3	0.3	0.5	0.8	1.2	2	3	4	6	10	14	25	40	60	0.10
3	6	0.4	0.6	1	1.5	2.5	4	5	8	12	18	30	48	75	0.12
6	10	0.4	0.6	1	1.5	2.5	4	6	9	15	22	36	58	90	0.15
10	18	0.5	0.8	1.2	2	3	5	8	11	18	27	43	70	110	0.18
18	30	0.6	1	1.5	2.5	4	6	9	13	21	33	52	84	130	0.21
30	50	0.6	1	1.5	2.5	4	7	11	16	25	39	62	100	160	0.25
50	80	0.8	1.2	2	3	5	8	13	19	30	46	74	120	190	0.30
80	120	1	1.5	2.5	4	6	10	15	22	35	54	87	140	220	0.35
120	180	1.2	2	3.5	5	8	12	18	25	40	63	100	160	250	0.40
180	250	2	3	4.5	7	10	14	20	29	46	72	115	185	290	0.46
250	315	2.5	4	6	8	12	16	23	32	52	81	130	210	320	0.52
315	400	3	5	7	9	13	18	25	36	57	89	140	230	360	0.57
400	500	4	6	8	10	15	20	27	40	63	97	155	250	400	0.63

表 13-2 各种加工方法的加工精度

加工方法	公差等级(IT)																	
	01	0	1	2	3	4	5	6	7	8	9	10	11	12	13	14	15	16
研磨	—	—	—	—	—	—	—											
珩						—	—	—	—									
圆磨							—	—	—	—								
平磨							—	—	—	—								
金钢石车							—	—	—									
金钢石镗							—	—	—									
拉削							—	—	—	—								
铰孔								—	—	—	—	—						
车									—	—	—	—	—					
镗									—	—	—	—	—					
铣										—	—	—	—					
刨、插												—	—					
钻孔												—	—	—	—			
滚压、挤压												—	—					
冲压												—	—	—	—	—		
压铸													—	—	—	—		
粉末冶金成型								—	—	—								
粉末冶金烧结									—	—	—	—						
砂型铸造、气割																		—
锻造																	—	

公差带代号由基本偏差代号和公差等级代号组成,如 H7,r6。

国标规定依孔、轴公差带之间的关系分为三类配合,即:间隙配合、过渡配合和过盈配合,如图 13-3、13-4、13-5 所示。配合代号用孔、轴公差带代号组合表示,写为分数形式。分子为孔,分母为轴,如 H7/r6。

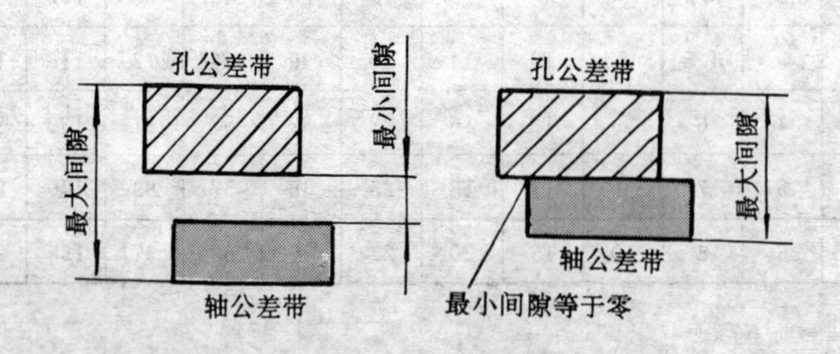

图 13-3 间隙配合

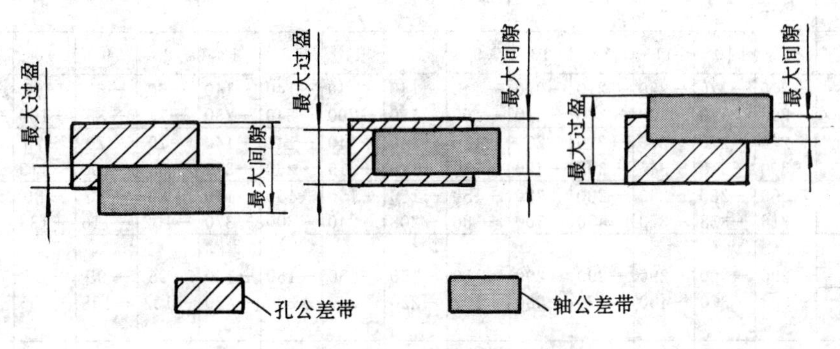

图 13-4　过渡配合

基本偏差为一定的孔的公差带与不同基本偏差的轴的公差带形成的各种配合称之为基孔制；反之，基本偏差与一定的轴的公差带与不同基本偏差的孔的公差带形成的各种配合为基轴制，优先使用基孔制。

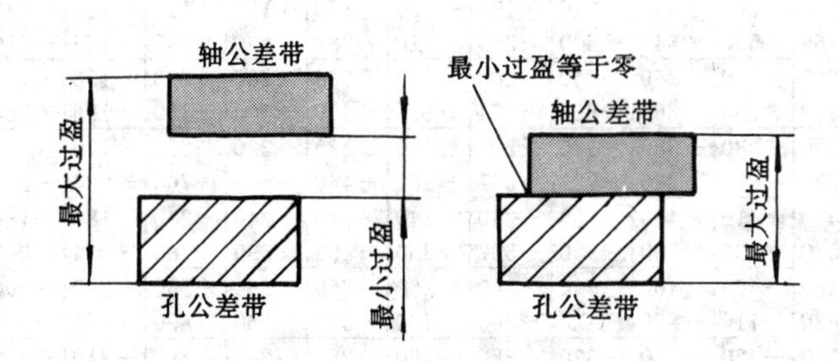

图 13-5　过盈配合

3. 轴的极限偏差

表 13-3 所列为轴的极限偏差。

表 13－3　轴的极限偏差（GB/T 1800.4—1999）

基本尺寸/mm		公														差
		a					b					c				
大于	至	9	10	11	12	13	9	10	11	12	13	8	9	10	11	12
—	3	−270 −295	−270 −310	−270 −330	−270 −370	−270 −410	−140 −165	−140 −180	−140 −200	−140 −240	−140 −280	−60 −74	−60 −85	−60 −100	−60 −120	−60 −160
3	6	−270 −300	−270 −318	−270 −345	−270 −390	−270 −450	−140 −170	−140 −188	−140 −215	−140 −260	−140 −320	−70 −88	−70 −100	−70 −118	−70 −145	−70 −190
6	10	−280 −316	−280 −338	−280 −370	−280 −430	−280 −500	−150 −186	−150 −208	−150 −240	−150 −300	−150 −370	−80 −102	−80 −116	−80 −138	−80 −170	−80 −230
10	14	−290 −333	−290 −360	−290 −400	−290 −470	−290 −560	−150 −193	−150 −220	−150 −260	−150 −330	−150 −420	−95 −122	−95 −138	−95 −165	−95 −205	−95 −275
14	18															
18	24	−300 −352	−300 −384	−300 −430	−300 −510	−300 −630	−160 −212	−160 −244	−160 −290	−160 −370	−160 −490	−110 −143	−110 −162	−110 −194	−110 −240	−110 −320
24	30															
30	40	−310 −372	−310 −410	−310 −470	−310 −560	−310 −700	−170 −232	−170 −270	−170 −330	−170 −420	−170 −560	−120 −159	−120 −182	−120 −220	−120 −280	−120 −370
40	50	−320 −382	−320 −420	−320 −480	−320 −570	−320 −710	−180 −242	−180 −280	−180 −340	−180 −430	−180 −570	−130 −169	−130 −192	−130 −230	−130 −290	−130 −380
50	65	−340 −414	−340 −460	−340 −530	−340 −640	−340 −800	−190 −264	−190 −310	−190 −380	−190 −490	−190 −650	−140 −186	−140 −210	−140 −260	−140 −330	−140 −440
65	80	−360 −434	−360 −480	−360 −550	−360 −660	−360 −820	−200 −274	−200 −320	−200 −390	−200 −500	−200 −660	−150 −196	−150 −224	−150 −270	−150 −340	−150 −450
80	100	−380 −467	−380 −520	−380 −600	−380 −730	−380 −920	−220 −307	−220 −360	−220 −440	−220 −570	−220 −760	−170 −224	−170 −257	−170 −310	−170 −390	−170 −520
100	120	−410 −497	−410 −550	−410 −630	−410 −760	−410 −950	−240 −327	−240 −380	−240 −460	−240 −590	−240 −780	−180 −234	−180 −267	−180 −320	−180 −400	−180 −530
120	140	−460 −560	−460 −620	−460 −710	−460 −860	−460 −1090	−260 −360	−260 −420	−260 −510	−260 −660	−260 −890	−200 −263	−200 −300	−200 −360	−200 −450	−200 −600
140	160	−520 −620	−520 −680	−520 −770	−520 −920	−520 −1150	−280 −380	−280 −440	−280 −530	−280 −680	−280 −910	−210 −273	−210 −310	−210 −370	−210 −460	−210 −610
160	180	−580 −680	−580 −740	−580 −830	−580 −980	−580 −1210	−310 −410	−310 −470	−310 −560	−310 −710	−310 −940	−230 −293	−230 −330	−230 −390	−230 −480	−230 −630
180	200	−660 −775	−660 −845	−660 −950	−660 −1120	−660 −1380	−340 −455	−340 −525	−340 −630	−340 −800	−340 −1060	−240 −312	−240 −355	−240 −425	−240 −530	−240 −700
200	225	−740 −855	−740 −925	−740 −1030	−740 −1200	−740 −1460	−380 −495	−380 −565	−380 −670	−380 −840	−380 −1100	−260 −332	−260 −375	−260 −445	−260 −550	−260 −720
225	250	−820 −935	−820 −1005	−820 −1110	−820 −1280	−820 −1540	−420 −535	−420 −605	−420 −710	−420 −880	−420 −1140	−280 −352	−280 −395	−280 −465	−280 −570	−280 −740
250	280	−920 −1050	−920 −1130	−920 −1240	−920 −1440	−920 −1730	−480 −610	−480 −690	−480 −800	−480 −1000	−480 −1290	−300 −381	−300 −430	−300 −510	−300 −620	−300 −820
280	315	−1050 −1180	−1050 −1260	−1050 −1370	−1050 −1570	−1050 −1860	−540 −670	−540 −750	−540 −860	−540 −1060	−540 −1350	−330 −411	−330 −460	−330 −540	−330 −650	−330 −850
315	355	−1200 −1340	−1200 −1430	−1200 −1560	−1200 −1770	−1200 −2090	−600 −740	−600 −830	−600 −960	−600 −1170	−600 −1490	−360 −449	−360 −500	−360 −590	−360 −720	−360 −930
355	400	−1350 −1490	−1350 −1580	−1350 −1710	−1350 −1920	−1350 −2240	−680 −820	−680 −910	−680 −1040	−680 −1250	−680 −1570	−400 −489	−400 −540	−400 −630	−400 −760	−400 −970
400	450	−1500 −1655	−1500 −1750	−1500 −1900	−1500 −2130	−1500 −2470	−760 −915	−760 −1010	−760 −1160	−760 −1390	−760 −1730	−440 −537	−440 −595	−440 −690	−440 −840	−440 −1070
450	500	−1650 −1805	−1650 −1900	−1650 −2050	−1650 −2280	−1650 −2620	−840 −995	−840 −1090	−840 −1240	−840 −1470	−840 −1810	−480 −577	−480 −635	−480 −730	−480 −880	−480 −1110

注：基本尺寸小于 1 mm 时，各级的 a 和 b 均不采用。

续表 13-3

	带												
	d					e					f		
13	7	8	9	10	11	6	7	8	9	10	5	6	7
−60 −200	−20 −30	−20 −34	−20 −45	−20 −60	−20 −80	−14 −20	−14 −24	−14 −28	−14 −39	−14 −54	−6 −10	−6 −12	−6 −16
−70 −250	−30 −42	−30 −48	−30 −60	−30 −78	−30 −105	−20 −28	−20 −32	−20 −38	−20 −50	−20 −68	−10 −15	−10 −18	−10 −22
−80 −300	−40 −55	−40 −62	−40 −76	−40 −98	−40 −130	−25 −34	−25 −40	−25 −47	−25 −61	−25 −83	−13 −19	−13 −22	−13 −28
−95 −365	−50 −68	−50 −77	−50 −93	−50 −120	−50 −160	−32 −43	−32 −50	−32 −59	−32 −75	−32 −102	−16 −24	−16 −27	−16 −34
−110 −440	−65 −86	−65 −98	−65 −117	−65 −149	−65 −195	−40 −53	−40 −61	−40 −73	−40 −92	−40 −124	−20 −29	−20 −33	−20 −41
−120 −510 −130 −520	−80 −105	−80 −119	−80 −142	−80 −180	−80 −240	−50 −66	−50 −75	−50 −89	−50 −112	−50 −150	−25 −36	−25 −41	−25 −50
−140 −600 −150 −610	−100 −130	−100 −146	−100 −174	−100 −220	−100 −290	−60 −79	−60 −90	−60 −106	−60 −134	−60 −180	−30 −43	−30 −49	−30 −60
−170 −710 −180 −720	−120 −155	−120 −174	−120 −207	−120 −260	−120 −340	−72 −94	−72 −107	−72 −126	−72 −159	−72 −212	−36 −51	−36 −58	−36 −71
−200 −830 −210 −840 −230 −860	−145 −185	−145 −208	−145 −245	−145 −305	−145 −395	−85 −110	−85 −125	−85 −148	−85 −185	−85 −245	−43 −61	−43 −68	−43 −83
−240 −960 −260 −980 −280 −1000	−170 −216	−170 −242	−170 −285	−170 −355	−170 −460	−100 −129	−100 −146	−100 −172	−100 −215	−100 −285	−50 −70	−50 −79	−50 −96
−300 −1110 −330 −1140	−190 −242	−190 −271	−190 −320	−190 −400	−190 −510	−110 −142	−110 −162	−110 −191	−110 −240	−110 −320	−56 −79	−56 −88	−56 −108
−360 −1250 −400 −1290	−210 −267	−210 −299	−210 −350	−210 −440	−210 −570	−125 −161	−125 −182	−125 −214	−125 −265	−125 −355	−62 −87	−62 −98	−62 −119
−440 −1410 −480 −1450	−230 −293	−230 −327	−230 −385	−230 −480	−230 −630	−135 −175	−135 −198	−135 −232	−135 −290	−135 −385	−68 −95	−68 −108	−68 −131

续表 13-3

基本尺寸/mm		公												差
		f		g					h					
大于	至	8	9	4	5	6	7	8	1	2	3	4	5	6
—	3	−6 −20	−6 −31	−2 −5	−2 −6	−2 −8	−2 −12	−2 −16	0 −0.8	0 −1.2	0 −2	0 −3	0 −4	0 −6
3	6	−10 −28	−10 −40	−4 −8	−4 −9	−4 −12	−4 −16	−4 −22	0 −1	0 −1.5	0 −2.5	0 −4	0 −5	0 −8
6	10	−13 −35	−13 −49	−5 −9	−5 −11	−5 −14	−5 −20	−5 −27	0 −1	0 −1.5	0 −2.5	0 −4	0 −6	0 −9
10 14	14 18	−16 −43	−16 −59	−6 −11	−6 −14	−6 −17	−6 −24	−6 −33	0 −1.2	0 −2	0 −3	0 −5	0 −8	0 −11
18 24	24 30	−20 −53	−20 −72	−7 −13	−7 −16	−7 −20	−7 −28	−7 −40	0 −1.5	0 −2.5	0 −4	0 −6	0 −9	0 −13
30 40	40 50	−25 −64	−25 −87	−9 −16	−9 −20	−9 −25	−9 −34	−9 −48	0 −1.5	0 −2.5	0 −4	0 −7	0 −11	0 −16
50 65	65 80	−30 −76	−30 −104	−10 −18	−10 −23	−10 −29	−10 −40	−10 −56	0 −2	0 −3	0 −5	0 −8	0 −13	0 −19
80 100	100 120	−36 −90	−36 −123	−12 −22	−12 −27	−12 −34	−12 −47	−12 −66	0 −2.5	0 −4	0 −6	0 −10	0 −15	0 −22
120 140 160	140 160 180	−43 −106	−43 −143	−14 −26	−14 −32	−14 −39	−14 −54	−14 −77	0 −3.5	0 −5	0 −8	0 −12	0 −18	0 −25
180 200 225	200 225 250	−50 −122	−50 −165	−15 −29	−15 −35	−15 −44	−15 −61	−15 −87	0 −4.5	0 −7	0 −10	0 −14	0 −20	0 −29
250 280	280 315	−56 −137	−56 −186	−17 −33	−17 −40	−17 −49	−17 −69	−17 −98	0 −6	0 −8	0 −12	0 −16	0 −23	0 −32
315 355	355 400	−62 −151	−62 −202	−18 −36	−18 −43	−18 −54	−18 −75	−18 −107	0 −7	0 −9	0 −13	0 −18	0 −25	0 −36
400 450	450 500	−68 −165	−68 −223	−20 −40	−20 −47	−20 −60	−20 −83	−20 −117	0 −8	0 −10	0 −15	0 −20	0 −27	0 −40

续表 13－3

带												
							j			js		
7	8	9	10	11	12	13	5	6	7	1	2	3
0 −10	0 −14	0 −25	0 −40	0 −60	0 −100	0 −140	—	+4 −2	+6 −4	±0.4	±0.6	±1
0 −12	0 −18	0 −30	0 −48	0 −75	0 −120	0 −180	+3 −2	+6 −2	+8 −4	±0.5	±0.75	±1.25
0 −15	0 −22	0 −36	0 −58	0 −90	0 −150	0 −220	+4 −2	+7 −2	+10 −5	±0.5	±0.75	±1.25
0 −18	0 −27	0 −43	0 −70	0 −110	0 −180	0 −270	+5 −3	+8 −3	+12 −6	±0.6	±1	±1.5
0 −21	0 −33	0 −52	0 −84	0 −130	0 −210	0 −330	+5 −4	+9 −4	+13 −8	±0.75	±1.25	±2
0 −25	0 −39	0 −62	0 −100	0 −160	0 −250	0 −390	+6 −5	+11 −5	+15 −10	±0.75	±1.25	±2
0 −30	0 −46	0 −74	0 −120	0 −190	0 −300	0 −460	+6 −7	+12 −7	+18 −12	±1	±1.5	±2.5
0 −35	0 −54	0 −87	0 −140	0 −220	0 −350	0 −540	+6 −9	+13 −9	+20 −15	±1.25	±2	±3
0 −40	0 −63	0 −100	0 −160	0 −250	0 −400	0 −630	+7 −11	+14 −11	+22 −18	±1.75	±2.5	±4
0 −46	0 −72	0 −115	0 −185	0 −290	0 −460	0 −720	+7 −13	+16 −13	+25 −21	±2.25	±3.5	±5
0 −52	0 −81	0 −130	0 −210	0 −320	0 −520	0 −810	+7 −16	—	—	±3	±4	±6
0 −57	0 −89	0 −140	0 −230	0 −360	0 −570	0 −890	+7 −18	—	+29 −28	±3.5	±4.5	±6.5
0 −63	0 −97	0 −155	0 −250	0 −400	0 −630	0 −970	+7 −20	—	+31 −32	±4	±5	±7.5

续表 13-3

基本尺寸/mm		公											差
		js										k	
大于	至	4	5	6	7	8	9	10	11	12	13	4	5
—	3	±1.5	±2	±3	±5	±7	±12	±20	±30	±50	±70	+3 0	+4 0
3	6	±2	±2.5	±4	±6	±9	±15	±24	±37	±60	±90	+5 +1	+6 +1
6	10	±2	±3	±4.5	±7	±11	±18	±29	±45	±75	±110	+5 +1	+7 +1
10	14	±2.5	±4	±5.5	±9	±13	±21	±35	±55	±90	±135	+6 +1	+9 +1
14	18												
18	24	±3	±4.5	±6.5	±10	±16	±26	±42	±65	±105	±165	+8 +2	+11 +2
24	30												
30	40	±3.5	±5.5	±8	±12	±19	±31	±50	±80	±125	±195	+9 +2	+13 +2
40	50												
50	65	±4	±6.5	±9.5	±15	±23	±37	±60	±95	±150	±230	+10 +2	+15 +2
65	80												
80	100	±5	±7.5	±11	±17	±27	±43	±70	±110	±175	±270	+13 +3	+18 +3
100	120												
120	140	±6	±9	±12.5	±20	±31	±50	±80	±125	±200	±315	+15 +3	+21 +3
140	160												
160	180												
180	200	±7	±10	±14.5	±23	±36	±57	±92	±145	±230	±360	+18 +4	+24 +4
200	225												
225	250												
250	280	±8	±11.5	±16	±26	±40	±65	±105	±160	±260	±405	+20 +4	+27 +4
280	315												
315	355	±9	±12.5	±18	±28	±44	±70	±115	±180	±285	±445	+22 +4	+29 +4
355	400												
400	450	±10	±13.5	±20	±31	±48	±77	±125	±200	±315	±485	+25 +5	+32 +5
450	500												

带												
			m					n				
6	7	8	4	5	6	7	8	4	5	6	7	8
+6 0	+10 0	+14 0	+5 +2	+6 +2	+8 +2	+12 +2	+16 +2	+7 +4	+8 +4	+10 +4	+14 +4	+18 +4
+9 +1	+13 +1	+18 0	+8 +4	+9 +4	+12 +4	+16 +4	+22 +4	+12 +8	+13 +8	+16 +8	+20 +8	+26 +8
+10 +1	+16 +1	+22 0	+10 +6	+12 +6	+15 +6	+21 +6	+28 +6	+14 +10	+16 +10	+19 +10	+25 +10	+32 +10
+12 +1	+19 +1	+27 0	+12 +7	+15 +7	+18 +7	+25 +7	+34 +7	+17 +12	+20 +12	+23 +12	+30 +12	+39 +12
+15 +2	+23 +2	+33 0	+14 +8	+17 +8	+21 +8	+29 +8	+41 +8	+21 +15	+24 +15	+28 +15	+36 +15	+48 +15
+18 +2	+27 +2	+39 0	+16 +9	+20 +9	+25 +9	+34 +9	+48 +9	+24 +17	+28 +17	+33 +17	+42 +17	+56 +17
+21 +2	+32 +2	+46 0	+19 +11	+24 +11	+30 +11	+41 +11	+57 +11	+28 +20	+33 +20	+39 +20	+50 +20	+66 +20
+25 +3	+38 +3	+54 0	+23 +13	+28 +13	+35 +13	+48 +13	+67 +13	+33 +23	+38 +23	+45 +23	+58 +23	+77 +23
+28 +3	+43 +3	+63 0	+27 +15	+33 +15	+40 +15	+55 +15	+78 +15	+39 +27	+45 +27	+52 +27	+67 +27	+90 +27
+33 +4	+50 +4	+72 0	+31 +17	+37 +17	+46 +17	+63 +17	+89 +17	+45 +31	+51 +31	+60 +31	+77 +31	+103 +31
+36 +4	+56 +4	+81 0	+36 +20	+43 +20	+52 +20	+72 +20	+101 +20	+50 +34	+57 +34	+66 +34	+86 +34	+115 +34
+40 +4	+61 +4	+89 0	+39 +21	+46 +21	+57 +21	+78 +21	+110 +21	+55 +37	+62 +37	+73 +37	+94 +37	+126 +37
+45 +5	+68 +5	+97 0	+43 +23	+50 +23	+63 +23	+86 +23	+120 +23	+60 +40	+67 +40	+80 +40	+103 +40	+137 +40

续表 13-3

基本尺寸/mm		公差												
		p					r					s		
大于	至	4	5	6	7	8	4	5	6	7	8	4	5	6
—	3	+9 +6	+10 +6	+12 +6	+16 +6	+20 +6	+13 +10	+14 +10	+16 +10	+20 +10	+24 +10	+17 +14	+18 +14	+20 +14
3	6	+16 +12	+17 +12	+20 +12	+24 +12	+30 +12	+19 +15	+20 +15	+23 +15	+27 +15	+33 +15	+23 +19	+24 +19	+27 +19
6	10	+19 +15	+21 +15	+24 +15	+30 +15	+37 +15	+23 +19	+25 +19	+28 +19	+34 +19	+41 +19	+27 +23	+29 +23	+32 +23
10	14	+23 +18	+26 +18	+29 +18	+36 +18	+45 +18	+28 +23	+31 +23	+34 +23	+41 +23	+50 +23	+33 +28	+36 +28	+39 +28
14	18													
18	24	+28 +22	+31 +22	+35 +22	+43 +22	+55 +22	+34 +28	+37 +28	+41 +28	+49 +28	+61 +28	+41 +35	+44 +35	+48 +35
24	30													
30	40	+33 +26	+37 +26	+42 +26	+51 +26	+65 +26	+41 +34	+45 +34	+50 +34	+59 +34	+73 +34	+50 +43	+54 +43	+59 +43
40	50													
50	65	+40 +32	+45 +32	+51 +32	+62 +32	+78 +32	+49 +41	+54 +41	+60 +41	+71 +41	+87 +41	+61 +53	+66 +53	+72 +53
65	80						+51 +43	+56 +43	+62 +43	+73 +43	+89 +43	+67 +59	+72 +59	+78 +59
80	100	+47 +37	+52 +37	+59 +37	+72 +37	+91 +37	+61 +51	+66 +51	+73 +51	+86 +51	+105 +51	+81 +71	+86 +71	+93 +71
100	120						+64 +54	+69 +54	+76 +54	+89 +54	+108 +54	+89 +79	+94 +79	+101 +79
120	140	+55 +43	+61 +43	+68 +43	+83 +43	+106 +43	+75 +63	+81 +63	+88 +63	+103 +63	+126 +63	+104 +92	+110 +92	+117 +92
140	160						+77 +65	+83 +65	+90 +65	+105 +65	+128 +65	+112 +100	+118 +100	+125 +100
160	180						+80 +68	+86 +68	+93 +68	+108 +68	+131 +68	+120 +108	+126 +108	+133 +108
180	200	+64 +50	+70 +50	+79 +50	+96 +50	+122 +50	+91 +77	+97 +77	+106 +77	+123 +77	+149 +77	+136 +122	+142 +122	+151 +122
200	225						+94 +80	+100 +80	+109 +80	+126 +80	+152 +80	+144 +130	+150 +130	+159 +130
225	250						+98 +84	+104 +84	+113 +84	+130 +84	+156 +84	+154 +140	+160 +140	+169 +140
250	280	+72 +56	+79 +56	+88 +56	+108 +56	+137 +56	+110 +94	+117 +94	+126 +94	+146 +94	+175 +94	+174 +158	+181 +158	+190 +158
280	315						+114 +98	+121 +98	+130 +98	+150 +98	+179 +98	+186 +170	+193 +170	+202 +170
315	355	+80 +62	+87 +62	+98 +62	+119 +62	+151 +62	+126 +108	+133 +108	+144 +108	+165 +108	+197 +108	+208 +190	+215 +190	+226 +190
355	400						+132 +114	+139 +114	+150 +114	+171 +114	+203 +114	+226 +208	+233 +208	+244 +208
400	450	+88 +68	+95 +68	+108 +68	+131 +68	+165 +68	+146 +126	+153 +126	+166 +126	+189 +126	+223 +126	+252 +232	+259 +232	+272 +232
450	500						+152 +132	+159 +132	+172 +132	+195 +132	+229 +132	+272 +252	+279 +252	+292 +252

		带										
		t				u				v		
7	8	5	6	7	8	5	6	7	8	5	6	7
+24 +14	+28 +14	—	—	—	—	+22 +18	+24 +18	+28 +18	+32 +18	—	—	—
+31 +19	+37 +19	—	—	—	—	+28 +23	+31 +23	+35 +23	+41 +23	—	—	—
+38 +23	+45 +23	—	—	—	—	+34 +28	+37 +28	+43 +28	+50 +28	—	—	—
+46 +28	+55 +28	—	—	—	—	+41 +33	+44 +33	+51 +33	+60 +33	—	—	—
		—	—	—	—					+47 +39	+50 +39	+57 +39
+56 +35	+68 +35	—	—	—	—	+50 +41	+54 +41	+62 +41	+74 +41	+56 +47	+60 +47	+68 +47
		+50 +41	+54 +41	+62 +41	+74 +41	+57 +48	+61 +48	+69 +48	+81 +48	+64 +55	+68 +55	+76 +55
+68 +43	+82 +43	+59 +48	+64 +48	+73 +48	+87 +48	+71 +60	+76 +60	+85 +60	+99 +60	+79 +68	+84 +68	+93 +68
		+65 +54	+70 +54	+79 +54	+93 +54	+81 +70	+86 +70	+95 +70	+109 +70	+92 +81	+97 +81	+106 +81
+83 +53	+99 +53	+79 +66	+85 +66	+96 +66	+112 +66	+100 +87	+106 +87	+117 +87	+133 +87	+115 +102	+121 +102	+132 +102
+89 +59	+105 +59	+88 +75	+94 +75	+105 +75	+121 +75	+115 +102	+121 +102	+132 +102	+148 +102	+133 +120	+139 +120	+150 +120
+106 +71	+125 +71	+106 +91	+113 +91	+126 +91	+145 +91	+139 +124	+146 +124	+159 +124	+178 +124	+161 +146	+168 +146	+181 +146
+114 +79	+133 +79	+119 +104	+126 +104	+139 +104	+158 +104	+159 +144	+166 +144	+179 +144	+198 +144	+187 +172	+194 +172	+207 +172
+132 +92	+155 +92	+140 +122	+147 +122	+162 +122	+185 +122	+188 +170	+195 +170	+210 +170	+233 +170	+220 +202	+227 +202	+242 +202
+140 +100	+163 +100	+152 +134	+159 +134	+174 +134	+197 +134	+208 +190	+215 +190	+230 +190	+253 +190	+246 +228	+253 +228	+268 +228
+148 +108	+171 +108	+164 +146	+171 +146	+186 +146	+209 +146	+228 +210	+235 +210	+250 +210	+273 +210	+270 +252	+277 +252	+292 +252
+168 +122	+194 +122	+186 +166	+195 +166	+212 +166	+238 +166	+256 +236	+265 +236	+282 +236	+308 +236	+304 +284	+313 +284	+330 +284
+176 +130	+202 +130	+200 +180	+209 +180	+226 +180	+252 +180	+278 +258	+287 +258	+304 +258	+330 +258	+330 +310	+339 +310	+356 +310
+186 +140	+212 +140	+216 +196	+225 +196	+242 +196	+268 +196	+304 +284	+313 +284	+330 +284	+356 +284	+360 +340	+369 +340	+386 +340
+210 +158	+239 +158	+241 +218	+250 +218	+270 +218	+299 +218	+338 +315	+347 +315	+367 +315	+396 +315	+408 +385	+417 +385	+437 +385
+222 +170	+251 +170	+263 +240	+272 +240	+292 +240	+321 +240	+373 +350	+382 +350	+402 +350	+431 +350	+448 +425	+457 +425	+477 +425
+247 +190	+279 +190	+293 +268	+304 +268	+325 +268	+357 +268	+415 +390	+426 +390	+447 +390	+479 +390	+500 +475	+511 +475	+532 +475
+265 +208	+297 +208	+319 +294	+330 +294	+351 +294	+383 +294	+460 +435	+471 +435	+492 +435	+524 +435	+555 +530	+566 +530	+587 +530
+295 +232	+329 +232	+357 +330	+370 +330	+393 +330	+427 +330	+517 +490	+530 +490	+553 +490	+587 +490	+622 +595	+635 +595	+658 +595
+315 +252	+349 +252	+387 +360	+400 +360	+423 +360	+457 +360	+567 +540	+580 +540	+603 +540	+637 +540	+687 +660	+700 +660	+723 +660

续表 13-3

基本尺寸/mm		公差带												
		v	x				y				z			
大于	至	8	5	6	7	8	5	6	7	8	5	6	7	8
—	3	—	+24 +20	+26 +20	+30 +20	+34 +20	—	—	—	—	+30 +26	+32 +26	+36 +26	+40 +26
3	6	—	+33 +28	+36 +28	+40 +28	+46 +28	—	—	—	—	+40 +35	+43 +35	+47 +35	+53 +35
6	10	—	+40 +34	+43 +34	+49 +34	+56 +34	—	—	—	—	+48 +42	+51 +42	+57 +42	+64 +42
10	14	—	+48 +40	+51 +40	+58 +40	+67 +40	—	—	—	—	+58 +50	+61 +50	+68 +50	+77 +50
14	18	+66 +39	+53 +45	+56 +45	+63 +45	+72 +45	—	—	—	—	+68 +60	+71 +60	+78 +60	+87 +60
18	24	+80 +47	+63 +54	+67 +54	+75 +54	+87 +54	+72 +63	+76 +63	+84 +63	+96 +63	+82 +73	+86 +73	+94 +73	+106 +73
24	30	+88 +55	+73 +64	+77 +64	+85 +64	+97 +64	+84 +75	+88 +75	+96 +75	+108 +75	+97 +88	+101 +88	+109 +88	+121 +88
30	40	+107 +68	+91 +80	+96 +80	+105 +80	+119 +80	+105 +94	+110 +94	+119 +94	+133 +94	+123 +112	+128 +112	+137 +112	+151 +112
40	50	+120 +81	+108 +97	+113 +97	+122 +97	+136 +97	+125 +114	+130 +114	+139 +114	+153 +114	+147 +136	+152 +136	+161 +136	+175 +136
50	65	+148 +102	+135 +122	+141 +122	+152 +122	+168 +122	+157 +144	+163 +144	+174 +144	+190 +144	+185 +172	+191 +172	+202 +172	+218 +172
65	80	+166 +120	+159 +146	+165 +146	+176 +146	+192 +146	+187 +174	+193 +174	+204 +174	+220 +174	+223 +210	+229 +210	+240 +210	+256 +210
80	100	+200 +146	+193 +178	+200 +178	+213 +178	+232 +178	+229 +214	+236 +214	+249 +214	+268 +214	+273 +258	+280 +258	+293 +258	+312 +258
100	120	+226 +172	+225 +210	+232 +210	+245 +210	+264 +210	+269 +254	+276 +254	+289 +254	+308 +254	+325 +310	+332 +310	+345 +310	+364 +310
120	140	+265 +202	+266 +248	+273 +248	+288 +248	+311 +248	+318 +300	+325 +300	+340 +300	+363 +300	+383 +365	+390 +365	+405 +365	+428 +365
140	160	+291 +228	+298 +280	+305 +280	+320 +280	+343 +280	+358 +340	+365 +340	+380 +340	+403 +340	+433 +415	+440 +415	+455 +415	+478 +415
160	180	+315 +252	+328 +310	+335 +310	+350 +310	+373 +310	+398 +380	+405 +380	+420 +380	+443 +380	+483 +465	+490 +465	+505 +465	+528 +465
180	200	+356 +284	+370 +350	+379 +350	+396 +350	+422 +350	+445 +425	+454 +425	+471 +425	+497 +425	+540 +520	+549 +520	+566 +520	+592 +520
200	225	+382 +310	+405 +385	+414 +385	+431 +385	+457 +385	+490 +470	+499 +470	+516 +470	+542 +470	+595 +575	+604 +575	+621 +575	+647 +575
225	250	+412 +340	+445 +425	+454 +425	+471 +425	+497 +425	+540 +520	+549 +520	+566 +520	+592 +520	+660 +640	+669 +640	+686 +640	+712 +640
250	280	+466 +385	+498 +475	+507 +475	+527 +475	+556 +475	+603 +580	+612 +580	+632 +580	+661 +580	+733 +710	+742 +710	+762 +710	+791 +710
280	315	+506 +425	+548 +525	+557 +525	+577 +525	+606 +525	+673 +650	+682 +650	+702 +650	+731 +650	+813 +790	+822 +790	+842 +790	+871 +790
315	355	+564 +475	+615 +590	+626 +590	+647 +590	+679 +590	+755 +730	+766 +730	+787 +730	+819 +730	+925 +900	+936 +900	+957 +900	+989 +900
355	400	+619 +530	+685 +660	+696 +660	+717 +660	+749 +660	+845 +820	+856 +820	+877 +820	+909 +820	+1025 +1000	+1036 +1000	+1057 +1000	+1089 +1000
400	450	+692 +595	+767 +740	+780 +740	+803 +740	+837 +740	+947 +920	+960 +920	+983 +920	+1017 +920	+1127 +1100	+1140 +1100	+1163 +1100	+1197 +1100
450	500	+757 +660	+847 +820	+860 +820	+883 +820	+917 +820	+1027 +1000	+1040 +1000	+1063 +1000	+1097 +1000	+1277 +1250	+1290 +1250	+1313 +1250	+1347 +1250

4. 孔的极限偏差

表 13 - 4 所列为孔的极限偏差。

表 13 - 4　孔的极限偏差(GB/T 1800.4—1999)

μm

基本尺寸/mm		公差带												
		A				B				C				
大于	至	9	10	11	12	9	10	11	12	8	9	10	11	12
—	3	+295 +270	+310 +270	+330 +270	+370 +270	+165 +140	+180 +140	+200 +140	+240 +140	+74 +60	+85 +60	+100 +60	+120 +60	+160 +60
3	6	+300 +270	+318 +270	+345 +270	+390 +270	+170 +140	+188 +140	+215 +140	+260 +140	+88 +70	+100 +70	+118 +70	+145 +70	+190 +70
6	10	+316 +280	+338 +280	+370 +280	+430 +280	+186 +150	+208 +150	+240 +150	+300 +150	+102 +80	+116 +80	+138 +80	+170 +80	+230 +80
10	14	+333 +290	+360 +290	+400 +290	+470 +290	+193 +150	+220 +150	+260 +150	+330 +150	+122 +95	+138 +95	+165 +95	+205 +95	+275 +95
14	18													
18	24	+352 +300	+384 +300	+430 +300	+510 +300	+212 +160	+244 +160	+290 +160	+370 +160	+143 +110	+162 +110	+194 +110	+240 +110	+320 +110
24	30													
30	40	+372 +310	+410 +310	+470 +310	+560 +310	+232 +170	+270 +170	+330 +170	+420 +170	+159 +120	+182 +120	+220 +120	+280 +120	+370 +120
40	50	+382 +320	+420 +320	+480 +320	+570 +320	+242 +180	+280 +180	+340 +180	+430 +180	+169 +130	+192 +130	+230 +130	+290 +130	+380 +130
50	65	+414 +340	+460 +340	+530 +340	+640 +340	+264 +190	+310 +190	+380 +190	+490 +190	+186 +140	+214 +140	+260 +140	+330 +140	+440 +140
65	80	+434 +360	+480 +360	+550 +360	+660 +360	+274 +200	+320 +200	+390 +200	+500 +200	+196 +150	+224 +150	+270 +150	+340 +150	+450 +150
80	100	+467 +380	+520 +380	+600 +380	+730 +380	+307 +220	+360 +220	+440 +220	+570 +220	+224 +170	+257 +170	+310 +170	+390 +170	+520 +170
100	120	+497 +410	+550 +410	+630 +410	+760 +410	+327 +240	+380 +240	+460 +240	+590 +240	+234 +180	+267 +180	+320 +180	+400 +180	+530 +180
120	140	+560 +460	+620 +460	+710 +460	+860 +460	+360 +260	+420 +260	+510 +260	+660 +260	+263 +200	+300 +200	+360 +200	+450 +200	+600 +200
140	160	+620 +520	+680 +520	+770 +520	+920 +520	+380 +280	+440 +280	+530 +280	+680 +280	+273 +210	+310 +210	+370 +210	+460 +210	+610 +210
160	180	+680 +580	+740 +580	+830 +580	+980 +580	+410 +310	+470 +310	+560 +310	+710 +310	+293 +230	+330 +230	+390 +230	+480 +230	+630 +230
180	200	+775 +660	+845 +660	+950 +660	+1120 +660	+455 +340	+525 +340	+630 +340	+800 +340	+312 +240	+355 +240	+425 +240	+530 +240	+700 +240
200	225	+855 +740	+925 +740	+1030 +740	+1200 +740	+495 +380	+565 +380	+670 +380	+840 +380	+332 +260	+375 +260	+445 +260	+550 +260	+720 +260
225	250	+935 +820	+1005 +820	+1110 +820	+1280 +820	+535 +420	+605 +420	+710 +420	+880 +420	+352 +280	+395 +280	+465 +280	+570 +280	+740 +280
250	280	+1050 +920	+1130 +920	+1240 +920	+1440 +920	+610 +480	+690 +480	+800 +480	+1000 +480	+381 +300	+430 +300	+510 +300	+620 +300	+820 +300
280	315	+1180 +1050	+1260 +1050	+1370 +1050	+1570 +1050	+670 +540	+750 +540	+860 +540	+1060 +540	+411 +330	+460 +330	+540 +330	+650 +330	+850 +330
315	355	+1340 +1200	+1430 +120 0	+1560 +1200	+1770 +1200	+740 +600	+830 +600	+960 +600	+1170 +600	+449 +360	+500 +360	+590 +360	+720 +360	+930 +360
355	400	+1490 +1350	+1580 +1350	+1710 +1350	+1920 +1350	+820 +680	+910 +680	+1040 +680	+1250 +680	+489 +400	+540 +400	+630 +400	+760 +400	+970 +400
400	450	+1655 +1500	+1750 +1500	+1900 +1500	+2130 +1500	+915 +760	+1010 +760	+1160 +760	+1390 +760	+537 +440	+595 +440	+690 +440	+840 +440	+1070 +440
450	500	+1805 +1650	+1900 +1650	+2050 +1650	+2280 +1650	+995 +840	+1090 +840	+1240 +840	+1470 +840	+577 +480	+635 +480	+730 +480	+880 +480	+1110 +480

注：基本尺寸小于 1 mm 时，各级的 A 和 B 均不采用。

续表 13-4

基本尺寸/mm		公												差
		D					E				F			
大于	至	7	8	9	10	11	7	8	9	10	6	7	8	9
—	3	+30 +20	+34 +20	+45 +20	+60 +20	+80 +20	+24 +14	+28 +14	+39 +14	+54 +14	+12 +6	+16 +6	+20 +6	+31 +6
3	6	+42 +30	+48 +30	+60 +30	+78 +30	+105 +30	+32 +20	+38 +20	+50 +20	+68 +20	+18 +10	+22 +10	+28 +10	+40 +10
6	10	+55 +40	+62 +40	+76 +40	+98 +40	+130 +40	+40 +25	+47 +25	+61 +25	+83 +25	+22 +13	+28 +13	+35 +13	+49 +13
10	14	+68 +50	+77 +50	+93 +50	+120 +50	+160 +50	+50 +32	+59 +32	+75 +32	+102 +32	+27 +16	+34 +16	+43 +16	+59 +16
14	18													
18	24	+86 +65	+98 +65	+117 +65	+149 +65	+195 +65	+61 +40	+73 +40	+92 +40	+124 +40	+33 +20	+41 +20	+53 +20	+72 +20
24	30													
30	40	+105 +80	+119 +80	+142 +80	+180 +80	+240 +80	+75 +50	+89 +50	+112 +50	+150 +50	+41 +25	+50 +25	+64 +25	+87 +25
40	50													
50	65	+130 +100	+146 +100	+174 +100	+220 +100	+290 +100	+90 +60	+106 +60	+134 +60	+180 +60	+49 +30	+60 +30	+76 +30	+104 +30
65	80													
80	100	+155 +120	+174 +120	+207 +120	+260 +120	+340 +120	+107 +72	+126 +72	+159 +72	+212 +72	+58 +36	+71 +36	+90 +36	+123 +36
100	120													
120	140	+185 +145	+208 +145	+245 +145	+305 +145	+395 +145	+125 +85	+148 +85	+185 +85	+245 +85	+68 +43	+83 +43	+106 +43	+143 +43
140	160													
160	180													
180	200	+216 +170	+242 +170	+285 +170	+355 +170	+460 +170	+146 +100	+172 +100	+215 +100	+285 +100	+79 +50	+96 +50	+122 +50	+165 +50
200	225													
225	250													
250	280	+242 +190	+271 +190	+320 +190	+400 +190	+510 +190	+162 +110	+191 +110	+240 +110	+320 +110	+88 +56	+108 +56	+137 +56	+186 +56
280	315													
315	355	+267 +210	+299 +210	+350 +210	+440 +210	+570 +210	+182 +125	+214 +125	+265 +125	+355 +125	+98 +62	+119 +62	+151 +62	+202 +62
355	400													
400	450	+293 +230	+327 +230	+385 +230	+480 +230	+630 +230	+198 +135	+232 +135	+290 +135	+385 +135	+108 +68	+131 +68	+165 +68	+223 +68
450	500													

带												
G				H								
5	6	7	8	1	2	3	4	5	6	7	8	9
+6 +2	+8 +2	+12 +2	+16 +2	+0.8 0	+1.2 0	+2 0	+3 0	+4 0	+6 0	+10 0	+14 0	+25 0
+9 +4	+12 +4	+16 +4	+22 +4	+1 0	+1.5 0	+2.5 0	+4 0	+5 0	+8 0	+12 0	+18 0	+30 0
+11 +5	+14 +5	+20 +5	+27 +5	+1 0	+1.5 0	+2.5 0	+4 0	+6 0	+9 0	+15 0	+22 0	+36 0
+14 +6	+17 +6	+24 +6	+33 +6	+1.2 0	+2 0	+3 0	+5 0	+8 0	+11 0	+18 0	+27 0	+43 0
+16 +7	+20 +7	+28 +7	+40 +7	+1.5 0	+2.5 0	+4 0	+6 0	+9 0	+13 0	+21 0	+33 0	+52 0
+20 +9	+25 +9	+34 +9	+48 +9	+1.5 0	+2.5 0	+4 0	+7 0	+11 0	+16 0	+25 0	+39 0	+62 0
+23 +10	+29 +10	+40 +10	+56 +10	+2 0	+3 0	+5 0	+8 0	+13 0	+19 0	+30 0	+46 0	+74 0
+27 +12	+34 +12	+47 +12	+66 +12	+2.5 0	+4 0	+6 0	+10 0	+15 0	+22 0	+35 0	+54 0	+87 0
+32 +14	+39 +14	+54 +14	+77 +14	+3.5 0	+5 0	+8 0	+12 0	+18 0	+25 0	+40 0	+63 0	+100 0
+35 +15	+44 +15	+61 +15	+87 +15	+4.5 0	+7 0	+10 0	+14 0	+20 0	+29 0	+46 0	+72 0	+115 0
+40 +17	+49 +17	+69 +17	+98 +17	+6 0	+8 0	+12 0	+16 0	+23 0	+32 0	+52 0	+81 0	+130 0
+43 +18	+54 +18	+75 +18	+107 +18	+7 0	+9 0	+13 0	+18 0	+25 0	+36 0	+57 0	+89 0	+140 0
+47 +20	+60 +20	+83 +20	+117 +20	+8 0	+10 0	+15 0	+20 0	+27 0	+40 0	+63 0	+97 0	+155 0

续表 13 - 4

基本尺寸/mm		公										差		
		H				J			Js					
大于	至	10	11	12	13	6	7	8	1	2	3	4	5	6
—	3	+40 0	+60 0	+100 0	140 0	+2 −4	+4 −6	+6 −8	±0.4	±0.6	±1	±1.5	±2	±3
3	6	+48 0	+75 0	+120 0	+180 0	+5 −3	—	+10 −8	±0.5	±0.75	±1.25	±2	±2.5	±4
6	10	+58 0	+90 0	+150 0	+220 0	+5 −4	+8 −7	+12 −10	±0.5	±0.75	±1.25	±2	±3	±4.5
10	14	+70 0	+110 0	+180 0	+270 0	+6 −5	+10 −8	+15 −12	±0.6	±1	±1.5	±2.5	±4	±5.5
14	18													
18	24	+84 0	+130 0	+210 0	+330 0	+8 −5	+12 −9	+20 −13	±0.75	±1.25	±2	±3	±4.5	±6.5
24	30													
30	40	+100 0	+160 0	+250 0	+390 0	+10 −6	+14 −11	+24 −15	±0.75	±1.25	±2	±3.5	±5.5	±8
40	50													
50	65	+120 0	+190 0	+300 0	+460 0	+13 −6	+18 −12	+28 −18	±1	±1.5	±2.5	±4	±6.5	±9.5
65	80													
80	100	+140 0	+220 0	+350 0	+540 0	+16 −6	+22 −13	+34 −20	±1.25	±2	±3	±5	±7.5	±11
100	120													
120	140	+160 0	+250 0	+400 0	+630 0	+18 −7	+26 −14	+41 −22	±1.75	±2.5	±4	±6	±9	±12.5
140	160													
160	180													
180	200	+185 0	+290 0	+460 0	+720 0	+22 −7	+30 −16	+47 −25	±2.25	±3.5	±5	±7	±10	±14.5
200	225													
225	250													
250	280	+210 0	+320 0	+520 0	+810 0	+25 −7	+36 −16	+55 −26	±3	±4	±6	±8	±11.5	±16
280	315													
315	355	+230 0	+360 0	+570 0	+890 0	+29 −7	+39 −18	+60 −29	±3.5	±4.5	±6.5	±9	±12.5	±18
355	400													
400	450	+250 0	+400 0	+630 0	+970 0	+33 −7	+43 −20	+66 −31	±4	±5	±7.5	±10	±13.5	±20
450	500													

带												
							K					M
7	8	9	10	11	12	13	4	5	6	7	8	4
±5	±7	±12	±20	±30	±50	±70	0 −3	0 −4	0 −6	0 −10	0 −14	−2 −5
±6	±9	±15	±24	±37	±60	±90	+0.5 −3.5	0 −5	+2 −6	+3 −9	+5 −13	−2.5 −6.5
±7	±11	±18	±29	±45	±75	±110	+0.5 −3.5	+1 −5	+2 −7	+5 −10	+6 −16	−4.5 −8.5
±9	±13	±21	±35	±55	±90	±135	+1 −4	+2 −6	+2 −9	+6 −12	+8 −19	−5 −10
±10	±16	±26	±42	±65	±105	±165	0 −6	+1 −8	+2 −11	+6 −15	+10 −23	−6 −12
±12	±19	±31	±50	±80	±125	±195	+1 −6	+2 −9	+3 −13	+7 −18	+12 −27	−6 −13
±15	±23	±37	±60	±95	±150	±230	+1 −7	+3 −10	+4 −15	+9 −21	+14 −32	−8 −16
±17	±27	±43	±70	±110	±175	±270	+1 −9	+2 −13	+4 −18	+10 −25	+16 −38	−9 −19
±20	±31	±50	±80	±125	±200	±315	+1 −11	+3 −15	+4 −21	+12 −28	+20 −43	−11 −23
±23	±36	±57	±92	±145	±230	±360	0 −14	+2 −18	+5 −24	+13 −33	+22 −50	−13 −27
±26	±40	±65	±105	±160	±260	±405	0 −16	+3 −20	+5 −27	+16 −36	+25 −56	−16 −32
±28	±44	±70	±115	±180	±285	±445	+1 −17	+3 −22	+7 −29	+17 −40	+28 −61	−16 −34
±31	±48	±77	±125	±200	±315	±485	0 −20	+2 −25	+8 −32	+18 −45	+29 −68	−18 −38

续表 13 - 4

基本尺寸/mm		公												差
		M				N					P			
大于	至	5	6	7	8	5	6	7	8	9	5	6	7	8
—	3	−2 −6	−2 −8	−2 −12	−2 −16	−4 −8	−4 −10	−4 −14	−4 −18	−4 −29	−6 −10	−6 −12	−6 −16	−6 −20
3	6	−3 −8	−1 −9	0 −12	+2 −16	−7 −12	−5 −13	−4 −16	−2 −20	0 −30	−11 −16	−9 −17	−8 −20	−12 −30
6	10	−4 −10	−3 −12	0 −15	+1 −21	−8 −14	−7 −16	−4 −19	−3 −25	0 −36	−13 −19	−12 −21	−9 −24	−15 −37
10 14	14 18	−4 −12	−4 −15	0 −18	+2 −25	−9 −17	−9 −20	−5 −23	−3 −30	0 −43	−15 −23	−15 −26	−11 −29	−18 −45
18 24	24 30	−5 −14	−4 −17	0 −21	+4 −29	−12 −21	−11 −24	−7 −28	−3 −36	0 −52	−19 −28	−18 −31	−14 −35	−22 −55
30 40	40 50	−5 −16	−4 −20	0 −25	+5 −34	−13 −24	−12 −28	−8 −33	−3 −42	0 −62	−22 −33	−21 −37	−17 −42	−26 −65
50 65	65 80	−6 −19	−5 −24	0 −30	+5 −41	−15 −28	−14 −33	−9 −39	−4 −50	0 −74	−27 −40	−26 −45	−21 −51	−32 −78
80 100	100 120	−8 −23	−6 −28	0 −35	+6 −48	−18 −33	−16 −38	−10 −45	−4 −58	0 −87	−32 −47	−30 −52	−24 −59	−37 −91
120 140 160	140 160 180	−9 −27	−8 −33	0 −40	+8 −55	−21 −39	−20 −45	−12 −52	−4 −67	0 −100	−37 −55	−36 −61	−28 −68	−43 −106
180 200 225	200 225 250	−11 −31	−8 −37	0 −46	+9 −63	−25 −45	−22 −51	−14 −60	−5 −77	0 −115	−44 −64	−41 −70	−33 −79	−50 −122
250 280	280 315	−13 −36	−9 −41	0 −52	+9 −72	−27 −50	−25 −57	−14 −66	−5 −86	0 −130	−49 −72	−47 −79	−36 −88	−56 −137
315 355	355 400	−14 −39	−10 −46	0 −57	+11 −78	−30 −55	−26 −62	−16 −73	−5 −94	0 −140	−55 −80	−51 −87	−41 −98	−62 −151
400 450	450 500	−16 −43	−10 −50	0 −63	+11 −86	−33 −60	−27 −67	−17 −80	−6 −103	0 −155	−61 −88	−55 −95	−45 −108	−68 −165

注： 1. 当基本尺寸大于 250 至 315 mm 时，M6 的 ES 等于−9(不等于−11)。

2. 基本尺寸小于 1 mm 时，大于 IT8 的 N 不采用。

带												
	R				S				T			U
9	5	6	7	8	5	6	7	8	6	7	8	6
-6 -31	-10 -14	-10 -16	-10 -20	-10 -24	-14 -18	-14 -20	-14 -24	-14 -28	—	—	—	-18 -24
-12 -42	-14 -19	-12 -20	-11 -23	-15 -33	-18 -23	-16 -24	-15 -27	-19 -37	—	—	—	-20 -28
-15 -51	-17 -23	-16 -25	-13 -28	-19 -41	-21 -27	-20 -29	-17 -32	-23 -45	—	—	—	-25 -34
-18 -61	-20 -28	-20 -31	-16 -34	-23 -50	-25 -33	-25 -36	-21 -39	-28 -55	—	—	—	-30 -41
-22 -74	-25 -34	-24 -37	-20 -41	-28 -61	-32 -41	-31 -44	-27 -48	-35 -68	—	—	—	-37 -50
									-37 -50	-33 -54	-41 -74	-44 -57
-26 -88	-30 -41	-29 -45	-25 -50	-34 -73	-39 -50	-38 -54	-34 -59	-43 -82	-43 -59	-39 -64	-48 -87	-55 -71
									-49 -65	-45 -70	-54 -93	-65 -81
-32 -106	-36 -49	-35 -54	-30 -60	-41 -87	-48 -61	-47 -66	-42 -72	-53 -99	-60 -79	-55 -85	-66 -112	-81 -100
	-38 -51	-37 -56	-32 -62	-43 -89	-54 -67	-53 -72	-48 -78	-59 -105	-69 -88	-64 -94	-75 -121	-96 -115
-37 -124	-46 -61	-44 -66	-38 -73	-51 -105	-66 -81	-64 -86	-58 -93	-71 -125	-84 -106	-78 -113	-91 -145	-117 -139
	-49 -64	-47 -69	-41 -76	-54 -108	-74 -89	-72 -94	-66 -101	-79 -133	-97 -119	-91 -126	-104 -158	-137 -159
-43 -143	-57 -75	-56 -81	-48 -88	-63 -126	-86 -104	-85 -110	-77 -117	-92 -155	-115 -140	-107 -147	-122 -185	-163 -188
	-59 -77	-58 -83	-50 -90	-65 -128	-94 -112	-93 -118	-85 -125	-100 -163	-127 -152	-119 -159	-134 -197	-183 -208
	-62 -80	-61 -86	-53 -93	-68 -131	-102 -120	-101 -126	-93 -133	-108 -171	-139 -164	-131 -171	-146 -209	-203 -228
-50 -165	-71 -91	-68 -97	-60 -106	-77 -149	-116 -136	-113 -142	-105 -151	-122 -194	-157 -186	-149 -195	-166 -238	-227 -256
	-74 -94	-71 -100	-63 -109	-80 -152	-124 -144	-121 -150	-113 -159	-130 -202	-171 -200	-163 -209	-180 -252	-249 -278
	-78 -98	-75 -104	-67 -113	-84 -156	-134 -154	-131 -160	-123 -169	-140 -212	-187 -216	-179 -225	-196 -268	-275 -304
-56 -186	-87 -110	-85 -117	-74 -126	-94 -175	-151 -174	-149 -181	-138 -190	-158 -239	-209 -241	-198 -250	-218 -299	-306 -338
	-91 -114	-89 -121	-78 -130	-98 -179	-163 -186	-161 -193	-150 -202	-170 -251	-231 -263	-220 -272	-240 -321	-341 -373
-62 -202	-101 -126	-97 -133	-87 -144	-108 -197	-183 -208	-179 -215	-169 -226	-190 -279	-257 -293	-247 -304	-268 -357	-379 -415
	-107 -132	-103 -139	-93 -150	-114 -203	-201 -226	-197 -233	-187 -244	-208 -297	-283 -319	-273 -330	-294 -383	-424 -460
-68 -223	-119 -146	-113 -153	-103 -166	-126 -223	-225 -252	-219 -259	-209 -272	-232 -329	-317 -357	-307 -370	-330 -427	-477 -517
	-125 -152	-119 -159	-109 -172	-132 -229	-245 -272	-239 -279	-229 -292	-252 -349	-347 -387	-337 -400	-360 -457	-527 -567

续表 13-4

基本尺寸/mm		公差带													
		U		V			X			Y			Z		
大于	至	7	8	6	7	8	6	7	8	6	7	8	6	7	8
—	3	−18 −28	−18 −32	—	—	—	−20 −26	−20 −30	−20 −34	—	—	—	−26 −32	−26 −36	−26 −40
3	6	−19 −31	−23 −41	—	—	—	−25 −33	−24 −36	−28 −46	—	—	—	−32 −40	−31 −43	−35 −53
6	10	−22 −37	−28 −50	—	—	—	−31 −40	−28 −43	−34 −56	—	—	—	−39 −48	−36 −51	−42 −64
10	14	−26 −44	−33 −60	—	—	—	−37 −48	−33 −51	−40 −67	—	—	—	−47 −58	−43 −61	−50 −77
14	18			−36 −47	−32 −50	−39 −66	−42 −53	−38 −56	−45 −72	—	—	—	−57 −68	−53 −71	−60 −87
18	24	−33 −54	−41 −74	−43 −56	−39 −60	−47 −80	−50 −63	−46 −67	−54 −87	−59 −72	−55 −76	−63 −96	−69 −82	−65 −86	−73 −106
24	30	−40 −61	−48 −81	−51 −64	−47 −68	−55 −88	−60 −73	−56 −77	−64 −97	−71 −84	−67 −88	−75 −108	−84 −97	−80 −101	−88 −121
30	40	−51 −76	−60 −99	−63 −79	−59 −84	−68 −107	−75 −91	−71 −96	−80 −119	−89 −105	−85 −110	−94 −133	−107 −123	−103 −128	−112 −151
40	50	−61 −86	−70 −109	−76 −92	−72 −97	−81 −120	−92 −108	−88 −113	−97 −136	−109 −125	−105 −130	−114 −153	−131 −147	−127 −152	−136 −175
50	65	−76 −106	−87 −133	−96 −115	−91 −121	−102 −148	−116 −135	−111 −141	−122 −168	−138 −157	−133 −163	−144 −190	−166 −185	−161 −191	−172 −218
65	80	−91 −121	−102 −148	−114 −133	−109 −139	−120 −166	−140 −159	−135 −165	−146 −192	−168 −187	−163 −193	−174 −220	−204 −223	−199 −229	−210 −256
80	100	−111 −146	−124 −178	−139 −161	−133 −168	−146 −200	−171 −193	−165 −200	−178 −232	−207 −229	−201 −236	−214 −268	−251 −273	−245 −280	−258 −312
100	120	−131 −166	−144 −198	−165 −187	−159 −194	−172 −226	−203 −225	−197 −232	−210 −264	−247 −269	−241 −276	−254 −308	−303 −325	−297 −332	−310 −364
120	140	−155 −195	−170 −233	−195 −220	−187 −227	−202 −265	−241 −266	−233 −273	−248 −311	−293 −318	−285 −325	−300 −363	−358 −383	−350 −390	−365 −428
140	160	−175 −215	−190 −253	−221 −246	−213 −253	−228 −291	−273 −298	−265 −305	−280 −343	−333 −358	−325 −365	−340 −403	−408 −433	−400 −440	−415 −478
160	180	−195 −235	−210 −273	−245 −270	−237 −277	−252 −315	−303 −328	−295 −335	−310 −373	−373 −398	−365 −405	−380 −443	−458 −483	−450 −490	−465 −528
180	200	−219 −265	−236 −308	−275 −304	−267 −313	−284 −356	−341 −370	−333 −379	−350 −422	−416 −445	−408 −454	−425 −497	−511 −540	−503 −549	−520 −592
200	225	−241 −287	−258 −330	−301 −330	−293 −339	−310 −382	−376 −405	−368 −414	−385 −457	−461 −490	−453 −499	−470 −542	−566 −595	−558 −604	−575 −647
225	250	−267 −313	−284 −356	−331 −360	−323 −369	−340 −412	−416 −445	−408 −454	−425 −497	−511 −540	−503 −549	−520 −592	−631 −660	−623 −669	−640 −712
250	280	−295 −347	−315 −396	−376 −408	−365 −417	−385 −466	−466 −498	−455 −507	−475 −556	−571 −603	−560 −612	−580 −661	−701 −733	−690 −742	−710 −791
280	315	−330 −382	−350 −431	−416 −448	−405 −457	−425 −506	−516 −548	−505 −557	−525 −606	−641 −673	−630 −682	−650 −731	−781 −813	−770 −822	−790 −871
315	355	−369 −426	−390 −479	−464 −500	−454 −511	−475 −564	−579 −615	−569 −626	−590 −679	−719 −755	−709 −766	−730 −819	−889 −925	−879 −936	−900 −989
355	400	−414 −471	−435 −524	−519 −555	−509 −566	−530 −619	−649 −685	−639 −696	−660 −749	−809 −845	−799 −856	−820 −909	−989 −1025	−979 −1036	−1000 −1089
400	450	−467 −530	−490 −587	−582 −622	−572 −635	−595 −692	−727 −767	−717 −780	−740 −837	−907 −947	−897 −960	−920 −1017	−1087 −1127	−1077 −1140	−1100 −1197
450	500	−517 −580	−540 −637	−647 −687	−637 −700	−660 −757	−807 −847	−797 −860	−820 −917	−987 −1027	−977 −1040	−1000 −1097	−1237 −1277	−1227 −1290	−1250 −1347

5. 优先配合选用说明

表 13－5 所列为基孔制与基轴制的优先配合。

表 13－5　优先配合选用说明

优先配合		说明
基孔制	基轴制	
$\frac{H11}{c11}$	$\frac{C11}{h11}$	间隙非常大，用于很松的、转动很慢的动配合，要求大公差与大间隙的外露组件，要求装配方便的很松的配合，相当于旧国际 D6/dd6
$\frac{H9}{d9}$	$\frac{D9}{h9}$	间隙很大的自由转动配合，用于精度非主要要求时，或有大的温度变动、高转速或大的轴颈压力时，相当于旧国标 D4/de4
$\frac{H8}{f7}$	$\frac{F8}{h7}$	间隙不大的转动配合，用于中等转速与中等轴颈压力的精确转动，也用于装配较易的中等定位配合，相当旧国标 D/dc
$\frac{H7}{g6}$	$\frac{G7}{h6}$	间隙很小的滑动配合，用于不希望自由转动，但可自由移动和滑动并精密定位时，也可用于要求明确的定位配合，相当于旧国标 D/db
$\frac{H7}{h6}$ $\frac{H8}{h7}$ $\frac{H9}{h9}$ $\frac{H11}{h11}$	$\frac{H7}{h6}$ $\frac{H8}{h7}$ $\frac{H9}{h9}$ $\frac{H11}{h11}$	均为间隙定位配合，零件可自由装拆，而工作时一般相对静止不动。在最大实体条件下的间隙为零，在最小实体条件下的间隙由公差等级决定 H7/h6 相当 D/d，H8/h7 相当 D3/d3，H9/h9 相当 D4/d4，H11/h11相当 D6/d6
$\frac{H7}{k6}$	$\frac{K7}{h6}$	过渡配合，用于精密定位，相当于旧国标 D/gc
$\frac{H7}{n6}$	$\frac{N7}{h6}$	过渡配合，允许有较大过盈的更精密定位，相当旧国标 D/ga
$\frac{H7}{p6}$	$\frac{P7}{h6}$	过盈定位配合，即小过盈配合，用于定位精度特别重要时，能以最好的定位精度达到部件的刚性及对中的性能要求，而对内孔承受压力无特殊要求，不依靠配合的紧固性传递摩擦负荷，H7/P6 相当旧国标 D/ga～D/if
$\frac{H7}{s6}$	$\frac{S7}{h6}$	中等压入配合，适用于一般钢件，或用于薄壁件的冷缩配合，用于铸铁件可得到最紧的配合，相当于旧国标 D/je
$\frac{H7}{u6}$	$\frac{U7}{h6}$	压入配合，适用于可以受高压力的零件或不宜承受大压入力的冷缩配合

6. 公差等级的应用

表 13－6 所列为公差等级的应用。

表 13－6　公差等级的应用

应用	公差等级 (IT)																			
	01	0	1	2	3	4	5	6	7	8	9	10	11	12	13	14	15	16	17	18
量块																				
量规																				
配合尺寸																				
特别精密零件的配合																				
非配合尺寸（大制造公差）																				
原材料公差																				

§13.2　形状和位置公差

零件存在的形状和位置误差必然影响零件的功能和装配互换性，因此正确控制形状和位置公差，对保证产品质量具有重要意义。GB/T1184—1996 规定形位公差项目符号如表 13－7 所列。

表 13－7　形位公差项目符号(GB/T1182—1996)

分类		项目	符号	分类		项目	符号
形状公差	单一要素	直线度	—	位置公差	定向	平行度	//
		平面度	⏥			垂直度	⊥
		圆度	○			倾斜度	∠
		圆柱度	⌭		定位	同轴度（同心度）	◎
	单一或关联要素	线轮廓度	⌒			对称度	⌯
						位置度	⌖
		面轮廓度	⌓		跳动	圆跳动	↗
						全跳动	⌰

基准要素和被测要素的标注，各项公差数值及其应用示例分别如下列各表所列。

表 13-8 基准代号(GB1182—1996)

基准代号	指定基准	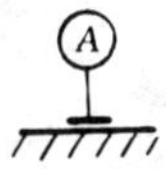
	任选基准	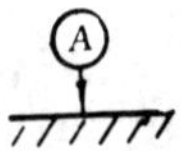
不同方向轮廓线的基准代号(字母均应水平书写)		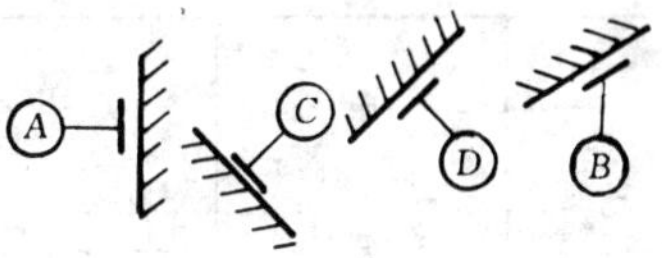
基准目标代号(指引线应通过圆心)		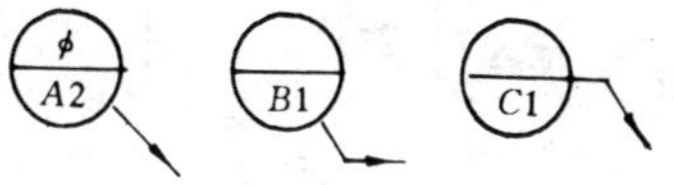

表 13-9 基准要素的标注(GB/T 1182—1996)

轮廓要素	指定基准	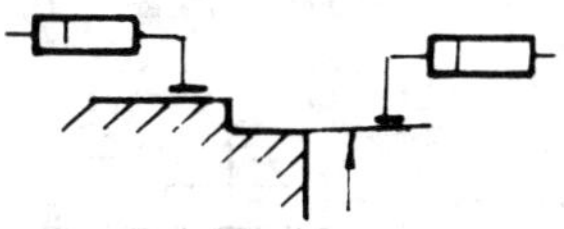	任选基准	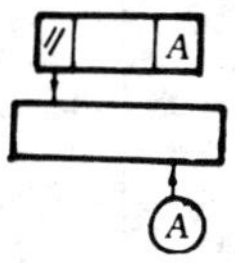
			公共基准	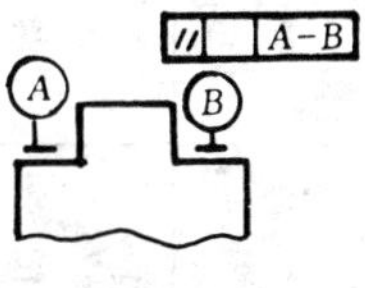
中心要素	指定基准	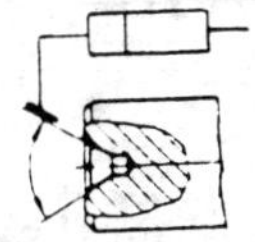	公共基准	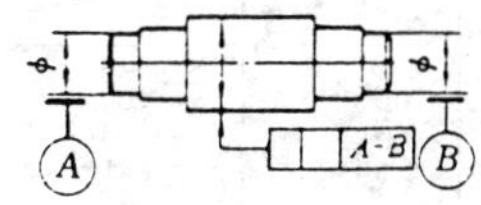
	任选基准	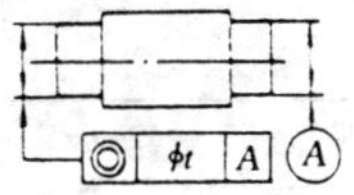	基准采用Ⓜ	// φ0.015 BⓂ ⌖ φ0.1Ⓜ AⓂ

三基面	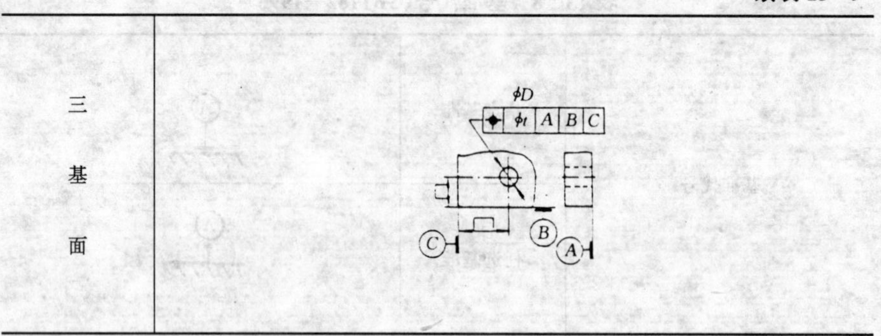

表 13-10 被测要素的标注(GB/T 1182—1996)

形状公差	轮廓要素	单一要素	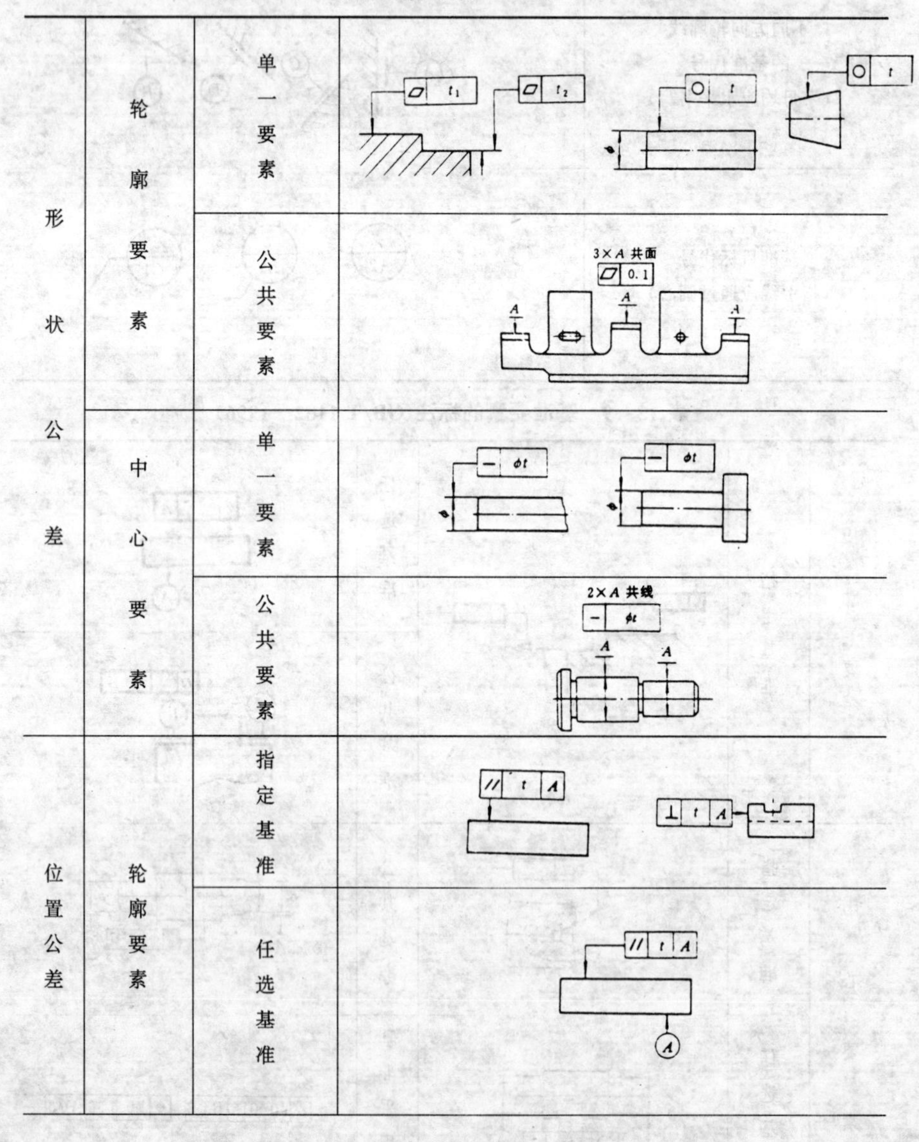
		公共要素	
	中心要素	单一要素	
		公共要素	
位置公差	轮廓要素	指定基准	
		任选基准	

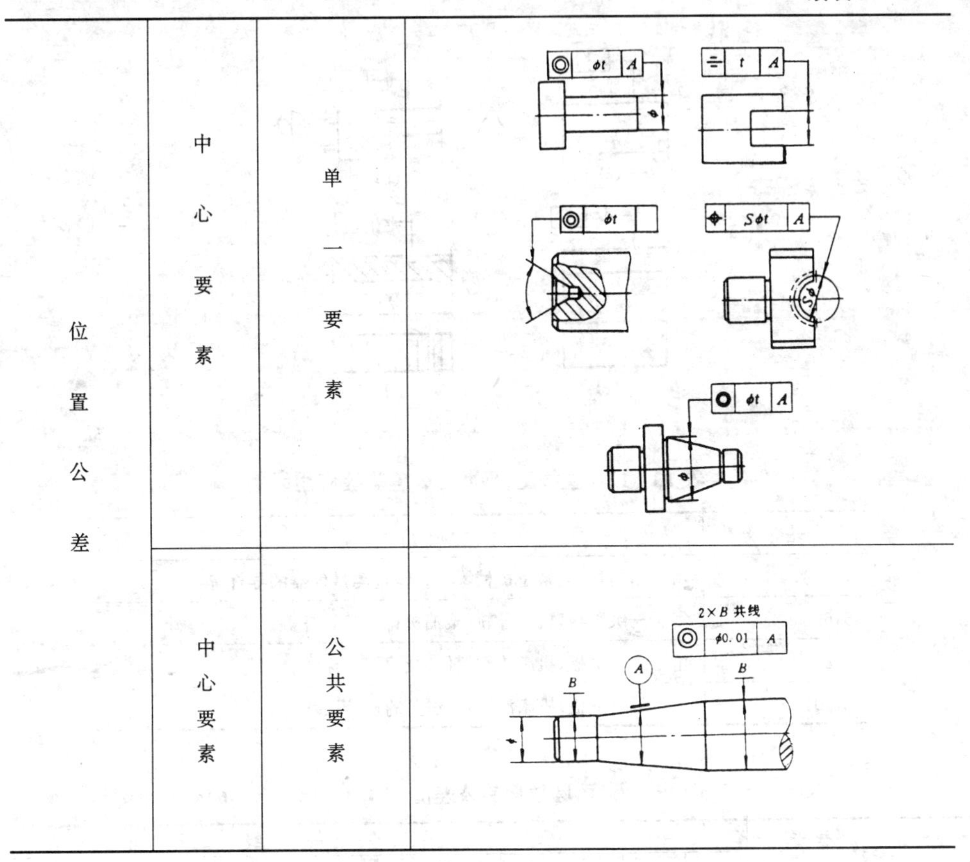

表 13-11 直线度、平面度的公差值(GB/T 1184—1996)

主参数 L/mm	公差等级											
	1	2	3	4	5	6	7	8	9	10	11	12
	公差值 μm											
≤10	0.2	0.4	0.8	1.2	2	3	5	8	12	20	30	60
>10~16	0.25	0.5	1	1.5	2.5	4	6	10	15	25	40	80
>16~25	0.3	0.6	1.2	2	3	5	8	12	20	30	50	100
>25~40	0.4	0.8	1.5	2.5	4	6	10	15	25	40	60	120
>40~63	0.5	1	2	3	5	8	12	20	30	50	80	150
>63~100	0.6	1.2	2.5	4	6	10	15	25	40	60	100	200
>100~160	0.8	1.5	3	5	8	12	20	30	50	80	120	250
>160~250	1	2	4	6	10	15	25	40	60	100	150	300
>250~400	1.2	2.5	5	8	12	20	30	50	80	120	200	400
>400~630	1.5	3	6	10	15	25	40	60	100	150	250	500
>630~1000	2	4	8	12	20	30	50	80	120	200	300	600
>1000~1600	2.5	5	10	15	25	40	60	100	150	250	400	800
>1600~2500	3	6	12	20	30	50	80	120	200	300	500	1000
>2500~4000	4	8	15	25	40	60	100	150	250	400	600	1200
>4000~6300	5	10	20	30	50	80	120	200	300	500	800	1500
>6300~10000	6	12	25	40	60	100	150	250	400	600	1000	2000

表 13-11 中主参数 L 图例见图 13-6。

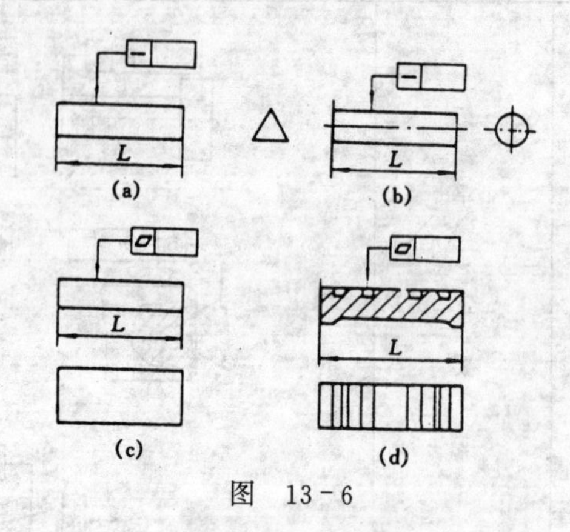

图 13-6

表 13-12 直线度、平面度公差等级应用举例

公差等级	应用举例
1,2,3,4	用于精密量具、精密机械零件;量具、测量仪器的导杆等
5,6	用于一级平板,机床导轨,柴油机排气门导杆等
7,8	用于二级平板,机床传动箱体、减速器机床结合面等
9,10	用于三级平板,机床溜板箱、法兰的连接面

表 13-13 圆度、圆柱度的公差值(GB/T 1184—1996)

主参数 $d(D)$/mm	公差等级												
	0	1	2	3	4	5	6	7	8	9	10	11	12
	公差值 μm												
≤3	0.1	0.2	0.3	0.5	0.8	1.2	2	3	4	6	10	14	25
>3~6	0.1	0.2	0.4	0.6	1	1.5	2.5	4	5	8	12	18	30
>6~10	0.12	0.25	0.4	0.6	1	1.5	2.5	4	6	9	15	22	36
>10~18	0.15	0.25	0.5	0.8	1.2	2	3	5	8	11	18	27	43
>18~30	0.2	0.3	0.6	1	1.5	2.5	4	6	9	13	21	33	52
>30~50	0.25	0.4	0.6	1	1.5	2.5	4	7	11	16	25	39	62
>50~80	0.3	0.5	0.8	1.2	2	3	5	8	13	19	30	46	74
>80~120	0.4	0.6	1	1.5	2.5	4	6	10	15	22	35	54	87
>120~180	0.6	1	1.2	2	3.5	5	8	12	18	25	40	63	100
>180~250	0.8	1.2	2	3	4.5	7	10	14	20	29	46	72	115
>250~315	1.0	1.6	2.5	4	6	8	12	16	23	32	52	81	130
>315~400	1.2	2	3	5	7	9	13	18	25	36	57	89	140
>400~500	1.5	2.5	4	6	8	10	15	20	27	40	63	97	155

表 13-13 中主参数 d 和 D 图例见图 13-7。

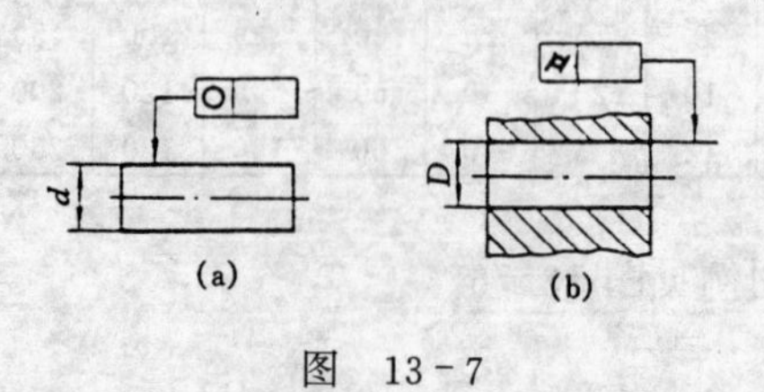

图 13-7

表 13-14　圆度、圆柱度公差等级应用举例

公差等级	应用举例
1,2,3,4	用于高精度量仪主轴、较精密机床主轴、滚动轴承滚珠和滚柱等
5,6	一般量仪主轴、机床主轴及箱体孔等
7,8	用于千斤顶或压力油缸活塞、一般减速器轴颈等
9,10	用于通用机械杠杆与拉杆用套筒销子、起重机滑动轴承轴颈等

表 13-15　平行度、垂直度、倾斜度的公差值(GB/T 1184—1996)

主参数 $L,d(D)$/mm	公差等级 1	2	3	4	5	6	7	8	9	10	11	12
	公差值 μm											
≤10	0.4	0.8	1.5	3	5	8	12	20	30	50	80	120
>10～16	0.5	1	2	4	6	10	15	25	40	60	100	150
>16～25	0.6	1.2	2.5	5	8	12	20	30	50	80	120	200
>25～40	0.8	1.5	3	6	10	15	25	40	60	100	150	250
>40～63	1	2	4	8	12	20	30	50	80	120	200	300
>63～100	1.2	2.5	5	10	15	25	40	60	100	150	250	400
>100～160	1.5	3	6	12	20	30	50	80	120	200	300	500
>160～250	2	4	8	15	25	40	60	100	150	250	400	600
>250～400	2.5	5	10	20	30	50	80	120	200	300	500	800
>400～630	3	6	12	25	40	60	100	150	250	400	600	1000
>630～1000	4	8	15	30	50	80	120	200	300	500	800	1200
>1000～1600	5	10	20	40	60	100	150	250	400	600	1000	1500
>1600～2500	6	12	25	50	80	120	200	300	500	800	1200	2000
>2500～4000	8	15	30	60	100	150	250	400	600	1000	1500	2500
>4000～6300	10	20	40	80	120	200	300	500	800	1200	2000	3000
>6300～10000	12	25	50	100	150	250	400	600	1000	1500	2500	4000

表 13-15 中主参数 L,d,D 图例见图 13-8。

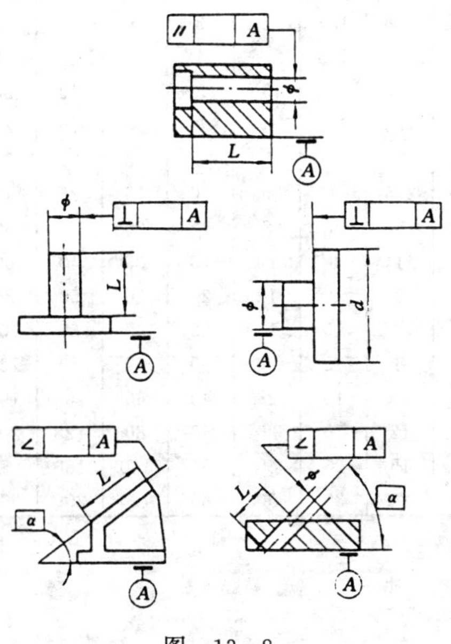

图　13-8

表 13-16 平行度和垂直度公差等级应用举例

公差等级	面对面 平行度应用举例	面对线、线对线 平行度应用举例	垂直度应用举例
1	高精度机床,高精度测量仪器以及量具等主要基准面和工作面		高精度机床、高精度测量仪器以及量具等主要基准面和工作面
2,3	精密机床,精密测量仪器、量具以及夹具的基准面和工作面	精密机床上重要箱体主轴孔对基准面及对其他孔的要求	精密机床导轨,普通机床重要导轨,机床主轴轴向定位面
4,5	普通车床,测量仪器、量具的基准面和工作面,高精度轴承座圈,端盖,挡圈的端面	机床主轴孔对基准面要求,重要轴承孔对基准面要求,床头箱体重要孔间要求等	普通机床导轨,精密机床重要零件,机床重要支承面,普通机床主轴偏摆
6,7,8	一般机床零件的工作面和基准面,一般刀、量、夹具	机床一般轴承孔对基准面要求,床头箱一般孔间要求,主轴花键对定心直径要求,刀、量、模具	普通精度机床主要基准面和工作面,回转工作台端面,一般导轨,一般轴肩对其轴线
9,10	低精度零件,重型机械滚动轴承端盖	柴油机和煤气发动机的曲轴孔、轴颈等	花键轴轴肩端面,皮带运输机法兰盘等对端面、轴线,手动卷扬机及传动装置中轴承端面,减速器壳体平面等

注: 1. 在满足设计要求的前提下,考虑到零件加工的经济性,对于线对线和线对面的平行度和垂直度公差等级,应选用低于面对面的平行度和垂直度公差等级。

2. 使用本表选择面对面平行度和垂直度时,宽度应不大于 1/2 长度;若大于 1/2,则降低一级公差等级选用。

表 13-17 同轴度、对称度、圆跳动、全跳动的公差值(GB/T 1184—1996)

主参数 $d(D),B,L$/mm	公差等级											
	1	2	3	4	5	6	7	8	9	10	11	12
	公差值											μm
≤1	0.4	0.6	1.0	1.5	2.5	4	6	10	15	25	40	60
>1~3	0.4	0.6	1.0	1.5	2.5	4	6	10	20	40	60	120
>3~6	0.5	0.8	1.2	2	3	5	8	12	25	50	80	150
>6~10	0.6	1	1.5	2.5	4	6	10	15	30	60	100	200
>10~18	0.8	1.2	2	3	5	8	12	20	40	80	120	250
>18~30	1	1.5	2.5	4	6	10	15	25	50	100	150	300
>30~50	1.2	2	3	5	8	12	20	30	60	120	200	400
>50~120	1.5	2.5	4	6	10	15	25	40	80	150	250	500
>120~250	2	3	5	8	12	20	30	50	100	200	300	600
>250~500	2.5	4	6	10	15	25	40	60	120	250	400	800
>500~800	3	5	8	12	20	30	50	80	150	300	500	1000
>800~1250	4	6	10	15	25	40	60	100	200	400	600	1200
>1250~2000	5	8	12	20	30	50	80	120	250	500	800	1500
>2000~3150	6	10	15	25	40	60	100	150	300	600	1000	2000
>3150~5000	8	12	20	30	50	80	120	200	400	800	1200	2500
>5000~8000	10	15	25	40	60	100	150	250	500	1000	1500	3000
>8000~10000	12	20	30	50	80	120	200	300	600	1200	2000	4000

表 13-17 中主参数 d、D、B、L 图例见图 13-9。

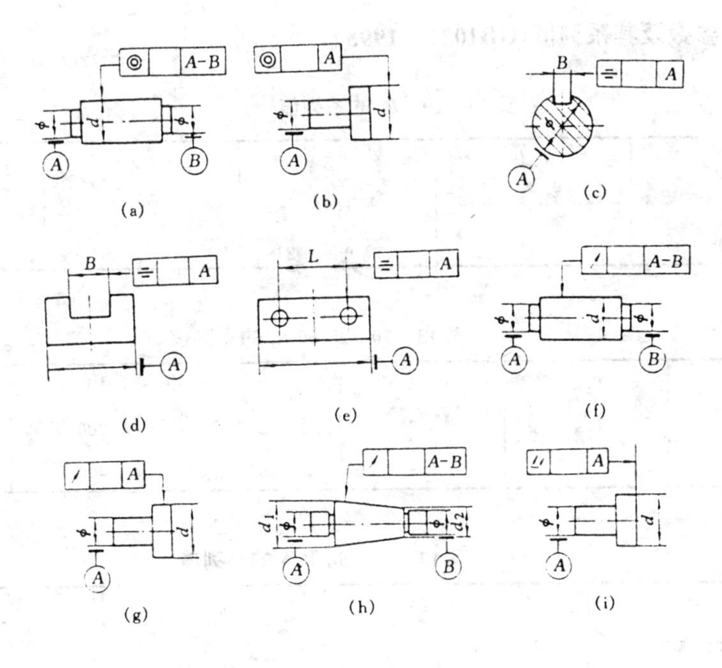

图 13-9

表 13-18 同轴度、对称度、圆跳动和全跳动公差等级应用举例

公差等级	应用举例
1,2 3,4	用于同轴度或旋转精度要求很高的零件，精密测量仪器的主轴和顶尖，测量仪器的小齿轮轴，高精度滚动轴承内、外圈等
5,6,7	应用范围较广的公差等级，用于精度要求比较高的零件。如 5 级常用在机床轴颈、测量仪器的测量杆、汽轮机主轴、高精度滚动轴承外圈、一般精度轴承内圈；6、7 级用在内燃机曲轴、齿轮轴、汽车后桥输出轴、电机转子等
8,9,10	用于一般精度要求。如 8 级用于拖拉机、发动机分配轴轴颈；9 级以下齿轮轴的配合面；9 级用于内燃机汽缸套配合面、自行车中轴；10 级用于摩托车活塞、汽缸套外圈对内孔等

注：选用公差等级时，除根据零件使用要求外，还应注意零件结构特征，如细长的零件或两孔距离较大的零件，应相应地降低公差等级 1～2 级。

§13.3 表面粗糙度

一、评定参数及其系列值(GB1031—1995)

表 13-19 R_a 的系列值 μm

0.012	0.1	0.8	6.3	50
0.025	0.2	1.6	12.5	100
0.05	0.4	3.2	25	

表 13-20 R_z 和 R_y 的系列值 μm

0.025	0.2	1.6	12.5	100	800
0.05	0.4	3.2	25	200	1600
0.1	0.8	6.3	50	400	

表 13-21 S_m 和 S 的系列值 mm

0.006	0.05	0.4	3.2
0.012 5	0.1	0.8	6.3
0.025	0.2	1.6	12.5

表 13-22 t_p 的系列值 %

10	15	20	25	30	40	50	60	70	80	90

表 13-23 c 按 R_y 的百分数 %

5	10	15	20	25	30	40	50	60	70	80	90

GB1031—1995 附录中还规定了 R_a、R_z、R_y、S_m 和 S 的补充系列值。当按表面功能和生产经济合理性两方面综合考虑,采用系列值不合适时,可采用补充系列值。

表 13-24 R_a 的补充系列值 μm

0.008	0.032	0.125	0.50	2.0	8.0	32
0.010	0.040	0.160	0.63	2.5	10.0	40
0.016	0.063	0.25	1.00	4.0	16.0	63
0.020	0.080	0.32	1.25	5.0	20	80

表 13-25 R_z 和 R_y 的补充系列值 μm

0.032	0.125	0.50	2.0	8.0	32	125	500
0.040	0.160	0.63	2.5	10.0	40	160	630
0.063	0.25	1.00	4.0	16.0	63	250	1000
0.080	0.32	1.25	5.0	20	80	320	1250

表 13-26　S_m 和 S 的补充系列值　　　　mm

0.002	0.008	0.032	0.125	0.50	2.0	8.0
0.003	0.010	0.040	0.160	0.63	2.5	10.0
0.004	0.016	0.063	0.25	1.00	4.0	—
0.005	0.020	0.080	0.32	1.25	5.0	—

二、表面粗糙度的符号及其注法(GB131—93)

表 13-27　表面粗糙度的符号

符　号	意义及说明
	基本符号,表示表面可用任何方法获得。当不加注粗糙度参数值或有关说明(如表面处理、局部热处理状况)时,仅适用于简化代号标注
	基本符号加一短划,表示表面是用去除材料的方法获得。例如:车、铣、钻、磨、剪切、抛光、腐蚀、电火花加工、气割等
	基本符号加一小圆,表示表面是用不去除材料的方法获得。例如:铸、锻、冲压变形、热轧、粉末冶金等 或者是用于保持原供应状况的表面(包括保持上道工序的状况)
	在上述三个符号的长边上均可加一横线,用于标注有关参数的说明
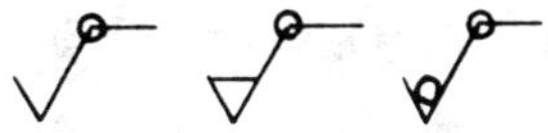	在上述三个符号上均可加一小圆,表示所有表面具有相同的表面粗糙度要求

表 13-28　R_a 的标注

代　号	意　义	代　号	意　义
 3.2	用任何方法获得的表面粗糙度,R_a 的上限值为 3.2 μm	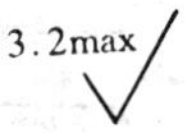 3.2max	用任何方法获得的表面粗糙度,R_a 的最大值为 3.2 μm
 3.2	用去除材料方法获得的表面粗糙度,R_a 的上限值为 3.2 μm	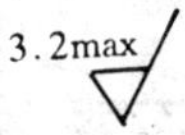 3.2max	用去除材料方法获得的表面粗糙度,R_a 的最大值为 3.2 μm
 3.2	用不去除材料方法获得的表面粗糙度,R_a 的上限值为 3.2 μm	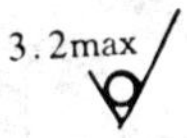 3.2max	用不去除材料方法获得的表面粗糙度,R_a 的最大值为 3.2 μm
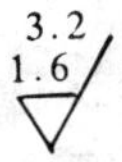 3.2 1.6	用去除材料方法获得的表面粗糙度,R_a 的上限值为 3.2 μm,下限值为 1.6 μm	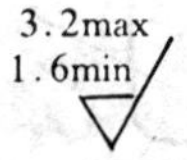 3.2max 1.6min	用去除材料方法获得的表面粗糙度,R_a 的最大值为 3.2 μm,R_a 的最小值为 1.6 μm

表 13-29　R_z、R_y 的标注

代　号	意　　义	代　号	意　　义
$R_y3.2$	用任何方法获得的表面粗糙度，R_y 的上限值为 3.2 μm	$R_y3.2max$	用任何方法获得的表面粗糙度，R_y 的最大值为 3.2 μm
R_z200	用不去除材料方法获得的表面粗糙度，R_z 的上限值为 200 μm	$R_z200max$	用不去除材料方法获得的表面粗糙度，R_z 的最大值为 200 μm
$R_z3.2$ $R_z1.6$	用去除材料方法获得的表面粗糙度，R_z 的上限值为 3.2 μm，下限值为 1.6 μm	$R_z3.2max$ $R_z1.6min$	用去除材料方法获得的表面粗糙度，R_z 的最大值为 3.2 μm，最小值为 1.6 μm
3.2 $R_y12.5$	用去除材料方法获得的表面粗糙度，R_a 的上限值为 3.2 μm，R_y 的上限值为 12.5 μm	3.2max $R_y12.5max$	用去除材料方法获得的表面粗糙度，R_a 的最大值为 3.2 μm，R_y 的最大值为 12.5 μm

表 13-30　表面粗糙度标注示例

序号	标　注　示　例	说　　明
1	0.4　0.8/t_p30%，C20%	在符号长边的横线下面同时标注取样长度，与轮廓支承长度率 t_p 时，在 t_p 前需加注斜线，此时，R_a 与 t_p 的取样长度均为 0.8 mm
2	1.6 $R_y6.3$　2.5	R_a 和 R_y 的取样长度均为 2.5 mm
3	3.2 $R_y12.5$　0.8 2.5	R_a 的取样长度为 0.8 mm，R_y 的取样长度为 2.5 mm
4	两面 12.5　δ2	在符号长边的横线上面，可注写注释性说明，图例表示前后两面的表面粗糙度 R_a 均为 12.5 μm

续表 13－30

序号	标注示例	说明
5	周边剪切	在横线上面可同时注写加工方法与注释性说明
6	两面/刮□25 内 10 点 1.6	在横线上面可注写加工要求，图例表示导轨工作面经刮研后，在 25 mm×25 mm 面积内接触点不小于 10 点，R_a 的上限值为 1.6 μm
7	Fe/Ep·Cr60hd/MP 0.4	在横线上面同时注写镀层要求与独立加工方法时，按工艺顺序用斜线隔开。图例表示表面镀硬铬，镀层厚度为 60±5 μm，镀后经机械抛光 R_a 的上限值为 0.4 μm(镀覆表示方法见 GB/T 13911—92)
8	Fe/Ct·O/T·黑 AO4－9·Ⅲ·Y	在横线上面同时注写化学处理与涂覆要求时，按工艺顺序用斜线隔开。图例表示表面化学氧化后，涂黑色 AO4－9 氨基烘干磁漆，用于一般环境条件下，并按Ⅲ级外观等级加工(涂覆表示方法见 GB 4054—83)
9	不镀覆	部分不镀(涂)覆表面可用粗点划线画出，同时在横线上加以注明
10	安装表面 刮研	当横线上没有足够的位置标注所有内容时，可采用图例的方法标注

续表 13－30

序号	标 注 示 例	说 明
11	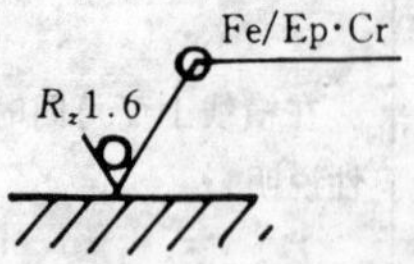	镀(涂)覆表面不再进行加工时,应按图例的方法标注。当所有表面具有相同的表面粗糙度要求时,可在符号上加画一小圆表示
12	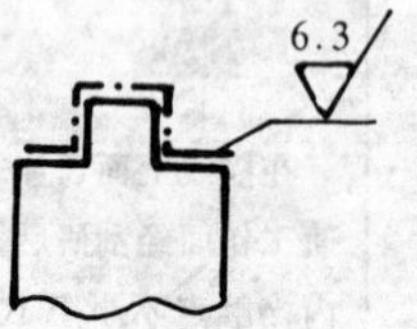	相同要求的表面,当标注位置受到限制时,可用粗点划线画出,在引出线上标注一次符号、代号
13	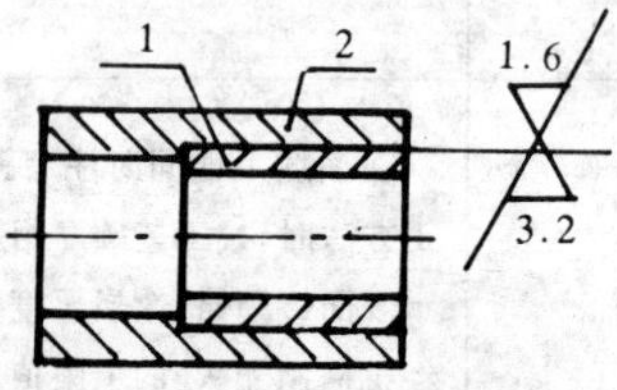	结合件的配合表面可按图标注表面粗糙度代号,件 1 外圆柱面粗糙度 R_a 为 1.6 μm,件 2 内圆柱面粗糙度 R_a 为 3.2 μm
14	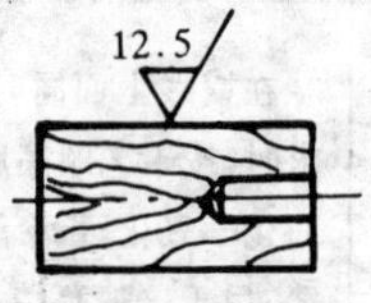	木材表面可按图标注表面粗糙度代号,其外圆柱面 R_a 的上限值为 12.5 μm,R_a 的数值按 GB 12472—90《木制件表面粗糙度参数及其数值》表 1 选取
15	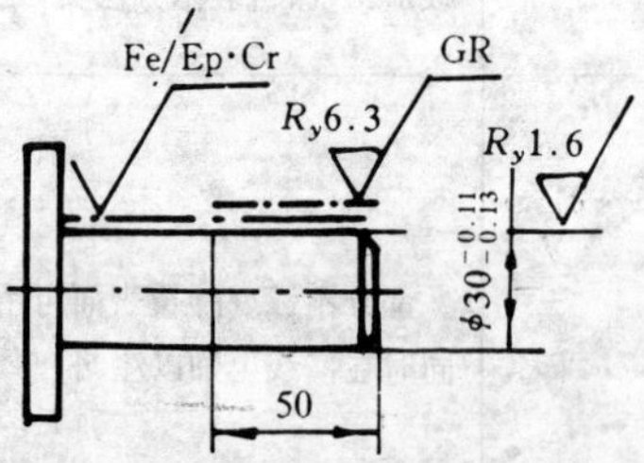	表面粗糙度、表面镀覆及尺寸标注综合示例。其中 GR 表示磨光(见 GB/T 13911—92)
16	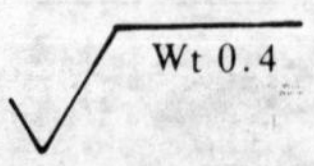	若需要标注表面波纹度轮廓的最大高度时,应注在表面粗糙度符号长边的横线下面,参数值写在参数代号后面

表 13－31　不同加工方法可能达到的表面粗糙度

加工方法		表面粗糙度 $R_a/\mu m$													
		0.012	0.025	0.05	0.100	0.20	0.40	0.80	1.60	3.20	6.30	12.5	25	50	100
砂模铸造											—	—	—	—	—
型壳铸造											—	—	—	—	—
金属模铸造									—	—	—	—	—	—	
离心铸造									—	—	—	—	—		
精密铸造								—	—	—	—	—			
蜡模铸造							—	—	—	—	—	—			
压力铸造							—	—	—	—	—				
热轧											—	—	—	—	—
模锻									—	—	—	—	—	—	—
冷轧						—	—	—	—	—	—	—			
挤压							—	—	—	—	—	—			
冷拉						—	—	—	—	—	—				
锉							—	—	—	—	—	—	—		
刮削							—	—	—	—	—	—			
刨削	粗										—	—	—		
	半精								—	—	—				
	精						—	—	—						
插削									—	—	—	—	—		
钻孔								—	—	—	—	—	—		
扩孔	粗										—	—	—		
	精								—	—	—				
金刚镗孔				—	—	—	—								
镗孔	粗										—	—	—	—	
	半精							—	—	—	—				
	精						—	—	—						
铰孔	粗								—	—	—	—			
	半精						—	—	—	—					
	精				—	—	—	—	—						
拉削	半精						—	—	—	—					
	精				—	—	—								
滚铣	粗									—	—	—	—		
	半精							—	—	—	—				
	精						—	—	—						

续表 13-31

加工方法		表面粗糙度 $R_a/\mu m$													
		0.012	0.025	0.05	0.100	0.20	0.40	0.80	1.60	3.20	6.30	12.5	25	50	100
端面铣	粗									●	●	●			
	半精						●	●	●	●	●				
	精					●	●	●	●						
车外圆	粗										●	●	●		
	半精								●	●	●	●			
	精					●	●	●	●						
金刚车			●	●	●	●									
车端面	粗										●	●	●		
	半精								●	●	●	●			
	精						●	●	●						
磨外圆	粗							●	●	●	●				
	半精					●	●	●	●						
	精		●	●	●	●	●								
磨平面	粗								●	●					
	半精						●	●	●						
	精		●	●	●	●	●								
珩磨	平面		●	●	●	●	●	●	●						
	圆柱	●	●	●	●	●	●								
研磨	粗					●	●	●	●						
	半精			●	●	●	●								
	精	●	●	●	●										
抛光	一般				●	●	●	●	●						
	精	●	●	●	●										
滚压抛光				●	●	●	●	●	●	●					
超精加工	平面	●	●	●	●	●	●								
	柱面	●	●	●	●	●	●								
化学磨								●	●	●	●	●	●		
电解磨		●	●	●	●	●	●	●	●						
电火花加工								●	●	●	●	●	●		
切割	气割										●	●	●	●	●
	锯								●	●	●	●	●	●	●
	车									●	●	●	●		
	铣											●	●	●	
	磨								●	●	●				

续表 13-31

加工方法		表面粗糙度 $R_a/\mu m$													
		0.012	0.025	0.05	0.100	0.20	0.40	0.80	1.60	3.20	6.30	12.5	25	50	100
螺纹加工	丝锥板牙							—	—	—	—				
	梳铣							—	—	—	—				
	滚					—	—	—							
	车							—	—	—	—	—			
	搓丝							—	—	—	—				
	滚压						—	—	—	—					
	磨					—	—	—	—						
	研磨			—	—	—	—	—	—						
齿轮及花键加工	刨							—	—	—	—				
	滚							—	—	—	—				
	插							—	—	—	—				
	磨				—	—	—	—							
	剃					—	—	—	—						

三、典型零件表面粗糙度参数值选择

典型零件表面粗糙度参数值选用原则。

1. 根据零件的使用要求选择

根据零件的使用要求选择表面粗糙度时，既要满足零件的功能要求，又要考虑工艺经济性。表 13-32 列出了典型零件的表面粗糙度参数值，供选择参考。

2. 用类比法确定表面粗糙度

对新设计的零件，可以参照已经实践验证的实例，用类比的方法选定其表面粗糙度，类比的原则列于表 13-33。

3. 参考公差等级选择表面粗糙度

选定表面粗糙度要与其公差等级相适应，一般地说，公差等级高时，表面粗糙度值也应较小。公差等级与表面粗糙度对应关系列于表 13-34。

表 13－32　典型零件的表面粗糙度参数值选择

μm

表面特性	部位		表面粗糙度 R_a 值不大于					
滑动轴承的配合表面	表面		公差等级		液体摩擦			
			IT7～IT9	IT11～IT12				
	轴		0.2～3.2	1.6～3.2	0.1～0.4			
	孔		0.4～1.6	1.6～3.2	0.2～0.8			
带密封的轴颈表面	密封方式		轴颈表面速度/$m \cdot s^{-1}$					
			≤3	≤5	>5	≤4		
	橡胶		0.4～0.8	0.2～0.4	0.1～0.2			
	毛毡					0.4～0.8		
	迷宫		1.6～3.2					
	油槽		1.6～3.2					
圆锥结合	表面		密封结合	定心结合	其他			
	外圆锥表面		0.1	0.4	1.6～3.2			
	内圆锥表面		0.2	0.8	1.6～3.2			
螺纹	类别		螺纹精度等级					
			4	5	6			
	粗牙普通螺纹		0.4～0.8	0.8	1.6～3.2			
	细牙普通螺纹		0.2～0.4	0.8	1.6～3.2			
键结合	结合型式		键	轴槽	毂槽			
	工作表面	沿毂槽移动	0.2～0.4	1.6	0.4～0.8			
		沿轴槽移动	0.2～0.4	0.4～0.8	1.6			
		不动	1.6	1.6	1.6～3.2			
	非工作表面		6.3	6.3	6.3			
矩形齿花键	定心方式		外径	内径	键侧			
	外径 D	内花键	1.6	6.3	3.2			
		外花键	0.8	6.3	0.8～3.2			
	内径 d	内花键	6.3	0.8	3.2			
		外花键	3.2	0.8	0.8			
	键宽 b	内花键	6.3	6.3	3.2			
		外花键	3.2	6.3	0.8～3.2			
齿轮	部位		齿轮精度等级					
			5	6	7	8	9	10
	齿面		0.2～0.4	0.4	0.4～0.8	1.6	3.2	6.3
	外圆		0.8～1.6	1.6～3.2	1.6～3.2	1.6～3.2	3.2～6.3	3.2～6.3
	端面		0.4～0.8	0.4～0.8	0.8～3.2	0.8～3.2	3.2～6.3	3.2～6.3

续表 13－32

表面特性	部位		表面粗糙度 R_a 值不大于 蜗轮蜗杆精度等级				
			5	6	7	8	9
蜗轮蜗杆	蜗杆	齿面	0.2	0.4	0.4	0.8	1.6
		齿顶	0.2	0.4	0.4	0.8	1.6
		齿根	3.2	3.2	3.2	3.2	3.2
	蜗轮	齿面	0.4	0.4	0.8	1.6	3.2
		齿根	3.2	3.2	3.2	3.2	3.2

表 13－33　表面粗糙度类比原则

表面工作情况	表面粗糙度要求(R_a 值) 低一些	表面粗糙度要求(R_a 值) 高一些
工作表面	✓	
非工作表面		✓
摩擦表面	✓	
非摩擦表面		✓
间隙配合表面	✓	
过盈配合表面		✓
受交变载荷表面	✓	
可能发生应力集中的圆角或凹槽处	✓	

表 13－34　公差等级与表面粗糙度对应关系

<table>
<tr><th rowspan="3">公差等级</th><th colspan="8">基　本　尺　寸　mm</th></tr>
<tr><th>>6～10</th><th>>10～18</th><th>>18～30</th><th>>30～50</th><th>>50～80</th><th>>80～120</th><th>>120～180</th><th>>180～250</th></tr>
<tr><th colspan="8">表面粗糙度 R_a 值不大于　μm</th></tr>
<tr><td>IT6</td><td>0.2</td><td colspan="2">0.4</td><td colspan="2">0.8</td><td colspan="2">1.6</td><td>3.2</td></tr>
<tr><td>IT7</td><td colspan="6">1.6</td><td colspan="2">3.2</td></tr>
<tr><td>IT8</td><td colspan="4">1.6</td><td colspan="4">3.2</td></tr>
<tr><td>IT9</td><td colspan="5">3.2</td><td colspan="3">6.3</td></tr>
<tr><td>IT10</td><td colspan="3">3.2</td><td colspan="5">6.3</td></tr>
<tr><td>IT11</td><td>3.2</td><td colspan="5">6.3</td><td colspan="2">12.5</td></tr>
<tr><td>IT12</td><td colspan="5">6.3</td><td colspan="3">12.5</td></tr>
</table>

第十四章　机械联接

§14.1　螺纹联接

一、螺　纹

表 14－1　普通螺纹的基本尺寸(GB196—81)　　mm

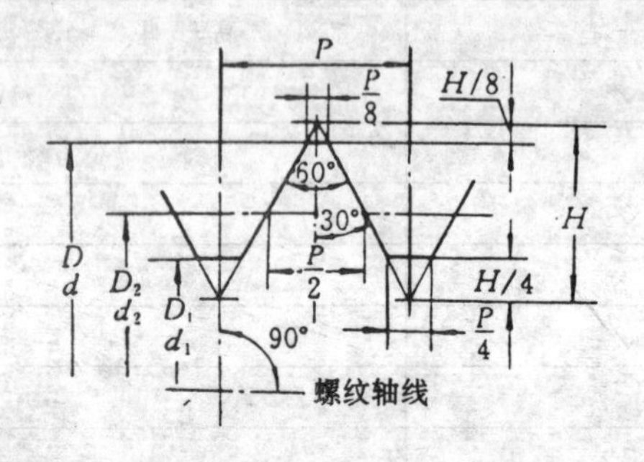

$H=0.866P$

$d_2=d-0.649\,5P$

$d_1=d-1.082\,5P$

D、d 为内、外螺纹大径；

D_2、d_2 为内、外螺纹中径

D_1、d_1 为内、外螺纹小径

P 为螺距

标记示例：

公称直径 20 的粗牙右旋内螺纹，大径和中径的公差带均为 6H 的标记：M20－6H

同规格的外螺纹、公差带为 6g 的标记：M20－6g

上述规格的螺纹副的标记：M20－6H/6g

公称直径 20、螺距 2 的细牙左旋外螺纹，中径大径的公差带分别为 5g、6g，短旋合长度的标记：M20×2 左－5g6g－S

公称直径 D、d		螺距 P	中径 D_2 或 d_2	小径 D_1 或 d_1	公称直径 D、d		螺距 P	中径 D_2 或 d_2	小径 D_1 或 d_1	公称直径 D、d		螺距 P	中径 D_2 或 d_2	小径 D_1 或 d_1
第一系列	第二系列				第一系列	第二系列				第一系列	第二系列			
6		1	5.350	4.917	20		2.5	18.376	17.294		39	4	36.402	34.670
		0.75	5.513	5.188			2	18.701	17.835			3	37.051	35.752
		(0.5)	5.675	5.459			1.5	19.026	18.376			2	37.701	36.835
							1	19.350	18.917			1.5	38.026	37.376
8		1.25	7.188	6.647		22	2.5	20.376	19.294	42		4.5	39.077	37.129
		1	7.350	6.917			2	20.701	19.835			3	40.051	38.752
		0.75	7.513	7.188			1.5	21.026	20.376			2	40.701	39.835
							1	21.350	20.917			1.5	41.026	40.376
10		1.5	9.026	8.376	24		3	22.051	20.752		45	4.5	42.077	40.129
		1.25	9.188	8.647			2	22.701	21.835			3	43.051	41.752
		1	9.350	8.917			1.5	23.026	22.376			2	43.701	42.835
		0.75	9.513	9.188			1	23.350	22.917			1.5	44.026	43.376

续表 14-1

公称直径 D、d		螺距 P	中径 D_2 或 d_2	小径 D_1 或 d_1	公称直径 D、d		螺距 P	中径 D_2 或 d_2	小径 D_1 或 d_1	公称直径 D、d		螺距 P	中径 D_2 或 d_2	小径 D_1 或 d_1
第一系列	第二系列				第一系列	第二系列				第一系列	第二系列			
12		1.75	10.863	10.106		27	3	25.051	23.752	48		5	44.752	42.587
		1.5	11.026	10.376			2	25.701	24.835			3	46.051	44.752
		1.25	11.188	10.674			1.5	26.026	25.376			2	46.701	45.835
		1	11.350	10.917			1	26.350	25.917			1.5	47.026	46.376
	14	2	12.701	11.835	30		3.5	27.727	26.211		52	5	48.752	46.587
		1.5	13.026	12.376			2	28.701	27.835			3	50.051	48.752
		1	13.350	12.917			1.5	29.026	28.376			2	50.701	49.835
							1	29.350	28.917			1.5	51.026	50.376
16						33				56		5.5	52.428	50.046
		2	14.701	13.835			3.5	30.727	29.211			4	53.402	51.670
		1.5	15.026	14.376			2	31.701	30.835			3	54.051	52.752
		1	15.350	14.917			1.5	32.026	31.376			2	54.701	53.835
												1.5	55.026	54.376
	18	2.5	16.376	15.294	36		4	33.402	31.670		60	4	57.402	55.670
		2	16.701	15.835			3	34.051	32.752			3	58.051	56.752
		1.5	17.026	16.376			2	34.701	33.835			2	58.701	57.835
		1	17.350	16.917			1.5	35.026	34.376			1.5	59.026	58.376

注：1. "螺距 P"栏中的第一个数值为粗牙螺距，其余为细牙螺距。

2. 优先选用第一系列，其次是第二系列，括号内的尺寸尽可能不采用。

3. 旋合长度：S 为短旋合长度；N 为中等旋合长度(不标注)；L 为长旋合长度，一般情况下应采用中等旋合长度。

表 14-2 普通螺纹的旋合长度(GB197—81) mm

公称直径 D、d		螺距 P	旋合长度				公称直径 D、d		螺距 P	旋合长度			
			S	N		L				S	N		L
>	≤		≤	>	≤	>	>	≤		≤	>	≤	>
5.6	11.2						22.4	45	1	4	4	12	12
		0.75	2.4	2.4	7.1	7.1			1.5	6.3	6.3	19	19
		1	3	3	9	9			2	8.5	8.5	25	25
		1.25	4	4	12	12			3	12	12	36	36
		1.5	5	5	15	15			3.5	15	15	45	45
									4	18	18	53	53
									4.5	21	21	63	63
11.2	22.4	1	3.8	3.8	11	11	45	90	1.5	7.5	7.5	22	22
		1.25	4.5	4.5	13	13			2	9.5	9.5	28	28
		1.5	5.6	5.6	16	16			3	15	15	45	45
		1.75	6	6	18	18			4	19	19	56	56
		2	8	8	24	24			5	24	24	71	71
		2.5	10	10	30	30			5.5	28	28	85	85

表 14-3　梯形螺纹最大实体牙型尺寸(GB5796.1—86)

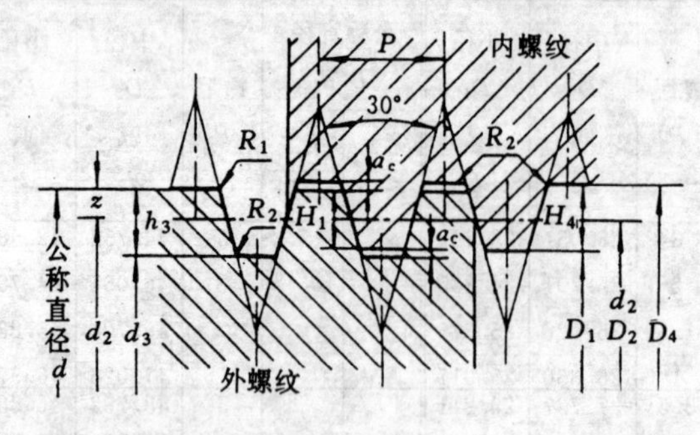

$H_1=0.5p$

$h_3=H_4=H_1+a_c=0.5p+a_c$

$z=0.25p=H_1/2$

$d_2=D_2=d-2z=d-0.5p$

$d_3=d-2h_3=d-2(0.5p+a_c)$

$D_1=d-2H_1=d-p$

$D_4=d+2a_c$

标记示例：

公称直径为 40 mm、螺距为 7 mm、螺纹为右旋、中径公差带代号为 7H、螺纹旋合长度为 N 的梯形内螺纹表示为：Tr40×7－7H。

公称直径为 40 mm、螺距为 7 mm、螺纹为右旋、中径公差带代号为 7e、螺纹旋合长度为 N 的梯形外螺纹表示为：Tr40×7－7e。

公称直径为 40 mm、螺距为 7 mm、螺纹为右旋、内螺纹中径公差带代号为 7H、外螺纹中径公差带代号为 7e、螺纹旋合长度为 N 的梯形螺旋副表示为：Tr40×7－7H/7e。

mm

螺距 P	H_1 $0.5P$	牙顶间隙 a_c	$H_4=h_3$	R_1 最大	R_2 最大	螺距 P	H_1 $0.5P$	牙顶间隙 a_c	$H_4=h_3$	R_1 最大	R_2 最大
2	1	0.25	1.25	0.125	0.25	8	4	0.5	4.5	0.25	0.5
3	1.5		1.75			9	4.5		5		
4	2		2.25			10	5		5.5		
5	2.5		2.75			12	6		6.5		
6	3	0.5	3.5	0.25	0.5	14	7	1	8	0.5	1
7	3.5		4								

表 14-4　梯形螺纹的基本尺寸(GB5796.3—86)　mm

公称直径 d 第一系列	公称直径 d 第二系列	螺距 P	中径 $d_2=D_2$	大径 D_4	小径 d_3	小径 D_1	公称直径 d 第一系列	公称直径 d 第二系列	螺距 P	中径 $d_2=D_2$	大径 D_4	小径 d_3	小径 D_1
16		2	15	16.5	13.5	14	28		3	26.5	28.5	24.5	25
		4*	14	16.5	11.5	12			5*	25.5	28.5	22.5	23
	18	2	17	18.5	15.5	16			8	24	29	19	20
		4*	16	18.5	13.5	14		30	3	28.5	30.5	26.5	27
20		2	19	20.5	17.5	18			6*	27	31	23	24
		4*	18	20.5	15.5	16			10	25	31	19	20
	22	3	20.5	22.5	18.5	19	32		3	30.5	32.5	28.5	29
		5*	19.5	22.5	16.5	17			6*	29	33	25	26
		8	18	23	13	14			10	27	33	21	22
24		3	22.5	24.5	20.5	21		34	3	32.5	34.5	30.5	31
		5*	21.5	24.5	18.5	19			6*	31	35	27	28
		8	20	25	15	16			10	29	35	23	24
	26	3	24.5	26.5	22.5	23	36		3	34.5	36.5	32.5	33
		5*	23.5	26.5	20.5	21			6*	33	37	29	30
		8	22	27	17	18			10	31	37	25	26

续表 14－4

公称直径 d		螺距	中径	大径	小径		公称直径 d		螺距	中径	大径	小径	
第一系列	第二系列	P	$d_2=D_2$	D_4	d_3	D_1	第一系列	第二系列	P	$d_2=D_2$	D_4	d_3	D_1
	38	3	36.5	38.5	34.5	35	48		3	46.5	48.5	44.5	45
		7*	34.5	39	30	31			8*	44	49	39	40
		10	33	39	27	28			12	42	49	35	36
40		3	38.5	40.5	36.5	37		50	3	48.5	50.5	46.5	47
		7*	36.5	41	32	33			8*	46	51	41	42
		10	35	41	29	30			12	44	51	37	38
	42	3	40.5	42.5	38.5	39	52		3	50.5	52.5	48.5	49
		7*	38.5	43	34	35			8*	48	53	43	44
		10	37	43	31	32			12	46	53	39	40
44		3	42.5	44.5	40.5	41		55	3	53.5	55.5	51.5	52
		7*	40.5	45	36	37			9*	50.5	56	45	46
		12	38	45	31	32			14	48	57	39	41
	46	3	44.5	46.5	42.5	43	60		3	58.8	60.5	56.5	57
		8*	42	47	37	38			9*	55.5	61	50	51
		12	40	47	33	34			14	53	62	44	46

注：1. 带 * 者为优先选择的螺距。2. 旋合长度：N 为正常组(不标注)；L 为加长组。

表 14－5　梯形螺纹旋合长度(GB5796.4—86)　　mm

公称直径 d		螺距 P	旋合长度组			公称直径 d		螺距 P	旋合长度组		
			N		L				N		L
>	≤		>	≤	>	>	≤		>	≤	>
11.2	22.4	2	8	24	24	22.4	45	7	30	85	85
		3	11	32	32			8	34	100	100
		4	15	43	43			10	42	125	125
		5	18	53	53			12	50	150	150
		8	30	85	85						
22.4	45	3	12	36	36	45	60	3	15	45	45
		5	21	63	63			8	38	118	118
		6	25	75	75			9	43	132	132
								12	60	170	170
								14	67	200	200

二、螺　栓

表 14－6　六角头螺栓—A 和 B 级(GB5782—86)

六角头螺栓—全螺纹—A 和 B 级(GB5783—86)

mm

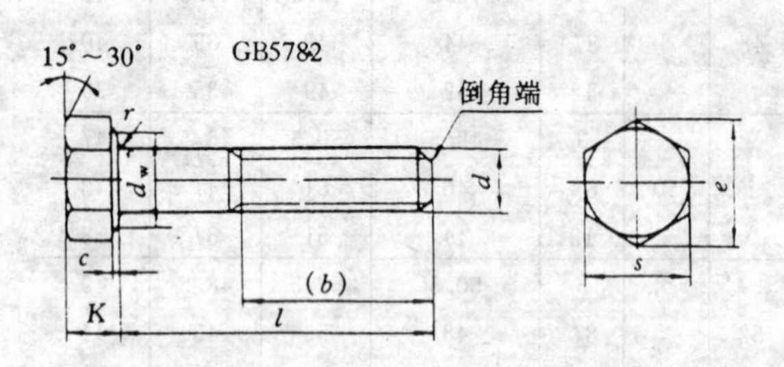

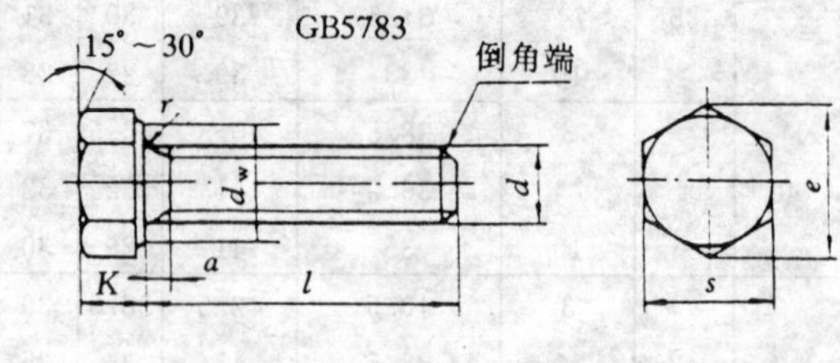

标记示例：

螺纹规格 d＝M12、公称长度 l＝80、性能等级为 8.8 级、表面氧化、A 级的六角头螺栓的标记为：

螺栓 GB5782—86　M12×80

标记示例：

螺纹规格 d＝M12、公称长度 l＝80、性能等级为 8.8 级、表面氧化、全螺纹、A 级的六角头螺栓的标记为：

螺栓 GB5783—86　M12×80

螺纹规格 d			M3	M4	M5	M6	M8	M10	M12	(M14)	M16	(M18)	M20	(M22)	M24	(M27)	M30
b 参考	l≤125		12	14	16	18	22	26	30	34	38	42	46	50	54	60	66
	125＜l≤200		—	—	—	—	28	32	36	40	44	48	52	56	60	66	72
	l＞200		—	—	—	—	—	—	—	53	57	61	65	69	73	79	85
a	最大		1.5	2.1	2.4	3	3.75	4.5	5.25	6	6	7.5	7.5	7.5	9	9	10.5
c	最大		0.4	0.4	0.5	0.5	0.6	0.6	0.6	0.6	0.8	0.8	0.8	0.8	0.8	0.8	0.8
	最小		0.15	0.15	0.15	0.15	0.15	0.15	0.15	0.15	0.2	0.2	0.2	0.2	0.2	0.2	0.2
d_w	最小	A	4.6	5.9	6.9	8.9	11.6	14.6	16.6	19.6	22.5	25.3	28.2	31.7	33.6	—	—
		B	—	—	6.7	8.7	11.4	14.4	16.4	19.2	22	24.8	27.7	31.4	33.2	38	42.7
e	最小	A	6.07	7.66	8.79	11.05	14.38	17.77	20.03	23.35	26.75	30.14	33.53	37.72	39.98	—	—
		B	—	—	8.63	10.89	14.20	17.59	19.85	22.78	26.17	29.56	32.95	37.29	39.55	45.2	50.85
K	公称		2	2.8	3.5	4	5.3	6.4	7.5	8.8	10	11.5	12.5	14	15	17	18.7
r	最小		0.1	0.2	0.2	0.25	0.4	0.4	0.6	0.6	0.6	0.6	0.8	1	0.8	1	1
s	公称		5.5	7	8	10	13	16	18	21	24	27	30	34	36	41	46
l 范围 (GB5782—86)			20～30	25～40	25～50	30～60	35～80	40～100	45～120	60～140	55～160	60～180	65～200	70～220	80～240	90～260	90～300
l 范围(全螺线) (GB5783—86)			6～30	8～40	10～50	12～60	16～80	20～100	25～100	30～140	35～100	35～180	40～100	45～200	40～100	55～200	40～
l 系列			6,8,10,12,16,20～70(5 进位),80～160(10 进位),180～360(20 进位)														

技术条件	材料	力学性能等级	螺纹公差	公差产品等级	表面处理
	Q235,15,35	8.8	6g	A 级用于 d≤24 和 l≤10d 或 l≤150 B 级用于 d＞24 或 l＞10d 或 l＞150	氧化或镀锌钝化

注：l 系列中 GB5782—86 中 M14 中的 55,65、M18、M20 中的 65 及 GB5783—86 中的 55,65 尽量不采用。

表 14-7 六角头铰制孔用螺栓(A 和 B 级)(GB27—88)

mm

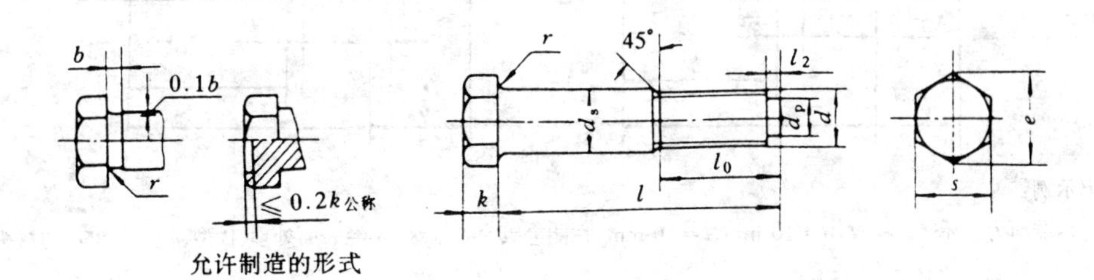

允许制造的形式

标记示例：

螺纹规格 d=M12、d_s 尺寸按表规定，公称长度 l=80，性能等级为 8.8 级，表面氧化 A 级的六角头铰制孔用螺栓的标记：螺栓 GB27 M12×80

当 d_s 按 m6 制造时，标记为：螺栓 GB27 M12×m6×80

螺纹规格 d	d_s(最大)(h9)	s(最大)	k(公称)	r(最小)	d_p	l_2	e(最小)		b	l 范围	l_0	l 系列
							A	B				
M6	7	10	4	0.25	4	1.5	11.05	10.89	2.5	25～65	12	25,(28),30,(32),35,(38),40,45,50,(55),60,(65),70,(75),80,85,90,(95),100～260(10 进位)
M8	9	13	5	0.4	5.5	1.5	14.38	14.20		25～80	15	
M10	11	16	6	0.4	7	2	17.77	17.59		30～120	18	
M12	13	18	7	0.6	8.5	2	20.03	19.85		35～180	22	
M16	17	24	9	0.6	12	3	26.75	26.17	3.5	45～200	28	
M20	21	30	11	0.8	15	4	33.53	32.95		55～200	32	
M24	25	36	13	0.8	18	4	39.98	39.55	5	65～200	38	
M30	32	46	17	1.1	23	5	—	50.85		80～230	50	
M36	38	55	20	1.1	28	6	—	60.79		90～300	55	

三、双头螺柱

表 14-8　双头螺柱 $b_m=1.25d$(GB898—88)，
$b_m=1d$(GB897—88)，$b_m=1.5d$(GB898—88)

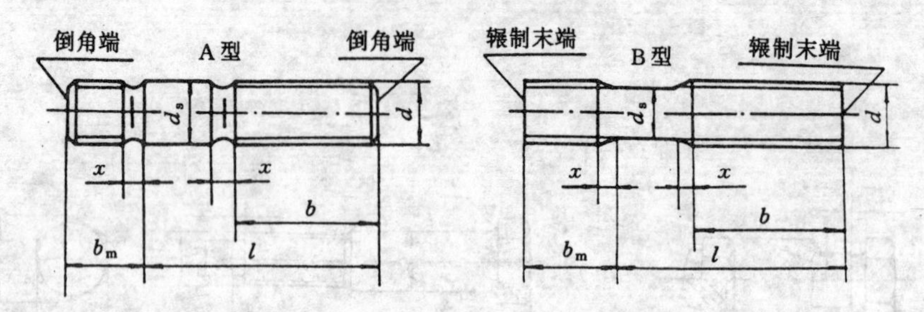

标记示例：

两端均为粗牙普通螺纹，$d=10$ mm、$l=50$ mm、性能等级为 4.8 级、不经表面处理、B 型、$b_m=1.25d$ 的双头螺柱表示为：

螺柱　GB898—88　M10×50

旋入机体一端为粗牙普通螺纹，旋螺母一端为螺距 $P=1$ mm 的细牙普通螺纹，$d=10$ mm、$l=50$ mm、性能等级为 4.8 级，不经表面处理、A 型、$b_m=1.25d$ 的双头螺柱表示为：

螺柱　GB898—88　AM10—M10×1×50

旋入机体一端为过渡配合螺纹的第一种配合，旋螺母一端为粗牙普通螺纹，$d=10$ mm、$l=50$ mm、性能等级为 8.8 级，镀锌钝化、B 型、$b_m=1.25d$ 的双头螺柱表示为：

螺柱　GB898—88　GM10—M10×50—8.8—Zn・D

mm

螺纹规格 d		5	6	8	10	12	(14)	16	(18)	20	24	30
b_m 公称	GB897	5	6	8	10	12	14	16	18	20	24	30
	GB898	6	8	10	12	15	18	20	22	25	30	38
	GB899	8	10	12	15	18	21	24	27	30	36	45
d_s	最大	=d										
	最小	4.7	5.7	7.64	9.64	11.57	13.57	15.57	17.57	19.48	23.48	29.48
$\frac{l}{d}$		16~22/10 25~50/16	20~22/10 25~30/14 32~75/18	20~22/12 25~30/16 32~90/22	25~28/14 30~38/16 40~120/26 130/32	25~30/16 32~40/20 45~120/30 130~180/36	25~30/18 38~45/25 50~120/34 130~180/40	30~38/20 40~55/30 60~120/42 130~200/44	35~40/22 45~60/35 65~120/42 130~200/48	35~40/25 45~65/35 70~120/46 130~200/52	45~50/30 55~75/45 80~120/54 130~200/60	60~65/40 70~90/50 90~120/66 130~200/72 210~250/85
范围		16~50	20~75	20~90	25~130	25~180	30~180	30~200	35~200	35~200	45~200	60~250
l 系列		16,(18),20,(22),25,(28),30,(32),35,(38),40~100(5 进位),110~260(10 进位),280,300										

注：1. 括号内的尺寸尽可能不用。

2. 过渡配合螺纹代号 GM、G_2M，性能等级：钢为 4.8,5.8,6.8,8.8,10.9,12.9；合金钢为 A2—50,A2—70。

3. GB898　$d=(5\sim20)$mm 为商品规格，其余均为通用规格。

4. 末端按 GB2—85 的规定。

四、螺　钉

表 14-9　内六角圆柱头螺钉(GB70—85)

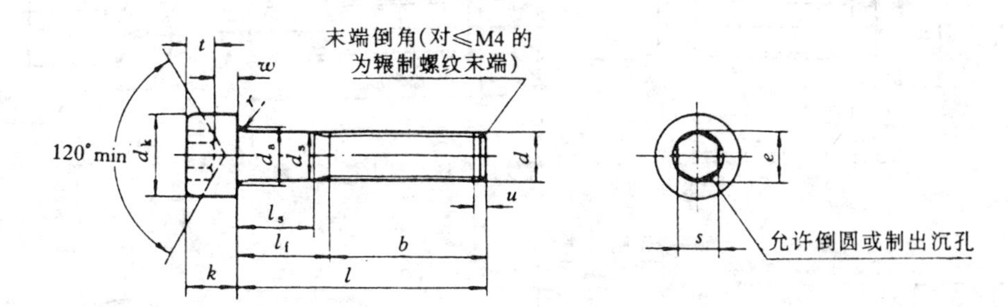

标记示例：

螺纹规格 d=M5、公称长度 l=20 mm、性能等级为 8.8 级、表面氧化的内六角圆柱头螺钉表示为：

螺钉 GB70—85　M5×20

mm

螺纹规格 d		M4	M5	M6	M8	M10	M12	(M14)	M16	M20
P		0.7	0.8	1	1.25	1.5	1.75	2	2	2.5
b 参　考		20	22	24	28	32	36	40	44	52
d_k	最大*	7	8.5	10	13	16	18	21	24	30
	最大**	7.22	8.72	10.22	13.27	16.27	18.27	21.33	24.33	30.33
	最小	6.78	8.28	9.78	12.73	15.73	17.73	20.67	23.67	29.67
d_a	最　大	4.7	5.7	6.8	9.2	11.2	13.7	15.7	17.7	22.4
d_s	最　大	4	5	6	8	10	12	14	16	20
	最　小	3.82	4.82	5.82	7.78	9.78	11.73	13.73	15.73	19.67
e 最　小		3.44	4.58	5.72	6.86	9.15	11.43	13.72	16.00	19.44
k	最　大	4	5	6	8	10	12	14	16	20
	最　小	3.82	4.82	5.70	7.64	9.64	11.57	13.57	15.75	19.48
r 最　小		0.2	0.2	0.25	0.4	0.4	0.6	0.6	0.6	0.8
s 公　称		3	4	5	6	8	10	12	14	17
t 最　小		2	2.5	3	4	5	6	7	8	10
w 最　小		1.4	1.9	2.3	3.3	4	4.8	5.8	6.8	8.6
l		6～40	8～50	10～60	12～80	16～100	20～120	25～140	25～160	30～200
l 系列		6～12(2 进位),(14),(16),20～50(5 进位),(55),60,(65),70～160(10 进位),180,200								

技术条件	材料	机构性能等级	螺纹公差	产品等级	表面处理
	Q235,15,35,45	8.8,10.9,12.9	12.9 级为 5g 或 6g 其他等级为 6g	A	氧化或镀锌钝化

注：1. 括号内的规格，尽可能不采用。

2. *——光滑头部，**——滚花头部。

表 14-10 十字槽沉头螺钉(GB819—85)、十字槽盘头螺钉(GB818—85) mm

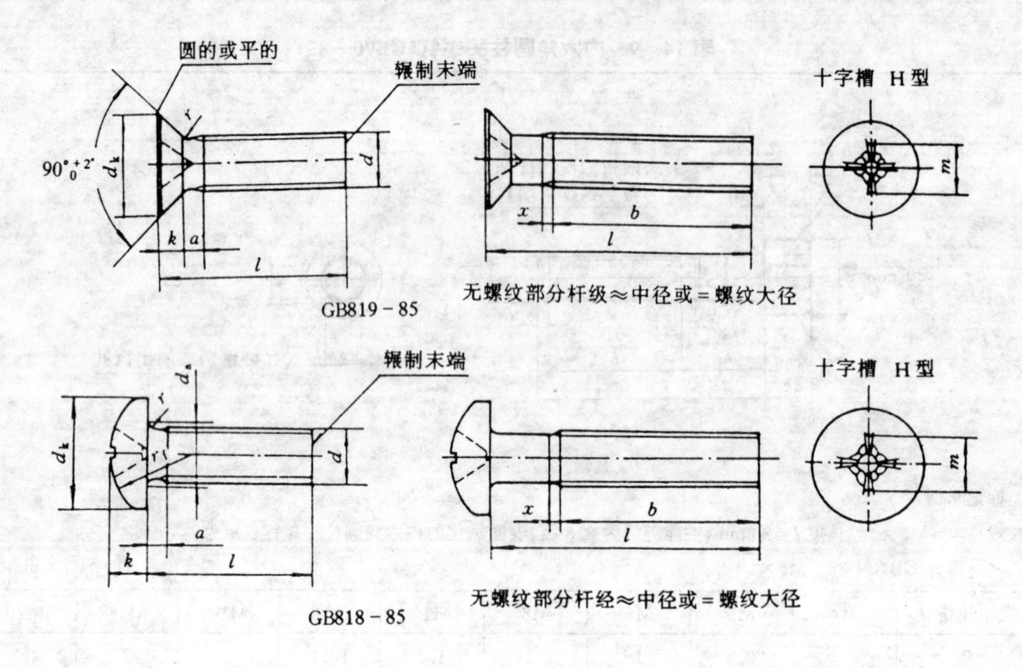

标记示例:

螺纹规格 d=M5,公称长度 l=20 mm,性能等级为 4.8 级,不经表面处理的 H 型十字槽沉头螺钉表示为:

螺钉 GB819—85—M5×20。

螺纹规格 d=M5,公称长度 l=20 mm,性能等级为 4.8 级,不经表面处理的 H 型十字槽盘头螺钉表示为:

螺钉 GB818—85—M5×20。

螺纹规格 d	螺距 P	a 最大	b 最小	x	GB819—85					GB818—85							l 商品规格范围	l 系列
					d_k 最大	k 最大	r 最大	十字槽 H型插入深度 m 参考	十字槽 H型插入深度 最大	d_k 最大	k 最大	r 最大	r_f ≈	d_a 最大	十字槽 H型插入深度 m 参考	十字槽 H型插入深度 最大		
M4	0.7	1.4	38	1.75	8.4	2.7	1	4.6	2.6	8	3.1	0.2	6.5	4.7	4.4	2.4	5~40	5,6,8,10,12,(14),16,20,25,30,35,40,45,50,(55),60
M5	0.8	1.6	38	2	9.3	2.7	1.3	5.2	3.2	9.5	3.7	0.2	8	5.7	4.9	2.9	GB818—85 6~45 GB819—85 6~50	
M6	1	2	38	2.5	11.3	3.3	1.5	6.8	3.5	12	4.6	0.25	10	6.8	6.9	3.6	8~60	
M8	1.25	2.5	38	3.2	15.8	4.65	2	8.9	4.6	16	6	0.4	13	9.2	9	4.6	10~60	
M10	1.5	3	38	3.8	18.3	5	2.5	10	5.7	20	7.5	0.4	16	11.2	10.1	5.5	12~60	

技术条件	材料	机械性能等级	螺纹公差	公差产品等级
	A3,15,35,45	4.8	6g	A

注:1. 括号内的规格尽可能不采用。

2. 当 $l \leqslant 45$ 时,制出全螺纹。

表 14-11 紧定螺纹

mm

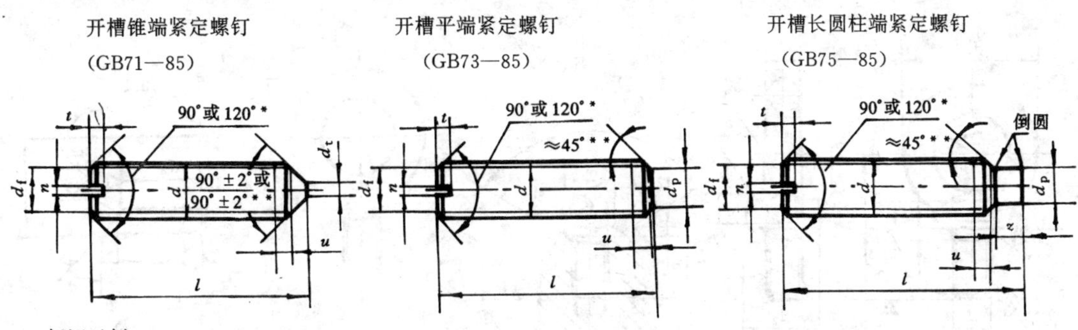

标记示例：

螺纹规格 d=M5、公称长度 l=12 mm、性能等级为14H级、表面氧化的开槽锥端紧定螺钉(或开槽平端，或开槽长圆柱端紧定螺钉)表示为：

螺钉　GB71—85－M5×12(或GB73—85－M5×12，或GB75—85－M5×12)

螺纹规格 d		M3	M4	M5	M6	M8	M10	M12
螺距 P		0.5	0.7	0.8	1	1.25	1.5	1.75
d_f　≈		螺纹小径						
d_t	最大	0.3	0.4	0.5	1.5	2	2.5	3
	最小	—	—	—	—	—	—	—
d_p	最大	2	2.5	3.5	4	5.5	7	8.5
	最小	1.75	2.25	3.2	3.7	5.2	6.64	8.14
n	公称	0.4	0.6	0.8	1	1.2	1.6	2
t	最大	1.05	1.42	1.63	2	2.5	3	3.6
	最小	0.8	1.12	1.28	1.6	2	2.4	2.8
z	最大	1.75	2.25	2.75	3.25	4.3	5.3	6.3
	最小	1.5	2	2.5	3	4	5	6
不完整螺纹的长度 u		≤2P						
l 范围(商品规格)	GB71—85	4～16	6～20	8～25	8～30	10～40	12～50	14～60
	GB73—85	3～16	4～20	5～25	6～30	8～40	10～50	12～60
	GB75—85	5～16	6～20	8～25	8～30	10～40	12～50	14～60
	短螺钉 GB73—85	3	4	5	6	—	—	—
	短螺钉 GB75—85	5	6	8	8,10	10,12,14	12,14,16	14,16,20
公称长度 l 的系列		3,4,5,6,8,10,12,(14),16,20,25,30,35,40,45,50,(55),60						

技术条件	材料	机械性能等级	螺纹公差	公差产品等级	表面处理
	Q235,15,35,45	14H,22H	6g	A	氧化或镀锌钝化

注：1. 尽可能不采用括号内的规格。

2. 表图中：* 公称长度在表中 l 范围内的短螺钉应制成120°；

** 90°或120°和45°仅适用于螺纹小径以内的末端部分。

表 14-12　吊环螺钉(GB825—88)　mm

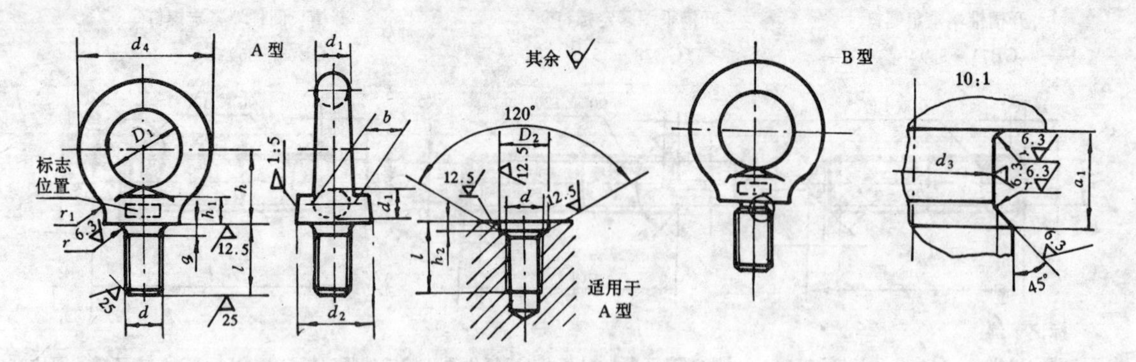

标记示例：

规格为 20 mm、材料为 20 钢、经正火处理、不经表面处理的 A 型吊环螺钉标记为：

螺钉　GB825　M20

螺纹规格(d)		M8	M10	M12	M16	M20	M24	M30	M36	M42	M48
d_1	最　大	9.1	11.1	13.1	15.2	17.4	21.4	25.7	30	34.4	40.7
	最　小	7.6	9.6	11.6	13.6	15.6	19.6	23.5	27.5	31.2	37.1
D_1	公称	20	24	28	34	40	48	56	67	80	95
d_2	最　大	21.1	25.1	29.1	35.2	41.4	49.4	57.7	69	82.4	97.7
	最　小	19.6	23.6	27.6	33.6	39.6	47.6	55.5	66.5	79.2	94.1
h_1	最　大	7	9	11	13	15.1	19.1	23.2	27.4	31.7	36.9
	最　小	5.6	7.6	9.6	11.6	13.5	17.5	21.4	25.4	29.2	34.1
l	公称	16	20	22	28	35	40	45	55	65	70
d_4	参考	36	44	52	62	72	88	104	123	144	171
h		18	22	26	31	36	44	53	63	74	87
r_1		4	4	6	6	8	12	15	18	20	22
r	最　小	1	1	1	1	1	2	2	3	3	3
a_1	最　大	3.75	4.5	5.25	6	7.5	9	10.5	12	13.5	15
d_3	公称(最大)	6	7.7	9.4	13	16.4	19.6	25	30.8	35.6	41
a	最　大	2.5	3	3.5	4	5	6	7	8	9	10
b		10	12	14	16	19	24	28	32	38	46
D_2	公称(最小)	13	15	17	22	28	32	38	45	52	60
h_2	公称(最小)	2.5	3	3.5	4.5	5	7	8	9.5	10.5	11.5
最大起吊重量/t	单螺钉起吊(见图 14-1)	0.16	0.25	0.4	0.63	1	1.6	2.5	4	6.3	8
	双螺钉起吊(见图 14-2)	0.08	0.125	0.2	0.32	0.5	0.8	1.25	2	3.2	4

注：1. M8～M36 为商品规格。　2. 最大起吊重量系指平稳起吊时之重量。

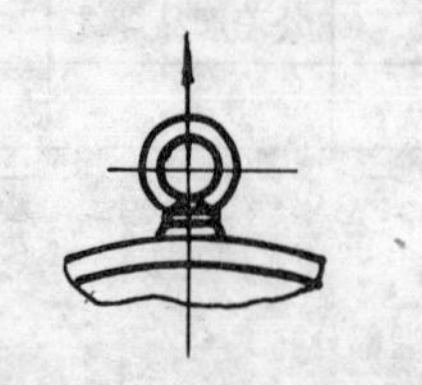

图 14-1　单螺钉起吊

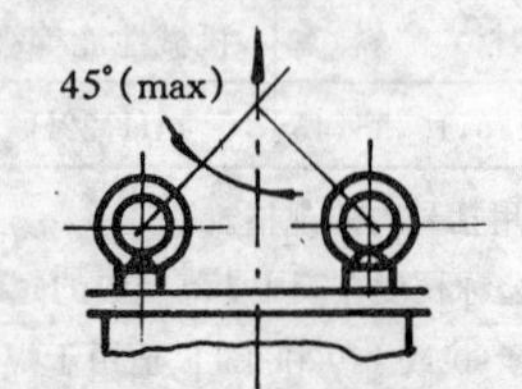

图 14-2　双螺钉起吊

五、螺　母

表 14－13　Ⅰ型六角螺母—A 和 B 级(GB6170—86)
Ⅰ型六角螺母—细牙—A 和 B 级(GB6171—86)
Ⅱ型六角螺母—A 和 B 级(GB6175—86)
Ⅱ型六角螺母—细牙—A 和 B 级(GB6176—86)　　mm

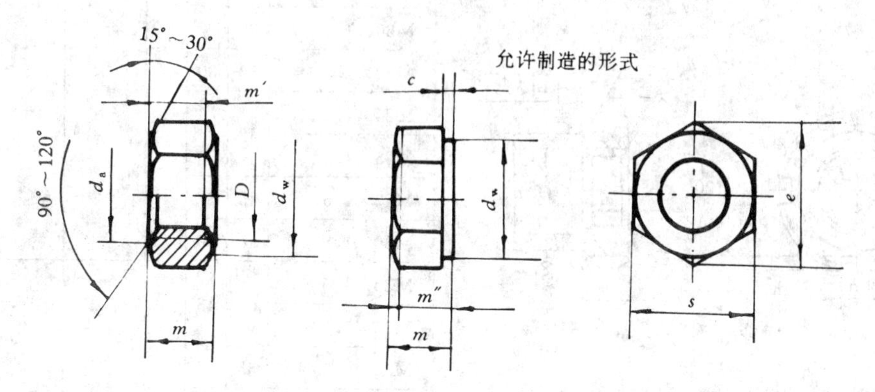

标记示例：

螺纹规格 D=M12 mm，性能等级为 10 级，不经表面处理，A 级的 Ⅰ型六角螺母标记为：

螺母 GB6170—M12

螺纹规格		M5	M6	M8	M10	M12	(M14)	M16	(M18)	M20	(M22)	M24	(M27)	M30	(M33)	M36	(M39)	M42	(M45)	M48	(M52)	M56	(M60)	M64
	D	M5	M6	M8	M10	M12	(M14)	M16	(M18)	M20	(M22)	M24	(M27)	M30	(M33)	M36	(M39)	M42	(M45)	M48	(M52)	M56	(M60)	M64
	D×P			M8×1	M10×1	M12×1.5	(M14×1.5)	M16×1.5	(M18×1.5)	M20×2	(M22×1.5)	M24×2	(M27×2)	M30×2	(M33×2)	M36×3	(M39×3)	M42×3	(M45×3)	M48×3	(M52×4)	M56×4	(M60×4)	M64×4
da 最小		5	6	8	10	12	14	16	18	20	22	24	27	30	33	36	39	42	45	48	52	56	60	64
dw 最小		6.9	8.9	11.6	14.6	16.6	19.6	22.5	24.8	27.7	31.4	33.2	38	42.7	46.6	51.1	55.9	60.6	64.7	69.4	74.2	78.7	83.4	88.2
c 最大		0.5	0.5	0.6	0.6	0.6	0.6	0.8	0.8	0.8	0.8	0.8	0.8	0.8	0.8	0.8	0.8	1	1	1	1	1	1.2	1.2
e 最小		8.79	11.05	14.38	17.77	20.03	23.35	26.75	29.56	32.95	37.29	39.55	45.2	50.85	55.37	60.79	66.44	72.02	76.95	82.6	88.25	93.56	99.21	104.86
m	GB6170 GB6171	4.7	5.2	6.8	8.4	10.8	12.8	14.8	15.8	18	19.4	21.5	23.8	25.5	28.7	31	33.4	34	36	38	42	45	48	51
	GB6175 GB6176	5.1	5.7	7.5	9.3	12	14.1	16.4	—	20.3	—	23.6	—	28.6	—	34.7	—	—	—	—	—	—	—	—
s 最大		8	10	13	16	18	21	24	27	30	34	36	41	45	50	53.8	60	65	70	75	80	85	90	95

<table>
<tr><td rowspan="5">技术条件</td><td>材　料</td><td colspan="2">机械性能等级</td><td>螺纹公差</td><td colspan="2">公差产品等级</td></tr>
<tr><td rowspan="4">Q235，35</td><td>GB6170</td><td>$D\geqslant 5\sim 39$ mm 为 6,8,10；
$D>39$ mm 按协定</td><td rowspan="4">6H</td><td rowspan="2">A 级</td><td rowspan="2">用于 $D\leqslant 16$ mm</td></tr>
<tr><td>GB6171</td><td>$D\leqslant 39$ mm 为 6,8,10；
$D>39$ mm 按协定</td></tr>
<tr><td>GB6175</td><td>9～12</td><td rowspan="2">B 级</td><td rowspan="2">用于 $D>16$ mm</td></tr>
<tr><td>GB6176</td><td>$D\leqslant 16$ mm 为 10,12；
$D>16$ mm 为 8</td></tr>
</table>

表 14-14 圆螺母(GB812—88)

mm

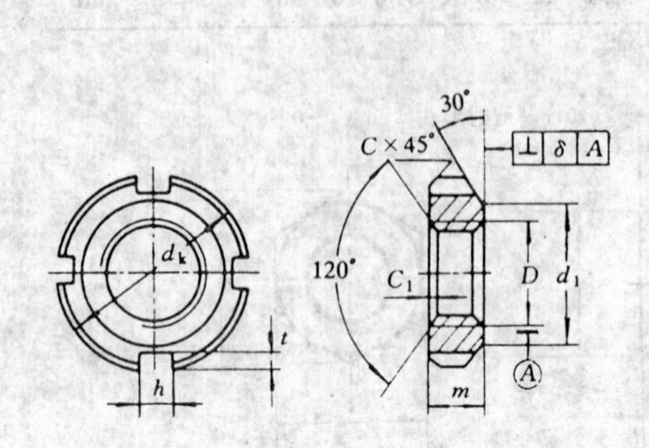

螺纹规格 $D \times P$	d_k	d_1	m	h(最小)	i(最小)	C	C_1
M18×1.5	32	24	8	5	2.5	0.5	0.5
M20×1.5	35	27					
M22×1.5	38	30	10				
M24×1.5	42	34				1	
M25×1.5*							
M27×1.5	45	37					
M30×1.5	48	40					
M33×1.5	52	43		6	3		
M35×1.5*							
M36×1.5	55	46					
M39×1.5	58	49				1.5	
M40×1.5*							
M42×1.5	62	53					
M45×1.5	68	59					
M48×1.5	72	61	12	8	3.5		
M50×1.5*							
M52×1.5	78	67					
M55×2*							
M56×2	85	74					1
M60×2	90	79					
M64×2	95	84					
M65×2*							

标记示例：

螺纹规格 $D \times P$=M18×1.5、材料 45 钢、槽或全部热处理后硬度为 35～45HRC、表面氧化的圆螺母的标记为：

螺母 GB812—88 M18×1.5

技术条件	材 料	螺纹公差	热 处 理	表面处理
	45	6H	槽或全部热处理后硬度:35～45HRC 调质后硬度为 24～30HRC	氧化

注：1. 表中带“*”者仅用于滚动轴承锁紧装置。

2. 材料:45 钢。

六、垫　圈

表 14-15　小垫圈—A 级(GB848—85)、平垫圈—A 级(GB97.1—85)

平垫圈—倒角型—A 级(GB97.2—85)

mm

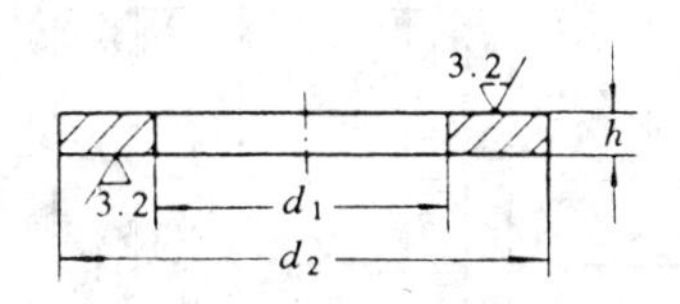

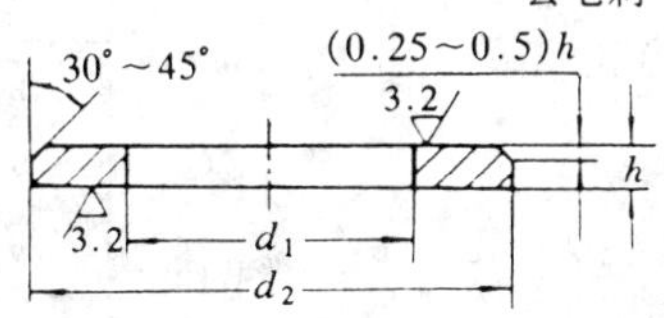

标记示例：

小系列(或标准系列)、公称直径=8、性能等级为 140HV 级、不经表面处理的小垫圈(或平垫圈，或倒角型平垫圈)的标记为：

垫圈 GB848—85　8—140HV(或垫圈 GB97.18—140HV)

公称直径(螺纹规格)		5	6	8	10	12	14	16	20	24	30	36
d_1	GB848—85 GB97.1—85 GB97.2—85	5.3	6.4	8.4	10.5	13	15	17	21	25	31	37
d_2	GB848—85	9	11	15	18	20	24	28	34	39	50	60
	GB97.1—85 GB97.2—85	10	12	16	20	24	28	30	37	44	56	66
h	GB848—85	1	1.6	1.6	1.6	2	2.5	2.5	3	4	4	5
	GB97.1—85 GB97.2—85	1	1.6	1.6	2	2.5	2.5	3	3	4	4	5

注：材料为 Q215,Q235。

表 14-16　标准型弹簧垫圈(GB93—87)

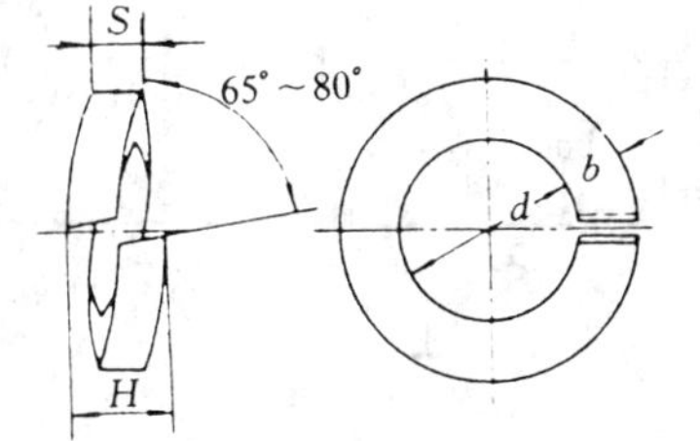

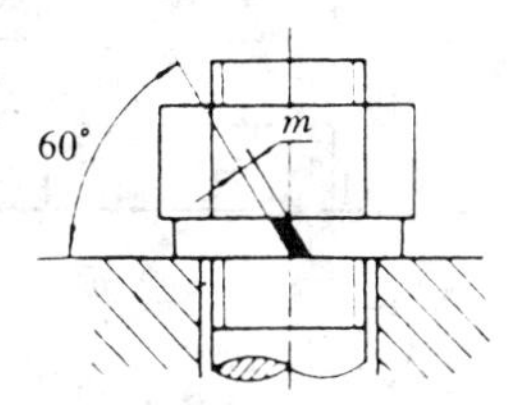

标记示例：

规格 16 mm、材料为 65Mn、表面氧化的标准型弹簧垫圈表示为：

垫圈　GB93—87—16。

mm

规格(螺纹大径)		5	6	8	10	12	(14)	16	(18)	20	(22)	24	(27)	30
d	最小	5.1	6.1	8.1	10.2	12.2	14.2	16.2	18.2	20.2	22.5	24.5	27.5	30.5
	最大	5.4	6.68	8.68	10.9	12.9	14.9	16.9	19.04	21.04	23.34	25.5	28.5	31.5
$S(b)$	公称	1.3	1.6	2.1	2.6	3.1	3.6	4.1	4.5	5	5.5	6	6.8	7.5
	最小	1.2	1.5	2	2.45	2.95	3.4	3.9	4.3	4.8	5.3	5.8	6.5	7.2
	最大	1.4	1.7	2.2	2.75	3.25	3.8	4.3	4.7	5.2	5.7	6.2	7.1	7.8
H	最小	2.6	3.2	4.2	5.2	6.2	7.2	8.2	9	10	11	12	13.6	15
	最大	3.25	4	5.25	6.5	7.75	9	10.25	11.25	12.5	13.75	15	17	18.75
m　$\leqslant$		0.65	0.8	1.05	1.3	1.55	1.8	2.05	2.25	2.5	2.75	3	3.4	3.75

注：1. 括号内的尺寸尽可能不采用。
　　2. 材料：65Mn,60Si2Mn,淬火并回火,硬度为 42～50HRC。

表 14-17　圆螺母用止动垫圈(GB858—88)

mm

规格(螺纹大径)	d	D(参考)	D_1	S	h	b	a	轴端	
								b_1	t
18	18.5	35	24	1	4	4.8	15	5	14
20	20.5	38	27				17		16
22	22.5	42	30				19		18
24	24.5	45	34				21		20
25*	25.5						22		—
27	27.5	48	37		5		24		23
30	30.5	52	40				27		26
33	33.5	56	43	1.5		5.7	30	6	29
35*	35.5						32		—
36	36.5	60	46				33		32
39	39.5	62	49				36		35
40*	40.5						37		—
42	42.5	66	53				39		38
45	45.5	72	59				42		41
48	48.5	76	61			7.7	45	8	44
50*	50.5						47		—
52	52.5	82	67		6		49		48
55*	56						52		—
56	57	90	74				53		52
60	61	94	79				57		56
64	65	100	84				61		60
65*	66						62		—

A　30°　30°　15°　D_1　d　A　30°　30°　b　A

A—A　65°　S　a　(D)　h

轴端截面　t　b_1

$d<100$

标记示例：

规格为 18，材料 Q235—A、经退火、表面氧化的圆螺母用止动垫圈的标记：

垫圈　GB858—88　18

注：1. 表中带“*”者仅用于滚动轴承锁紧装置。

2. 材料：Q215—A，Q235—A，10，15 钢。

七、螺纹零件结构要素

表 14－18　螺纹收尾、肩距、退刀槽、倒角(GB3—79)

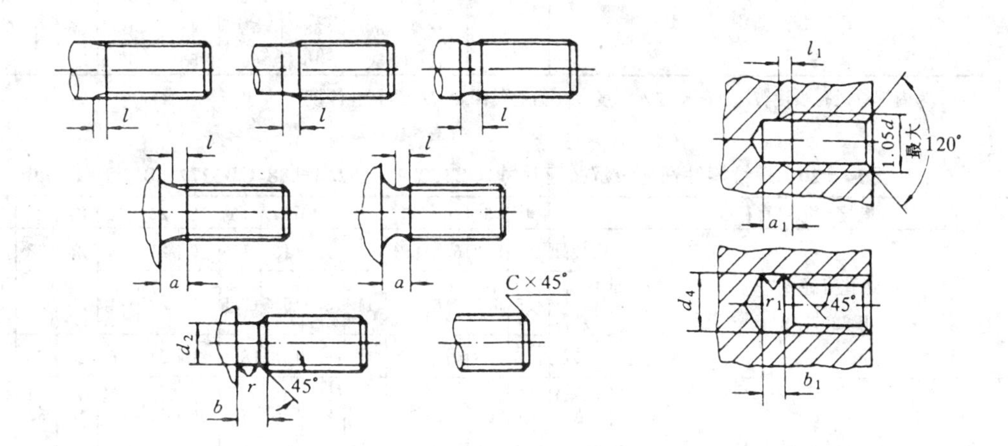

mm

	外螺纹												内螺纹							
	螺距 P	粗牙螺纹大径 d	螺纹收尾 l (不大于)		肩距 a (不大于)			退刀槽 b		退刀槽 r	退刀槽 d_2	倒角 C	螺纹收尾 l (不大于)		肩距 a_1 (不小于)		退刀槽 b_1		退刀槽 r_1	退刀槽 d_4
			一般	短的	一般	长的	短的	一般	窄的				一般	长的	一般	长的	一般	窄的		
普通螺纹	1	6,7	2.5	1.25	3	4	2	3	1.5	0.5P	d−1.6	1	2	3	5	8	4	2.5	0.5P	d+0.5
	1.25	8	3.2	1.6	4	5	2.5	3.75			d−2	1.2	2.5	3.3	6	10	5	3		
	1.5	10	3.8	1.9	4.5	6	3	4.5	2.5		d−2.3	1.5	3.0	4.5	7	12	6	4		
	1.75	12	4.3	2.2	5.3	7	3.5	5.25			d−2.6	2	3.5	5.2	9	14	7			
	2	14,16	5	2.5	6	8	4	6	3.5		d−3		4	6	10	16	8	5		
	2.5	18,20,22	6.3	3.2	7.5	10	5	7.5			d−3.6	2.5	5	7.5	12	18	10	6		
	3	24,27	7.5	3.8	9	12	6	9	4.5		d−4.4		6	9	14	22	12	7		
	3.5	30,33	9	4.5	10.5	14	7	10.5			d−5	3	7	10.5	16	24	14	8		
	4	36,39	10	5	12	16	8	12	5.6		d−5.7		8	12	18	26	16	9		
	4.5	24,45	11	5.5	13.5	18	9	13.5	6		d−6.4		9	13.5	21	29	18	10		
	5	48,52	12.5	6.3	15	20	10	15	6.5		d−7		10	15	23	32	20	11		
	5.5	56,60	14	7	16.5	22	11	17.5	7.5		d−7.7		11	16.5	25	35	22	12		
	6	64,68	15	7.5	18	24	12	18	8		d−8.3		12	18	28	38	24	14		

表 14-19　粗牙螺栓、螺钉的拧入深度及螺纹孔尺寸(供参考)　　mm

螺纹直径 d	钻孔直径 d_0	钢和青铜				铸铁			
		h	H	H_1	H_2	h	H	H_1	H_2
6	5	8	6	8	12	12	10	12	16
8	6.7	10	8	10.5	16	15	12	15	20
10	8.5	12	10	13	19	18	15	18	24
12	10.2	15	12	16	24	22	18	22	30
16	14	20	16	20	28	26	22	26	34
20	17.4	24	20	25	36	32	28	34	45
24	20.9	30	24	30	42	42	35	40	55
30	26.4	36	30	38	52	48	42	50	65
36	32	42	36	45	60	55	50	58	75

注：h 为内螺纹通孔长度；H 为盲孔拧入深度；H_1 为攻丝深度；H_2 为钻孔深度。

表 14-20　螺纹零件通孔及沉头座尺寸(GB152.2～152.4—88,GB5277—85)　　mm

螺栓或螺钉直径 d		4	5	6	8	10	12	14	16	18	20	22	24	27	30
通孔直径 d_1 GB 5277—85	精装配	4.3	5.3	6.4	8.4	10.5	13	15	17	19	21	23	25	28	31
	中等装配	4.5	5.5	6.6	9	11	13.5	15.5	17.5	20	22	24	26	30	33
	粗装配	4.8	5.8	7	10	12	14.5	16.5	18.5	21	24	26	28	32	35
六角头螺栓和六角螺母用沉孔 GB152.4-88	d_2	10	11	13	18	22	26	30	33	36	40	43	48	53	61
	d_3	—	—	—	—	—	16	18	20	22	24	26	28	33	36
	t	制出与孔轴线垂直的平面即可（锪平为止）													
沉头用沉孔 BG152.2-88	d_2	9.6	10.6	12.8	17.6	20.3	24.4	28.4	32.4	—	40.4	—	—	—	—
	$t\approx$	2.7	2.7	3.3	4.6	5	6	7	8	—	20	—	—	—	—
圆柱头用沉孔 GB152.3-88	d_2	8	10	11	15	18	20	24	26	—	33	—	40	—	48
	d_3	—	—	—	—	—	16	18	20	—	24	—	28	—	36
	t 用于GB 70	4.6	5.7	6.8	9	11	13	15	17.5	—	21.5	—	25.5	—	32
	t 用于GB 65	3.2	4	4.7	6	7	8	9	10.5	—	12.5	—	—	—	—

注：d_1 尺寸同通孔直径中的中等装配。

§14.2 键联接

一、平　键

表 14-21　普通平键(GB1095—79、GB1096—79)

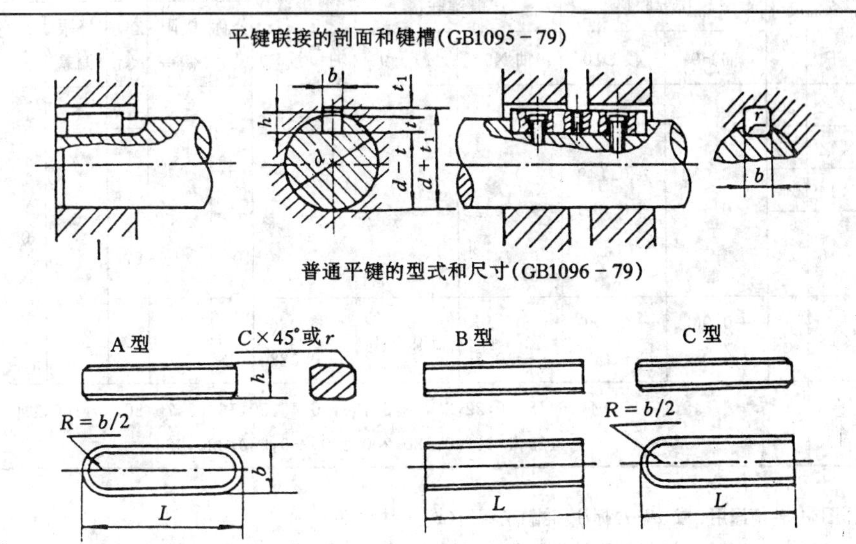

标记示例:

圆头普通平键(A型)b=16 mm、h=10 mm、L=100 mm 表示为:键　16×100　GB1096—79。

平头普通平键(B型)b=16 mm、h=10 mm、L=100 mm 表示为:键　B16×100　GB1096—79。

单圆头普通平键(C型)b=16 mm、h=10 mm、L=100 mm 表示为:键　C16×100　GB1096—79。

mm

轴	键	键槽											
公称直径 d	公称尺寸 $b\times h$	宽度 b						深度				半径 r	
		公称尺寸 b	极限偏差					轴 t		毂 t_1			
			较松键联接		一般键联接		较紧键联接	公称尺寸	极限偏差	公称尺寸	极限偏差	最小	最大
			轴 H9	毂 D10	轴 N9	毂 Js9	轴和毂 P9						
自 6~8	2×2	2	+0.025 0	+0.060 +0.020	−0.004 −0.029	±0.0125	−0.006 −0.031	1.2	+0.1 0	1	+0.1 0	0.08	0.16
>8~10	3×3	3						1.8		1.4			
>10~12	4×4	4	+0.030 0	+0.078 +0.030	0 −0.030	±0.015	−0.012 −0.042	2.5		1.8			
>12~17	5×5	5						3.0		2.3		0.16	0.25
>17~22	6×6	6						3.5		2.8			
>22~30	8×7	8	+0.036 0	+0.098 +0.040	0 −0.036	±0.018	−0.015 −0.051	4.0	+0.2 0	3.3	+0.2 0	0.16	0.25
>30~38	10×8	10						5.0		3.3		0.25	0.40
>38~44	12×8	12	+0.043 0	+0.120 +0.050	0 −0.043	±0.0215	−0.018 −0.061	5.0		3.3			
>44~50	14×9	14						5.5		3.8			
>50~58	16×10	16						6.0		4.3			
>58~65	18×11	18						7.0		4.4			

续表 14-21

轴	键	键槽											
公称直径 d	公称尺寸 $b\times h$	宽度 b						深度				半径 r	
		公称尺寸 b	极限偏差					轴 t		毂 t_1			
			较松键联接		一般键联接		较紧键联接						
			轴 H9	毂 D10	轴 N9	毂 Js9	轴和毂 P9	公称尺寸	极限偏差	公称尺寸	极限偏差	最小	最大
>65～75	20×12	20	+0.052 0	+0.149 +0.065	0 −0.052	±0.026	−0.022 −0.074	7.5	+0.2 0	4.9	+0.2 0	0.40	0.60
>75～85	22×14	22						9.0		5.4			
>85～95	25×14	25						9.0		5.4			
>95～110	28×16	28						10.0		6.4			
>110～130	32×18	32	+0.062 0	+0.180 +0.080	0 −0.062	±0.031	−0.026 −0.088	11.0		7.4			
键的长度系列		6,8,10,12,14,16,18,20,22,25,28,32,36,40,45,50,56,63,70,80,90,100,110,125,140,160,180,200,220,250,280,320,360											

注：1. 在工作图中，轴槽深用 t 或 $(d-t)$ 标注，轮毂槽深用 $(d+t_1)$ 标注。

2. $(d-t)$ 和 $(d+t_1)$ 两组组合尺寸的极限偏差按相应的 t 和 t_1 的极限偏差选取，但 $(d-t)$ 极限偏差值应取负号（−）。

3. 键长 L 的公差为 h14；宽 b 的公差为 h9；高 h 的公差为 h11。

4. 轴槽及轮毂槽对轴及轮毂中心线的对称度根据不同要求按 GB1184—80 对称度公差 7～9 级选取。

二、花　键

表 14-22　矩形花键的尺寸系列(GB1144—87)

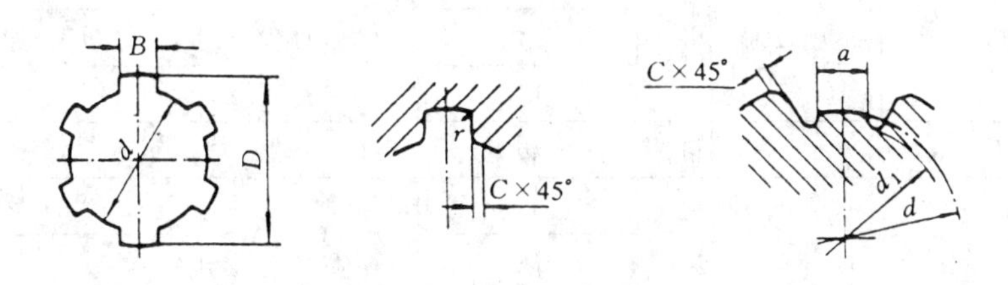

标记示例：

花　键：$N=6$；$d=23\,\frac{H7}{f7}$；$D=26\,\frac{H10}{a11}$；$B=6\,\frac{H11}{d10}$　内花键：6×23H7×26H10×6H11　GB1144—87

花键副：$6\times23\,\frac{H7}{f7}\times26\,\frac{H10}{a11}\times6\,\frac{H11}{d10}$　GB1144—87　外花键：6×23f7×26a11×6d10　GB1144—87

小径 d	轻系列					中系列				
	规格 $N\times d\times D\times B$	C	r	参考		规格 $N\times d\times D\times B$	C	r	参考	
				$d_{1\min}$	$a_{\min}$				$d_{1\min}$	$a_{\min}$
23	6×23×26×6	0.2	0.1	22	3.5	6×23×28×6	0.3	0.2	21.2	1.2
26	6×26×30×6	0.3	0.2	24.5	3.8	6×26×32×6	0.4	0.3	23.6	1.2
28	6×28×32×7			26.6	4.0	8×28×34×7			25.3	1.4
32	8×32×36×6			30.3	2.7	8×32×38×6			29.4	1.0
36	8×36×40×7			34.4	3.5	8×36×42×7			33.4	1.0
42	8×42×46×8			40.5	5.0	8×42×48×8			39.4	2.5
46	8×46×50×9			44.6	5.7	8×46×54×9	0.5	0.4	42.6	1.4
52	8×52×58×10	0.4	0.3	49.6	4.8	8×52×60×10			48.6	2.5
56	8×56×62×10			53.5	6.5	8×56×65×10			52.0	2.5
62	8×62×68×12			59.7	7.3	8×62×72×12	0.6	0.5	57.7	2.4
72	10×72×78×12			69.6	5.4	10×72×82×12			67.4	1.0
82	10×82×88×12			79.3	8.5	10×82×92×12			77.0	2.9
92	10×92×98×14			89.6	9.9	10×92×102×14			87.3	4.5
102	10×102×108×16			99.6	11.3	10×102×112×16			97.7	6.2
112	10×112×120×18	0.5	0.4	108.8	10.5	10×112×125×18			106.2	4.1

表 14-23　矩形花键的尺寸公差(GB1144—87)

内花键				外花键			装配型式
d	*D*	*B*		*d*	*D*	*B*	
		拉削后不热处理	拉削后热处理				
一般用							
H7	H10	H9	H11	f7	a11	d10	滑　动
				g7		f9	紧滑动
				h7		h10	固　定
精密传动用							
H5	H10	H7、H9		f5	a11	d8	滑　动
				g5		f7	紧滑动
				h5		h8	固　定
H6				f6		d8	滑　动
				g6		f7	紧滑动
				h6		d8	固　定

注：1. 精密传动用的内花键，当需要控制键侧配合间隙时，槽宽可选用 H7，一般情况下可选用 H9。

2. *d* 为 H6 和 H7 的内花键，允许与提高一级的外花键配合。

§14.3　销联接

表 14-24　圆柱销(GB119—86)和圆锥销(GB117—86)　　mm

A型　$\approx 15°$　$R=d$　*d*　*C*　*a*　*l*

d 的公差为 m6

B型　$\approx 15°$　*d*　*C*　*l*

d 的公差为 h8

C型　*d*　*l*

d 的公差为 h14

D型　$\approx 20°$　*d*　*C*　*l*

d 的公差为 u8

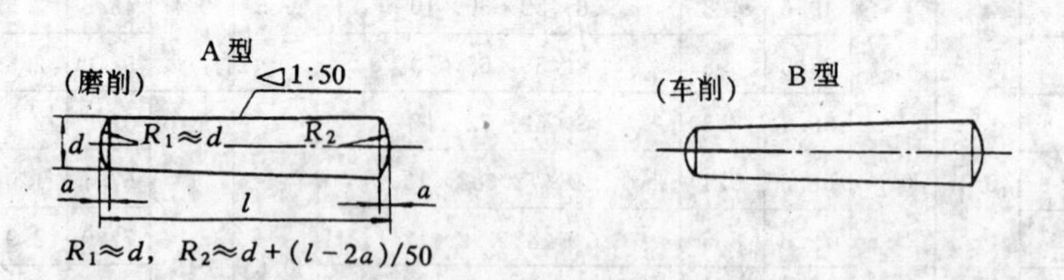

$R_1 \approx d$，$R_2 \approx d+(l-2a)/50$

标记示例：

公称直径 $d=8$、长度 $l=30$、材料为 35 钢、热处理硬度 28～38HRC，表面氧化处理的 A 型圆柱销(A 型圆锥销)的标记：

销 GB119—86　A8×30 (GB117—86　A8×30)

公称直径 *d*		4	5	6	8	10	12	16	20	25
圆柱销	*a*≈	0.5	0.63	0.8	1.0	1.2	1.6	2.0	2.5	3.0
	C≈	0.63	0.8	1.2	1.6	2.0	2.5	3.0	3.5	4.0
	l(公称)	8～40	10～50	12～60	14～80	18～95	22～140	26～180	35～200	50～200

公称直径 d			4	5	6	8	10	12	16	20	25
圆锥销	d	最小 最大	3.95 4	4.95 5	5.95 6	7.94 8	9.94 10	11.93 12	15.93 16	19.92 20	24.92 25
	$a\approx$		0.5	0.63	0.8	1.0	1.2	1.6	2.0	2.5	3.0
	l(公称)		14～55	18～60	22～90	22～120	26～160	32～180	40～200	45～200	50～200
l(公称)的系列			12～32(2 进位),35～100(5 进位),100～200(20 进位)								

表 14-25 内螺纹圆锥销(GB118—86) mm

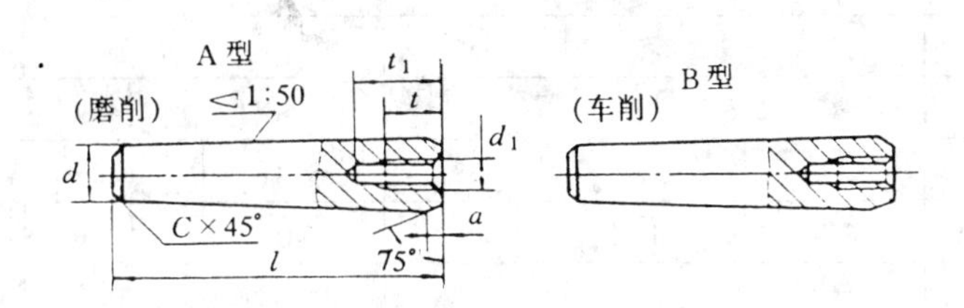

标记示例：

公称直径 d=10、长度 l=60、材料为 35 钢、热处理硬度 28～98HRC,表面氧化处理的 A 型内螺纹圆锥销的标记：

销 GB118—86 A10×60

公称直径 d		6	8	10	12	16	20
$a\approx$		0.8	1	1.2	1.6	2	2.5
d	最小	5.952	7.942	9.942	11.93	15.93	19.916
	最大	6	8	10	12	16	20
d_1		M4	M5	M6	M8	M10	M12
t		6	8	10	12	16	18
t_1(最小)		10	12	16	20	25	28
$C\approx$		0.8	1	1.2	1.6	2	2.5
l(公称)		16～60	18～85	22～100	26～120	30～160	45～200
l(公称)系列		16～32(2 进位),35～100(5 进位),100～200(20 进位)					

表 14-26　开口销(GB91—86)　　mm

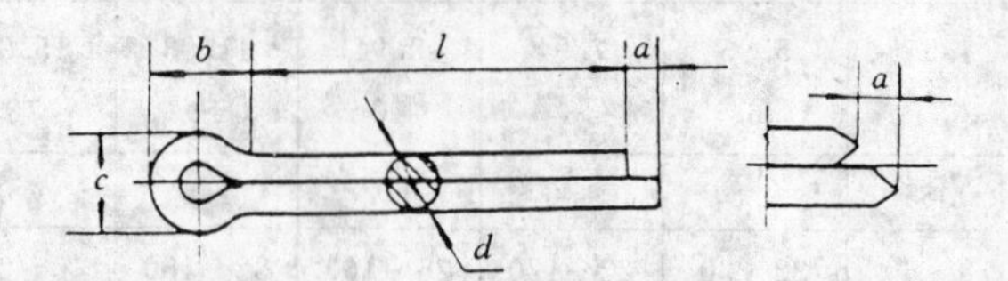

标记示例：

公称直径 $d=5$、长度 $l=50$、材料为低碳钢不经表面处理的开口销的标记：

销 GB91—86　5×50

公称直径 d		2	2.5	3.2	4	5	6.3
a(最大)		2.5		3.2		4	
c	最大	3.6	4.6	5.8	7.4	9.2	11.8
	最小	3.2	4	5.1	6.5	8	10.3
$b\approx$		4	5	6.4	8	10	12.6
l(公称)		10～40	12～50	14～65	18～80	22～100	30～120
l 系列		10～32(2 进位),36,40～100(5 进位),大于 100(20 进位)					

第十五章　齿轮传动和蜗杆传动的精度

§15.1　渐开线圆柱齿轮传动的精度

国标 GB 10095—88《渐开线圆柱齿轮精度》适用于轴线平行的法向模数 $m_n \geqslant 1$ mm 的渐开线圆柱齿轮及齿轮副。标准对齿轮和齿轮副规定了 12 个精度等级，精度由高到低依次为 1，2，…，12 级。其中 7 级精度为制定标准的基础级，在实际使用中应用较普遍，是应用滚、插、剃切齿工艺方法加工可以达到的精度等级。

标准对 12 个精度等级都规定了公差或极限偏差。考虑到目前量仪的现状，对径向综合公差 F_i'' 和一齿径向综合公差 f_i'' 仅给出了 4～12 级精度公差值。

齿轮副中，两齿轮的精度等级一般取成相同。若取成不同时，则按精度较低者确定齿轮副的精度等级。

一、术语、定义和代号

表 15－1　齿轮、齿轮副误差及侧隙的定义和代号

名　称	代　号	定　义	名　称	代　号	定　义
切向综合误差 切向综合公差	$\Delta F_i'$ F_i'	被测齿轮与理想精确的测量齿轮①单面啮合时，在被测齿轮一转内，实际转角与公称转角之差的总幅度值，以分度圆弧长计值	径向综合误差 径向综合公差	$\Delta F_i''$ F_i''	被测齿轮与理想精确的测量齿轮双面啮合时，在被测齿轮一转内，双啮中心距的最大变动量
一齿切向综合误差 一齿切向综合公差	$\Delta f_i'$ f_i'	被测齿轮与理想精确的测量齿轮单面啮合时，在被测齿轮一齿距角内，实际转角与公称转角之差的最大幅度值，以分度圆弧长计值	一齿径向综合误差 一齿径向综合公差	$\Delta f_i''$ f_i''	被测齿轮与理想精确的测量齿轮双面啮合时，在被测齿轮一齿距角内，双啮中心距的最大变动量

续表 15－1

名　称	代　号	定　义	名　称	代　号	定　义
齿距累积误差 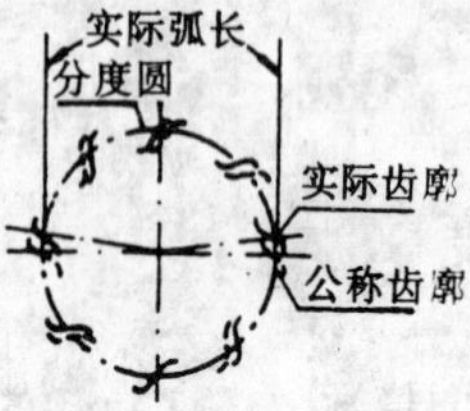	ΔF_p	在分度圆上任意两个同侧齿面间的实际弧长与公称弧长之差的最大绝对值	公法线长度变动 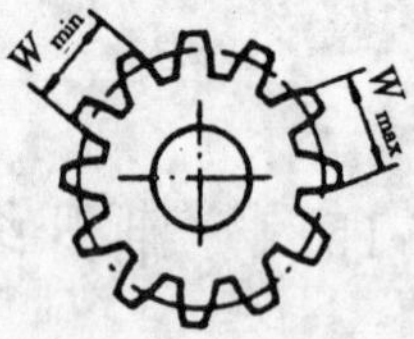 公法线长度变动公差	ΔF_w F_w	在齿轮一周范围内，实际公法线长度最大值与最小值之差。 $\Delta F_w = W_{max} - W_{min}$
K 个齿距累积误差 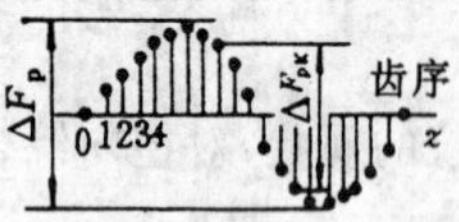 齿距累积公差 K 个齿距累积公差	ΔF_{pk} F_p F_{pk}	在分度圆上[2] K 个齿距的实际弧长与公称弧长之差的最大绝对值，K 为 2 到小于 $\frac{z}{2}$ 的整数	齿形误差 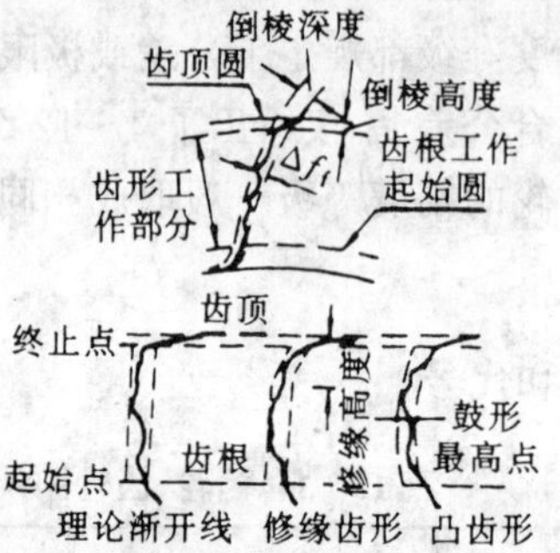 齿形公差	Δf_f f_f	在端截面上[3]，齿形工作部分内（齿顶倒棱部分除外），包容实际齿形且距离为最小的两条设计齿形间的法向距离 设计齿形可以是修正的理论渐开线，包括修缘齿形、凸齿形等
齿圈径向跳动  齿圈径向跳动公差	ΔF_r F_r	在齿轮一转范围内，测头在齿槽内于齿高中部双面接触，测头相对于齿轮轴线的最大变动量			
齿距偏差  齿距极限偏差	Δf_{pt} $\pm f_{pt}$	在分度圆上[4]实际齿距与公称齿距之差。 公称齿距是指所有实际齿距的平均值	轴向齿距偏差 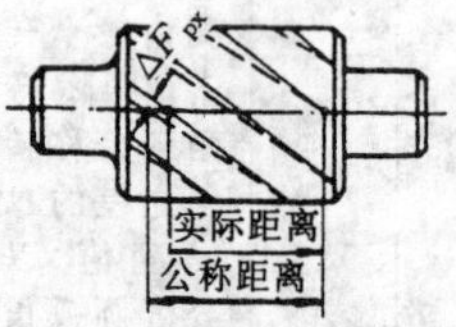 轴向齿距极限偏差	ΔF_{px} $\pm F_{px}$	在与齿轮基准轴线平行而大约通过齿高中部的一条直线上，任意两个同侧齿面间的实际距离与公称距离之差。沿齿面法线方向计值
基节偏差 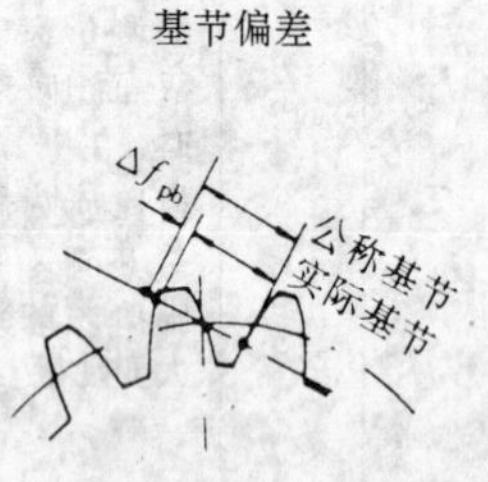 基节极限偏差	Δf_{pb} $\pm f_{pb}$	实际基节与公称基节之差。 实际基节是指基圆柱切平面所截两相邻同侧齿面的交线之间的法向距离	螺旋线波度误差  螺旋线波度公差	$\Delta f_{f\beta}$ $f_{f\beta}$	宽斜齿轮齿高中部实际齿线波纹的最大波幅，沿齿面法线方向计值

续表 15-1

名　称	代　号	定　义	名　称	代　号	定　义
齿向误差 齿向公差	ΔF_{β} F_{β}	在分度圆柱面上，齿宽有效部分范围内（端部倒角部分除外），包容实际齿线且距离为最小的两条设计齿线之间的端面距离。 设计齿线可以是修正的圆柱螺旋线，包括鼓形线，齿端修薄及其他修形曲线	齿轮副的切向综合误差 齿轮副的切向综合公差	$\Delta F'_{ic}$ F'_{ic}	安装好的齿轮副，在啮合转动足够多的转数内，一个齿轮相对于另一个齿轮的实际转角与公称转角之差的总幅度值。以分度圆弧长计值
接触线误差 接触线公差	ΔF_{b} F_{b}	在基圆柱的切平面内，平行于公称接触线并包容实际接触线的两条直线间的法向距离	齿轮副的一齿切向综合误差 齿轮副的一齿切向综合公差	$\Delta f'_{ic}$ f'_{ic}	安装好的齿轮副，在啮合足够多的转数内，一个齿轮相对于另一个齿轮的一个齿距的实际转角与公称转角之差的最大幅度值。以分度圆弧长计值
齿厚偏差 齿厚极限偏差 上偏差 下偏差 公　差	ΔE_{s} E_{ss} E_{si} T_{s}	分度圆柱面上[④]，齿厚实际值与公称值之差。 对于斜齿轮，指法向齿厚	齿轮副的中心距偏差 齿轮副的中心距极限偏差	Δf_{a} $\pm f_{a}$	在齿轮副的齿宽中间平面内，实际中心距与公称中心距之差
公法线平均长度偏差 公法线平均长度极限偏差 上偏差 下偏差 公　差	ΔE_{wm} E_{wms} E_{wmi} T_{wm}	在齿轮一周内，公法线长度平均值与公称值之差			

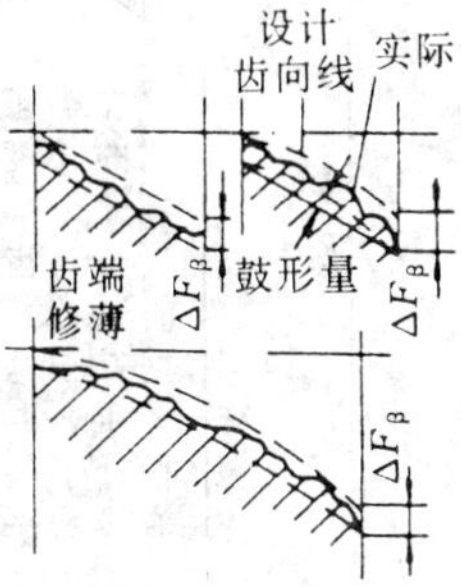

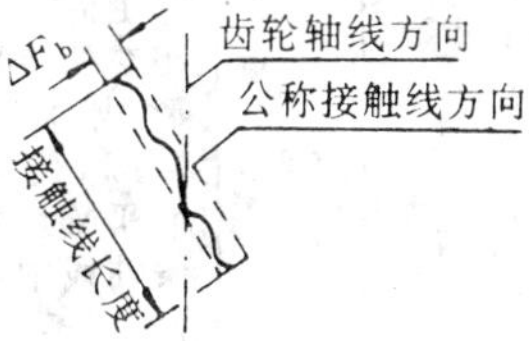

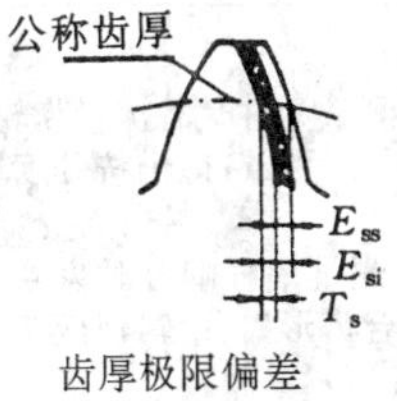

续表 15-1

名称	代号	定义	名称	代号	定义
齿轮副的接触斑点		装配好的齿轮副，在轻微的制动下，运转后齿面上分布的接触擦亮痕迹。 接触痕迹的大小在齿面展开图上用百分数计算。 沿齿长方向：接触痕迹的长度 b''（扣除超过模数值的断开部分 c）与工作长度 b' 之比的百分数，即 $\frac{b''-c}{b'}\times 100\%$ 沿齿高方向：接触痕迹的平均高度 h'' 与工作高度 h' 之比的百分数，即 $\frac{h''}{h'}\times 100\%$	轴线的平行度误差 x 方向轴线的平行度误差 y 方向轴线的平行度误差 齿宽 b (H) (V) 实际 中心距 基准轴线 中点 实际 (H) 中心距 轴线在(H)平面上的投影 Δf_x (V) 轴线在(V)平面上的投影 Δf_y	Δf_x Δf_y	一对齿轮的轴线在其基准平面（H）上投影的平行度误差。 在等于齿宽的长度上测量。 一对齿轮的轴线，在垂直于基准平面，并且平行于基准轴线的平面（V）上投影的平行度误差。 在等于齿宽的长度上测量。 注：包含基准轴线，并通过由另一轴线与齿宽中间平面相交的点所形成的平面，称为基准平面。两条轴线中任何一条轴线都可作为基准轴线
齿轮副的侧隙 j_t	j_t	装配好的齿轮副，当一个齿轮固定时，另一个齿轮的圆周晃动量。以分度圆上弧长计值	x 方向轴线的平行度公差 y 方向轴线的平行度公差	f_x f_y	
N N N-N j_n	j_n	装配好的齿轮副，当工作齿面接触时，非工作齿面之间的最小距离 $j_n = j_t\cos\beta_b\cdot\cos\alpha$ β_b—基圆螺旋角			
最大极限侧隙	$j_{t\max}$ $j_{n\max}$				
最小极限侧隙	$j_{t\min}$ $j_{n\min}$				

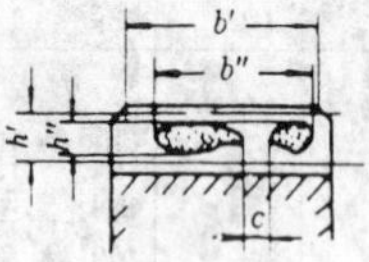

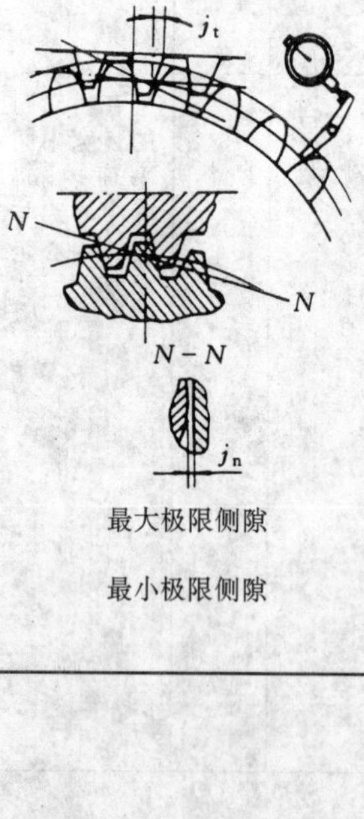

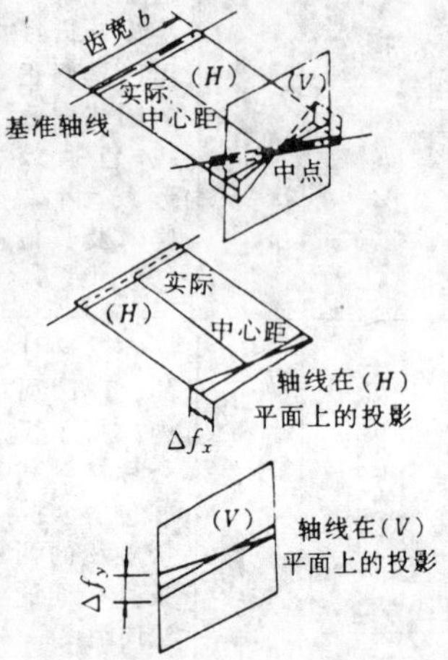

注：① 允许用齿条蜗杆测头等测量元件代替测量齿轮；
② $\Delta F_p(\Delta F_{pk})$ 允许在齿高中部测量，但仍按分度圆上计值；
③ 允许用检查被测齿轮和测量蜗杆啮合时齿轮齿面上的接触迹线（可称为"啮合齿形"）代替，但应按基圆切线方向计值；
④ 允许在齿高中部测量，但仍按分度圆上计值。

二、各项公差和极限偏差

表 15－2　齿距累积公差 F_p 和 k 个齿距累积公差 F_{pk} 值　μm

分度圆弧长 L/mm		精度等级				
大于	到	6	7	8	9	10
—	11.2	11	16	22	32	45
11.2	20	16	22	32	45	63
20	32	20	28	40	56	80
32	50	22	32	45	63	90
50	80	25	36	50	71	100
80	160	32	45	63	90	125
160	315	45	63	90	125	180
315	630	63	90	125	180	250
630	1 000	80	112	160	224	315
1 000	1 600	100	140	200	280	400
1 600	2 500	112	160	224	315	450

注：1. F_p 和 F_{pk}按分度圆弧长 L。

查 F_p 时，取 $L=\frac{1}{2}\pi d=\frac{\pi m_n z}{2\cos\beta}$

查 F_{pk}时，取 $L=\frac{k\pi m_n}{\cos\beta}$（$k$ 为 2 到小于 $z/2$ 的整数）

2. 一般对于 F_{pk}，k 值规定取为小于 $z/6$（或 $z/8$）的最大整数。

表 15－3　圆柱齿轮的 F_r，f_f，F_i'' 值　μm

分度圆直径 /mm		法向模数 /mm	齿圈径向跳动公差 F_r 值					齿形公差 f_f 值					径向综合公差 F_i'' 值				
			精度等级														
大于	到		6	7	8	9	10	6	7	8	9	10	6	7	8	9	10
—	125	≥1～3.5	25	36	45	71	100	8	11	14	22	36	36	50	63	90	140
		>3.5～6.3	28	40	50	80	125	10	14	20	32	50	40	56	71	112	180
		>6.3～10	32	45	56	90	140	12	17	22	36	56	45	63	80	125	200
125	400	≥1～3.5	36	50	63	80	112	9	13	18	28	45	50	71	90	112	160
		>3.5～6.3	40	56	71	100	140	11	16	22	36	56	56	80	100	140	200
		>6.3～10	45	63	86	112	160	13	19	28	45	71	63	90	112	160	224
		>10～16	50	71	90	125	180	16	22	32	50	80	71	100	125	180	250
		>16～25	56	80	100	160	224	20	30	45	71	112	80	112	140	224	315
400	800	≥1～3.5	45	63	80	100	125	12	17	25	40	63	63	90	112	140	180
		>3.5～6.3	50	71	90	112	140	14	20	28	45	71	71	100	125	160	200
		>6.3～10	56	80	100	125	160	16	24	36	56	90	80	112	140	180	224
		>10～16	63	90	112	160	200	18	26	40	63	100	90	125	160	224	280
		>16～25	71	100	125	200	250	24	36	56	90	140	100	140	180	280	355
		>25～40	80	112	140	250	315	30	48	71	112	180	112	160	200	355	450

续表 15-3

分度圆直径/mm 大于	到	法向模数/mm	齿圈径向跳动公差 F_r 值 6	7	8	9	10	齿形公差 f_f 值 6	7	8	9	10	径向综合公差 F_i'' 值 6	7	8	9	10
800	1 600	≥1~3.5	50	71	90	112	140	17	24	36	56	90	71	100	125	160	200
		>3.5~6.3	56	80	100	125	160	18	28	40	63	100	80	112	140	180	224
		>6.3~10	63	90	112	140	180	20	30	45	71	112	90	125	160	200	250
		>10~16	71	100	125	160	200	22	34	50	80	125	100	140	180	224	280
		>16~25	80	112	140	200	250	28	42	63	100	160	112	160	200	280	355
		>25~40	90	125	160	250	315	36	53	80	125	200	125	180	280	355	450

表中 6~10 为精度等级。

表 15-4 圆柱齿轮的 f_{pt}、f_{pb}、f_i'' 值 μm

分度圆直径/mm 大于	到	法向模数/mm	齿距极限偏差 $\pm f_{pt}$ 的 f_{pt} 值 6	7	8	9	10	基节极限偏差 $\pm f_{pb}$ 的 f_{pb} 值 6	7	8	9	10	一齿径向综合公差 f_i'' 值 6	7	8	9	10
—	125	≥1~3.5	10	14	20	28	40	9	13	18	25	36	14	20	28	36	45
		>3.5~6.3	13	18	25	36	50	11	16	22	32	45	18	25	36	45	56
		>6.3~10	14	20	28	40	56	13	18	25	36	50	20	28	40	50	63
125	400	≥1~3.5	11	16	22	32	45	10	14	20	30	40	16	22	32	40	50
		>3.5~6.3	14	20	28	40	56	13	18	25	36	50	20	28	40	50	63
		>6.3~10	16	22	32	45	63	14	20	30	40	60	22	32	45	56	71
		>10~16	18	25	36	50	71	16	22	32	45	63	25	36	50	63	80
		>16~25	22	32	45	63	90	20	30	40	60	80	32	45	63	80	100
400	800	≥1~3.5	13	18	25	36	50	11	16	22	32	45	18	25	36	45	56
		>3.5~6.3	14	20	28	40	56	13	18	25	36	50	20	28	40	50	63
		>6.3~10	18	25	36	50	71	16	22	32	45	63	22	32	45	56	71
		>10~16	20	28	40	56	80	18	25	36	50	71	28	40	56	71	90
		>16~25	25	36	50	71	100	22	32	45	63	90	36	50	71	90	112
		>25~40	32	45	63	90	125	30	40	60	80	112	45	63	90	112	140
800	1 600	≥1~3.5	14	20	28	40	56	13	18	25	36	50	20	28	40	50	63
		>3.5~6.3	16	22	32	45	63	14	20	30	40	60	22	32	45	56	71
		>6.3~10	18	25	36	50	71	16	22	32	45	67	25	36	50	63	80
		>10~16	20	28	40	56	80	18	25	36	50	71	28	40	56	71	90
		>16~25	25	36	50	71	100	22	32	45	63	90	36	50	71	90	112
		>25~40	32	45	63	90	125	30	40	60	80	112	50	71	100	125	160

表中 6~10 为精度等级。

注：对 6 级及高于 6 级的精度，在一个齿轮的同侧齿面上，最大基节与最小基节之差，不允许大于基节单向极限偏差的数值。

表 15-5　齿向公差 F_β 值　　μm

有效齿宽/mm		精度等级				
大于	到	6	7	8	9	10
—	40	9	11	18	28	45
40	100	12	16	25	40	63
100	160	16	20	32	50	80
160	250	19	24	38	60	105
250	400	24	28	45	75	120
400	630	28	34	55	90	140

表 15-6　轴线平行度公差

X 方向轴线平行度公差 $f_x=F_\beta$	F_β 值见表 15-5
Y 方向轴线平行度公差 $f_y=\frac{1}{2}F_\beta$	

表 15-7　中心距极限偏差 $\pm f_a$ 的 f_a 值　　μm

第Ⅱ公差组精度等级			5~6	7~8	9~10
f_a			$\frac{1}{2}$IT7	$\frac{1}{2}$IT8	$\frac{1}{2}$IT9
齿轮副的中心距/mm	大于	到			
	6	10	7.5	11	18
	10	18	9	13.5	21.5
	18	30	10.5	16.5	26
	30	50	12.5	19.5	31
	50	80	15	23	37
	80	120	17.5	27	43.5
	120	180	20	31.5	50
	180	250	23	36	57.5
	250	315	26	40.5	65
	315	400	28.5	44.5	70
	400	500	31.5	48.5	77.5
	500	630	35	55	87
	630	800	40	62	100
	800	1 000	45	70	115
	1 000	1 250	52	82	130
	1 250	1 600	62	97	155

表 15-8　齿厚极限偏差

$C=+1f_{pt}$	$G=-6f_{pt}$	$L=-16f_{pt}$	$R=-40f_{pt}$
$D=0$	$H=-8f_{pt}$	$M=-20f_{pt}$	$S=-50f_{pt}$
$E=-2f_{pt}$	$J=-10f_{pt}$	$N=-25f_{pt}$	
$F=-4f_{pt}$	$K=-12f_{pt}$	$P=-32f_{pt}$	

注：公法线平均长度上偏差 $E_{Wms}=E_{ss}\cos\alpha-0.72F_r\sin\alpha$（外齿轮）

公差 $T_{Wm}=T_s\cos\alpha-1.44F_r\sin\alpha$

表 15-9　公法线长度变动公差 F_w 值　　μm

分度圆直径/mm		精度等级				
大于	到	6	7	8	9	10
—	125	20	28	40	56	80
125	400	25	36	50	71	100
400	800	32	45	63	90	125
800	1 600	40	56	80	112	160

表 15-10　接触斑点

接触斑点	精度等级				
	6	7	8	9	10
按高度不小于/(%)	50 (40)	45 (35)	40 (30)	30	25
按长度不小于/(%)	70	60	50	40	30

注：1. 接触斑点的分布位置应趋近齿面中部。齿顶和两端部棱边处不允许接触。

2. 括号内数值用于轴向重合度 $\varepsilon_\beta>0.8$ 的斜齿轮。

表 15-11　公法线长度 W_k^*（$m=1,\alpha=20°$）　　mm

齿轮齿数 z	跨测齿数 k	公法线长度 W_k^*	齿轮齿数 z	跨测齿数 k	公法线长度 W_k^*	齿轮齿数 z	跨测齿数 k	公法线长度 W_k^*	齿轮齿数 z	跨测齿数 k	公法线长度 W_k^*	齿轮齿数 z	跨测齿数 k	公法线长度 W_k^*
			41	5	13.8588	81	10	29.1797	121	14	41.5484	161	18	53.9171
			42	5	13.8728	82	10	29.1937	122	14	41.5624	162	19	56.8833
			43	5	13.8868	83	10	29.2077	123	14	41.5764	163	19	56.8972
4	2	4.4842	44	5	13.9008	84	10	29.2217	124	14	41.5904	164	19	56.9113
5	2	4.4942	45	6	16.8670	85	10	29.2357	125	14	41.6044	165	19	56.9253
6	2	4.5122	46	6	16.8810	86	10	29.2497	126	15	44.5706	166	19	56.9393
7	2	4.5262	47	6	16.8950	87	10	29.2637	127	15	44.5846	167	19	56.9533
8	2	4.5402	48	6	16.9090	88	10	29.2777	128	15	44.5986	168	19	56.9763
9	2	4.5542	49	6	16.9230	89	10	29.2917	129	15	44.6126	169	19	56.9813
10	2	4.5683	50	6	16.9370	90	11	32.2579	130	15	44.6266	170	19	56.9953

续表 15-11

齿轮齿数 z	跨测齿数 k	公法线长度 W_k^*	齿轮齿数 z	跨测齿数 k	公法线长度 W_k^*	齿轮齿数 z	跨测齿数 k	公法线长度 W_k^*	齿轮齿数 z	跨测齿数 k	公法线长度 W_k^*	齿轮齿数 z	跨测齿数 k	公法线长度 W_k^*
11	2	4.5823	51	6	16.9510	91	11	32.2718	131	15	44.6406	171	20	59.9615
12	2	4.5963	52	6	16.9660	92	11	32.2858	132	15	44.6546	172	20	59.9754
13	2	4.6103	53	6	16.9790	93	11	32.2998	133	15	44.6686	173	20	59.9894
14	2	4.6243	54	7	19.9452	94	11	32.3136	134	15	44.6826	174	20	60.0034
15	2	4.6383	55	7	19.9591	95	11	32.3279	135	16	47.6490	175	20	60.0174
16	2	4.6523	56	7	19.9731	96	11	32.3419	136	16	47.6627	176	20	60.0314
17	2	4.6663	57	7	19.9871	97	11	32.3559	137	16	47.6767	177	20	60.0455
18	3	7.6324	58	7	20.0011	98	11	32.3699	138	16	47.6907	178	20	60.0595
19	3	7.6464	59	7	20.0152	99	12	35.3361	139	16	47.7047	179	20	60.0735
20	3	7.6604	60	7	20.0292	100	12	35.3500	140	16	47.7187	180	21	63.0397
21	3	7.6744	61	7	20.0432	101	12	35.3640	141	16	47.7327	181	21	63.0536
22	3	7.6884	62	7	20.0572	102	12	35.3780	142	16	47.7408	182	21	63.0676
23	3	7.7024	63	8	23.0233	103	12	35.3920	143	16	47.7608	183	21	63.0816
24	3	7.7165	64	8	23.0373	104	12	35.4060	144	17	50.7270	184	21	63.0956
25	3	7.7305	65	8	23.0513	105	12	35.4200	145	17	50.7409	185	21	63.1099
26	3	7.7445	66	8	23.0653	106	12	35.4340	146	17	50.7549	186	21	63.1236
27	4	10.7106	67	8	23.0793	107	12	35.4481	147	17	50.7689	187	21	63.1376
28	4	10.7246	68	8	23.0933	108	13	38.4142	148	17	50.7829	188	21	63.1516
29	4	10.7386	69	8	23.1073	109	13	38.4282	149	17	50.7969	189	22	66.1179
30	4	10.7526	70	8	23.1213	110	13	38.4422	150	17	50.8109	190	22	66.1318
31	4	10.7666	71	8	23.1353	111	13	38.4562	151	17	50.8249	191	22	66.1458
32	4	10.7806	72	9	26.1015	112	13	38.4702	152	17	50.8389	192	22	66.1598
33	4	10.7946	73	9	26.1155	113	13	38.4842	153	18	53.8051	193	22	66.1738
34	4	10.8086	74	9	26.1295	114	13	38.4982	154	18	53.8191	194	22	66.1878
35	4	10.8226	75	9	26.1435	115	13	38.5122	155	18	53.8331	195	22	66.2018
36	5	13.7888	76	9	26.1575	116	13	38.5262	156	18	53.8471	196	22	66.2158
37	5	13.8028	77	9	26.1715	117	14	41.4924	157	18	53.8611	197	22	66.2298
38	5	13.8186	78	9	26.1855	118	14	41.5064	158	18	53.8751	198	23	69.1961
39	5	13.8308	79	9	26.1995	119	14	41.5204	159	18	53.8891	199	23	69.2101
40	5	13.8448	80	9	26.2135	120	14	41.5344	160	18	53.9031	200	23	69.2241

注：1. 对标准直齿圆柱齿轮，公法线长度 $W_k = W_k^* m$。

2. 对变位直齿圆柱齿轮，当变位系数较小，$|x| < 0.3$ 时，跨测齿数 k 不变，按照上表查出；而公法线长度 $W_k = (W_k^* + 0.684x)m$，x 为变位系数；当变位系数 x 较大，如 $|x| > 0.3$ 时，跨测齿数为 k'，可按下式计算：

$$k' = z\frac{\alpha_z}{180°} + 0.5$$

式中
$$\alpha_z = \cos^{-1}\frac{2d\cos\alpha}{d_a + d_f}$$

而公法线长度为：

$$W_k = [2.9521(k - 0.5) + 0.014z + 0.684x]m$$

3. 斜齿轮的公法线长度 W_{nk} 在法面内测量，其值也可按上表确定，但必须要据假想齿数 z' 查表，z' 可按下式计算：

$$z' = K_z$$

式中 K——与分度圆柱上齿的螺旋角 β 有关的假想齿数系数，见表 15-12。

假想齿数常非整数，其小数部分 $\Delta z'$ 所对应的公法线长度 ΔW_n^* 可查表 15-13。

故总的公法线长度：　$W_{nk} = (W_k^* + \Delta W_n^*)m_n$

式中 m_n——法面模数；

W_k^*——与假想齿数 z' 整数部分相对应的公法线长度，查表 15-11。

表 15－12　假想齿数系数 $K(\alpha_n=20°)$

β	K	差　值	β	K	差　值	β	K	差　值	β	K	差　值
1°	1.000	0.002	6°	1.016	0.006	11°	1.054	0.011	16°	1.119	0.017
2°	1.002	0.002	7°	1.022	0.006	12°	1.065	0.012	17°	1.136	0.018
3°	1.004	0.003	8°	1.028	0.008	13°	1.077	0.013	18°	1.154	0.019
4°	1.007	0.004	9°	1.036	0.009	14°	1.090	0.014	19°	1.173	0.024
5°	1.011	0.005	10°	1.045	0.009	15°	1.114	0.015	20°	1.194	0.022

注：对于 β 中间值的系数 K 和差值可按内插法求出。

表 15－13　公法线长度 ΔW_n^*　　mm

$\Delta z'$	0.00	0.01	0.02	0.03	0.04	0.05	0.06	0.07	0.08	0.09
0.0	0.0000	0.0001	0.0003	0.0004	0.0006	0.0007	0.0008	0.0010	0.0011	0.0013
0.1	0.0014	0.0015	0.0017	0.0018	0.0020	0.0021	0.0022	0.0024	0.0025	0.0027
0.2	0.0028	0.0029	0.0031	0.0032	0.0034	0.0035	0.0036	0.0038	0.0039	0.0041
0.3	0.0042	0.0043	0.0045	0.0046	0.0048	0.0049	0.0051	0.0052	0.0053	0.0055
0.4	0.0056	0.0057	0.0059	0.0060	0.0061	0.0063	0.0064	0.0066	0.0067	0.0069
0.5	0.0070	0.0071	0.0073	0.0074	0.0076	0.0077	0.0079	0.0080	0.0081	0.0083
0.6	0.0084	0.0085	0.0087	0.0088	0.0089	0.0091	0.0092	0.0094	0.0095	0.0097
0.7	0.0098	0.0099	0.0101	0.0102	0.0104	0.0105	0.0106	0.0108	0.0109	0.0111
0.8	0.0112	0.0114	0.0115	0.0116	0.0118	0.0119	0.0120	0.0122	0.0123	0.0124
0.9	0.0126	0.0127	0.0129	0.0132	0.0130	0.0133	0.0135	0.0136	0.0137	0.0139

查取示例：$\Delta z'=0.65$ 时，由上表查得 $\Delta W_n^*=0.0091$ mm。

根据实际生产情况，选择公法线长度变动公差或齿厚偏差时，公法线长度和齿厚计算可分别按表 15－11、表 15－12、表 15－13 及表 15－14。

表 15－11 至表 15－14 不属于 GB10095—88 内容。

表 15-14　非变位直齿圆柱、锥齿轮分度圆上弦齿厚及弦齿高（$\alpha_0=20°$，$h_a^*=1$）

弦齿厚 $S_x=K_1m$；　弦齿高 $h_x^*=K_2m$

齿数 z	K_1	K_2
10	1.5643	1.061 6
11	1.5655	1.0560
12	1.5663	1.0514
13	1.5670	1.0474
14	1.5675	1.044 0
15	1.5679	1.0411
16	1.5683	1.0385
17	1.5686	1.0362
18	1.5688	1.0342
19	1.5690	1.0324
20	1.5692	1.0308
21	1.5694	1.0294
22	1.5695	1.0281
23	1.5696	1.0268
24	1.5697	1.0257
25	1.5698	1.0247
26		1.0237
27	1.5699	1.0228
28		1.0220
29	1.5700	1.0213
30	1.5701	1.0205
31		1.0199
32		1.0193
33	1.5702	1.0187
34		1.0181
35		1.0176
36	1.5703	1.0171
37		1.0167
38		1.0162
39	1.5704	1.0158
40		1.0154

齿数 z	K_1	K_2
41		1.0150
42	1.5704	1.0147
43		1.0143
44		1.0140
45		1.0137
46		1.0134
47	1.5705	1.0131
48		1.0128
49		1.0126
50		1.0123
51		1.0121
52		1.0119
53	1.5706	1.0117
54		1.0114
55		1.0112
56		1.0110
57		1.0108
58	1.5706	1.0106
59		1.0105
60		1.0102
61		1.0101
62		1.0100
63	1.5706	1.0098
64		1.0097
65		1.0095
66		1.0094
67	1.5706	1.0092
68		1.0091
69	1.5707	1.0090
70		1.0088
71		1.0087
72	1.5707	1.0086

齿数 z	K_1	K_2
73		1.0085
74	1.5707	1.0084
75		1.0083
76		1.0081
77		1.0080
78	1.5707	1.0079
79		1.0078
80		1.0077
81		1.0076
82		1.0075
83	1.5707	1.0074
84		1.0074
85		1.0073
86		1.0072
87		1.0071
88	1.5707	1.0070
89		1.0069
90		1.0068
91		1.0068
92		1.0067
93	1.5707	1.0067
94		1.0066
95		1.0065
96		1.0064
97		1.0064
98	1.5707	1.0063
99		1.0062
100		1.0061
101		1.0061
102		1.0060
103	1.5707	1.0060
104		1.0059
105		1.0059

齿数 z	K_1	K_2
106		1.0058
107		1.0058
108	1.5707	1.0057
109		1.0057
110		1.0056
111		1.0056
112		1.0055
113	1.5707	1.0055
114		1.0054
115		1.0054
116		1.0053
117		1.0053
118	1.5707	1.0053
119		1.0052
120		1.0052
121		1.0051
122		1.0051
123	1.5707	1.0050
124		1.0050
125		1.0049
126		1.0049
127		1.0049
128	1.5707	1.0048
129		1.0048
130		1.0047
131		1.0047
132		1.0047
133	1.5708	1.0047
134		1.0046
135		1.0046
140		1.0044
145	1.5708	1.0042
150		1.0041
齿条		1.0000

注：对于斜齿圆柱齿轮和锥齿轮，使用本表时，应以当量齿数 z_d 代替 z。斜齿轮：$z_d=z/\cos^3\beta_f$；锥齿轮：$z_d=z/\cos\varphi$。z_d 非整数时，可用插值法求出。

三、公差组

根据对齿轮误差来源的分析，按照加工误差特性及其对传动性能的主要影响，标准将齿轮的各项公差分成三个公差组。

表 15-15　圆柱齿轮公差组

公差组	公差或极限偏差	误 差 特 性	对传动性能的影响
Ⅰ	F'_i、F_p、F_{pk}、F''_i、F_r、F_W	以齿轮一转为周期的误差	传递运动的准确性
Ⅱ	f'_i、f''_i、f_f、$\pm f_{pt}$、$\pm f_{pb}$、$f_{f\beta}$	在齿轮一周内多次周期地重复出现的误差	传动的平稳性（噪声、振动）
Ⅲ	F_β、F_b、$\pm F_{px}$	齿向线的误差	载荷分布的均匀性

根据使用的要求不同，允许各公差组选用不同的精度等级，但在同一公差组内，各项公差与极限偏差应保持相同的精度等级。

四、检验组

标准规定的误差项目很多，而且有些项目之间又有着密切的关系。因此，不可能，也不必要对所有项目全部进行检验。

每个公差组包括了多种误差指标，根据各指标所揭示的误差特征，规定一项或两项指标组成误差组合称为检验组。根据齿轮副的工作要求、生产规模和检验手段，在各公差组中可任选一个检验组来检定和验收齿轮的精度。

表 15-16　圆柱齿轮公差组的检验组

第Ⅰ公差组的检验组		第Ⅱ公差组的检验组		第Ⅲ公差组的检验组	
项　目	说　明	项　目	说　明	项　目	说　明
$\Delta F'_i$		$\Delta f'_i$	需要时可加检 Δf_{pb}	ΔF_β	
ΔF_p 与 ΔF_{pk}		Δf_f 与 Δf_{pt}		ΔF_b	用于 $\varepsilon_\beta \leqslant 1.25$，齿向线不修正的斜齿轮
$\Delta F''_i$ 与 ΔF_W	当其中一项超差时按 ΔF_p 检定	$\Delta f''_i$	须保证齿形精度	ΔF_{px} 与 ΔF_b	用于 $\varepsilon_\beta > 1.25$，齿向线不修正的斜齿轮
ΔF_r 与 ΔF_W	当其中一项超差时按 ΔF_p 检定	Δf_f 与 Δf_{pb}		ΔF_{px} 与 Δf_f	用于 $\varepsilon_\beta > 1.25$，齿向线不修正的斜齿轮
ΔF_r	仅用于 10～12 级精度	$\Delta f_{f\beta}$	用于轴向重合度 $\varepsilon_\beta > 1.25$，6 级及 6 级以上的斜齿轮或人字齿轮		
ΔF_p		Δf_{pt} 与 Δf_{pb}	用于 9～12 级精度		
		Δf_{pt} 或 Δf_{pb}	用于 10～12 级精度		

五、对齿轮副的检验要求

标准规定对齿轮副的检验要求为：

(1) 切向综合误差 $\Delta F'_{ic}$；

(2) 一齿切向综合误差 $\Delta f'_{ic}$；

(3) 接触斑点的位置和大小；

(4) 侧隙要求。

标准规定：固定中心距偏差，通过改变轮齿厚度的偏差以得到不同的间隙，从而满足各种功能要求。标准中将齿厚极限偏差系列化，规定用14种字母代号组合，其上、下偏差分别用不同字母代号规定(如图15-1所示)，其值等于给定相应精度等级的齿距极限偏差 f_{pt} 的倍数。

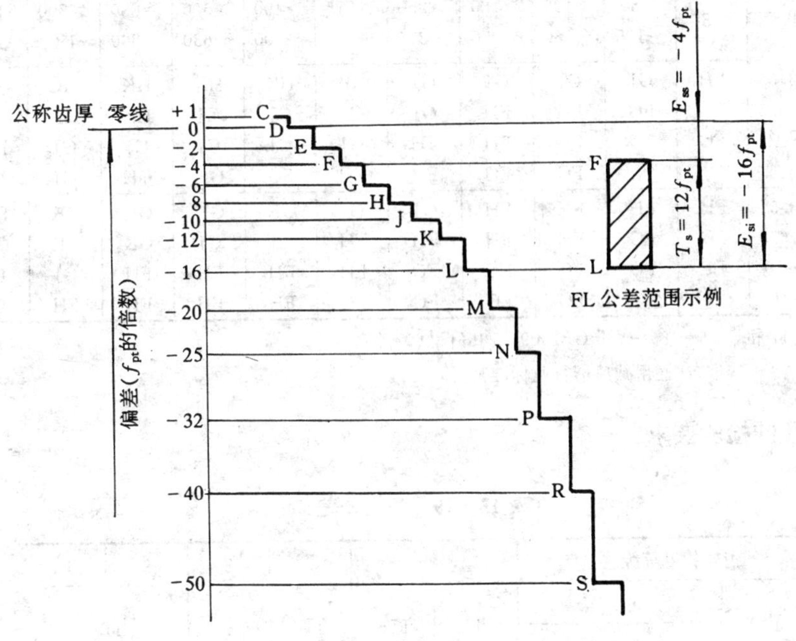

图15-1 圆柱齿轮齿厚偏差系列

表15-17 最小侧隙 $j_{n\,min}$ 参考值 μm

中心距/mm		≤80	>80~125	>125~180	>180~250	>250~315	>315~400	>400~500	>500~630	>630~800	>800~1 000	>1 000~1 250	>1 250~1 600
类别	较小侧隙	74	87	100	115	130	140	155	175	200	230	260	310
	中等侧隙	120	140	160	185	210	230	250	280	320	360	420	500
	较大侧隙	190	220	250	290	320	360	400	440	500	550	660	780

注：中等侧隙所规定的最小侧隙，对于钢或铸铁齿轮传动，当齿轮和壳体温差为25 ℃时，不会由于发热而卡住。

表15-18 齿厚极限偏差 E_s 参考值

Ⅱ组精度	法面模数/mm	分度圆直径/mm											
		≤80	>80~125	>125~180	>180~250	>250~315	>315~400	>400~500	>500~630	>630~800	>800~1 000	>1 000~1 250	>1 250~1 600
6	>1~3.5	JK	JL	JL	KM	KM	LN	LN	LN	LN	LN	MP	NR
	>3.5~6.3	GJ	HK	HK	JL	JL	KM	KM	LN	LN	LN	MP	MP
	>6.3~10	GJ	HK	HK	HK	HK	JL	JL	JL	KM	LN	LN	MP
	>10~16			GJ	HK	HK	HK	HL	JL	KM	KM	LN	LN
7	>1~3.5	HK	HK	HK	HK	JM	KM	JL	KM	KM	LN	LN	MP
	>3.5~6.3	GJ	GJ	GJ	HK	HK	HK	JL	JL	KM	KM	LN	LN
	>6.3~10	GJ	GJ	GJ	GJ	HK	HK	HK	HK	JL	KM	KM	LN
	>10~16			GJ	GJ	GJ	HK	HK	HK	HK	JL	KL	KM
8	>1~3.5	GJ	GJ	GK	HL	HL	HL	HL	HL	JM	JM	KM	LN
	>3.5~6.3	FH	GJ	GJ	GJ	GJ	GJ	HK	HK	HL	HL	JM	KM
	>6.3~10	FH	FH	FH	GJ	GJ	GJ	GJ	GJ	HK	HL	HL	JM
	>10~16			FH	FH	GJ	GJ	GJ	GJ	GJ	HL	HL	JL

续表 15-18

Ⅱ组精度	法面模数/mm	分度圆直径/mm											
		≤80	>80~125	>125~180	>180~250	>250~315	>315~400	>400~500	>500~630	>630~800	>800~1 000	>1 000~1 250	>1 250~1 600
9	>1~3.5	FH	GJ	GJ	GJ	GJ	HK	HK	HK	HK	HL	JK	KM
	>3.5~6.3	FG	FG	FH	FH	GJ	GJ	GJ	GJ	HK	HK	HK	JL
	>6.3~10	FG	FG	FG	FH	FH	GJ	GJ	GJ	GJ	GJ	HK	HK
	>10~16			FG	FG	FH	FH	FG	GH	GH	GJ	GJ	HK
10	>1~3.5	FH	FH	FH	FH	GJ	GJ	GK	GK	GK	GK	HK	HK
	>3.5~6.3	FG	FG	FH	FH	FH	FH	GJ	GJ	GK	GK	GK	HK
	>6.3~10	EF	FG	FG	FG	FG	FH	FH	FH	FH	GJ	GJ	GJ
	>10~16			FG	FG	FG	FG	FH	FH	FH	FH	GJ	GJ

注：1. 表 15-17 和表 15-18 不属于 GB10095—88(仅供参考)。

2. 表 15-18 内容取自《通用减速器行业标准》。

六、对齿坯的检验要求

表 15-19 齿坯公差

<table>
<tr><td colspan="2">齿轮精度等级①</td><td>5</td><td>6</td><td>7</td><td>8</td><td>9</td><td>10</td></tr>
<tr><td rowspan="2">孔</td><td>尺寸公差</td><td rowspan="2">IT5</td><td rowspan="2">IT6</td><td rowspan="2" colspan="2">IT7</td><td rowspan="2" colspan="2">IT8</td></tr>
<tr><td>形状公差</td></tr>
<tr><td rowspan="2">轴</td><td>尺寸公差</td><td rowspan="2" colspan="2">IT5</td><td rowspan="2" colspan="2">IT6</td><td rowspan="2" colspan="2">IT7</td></tr>
<tr><td>形状公差</td></tr>
<tr><td colspan="2">顶圆直径②</td><td>IT7</td><td colspan="3">IT8</td><td colspan="2">IT9</td></tr>
<tr><td colspan="2">基准面的径向跳动③</td><td rowspan="2" colspan="6">表 7-20</td></tr>
<tr><td colspan="2">基准面的端面跳动</td></tr>
</table>

注： IT 为标准公差。

① 当三个公差组的精度等级不同时，按最高的精度等级确定公差值。

② 当顶圆不作测量齿厚的基准时，尺寸公差按 IT11 给定，但不得大于 $0.1m_n$。

③ 当以顶圆作基准面时，本栏就指顶圆的径向跳动。

表 15-20 齿坯基准面径向和端面跳动公差 μm

分度圆直径(最小)		精度等级		
大于	到	5和6	7和8	9到12
—	125	11	18	28
125	400	14	22	36
400	800	20	32	50
800	1 600	28	45	71
1 600	2 500	40	63	100
2 500	4 000	63	100	160

七、齿轮精度的标注

齿轮工作图上应标注齿轮的精度等级和齿厚极限偏差的字母代号。

示例1：齿轮的Ⅰ、Ⅱ、Ⅲ三个公差组精度同为7级、齿厚上偏差为F，下偏差为L，标注为：

7FL　GB10095—88

示例2：齿轮第一公差组精度为7级，第Ⅱ、Ⅲ公差组精度为6级，齿厚上、下偏差为G，M，标注为：

7—6—6　GM　GB10095—88

八、圆柱齿轮精度的应用

表15-21　齿轮精度等级的应用范围

应用范围	精度等级	应用范围	精度等级
测量齿轮	3～5	载重汽车	7～9
汽轮机减速器	3～6	拖拉机、矿山绞车	8～10
金属切削机床	3～8	一般用减速器	6～9
客车底盘	5～7	轧钢机	6～10
货车底盘	6～8	起重机	7～10
轻型汽车	5～8	农业机械	8～11

表15-22　齿轮精度等级的选择

精度等级	圆周速度/$m \cdot s^{-1}$		齿面粗糙度 $R_a/\mu m$	应用范围
	直齿	斜齿		
2～5级				测量用精确齿轮
6级	<15	<25	≯0.4	高速传动齿轮、要求噪音小寿命长，如航空和汽车的高速齿轮，一般分度机构用的齿轮
7级	<10	<18	0.4～0.8	一般机械制造中重要的齿轮和标准系列减速器齿轮
8级	<6	<10	≯1.6	广泛采用于一般机械中次要的齿轮传动，如航空和汽车拖拉机中不重要的齿轮，起重机构的齿轮，农机中重要的齿轮
9级	<3	<5	≯3.2	重载低速工作机械用的传力齿轮
10级 11级	<1 <0.5	<2 <1	≯6.3 ≯12.5	露天应用的粗糙机械上的传力齿轮

表15-23　圆柱齿轮的检验组合

公差组＼部门／等级	测量、分度	蜗轮齿轮	航空、汽车、机床、牵引齿轮		拖拉机、起重机、一般机器	
	3～5	3～6	4～6	6～8	6～9	9～11
第Ⅰ公差组	$\Delta F'_i$ (ΔF_p)	$\Delta F'_i$ (ΔF_p)	ΔF_p ($\Delta F'_i$)	ΔF_r 与 ΔF_W ($\Delta F''_i$ 与 ΔF_W)	$\Delta F''_i$ 与 ΔF_W (ΔF_r 与 ΔF_W)	ΔF_r
第Ⅱ公差组	$\Delta f'$ (Δf_{pb}与 Δf_f)	$\Delta f'_i$ ($\Delta f_{f\beta}$)	Δf_{pb}与 $\Delta f'_i$ (Δf_{pt}与 Δf_f)	$\Delta f''_i$ (Δf_{pb}与 Δf_f)	$\Delta f''_i$ (Δf_{pt}与 Δf_f)	Δf_{pt}
第Ⅲ公差组	ΔF_β	ΔF_{px}	斑点 (ΔF_β)	斑点 (ΔF_β)	斑点 (ΔF_β)	斑点
侧隙	ΔE_s (ΔE_{Wm})	ΔE_s (ΔE_{Wm})	ΔE_s (ΔE_{Wm})	ΔE_s (ΔE_{Wm})	ΔE_s (ΔE_{Wm})	ΔE_s (ΔE_{Wm})

表 15－24　各检验组常用精度等级及测量条件

<table>
<tr><th rowspan="2">检验组</th><th colspan="3">公　差　组</th><th rowspan="2">适用等级</th><th rowspan="2">测　量　条　件</th></tr>
<tr><th>Ⅰ</th><th>Ⅱ</th><th>Ⅲ①</th></tr>
<tr><td>1</td><td>$\Delta F_i'$</td><td>$\Delta f_i'$</td><td>ΔF_β</td><td>5～8</td><td>单面啮合仪、齿轮万能测量机、齿向仪</td></tr>
<tr><td>2</td><td>$\Delta F_i''$ 与 ΔF_W</td><td>$\Delta f_i''$</td><td>ΔF_β</td><td>6～9</td><td>双面啮合仪、齿向仪、公法线千分尺</td></tr>
<tr><td>3</td><td>ΔF_p 与 ΔF_{pK}</td><td>Δf_f 与 Δf_{pt}</td><td>ΔF_β</td><td>3～7</td><td>齿距仪、齿形仪、齿向仪</td></tr>
<tr><td>4</td><td>ΔF_p 与 ΔF_{pK}</td><td>Δf_{pb}与 Δf_{pt}</td><td>ΔF_β</td><td>3～7</td><td>齿距仪、齿向仪、基节仪</td></tr>
<tr><td>5</td><td>ΔF_r 与 ΔF_W</td><td>Δf_{pb}与 Δf_f</td><td>ΔF_β</td><td>6～8</td><td>跳动仪、齿形仪、基节仪、公法线千分尺</td></tr>
<tr><td>6</td><td>ΔF_r 与 ΔF_W</td><td>Δf_{pt}与 Δf_{pb}</td><td>ΔF_β</td><td>6～8</td><td>跳动仪、基节仪、齿距仪、齿向仪、公法线千分尺</td></tr>
<tr><td>7</td><td>ΔF_r</td><td>Δf_{pt}与 Δf_{pb}</td><td>ΔF_β</td><td>9～12</td><td>跳动仪、齿距仪、齿向仪</td></tr>
<tr><td>8</td><td>ΔF_p（或 ΔF_{pK}）</td><td>$\Delta f_{f\beta}$</td><td>ΔF_{px}</td><td>3～6</td><td>齿距仪、波度仪、轴向齿距仪</td></tr>
</table>

①　可用接触斑点的检验来代替 ΔF_β 或 ΔF_{px}。

表 15－25　齿轮主要表面粗糙度 R_a 值　　μm

<table>
<tr><td colspan="2">齿轮精度</td><td>5</td><td>6</td><td colspan="2">7</td><td>8</td><td colspan="2">9</td></tr>
<tr><td colspan="2">齿轮基准孔</td><td>0.8～0.4</td><td>≯1.6</td><td colspan="2">6.3～1.6</td><td>6.3～1.6</td><td colspan="2">≯6.3</td></tr>
<tr><td colspan="2">齿轮轴基准轴颈</td><td>≯0.4</td><td>≯0.8</td><td colspan="2">≯1.6</td><td>≯3.2</td><td colspan="2">≯3.2</td></tr>
<tr><td colspan="2">齿轮顶圆</td><td>3.2～1.6</td><td colspan="6">≯6.3</td></tr>
<tr><td colspan="2">齿轮基准端面</td><td>3.2～1.6</td><td colspan="3">6.3～3.2</td><td colspan="3">≯6.3</td></tr>
<tr><td rowspan="2">轮齿齿面</td><td>粗糙度</td><td>0.8～0.4</td><td>1.6～0.8</td><td>≯1.6</td><td>≯3.2</td><td>≯6.3(3.2)</td><td>≯6.3</td><td>≯12.5</td></tr>
<tr><td>加工方法</td><td>磨</td><td>磨或珩</td><td>剃珩</td><td>精滚精插</td><td>插或滚</td><td>插滚</td><td>铣</td></tr>
</table>

注：不同精度组合时，按最高精度等级。

§15.2　锥齿轮和准双曲面齿轮精度

国标 GB11365—89《锥齿轮和准双曲面齿轮精度》适用于中点法向模数 $m_n \geqslant 1$ mm 的直齿、斜齿、曲线齿和准双曲面齿轮。

一、术语、定义和代号

表 15－26　齿轮、齿轮副误差及侧隙的定义和代号

名　称	代　号	定　义	名　称	代　号	定　义
切向综合误差 切向综合公差	$\Delta F'_i$ F'_i	被测齿轮与理想精确的测量齿轮按规定的安装位置单面啮合时，被测齿轮一转内，实际转角与理论转角之差的总幅度值。以齿宽中点分度圆弧长计	周期误差 周期误差的公差	$\Delta f'_{zK}$ f'_{zK}	被测齿轮与理想精确的测量齿轮按规定的安装位置单面啮合时，被测齿轮一转内，二次（包括二次）以上各次谐波的总幅度值
一齿切向综合误差 一齿切向综合公差	$\Delta f'_i$ f'_i	被测齿轮与理想精确的测量齿轮按规定的安装位置单面啮合时，被测齿轮一齿距角内，实际转角与理论转角之差的最大幅度值。以齿宽中点分度圆弧长计	齿距累积误差 齿距累积公差	ΔF_p F_p	在中点分度圆①上，任意两个同侧齿面间的实际弧长与公称弧长之差的最大绝对值
			K 个齿距累积误差 K 个齿距累积公差	ΔF_{pK} F_{pK}	在中点分度圆①上，K 个齿距的实际弧长与公称弧长之差的最大绝对值。K 为 2 到小于 $z/2$ 的整数
轴交角综合误差 轴交角综合公差	$\Delta F''_{i\Sigma}$ $F''_{i\Sigma}$	被测齿轮与理想精确的测量齿轮在分锥顶点重合的条件下双面啮合时，被测齿轮一转内，齿轮副轴交角的最大变动量。以齿宽中点处线值计	齿圈跳动 齿圈跳动公差	ΔF_r F_r	齿轮一转范围内，测头在齿槽内与齿面中部双面接触时，沿分锥法向相对齿轮轴线的最大变动量
一齿轴交角综合误差 一齿轴交角综合公差	$\Delta f'_{i\Sigma}$ $f'_{i\Sigma}$	被测齿轮与理想精确的测量齿轮在分锥顶点重合的条件下双面啮合时，被测齿轮一齿距角内，齿轮副轴交角的最大变动量。以齿宽中点处线值计	齿距偏差 齿距极限偏差 上偏差 下偏差	Δf_{pt} $+f_{pt}$ $-f_{pt}$	在中点分度圆①上，实际齿距与公称齿距之差

续表 15－26

名　称	代　号	定　义
齿形相对误差 齿形相对误差的公差	Δf_c f_c	齿轮绕工艺轴线旋转时，各轮齿实际齿面相对于基准实际齿面传递运动的转角之差。以齿宽中点处线值计
齿厚偏差 齿厚极限偏差 上偏差 下偏差 公　差	ΔE_s $E_{\bar{s}s}$ $E_{\bar{s}i}$ $T_{\bar{s}}$	齿宽中点法向弦齿厚的实际值与公称值之差
齿轮副切向综合误差 齿轮副切向综合公差	$\Delta F'_{ic}$ F'_{ic}	齿轮副按规定的安装位置单面啮合时，在转动的整周期[2]内，一个齿轮相对另一个齿轮的实际转角与理论转角之差的总幅度值。以齿宽中点分度圆弧长计
齿轮副一齿切向综合误差 齿轮副一齿切向综合公差	$\Delta f'_{ic}$ f'_{ic}	齿轮副按规定的安装位置单面啮合时，在一齿距角内，一个齿轮相对另一个齿轮的实际转角与理论转角之差的最大值。在整周期[2]内取值，以齿宽中点分度圆弧长计
齿轮副轴交角综合误差 齿轮副轴交角综合公差	$\Delta F''_{i\Sigma c}$ $F''_{i\Sigma c}$	齿轮副在分锥顶点重合条件下双面啮合时，在转动的整周期[2]内，轴交角的最大变动量。以齿宽中点处线值计
齿轮副一齿轴交角综合误差 齿轮副一齿轴交角综合公差	$\Delta f''_{i\Sigma c}$ $f''_{i\Sigma c}$	齿轮副在分锥顶点重合条件下双面啮合时，在一齿距角内，轴交角的最大变动量。在整周期[2]内取值，以齿宽中点处线值计
齿轮副周期误差 齿轮副周期误差的公差	$\Delta f'_{zKc}$ f'_{zKc}	齿轮副按规定的安装位置单面啮合时，在大轮一转范围内，二次(包括二次)以上各次谐波的总幅度值
齿轮副齿频周期误差 齿轮副齿频周期误差的公差	$\Delta f'_{zzc}$ f'_{zzc}	齿轮副按规定的安装位置单面啮合时，以齿数为频率的谐波的总幅度值
接触斑点		安装好的齿轮副(或被测齿轮与测量齿轮)在轻微力的制动下运转后，齿面上得到的接触痕迹。 接触斑点包括形状、位置、大小三方面的要求。 接触痕迹的大小按百分比确定： 沿齿长方向一接触痕迹长度 b'' 与工作长度 b' 之比的百分数，即 $\frac{b''}{b'}\times 100\%$； 沿齿高方向一接触痕迹高度 h'' 与接触痕迹中部的工作齿高 h' 之比的百分数，即 $\frac{h''}{h'}\times 100\%$

名　称	代　号	定　义
齿轮副侧隙 圆周侧隙 A-A 旋转 2.5:1 j_t 法向侧隙 C 向旋转 2.5:1 B B B-B j_n	j_t j_n	齿轮副按规定的位置安装后，其中一个齿轮固定时，另一个齿轮从工作齿面接触到非工作齿面接触所转过的齿宽中点节圆弧长 齿轮副按规定的位置安装后，工作齿面接触时，非工作齿面间的最短距离。以齿宽中点处计 $j_n = j_t\cos\beta\cos\alpha$
最小圆周侧隙	$j_{t\,min}$	
最大圆周侧隙	$j_{t\,max}$	
最小法向侧隙	$j_{n\,min}$	
最大法向侧隙	$j_{n\,max}$	
齿输副侧隙变动量	ΔF_{vj}	齿轮副按规定的位置安装后，在转动的整周期②内，法向侧隙的最大值与最小值之差
齿轮副侧隙变动公差	F_{vj}	

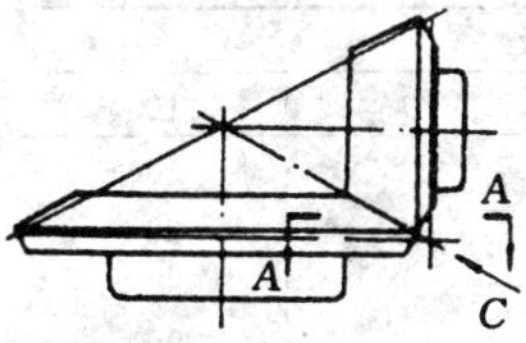

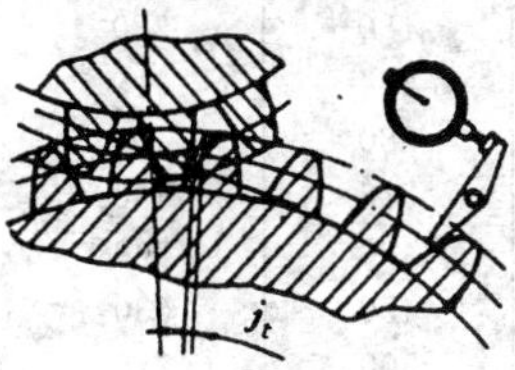

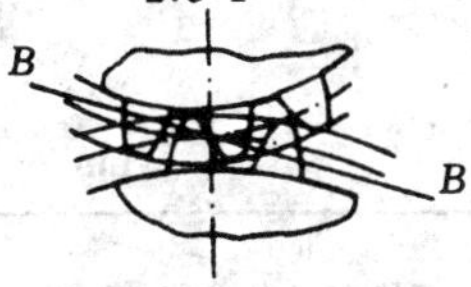

名　称	代　号	定　义
齿圈轴向位移 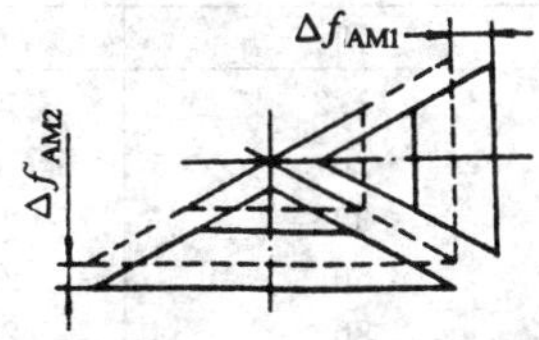 Δf_{AM1} Δf_{AM2}	Δf_{AM}	齿轮装配后，齿圈相对于滚动检查机上确定的最佳啮合位置的轴向位移量
齿圈轴向位移极限偏差		
上偏差	$+f_{AM}$	
下偏差	$-f_{AM}$	
齿轮副轴间距偏差 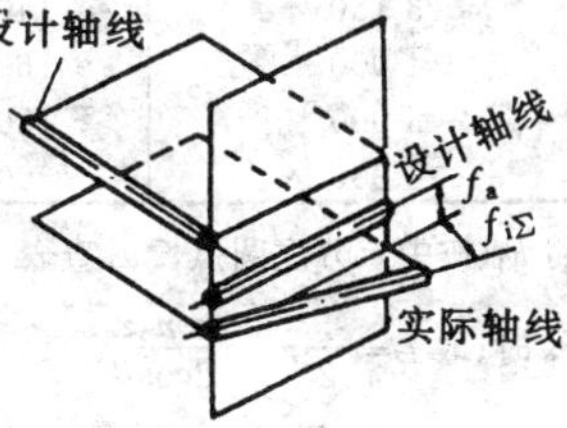 设计轴线 设计轴线 f_a $f_{i\Sigma}$ 实际轴线	Δf_a	齿轮副实际轴间距与公称轴间距之差
齿轮副轴间距极限偏差		
上偏差	$+f_a$	
下偏差	$-f_a$	
齿轮副轴交角偏差	ΔE_Σ	齿轮副实际轴交角与公称轴交角之差。以齿宽中点处线值计
齿轮副轴交角极限偏差		
上偏差	$+E_\Sigma$	
下偏差	$-E_\Sigma$	

注：① 允许在齿面中部测量。

② 齿轮副转动整周期按下式计算：$n_2 = \frac{z_1}{x}$

式中，n_2——大轮转数；z_1——小轮齿数；x——大、小轮齿数的最大公约数。

二、各项公差和极限偏差

表 15－27　齿距累积公差 F_p 和 k 个齿距累积公差 F_{pk} 值　　μm

L/mm		精度等级				
大于	到	6	7	8	9	10
—	11.2	11	16	22	32	45
11.2	20	16	22	32	45	63
20	32	20	28	40	56	80
32	50	22	52	45	63	90
50	80	25	36	50	71	100
80	160	32	45	63	90	125
160	315	45	63	90	125	180
315	630	63	90	125	180	250
630	1 000	80	112	160	224	315
1 000	1 600	100	140	200	280	400
1 600	2 500	112	160	224	315	450
2 500	3 150	140	200	280	400	560
3 150	4 000	160	224	315	450	630
4 000	5 000	180	250	355	500	710
5 000	6 300	200	280	400	560	800

注：F_p 和 F_{pk}按中点分度圆弧长 L 查表：

查 F_p 时，取 $L=\frac{1}{2}\pi d=\frac{\pi m_n z}{2\cos\beta}$；

查 F_{pk}时，取 $L=\frac{k\pi m_n}{\cos\beta}$（没有特殊要求时，$k$ 值取 $z/6$ 或最接近的整齿数）。

表 15－28　圆锥齿轮的 f_c、f_{pt}、F_r 值　　μm

中点分度圆直径/mm		中点法向模数/mm	齿形相对误差的公差 f_c 值			齿距极限偏差±f_{pt}的 f_{pt}值				齿圈跳动公差 F_r 值			
			精度等级										
大于	到		6	7	8	7	8	9	10	7	8	9	10
—	125	≥1～3.5	5	8	10	14	20	28	40	36	45	56	71
		＞3.5～6.3	6	9	13	18	25	36	50	40	50	63	80
		＞6.3～10	8	11	17	20	28	40	56	45	56	71	90
		＞10～16	10	15	22	24	34	48	67	50	63	80	100
125	400	≥1～3.5	7	9	13	16	22	32	45	50	63	80	100
		＞3.5～6.3	8	11	15	20	28	40	56	56	71	90	112
		＞6.3～10	9	13	19	22	32	45	65	63	80	100	125
		＞10～16	11	17	25	25	36	50	71	71	90	112	140
		＞16～25	—	22	34	32	45	63	90	80	100	125	160
400	800	≥1～3.5	9	12	18	18	25	36	50	63	80	100	125
		＞3.5～6.3	10	14	20	20	28	40	56	71	90	112	140
		＞6.3～10	11	16	24	25	36	50	71	80	100	125	160
		＞10～16	13	20	30	28	40	56	80	90	112	140	180
		＞16～25	—	25	38	36	50	71	100	100	125	160	200
		＞25～40	—	—	53	—	63	90	125	—	140	180	224
800	1 600	≥1～3.5	—	—	—	—	—	—	—	—	—	—	—
		＞3.5～6.3	13	19	28	22	32	45	63	80	100	125	160
		＞6.3～10	14	21	32	25	36	50	71	90	112	140	180
		＞10～16	16	25	38	28	40	56	80	100	125	160	200
		＞16～25	—	30	48	36	50	71	100	112	140	180	224
		＞25～40	—	—	60	—	63	90	125	—	160	200	260

表 15－29　圆锥齿轮的 $F''_{i\Sigma c}$、F_{vj}、$f''_{i\Sigma c}$ 值　μm

中点分度圆直径/mm		中点法向模数/mm	齿轮副轴交角综合公差 $F''_{i\Sigma c}$ 值				侧隙变动公差 F_{vj} 值		齿轮副相邻齿轴交角综合公差 $f''_{i\Sigma c}$ 值			
			精度等级									
大于	到		7	8	9	10	9	10	7	8	9	10
—	125	⩾1～3.5	67	85	110	130	75	90	28	40	53	67
		>3.5～6.3	75	95	120	150	80	100	36	50	60	75
		>6.3～10	85	105	130	170	90	120	40	56	71	90
		>10～16	100	120	150	190	105	130	48	67	85	105
125	400	⩾1～3.5	100	125	160	190	110	140	32	45	60	75
		>3.5～6.3	105	130	170	200	120	150	40	56	67	80
		>6.3～10	120	150	180	220	130	160	45	63	80	100
		>10～16	130	160	200	250	140	170	50	71	90	120
		>16～25	150	190	220	280	160	200	—	—	—	—
400	800	⩾1～3.5	130	160	200	260	140	180	36	50	67	80
		>3.5～6.3	140	170	220	280	150	190	40	56	75	90
		>6.3～10	150	190	240	300	160	200	50	71	85	105
		>10～16	160	200	260	320	180	220	56	80	100	130
		>16～25	180	240	280	360	200	250	—	—	—	—
		>25～40	—	280	340	420	240	300	—	—	—	—
800	1 600	⩾1～3.5	150	180	240	280	—	—	—	—	—	—
		>3.5～6.3	160	200	250	320	170	220	45	63	80	105
		>6.3～10	180	220	280	360	200	250	50	71	90	120
		>10～16	200	250	320	400	220	270	56	80	110	140
		>16～25	—	280	340	450	240	300	—	—	—	—
		>25～40	—	320	400	500	280	340	—	—	—	—

注：对 F_{vj}：1. 取大小轮中点分度圆直径之和的一半作为查表直径。

2. 对于齿数比为整数，且不大于 3(1、2、3)的齿轮副，当采用选配时，可将侧隙变动公差 F_{vj} 值压缩 25%或更多。

表 15-30　周期误差的公差 f'_{zk} 值（齿轮副周期误差的公差 f'_{zkc} 值）　μm

中点分度圆直径/mm		中点法向模数/mm	精度等级																										
			6									7									8								
			齿轮在一转（齿轮副在大轮一转）内的周期数 K																										
大于	到		≥2~4	>4~8	>8~16	>16~32	>32~63	>63~125	>125~250	>250~500	>500	≥2~4	>4~8	>8~16	>16~32	>32~63	>63~125	>125~250	>250~500	>500	≥2~4	>4~8	>8~16	>16~32	>32~63	>63~125	>125~250	>250~500	>500
—	125	≥1~6.3	11	8	6	4.8	3.8	3.2	3	2.6	2.5	17	13	10	8	6	5.5	4.5	4.2	4	25	18	13	10	8.5	7.5	6.7	6	5.6
		>6.3~10	13	9.5	7.1	5.6	4.5	3.8	3.4	3	2.8	21	15	11	9	7.1	6	5.3	5	4.5	28	21	16	12	10	8.5	7.5	7	6.7
125	400	≥1~6.3	16	11	8.5	6.7	5.6	4.8	4.2	3.8	3.6	25	18	13	10	9	7.5	6.7	6	5.6	36	26	19	15	12	10	9	8.5	8
		>6.3~10	18	13	10	7.5	6	5.3	4.5	4.2	4	28	20	16	12	10	8	7.5	6.7	6.3	40	30	22	17	14	12	10.5	10	8.5
400	800	≥1~6.3	21	15	11	9	7.1	6	5.3	5	4.8	32	24	18	4	11	10	8.5	8	7.5	45	32	25	19	16	13	12	11	10
		>6.3~10	22	17	12	9.5	7.5	6.7	6	5.3	5	36	26	19	15	12	10	9.5	8.5	8	50	36	28	21	17	15	13	12	11
800	1 600	≥1~6.3	24	17	15	10	8	7.5	7	6.3	6	36	26	20	16	13	11	10	8.5	8	53	38	28	22	18	15	14	12	11
		>6.3~10	27	20	15	12	9.5	8	7.1	6.7	6.3	42	30	22	18	15	12	11	10	9.5	63	44	32	26	22	18	16	14	13

表 15-31　齿轮副齿频周期误差的公差 f'_{zzc} 值　μm

齿数		中点法向模数/mm	精度等级		
大于	到		6	7	8
—	16	≥1~3.5	10	15	22
		>3.5~6.3	12	18	28
		>6.3~10	14	22	32
16	32	≥1~3.5	10	16	24
		>3.5~6.3	13	19	28
		>6.3~10	16	24	34
		>10~16	19	28	42
32	63	≥1~3.5	11	17	24
		>3.5~6.3	14	20	30
		>6.3~10	17	24	36
		>10~16	20	30	45
63	125	≥1~3.5	12	18	25
		>3.5~6.3	15	22	32
		>6.3~10	18	26	38
		>10~16	22	34	48
125	250	≥1~3.5	13	19	28
		>3.5~6.3	16	24	34
		>6.3~10	19	30	42
		>10~16	24	36	53
250	500	≥1~3.5	14	21	30
		>3.5~6.3	18	28	40
		>6.3~10	22	34	48
		>10~16	28	42	60
500	—	≥1~3.5	16	24	34
		>3.5~6.3	21	30	45
		>6.3~10	25	38	56
		>10~16	32	48	71

注：1. 表中齿数为齿轮副中大轮齿数。

2. 表中数值用于纵向有效重合度 $\varepsilon_{\beta e} \leqslant 0.45$ 的齿轮副，对 $\varepsilon_{\beta e} > 0.45$ 的齿轮副，按附录 A 中的规定。

表 15-32　最小法向侧隙 $j_{n\,min}$ 值　μm

中点锥距/mm		小轮分锥角/(°)		最小法向侧隙种类					
大于	到	大于	到	h	e	d	c	b	a
—	50	—	15	0	15	22	36	58	90
		15	25	0	21	33	52	84	130
		25	—	0	25	39	62	100	160
50	100	—	15	0	21	33	52	84	130
		15	25	0	25	39	62	100	160
		25	—	0	30	46	74	120	190
100	200	—	15	0	25	39	62	100	160
		15	25	0	35	54	87	140	220
		25	—	0	40	63	100	160	250
200	400	—	15	0	30	46	74	120	190
		15	25	0	46	72	115	185	290
		25	—	0	52	81	130	210	320
400	800	—	15	0	40	63	100	160	250
		15	25	0	57	89	140	230	360
		25	—	0	70	110	175	280	440
800	1 600	—	15	0	52	81	130	210	320
		15	25	0	80	125	200	320	500
		25	—	0	105	165	260	420	660
1 600	—	—	15	0	70	110	175	280	440
		15	25	0	125	195	310	500	780
		25	—	0	175	280	440	710	1 100

注：1. 正交齿轮副按中点锥距 R_m 查表。非正交齿轮副按下式算出的 R' 查表：

$$R' = \frac{R_m}{2}(\sin 2\delta_1 + \sin 2\delta_2)$$

式中 δ_1 和 δ_2 分别为小轮和大轮分锥角。

2. 准双曲面齿轮副按大轮中点锥距 R_{m2} 查表。

表 15-33　安装距极限偏差$\pm f_{AM}$的f_{AM}值

μm

中点锥距/mm		分锥角/(°)		精度等级																													
				6				7					8							9							10						
				中点法向模数/mm																													
大于	到	大于	到	>1~3.5	≥3.5~6.3	>6.3~10	>10~16	≥1~3.5	>3.5~6.3	>6.3~10	>10~16	>16~25	≥1~3.5	>3.5~6.3	≥6.3~10	>10~16	>16~25	>25~40	>40~55	≥1~3.5	>3.5~6.3	≥6.3~10	>10~16	>16~25	>25~40	>40~55	≥1~3.5	>3.5~6.3	>6.3~10	>10~16	>16~25	>25~40	>40~55
—	50	—	20	14	8	—	—	20	11	—	—	—	28	16	—	—	—	—	—	40	22	—	—	—	—	—	56	32	—	—	—	—	—
		20	45	12	6.7	—	—	17	9.5	—	—	—	24	13	—	—	—	—	—	34	19	—	—	—	—	—	48	26	—	—	—	—	—
		45	—	5	2.8	—	—	11	4	—	—	—	10	5.6	—	—	—	—	—	14	8	—	—	—	—	—	20	11	—	—	—	—	—
50	100	—	20	48	26	17	13	67	38	24	18	—	95	53	34	26	—	—	—	140	75	50	38	—	—	—	190	105	71	50	—	—	—
		20	45	40	22	15	11	56	32	21	16	—	80	45	30	22	—	—	—	120	63	42	30	—	—	—	160	90	60	45	—	—	—
		45	—	17	9.5	6	4.5	24	13	8.5	6.7	—	34	17	12	9	—	—	—	48	26	17	15	—	—	—	67	38	24	18	—	—	—
100	200	—	20	105	60	38	28	150	80	53	40	30	200	120	75	56	45	36	—	300	160	105	80	63	50	—	420	240	150	110	85	71	—
		20	45	90	50	32	24	130	71	45	34	26	180	100	63	48	46	30	—	260	140	90	67	53	42	—	360	190	130	95	75	60	—
		45	—	38	21	13	10	53	30	19	14	11	75	40	26	20	15	13	—	105	60	38	28	22	18	—	150	80	53	40	30	25	—
200	400	—	20	240	130	85	60	340	180	120	85	67	480	250	170	120	95	75	67	670	360	240	170	130	105	95	950	500	320	240	190	150	130
		20	45	200	105	71	50	280	150	100	71	56	400	210	140	100	80	63	56	560	300	200	150	110	90	80	800	420	280	200	160	130	110
		45	—	85	45	30	21	120	63	40	30	22	170	90	60	42	32	26	22	240	130	85	60	48	38	32	340	180	120	85	67	53	45
400	800	—	20	530	280	186	130	750	400	250	180	140	1050	560	360	260	200	160	140	1500	800	500	380	280	220	190	2100	1100	710	500	400	320	280
		20	45	450	240	150	110	630	340	210	160	120	900	480	300	220	170	130	120	1300	670	440	300	240	190	170	1700	950	600	440	340	260	240
		45	—	190	100	63	45	270	140	90	67	50	380	200	125	90	70	56	48	530	280	180	130	100	80	71	750	400	250	180	140	110	100
800	1600	—	20	—	—	380	280	—	—	560	400	300	—	—	750	560	420	340	280	—	—	1100	800	600	480	400	—	—	1500	1100	420	670	560
		20	45	—	—	—	240	—	—	—	340	250	—	—	—	480	360	280	240	—	—	—	670	500	400	340	—	—	—	950	360	560	480
		45	—	—	—	—	100	—	—	—	140	105	—	—	—	200	150	120	100	—	—	—	280	210	170	140	—	—	—	400	150	240	200

表 15-34 齿厚上偏差 E_{ss} 值

μm

	中点法向模数/mm	中点分度圆直径/mm											
		125			>125~400			>400~800			>800~1 600		
		分锥角/(°)											
		≤20	>20~45	>45	≤20	>20~45	>45	≤20	>20~45	>45	≤20	>20~45	>45
基本值	≥1~3.5	−20	−20	−22	−28	−32	−30	−36	−50	−45	—	—	—
	>3.5~6.3	−22	−22	−25	−32	−32	−30	−38	−55	−45	−75	−85	−80
	>6.3~10	−25	−25	−28	−36	−36	−34	−40	−55	−50	−80	−90	−85
	>10~16	−28	−28	−30	−36	−38	−36	−48	−60	−55	−80	−100	−85
	>16~25	—	—	—	−40	−40	−40	−50	−65	−60	−80	−100	−90

	最小法向侧隙种类	第Ⅱ公差组精度等级				
		4~6	7	8	9	10
系数	h	0.9	1.0	—	—	—
	e	1.45	1.6	—	—	—
	d	1.8	2.0	2.2	—	—
	c	2.4	2.7	3.0	3.2	—
	b	3.4	3.8	4.2	4.6	4.9
	a	5.0	5.5	6.0	6.6	7.0

注：1. 各最小法向侧隙种类和各精度等级齿轮的 E_{ss} 值，由基本值栏查出的数值乘以系数得出。

2. 当轴交角公差带相对零线不对称时，E_{ss} 值应作修正，修正方法按附录 A 中的规定。

3. 允许把大、小轮齿厚上偏差（E_{ss2}、E_{ss1}）之和，重新分配在两个齿轮上。

4. 分度圈齿厚、齿高可查表 15-14 计算。

表 15-35 齿厚公差 T_s 值

μm

齿圈跳动公差		法向侧隙公差种类				
大于	到	H	D	C	B	A
—	8	21	25	30	40	52
8	10	22	28	34	45	55
10	12	24	30	36	48	60
12	16	26	32	40	52	65
16	20	28	36	45	58	75
20	25	32	42	52	65	85
25	32	38	48	60	75	95
32	40	42	55	70	85	110
40	50	50	65	80	100	130
50	60	60	75	95	120	150
60	80	70	90	110	130	180
80	100	90	110	140	170	220
100	125	110	130	170	200	260
125	160	130	160	200	250	320
160	200	160	200	260	320	400
200	250	200	250	320	380	500
250	320	240	300	400	480	630
320	400	300	380	500	600	750
400	500	380	480	600	750	950
500	630	450	500	750	950	1180

表 15-36　最大法向侧隙 $j_{n\max}$ 的制造误差补偿部分 $E_{\bar{s}\Delta}$ 值　μm

第Ⅱ公差组精度等级	中点法向模数/mm	中点分度圆直径/mm											
		≤125			>125～400			>400～800			>800～1600		
		分锥角/(°)											
		≤20	>20～45	>45	≤20	>20～45	>45	≤20	>20～45	>45	≤20	>20～45	>45
4～6	≥1～3.5	18	18	20	25	28	28	32	45	40	—	—	—
	>3.5～6.3	20	20	22	28	28	28	34	50	40	67	75	72
	>6.3～10	22	22	25	32	32	30	36	50	45	72	80	75
	>10～16	25	25	28	32	34	32	45	55	50	72	90	75
	>16～25	—	—	—	36	36	36	45	56	45	72	90	85
7	≥1～3.5	20	20	22	28	32	30	36	50	45	—	—	—
	>3.5～6.3	22	22	25	32	32	30	38	55	45	75	85	80
	>6.3～10	25	25	28	36	36	34	40	55	50	80	90	85
	>10～16	28	28	30	36	38	36	48	60	55	80	100	85
	>16～25	—	—	—	40	40	40	50	65	60	80	100	95
8	≥1～3.5	22	22	24	30	36	32	40	55	50	—	—	—
	>3.5～6.3	24	24	28	36	36	32	42	60	50	80	90	85
	>6.3～10	28	28	30	40	40	38	45	60	56	85	100	95
	>10～16	30	30	32	40	42	40	55	65	60	85	110	95
	>16～25	—	—	—	45	45	45	55	72	65	85	110	105
9	≥1～3.5	24	24	25	32	38	36	45	65	55	—	—	—
	>3.5～6.3	25	25	30	38	38	36	45	65	55	90	100	95
	>6.3～10	30	30	32	45	45	40	48	65	60	95	110	100
	>10～16	32	32	36	45	45	45	48	70	65	95	120	100
	>16～25	—	—	—	48	48	48	60	75	70	95	120	115
10	≥1～3.5	25	25	28	36	42	40	48	65	60	—	—	—
	>3.5～6.3	28	28	32	42	42	40	50	70	60	95	110	105
	>6.3～10	32	32	36	48	48	45	50	70	65	105	115	110
	>10～16	36	36	40	48	50	48	60	80	70	105	130	110
	>16～25	—	—	—	50	50	50	65	85	80	105	130	125

表 15-37　轴间距极限偏差 $\pm f_a$ 的 f_a 值　μm

中点锥距/mm		精度等级				
大于	到	6	7	8	9	10
—	50	12	18	28	36	67
50	100	15	20	30	45	75
100	200	18	25	36	55	90
200	400	25	30	45	75	120
400	800	30	36	60	90	150
800	1600	40	50	85	130	200
1600	—	56	67	100	160	280

注：1. 表中数值用于无纵向修形的齿轮副。对纵向修形的齿轮副，按附录 A 中的规定。

2. 准双曲面齿轮副按大轮中点锥距 R_{m2} 查表。

表 15-38　轴交角极限偏差$\pm E_{\Sigma}$的E_{Σ}值　μm

中点锥距/mm		小轮分锥角/(°)		最小法向侧隙种类				
大于	到	大于	到	h、e	d	c	b	a
—	50	—	15	75	11	18	30	45
		15	25	10	16	26	42	63
		25	—	12	19	30	50	80
50	100	—	15	10	16	26	42	63
		15	25	12	19	30	50	80
		25	—	15	22	32	60	95
100	200	—	15	12	19	30	50	80
		15	25	17	26	45	71	110
		25	—	20	32	50	80	125
200	400	—	15	15	22	32	60	95
		15	25	24	36	56	90	140
		25	—	26	40	63	100	160
400	800	—	15	20	32	50	80	125
		15	25	28	45	71	110	180
		25	—	34	56	85	140	220
800	1600	—	15	26	40	63	100	160
		15	25	40	63	100	160	250
		25	—	53	85	130	210	320
1600	—	—	15	34	66	85	140	222
		15	25	63	95	160	250	380
		25	—	85	140	220	340	530

注：1. $\pm E_{\Sigma}$的公差带位置相对于零线，可以不对称或取在一侧。

2. 准双曲面齿轮副按大轮中点锥距R_{m2}查表。

3. 表中数值用于正交齿轮副。对非正交齿轮副按附录A中的规定。

4. 表中数值用于$\alpha=20°$的齿轮副。对$\alpha\neq20°$的齿轮副，按附录A中的规定。

标准附录A对公差计算有如下规定

A1　切向综合公差F_{i}、一齿切向综合公差f_{i}、轴交角综合公差$F''_{i\Sigma}$、一齿轴交角综合公差$f''_{i\Sigma}$值分别按下列关系式计算：

$$F'_{i}=F_{p}+1.15f_{c}$$

$$f'_{i}=0.8(f_{pt}+1.15f_{c})$$

$$F''_{i\Sigma}=0.7F''_{i\Sigma c}$$

$$f''_{i\Sigma}=0.7f''_{i\Sigma c}$$

A2.1　齿轮副切向综合公差F_{ic}值等于两齿轮的切向综合公差(F_{i1}、F_{i2})值之和。

当两齿轮的齿数比为不大于3的整数，且采用选配时，应将F_{ic}值压缩25%或更多。

A2.2　齿轮副一齿切向综合公差值等于两齿轮的一齿切向综合公差(f'_{i1}、f'_{i2})值之和。

A2.3　两齿轮的齿数比为不大于3的整数，且采用选配时，应将表15-29中的F_{vj}值压缩25%。

A2.4　对纵向有效重合度$\varepsilon_{\beta c}>0.45$的齿轮副，表15-31中的$f'_{zzc}$值按以下规定压缩：

$\varepsilon_{\beta c}>0.45\sim0.58$时，表中数值乘0.6。

$\varepsilon_{\beta c}>0.58\sim0.67$时，表中数值乘0.4。

$\varepsilon_{\beta c}>0.67$时，表中数值乘0.3。

纵向有效重合度$\varepsilon_{\beta c}$等于名义纵向重合度ε_{β}乘以齿长方向接触斑点大小百分比的平均值。

A2.5 轴交角公差带相对零线不对称时，E_{ss}数值修正如下：

增大轴交角上偏差时，E_{ss}加上$(E_{\Sigma s}-|E_{\Sigma}|)\mathrm{tg}\alpha$；

减小轴交角上偏差时，E_{ss}减去$(|E_{\Sigma i}|-|E_{\Sigma}|)\mathrm{tg}\alpha$。

式中：$E_{\Sigma s}$——修改后的轴交角上偏差；

$E_{\Sigma i}$——修改后的轴交角下偏差；

E_{Σ}——表15-38中数值；

α——齿形角。

A2.6 对修形齿轮，允许采用低1级的$\pm f_{AM}$值。

当$\alpha\neq20°$时，表15-33中数值乘以$\sin20°/\sin\alpha$。

A2.7 对纵向修形齿轮副允许乘用低1级的$\pm f_a$值。

A2.8 非正交齿轮副的$\pm E_{\Sigma}$值不按表15-38查取，规定为$\pm j_{n\min}/2$。

当$\alpha\neq20°$，表15-38中的$\pm E_{\Sigma}$值乘以$\sin20°/\sin\alpha$。

三、精度等级和公差组

GB11365—89规定了12个精度等级，按精度高低依次为1，2，…，12级。

与圆柱齿轮公差相同，标准将锥齿轮和齿轮副的公差项目也分成三个公差组（见表15-39）。

根据使用要求，允许各公差组选用不同的精度等级。但齿轮副中一对大小齿轮的同一公差组，应规定同一精度等级。

允许工作齿面与非工作齿面选用不同精度等级（$F''_{i\Sigma}$，$F''_{i\Sigma c}$，$f''_{i\Sigma}$，$f''_{i\Sigma c}$，F_r，F_{vj}除外）。

表15-39 锥齿轮公差组

公差组	齿轮	齿轮副
第Ⅰ公差组	F'_i，$F''_{i\Sigma}$，F_p，F_{pk}，F_r	F'_{ic}，$F''_{i\Sigma c}$，F_{vj}
第Ⅱ公差组	f'_i，$f''_{i\Sigma}$，f'_{zk}，f_{pt}，f_c	f'_{ic}，$f''_{i\Sigma c}$，f'_{zkc}，f'_{zzc}，f_{AM}
第Ⅲ公差组	接触斑点	接触斑点，f_a

四、检验组

根据齿轮的工作要求和生产规模，标准规定在各公差组中任选一个检验组评定和验收齿轮精度。

表 15－40　锥齿轮公差组的检验组

第Ⅰ公差组的检验组		第Ⅱ公差组的检验组		第Ⅲ公差组的检验组	
项　目	说　　明	项　目	说　　明	项　目	说　　明
$\Delta F'_i$	用于4～8级精度	$\Delta f'_i$	用于4～8级精度	接触斑点	与精度等级关系见表15－42
$\Delta F''_{i\Sigma}$	用于7～12级精度直齿，9～12级精度斜齿、曲线齿	$\Delta f''_{i\Sigma}$	用于7～12级精度直齿，9～12级精度斜齿、曲线齿		
ΔF_p与ΔF_{pk}	用于4～6级精度	$\Delta f'_{zk}$	用于4～8级精度，纵向重合度ε_β大于表15－41界限值的齿轮		
ΔF_p	用于7～8级精度	Δf_{pt}和Δf_c	用于4～6级精度		
ΔF_r	用于7～12级精度 其中7～8级用于中点分度圆直径大于1600 mm的齿轮	Δf_{pt}	用于7～12级精度		

表 15－41　纵向重合度 ε_β 界限值

第Ⅲ公差组精度等级	4～5	6～7	8
ε_β界限值	1.35	1.56	2.0

表 15－42　接触斑点大小与精度等级的对应关系

精度等级	4～5	6～7	8～9	10～12
沿齿长方向	60%～80%	50%～70%	35%～65%	25%～55%
沿齿高方向	65%～85%	55%～75%	40%～70%	30%～60%

注：范围值用于齿面修形的齿轮，对齿面不作修形的齿轮，不小于其平均值。

五、对齿轮副的检验要求

齿轮副精度包括Ⅰ、Ⅱ、Ⅲ公差组和侧隙四方面要求，当齿轮副安装在实际装置上时，应检验安装误差：Δf_{AM}，Δf_a，ΔE_Σ。

表 15-43 齿轮副公差组检验组

第Ⅰ公差组的检验组		第Ⅱ公差组的检验组		第Ⅲ公差组的检验组	
项　目	说　明	项　目	说　明	项　目	说　明
$\Delta F'_{ic}$	用于 4～8 级精度	$\Delta f'_{ic}$	用于 4～8 级精度	接触斑点	见锥齿轮检验组的规定
$\Delta F''_{i\Sigma c}$	用于 7～12 级精度直齿，9～12 级精度的斜齿、曲线齿锥齿轮副	$\Delta f''_{i\Sigma c}$	用于 7～12 级精度直齿，9～12 级精度的斜齿、曲线齿锥齿轮副		
ΔF_{vj}	用于 9～12 级精度	$\Delta f'_{zkc}$	用于 4～8 级精度，ε_β 大于或等于表 15-41 界限值的齿轮副		
		$\Delta f'_{zzc}$	用于 4～8 级精度，ε_β 小于表 15-41 界限值的齿轮副		

标准规定齿轮副的最小法向侧隙为 6 种：a，b，c，d，e 和 h，其中 a 为最大，h 为零，最小法向侧隙种类与精度等级无关(见表 15-34)。规定齿轮副的法向侧隙公差为 5 种：A，B，C，D 和 H(见图 15-2)。

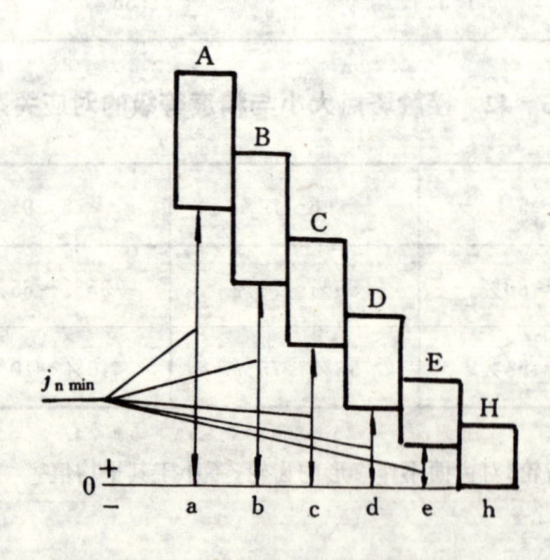

图 15-2 最小法向侧隙

六、对齿坯的检验要求

表 15－44　齿坯尺寸公差

精度等级①	4	5	6	7	8	9	10
轴径尺寸公差	IT4	IT5		IT6		IT7	
孔径尺寸公差	IT5	IT6		IT7		IT8	
外径尺寸极限偏差	0 −IT7	0 −IT8				0 −IT9	

注：IT 为标准公差按 GB/T1800.3—1998《极限与配合基础第 3 部分：标准公差和基本偏差数值表》

① 当三个公差组精度等级不同时，按最高的精度等级确定公差值。

表 15－45　齿坯顶锥母线跳动公差和基准端面跳动公差　　μm

项目		大于	到	精度等级①			
				4	5～6	7～8	9～12
顶锥母线跳动公差	外径	—	30	10	15	25	50
		30	50	12	20	30	60
		50	120	15	25	40	80
		120	250	20	30	50	100
		250	500	25	40	60	120
		500	800	30	50	80	150
		800	1250	40	60	100	200
		1250	2000	50	80	120	250
		2000	3150	60	100	150	300
		3150	5000	80	120	200	400
基准端面跳动公差	基准端面直径	—	30	4	6	10	15
		30	50	5	8	12	20
		50	120	6	10	15	25
		120	250	8	12	20	30
		250	500	10	15	25	40
		500	800	12	20	30	50
		800	1250	15	25	40	60
		1250	2000	20	30	50	80
		2000	3150	25	40	60	100
		3150	5000	30	50	80	120

① 当三个公差组精度等级不同时，按最高的精度等级确定公差值。

表 15-46　齿坯轮冠距和顶锥角极限偏差

中点法向模数/mm	轮冠距极限偏差/μm	顶锥角极限偏差
≤1.2	0 −50	+15′ 0
>1.2～10	0 −75	+8′ 0
>10	0 −100	+8′ 0

七、精度的标注

齿轮工作图上应标注齿轮的精度等级，最小法向侧隙种类的数字(字母)代号。

标注示例：

齿轮的三个公差组同为7级，最小法向侧隙种类为b，法向侧隙公差种类为B，标注为

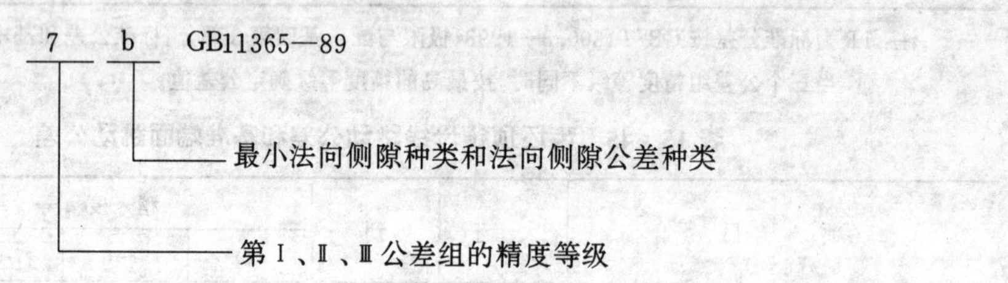

齿轮的三个公差组精度同为7级，最小法向侧隙为400 μm，法向侧隙公差种类为B，标注为

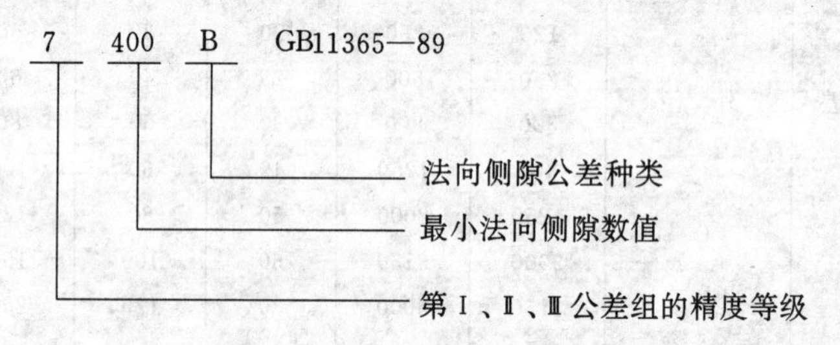

齿轮的第Ⅰ公差组精度为8级，第Ⅱ、Ⅲ公差组精度为7级，最小法向侧隙种类为c，法向侧隙公差种类为B，标注为

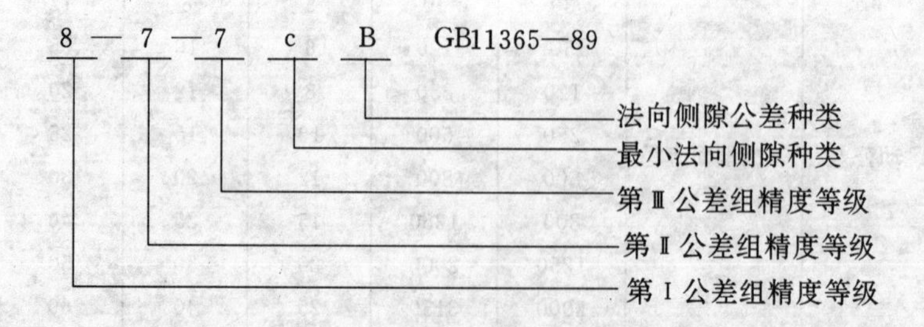

§15.3　圆柱蜗杆、蜗轮精度

标准GB10089—88《圆柱蜗杆、蜗轮精度》适用于下列各项：

ZA——阿基米德蜗杆；ZI——渐开线蜗杆；ZN——法向直廓蜗杆；ZK——锥面包络圆柱蜗杆；ZC——圆弧圆柱蜗杆。

参数范围为：轴交角 90°，模数 $m \geqslant 1$ mm，蜗杆分度圆直径 $d_1 \leqslant 400$ mm，蜗轮分度圆直径 $d_2 \leqslant 4\ 000$ mm。

一、术语、定义和代号

表 15-47　蜗杆、蜗轮误差及侧隙的定义和代号

名　称	代号	定　义
蜗杆螺旋线误差 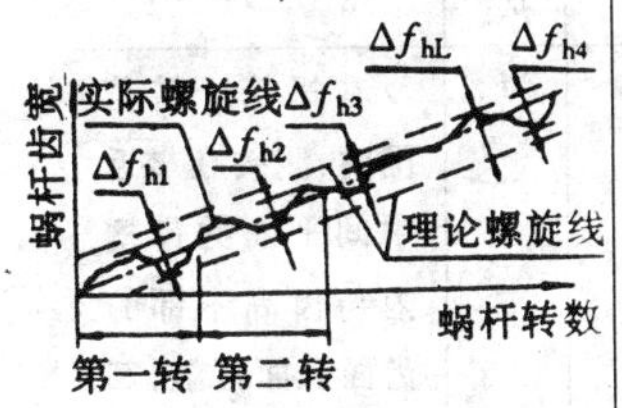 （图注：蜗杆齿宽　实际螺旋线　Δf_{hL}　Δf_{h1}　Δf_{h2}　Δf_{h3}　Δf_{h4}　理论螺旋线　蜗杆转数　第一转　第二转） 蜗杆螺旋线公差	Δf_{hL} f_{hL}	在蜗杆轮齿的工作齿宽范围（两端不完整齿部分应除外）内，蜗杆分度圆柱面①上包容实际螺旋线的最近两条公称螺旋线间的法向距离
蜗杆一转螺旋线误差 蜗杆一转螺旋线公差	Δf_h f_h	在蜗杆轮齿的一转范围内，蜗杆分度圆柱面①上包容实际螺旋线的最近两条理论螺旋线间的法向距离
蜗杆轴向齿距偏差 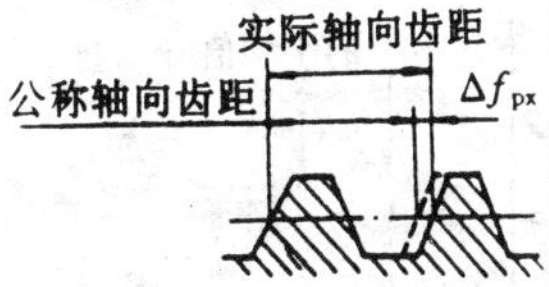 （图注：实际轴向齿距　公称轴向齿距　Δf_{px}） 蜗杆轴向齿距极限偏差 上偏差 下偏差	Δf_{px} $+f_{px}$ $-f_{px}$	在蜗杆轴向截面上实际齿距与公称齿距之差
蜗杆轴向齿距累积误差 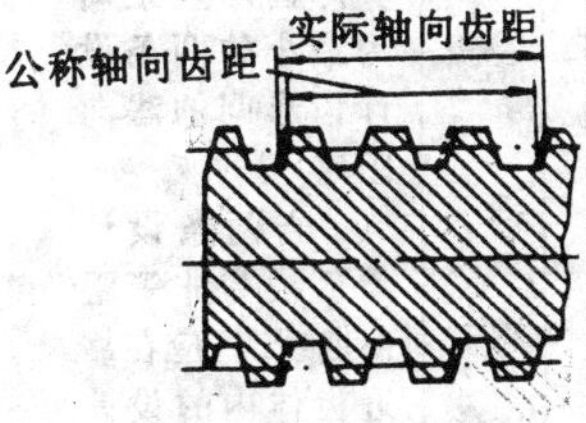 （图注：实际轴向齿距　公称轴向齿距） 蜗杆轴向齿距累积公差	Δf_{pxL} f_{pxL}	在蜗杆轴向截面上的工作齿宽范围（两端不完整齿部分应除外）内，任意两个同侧齿面间实际轴向距离与公称轴向距离之差的最大绝对值
蜗杆齿形误差 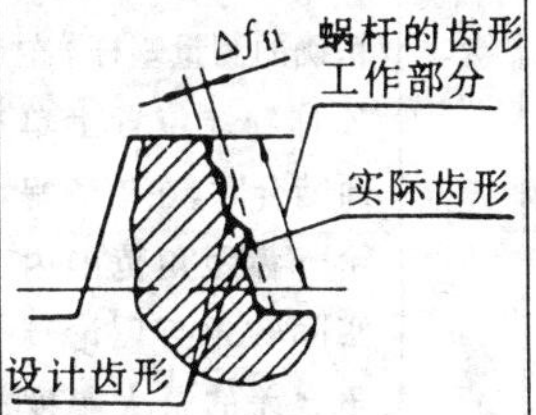 （图注：Δf_{f1}　蜗杆的齿形工作部分　实际齿形　设计齿形） 蜗杆齿形公差	Δf_{f1} f_{f1}	在蜗杆轮齿给定截面上的齿形工作部分内，包容实际齿形且距离为最小的两条设计齿形间的法向距离 当两条设计齿形线为非等距离的曲线时，应在靠近齿体内的设计齿形线的法线上确定其两者间的法向距离
蜗杆齿槽径向跳动 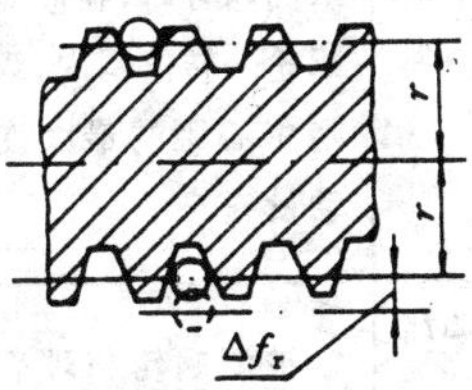 （图注：r　r　Δf_r） 蜗杆齿槽径向跳动公差	Δf_r f_r	在蜗杆任意一转范围内，测头在齿槽内与齿高中部的齿面双面接触，其测头相对于蜗杆轴线的径向最大变动量
蜗杆齿厚偏差 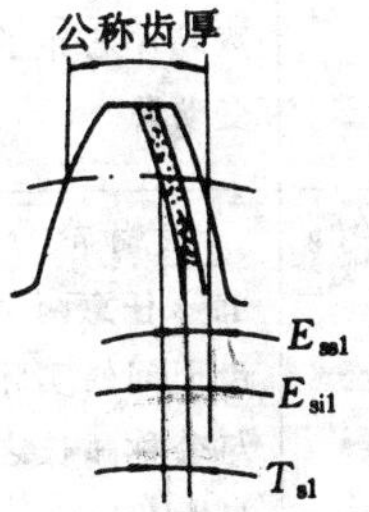 （图注：公称齿厚　E_{ss1}　E_{si1}　T_{s1}） 蜗杆齿厚极限偏差 上偏差 下偏差 蜗杆齿厚公差	ΔE_{s1} E_{ss1} E_{si1} T_{s1}	在蜗杆分度圆柱上，法向齿厚的实际值与公称值之差

续表 15-47

名　　称	代号	定　义
蜗轮切向综合误差 蜗轮切向综合公差	$\Delta F'_i$ F'_i	被测蜗轮与理想精确的测量蜗杆[②]在公称轴线位置上单面啮合时，在被测蜗轮一转范围内实际转角与理论转角之差的总幅度值。以分度圆弧长计
蜗轮一齿切向综合误差 蜗轮一齿切向综合公差	$\Delta f'_i$ f'_i	被测蜗轮与理想精确的测量蜗杆[②]在公称轴线位置上单面啮合时，在被测蜗轮一齿距角范围内实际转角与理论转角之差的最大幅度值。以分度圆弧长计
蜗轮径向综合误差 蜗轮径向综合公差	$\Delta F''_i$ F''_i	被测蜗轮与理想精确的测量蜗杆双面啮合时，在被测蜗轮一转范围内，双啮中心距的最大变动量
蜗轮一齿径向综合误差 蜗轮一齿径向综合公差	$\Delta f''_i$ f''_i	被测蜗轮与理想精确的测量蜗杆双面啮合时，在被测蜗轮一齿距角范围内双啮中心距的最大变动量
蜗轮齿距累积误差 蜗轮齿距累积公差	ΔF_p F_p	在蜗轮分度圆上[③]，任意两个同侧齿面间的实际弧长与公称弧长之差的最大绝对值
蜗轮 K 个齿距累积误差 蜗轮 K 个齿距累积公差	ΔF_{pk} F_{pk}	在蜗轮分度圆上[③]，K 个齿距内同侧齿面间的实际弧长与公称弧长之差的最大绝对值 K 为 2 到小于 $\frac{1}{2}z_2$ 的整数
蜗轮齿圈径向跳动 蜗轮齿圈径向跳动公差	ΔF_r F_r	在蜗轮一转范围内，测头在靠近中间平面的齿槽内与齿高中部的齿面双面接触，其测头相对于蜗轮轴线径向距离的最大变动量
蜗轮齿距偏差 蜗轮齿距极限偏差 上偏差 下偏差	Δf_{pt} $+f_{pt}$ $-f_{pt}$	在蜗轮分度圆上[③]，实际齿距与公称齿距之差 用相对法测量时，公称齿距是指所有实际齿距的平均值
蜗轮齿形误差 蜗轮齿形公差	Δf_{f2} f_{f2}	在蜗轮轮齿给定截面上的齿形工作部分内，包容实际齿形且距离为最小的两条设计齿形间的法向距离 当两条设计齿形线为非等距离曲线时，应在靠近齿体内的设计齿形线的法线上确定其两者间的法向距离

续表 15－47

名　称	代号	定　义
蜗轮齿厚偏差 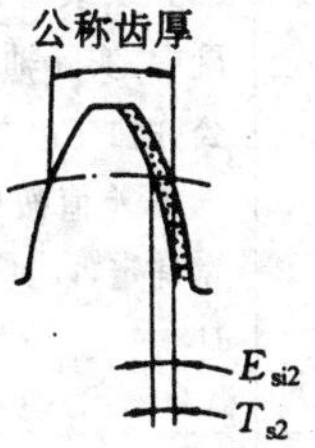	ΔE_{s2}	在蜗轮中间平面上，分度圆齿厚的实际值与公称值之差
蜗轮齿厚极限偏差		
上偏差	E_{ss2}	
下偏差	E_{si2}	
蜗轮齿厚公差	T_{s2}	
蜗杆副的接触斑点 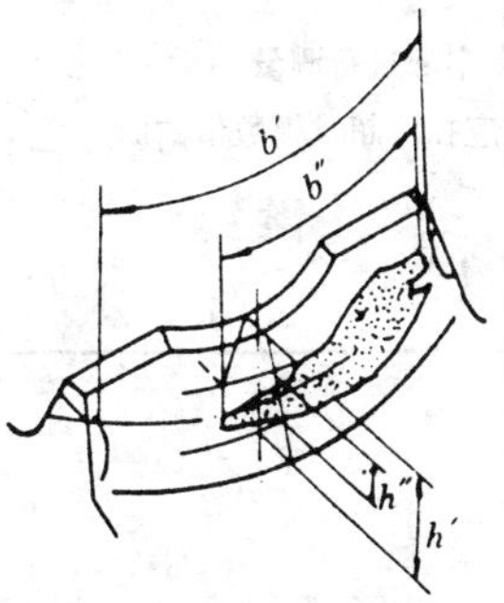 蜗杆的旋转方向 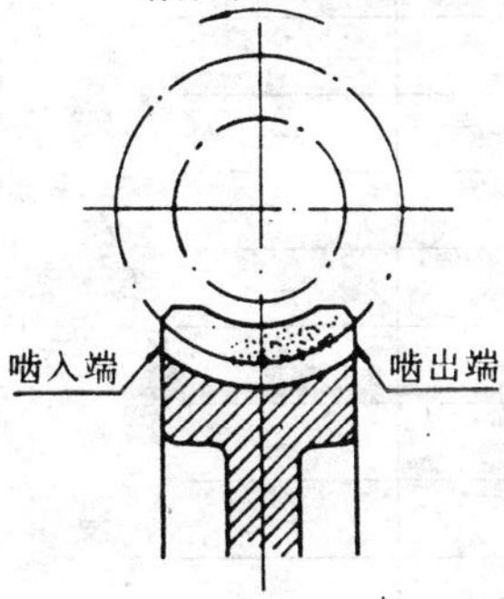		安装好的蜗杆副中，在轻微力的制动下，蜗杆与蜗轮啮合运转后，在蜗轮齿面上分布的接触痕迹。接触斑点以接触面积大小、形状和分布位置表示。 接触面积大小按接触痕迹的百分比计算确定： 沿齿长方向——接触痕迹的长度 b''④与工作长度 b' 之比的百分数。即 $b''/b'\times100\%$； 沿齿高方向——接触痕迹的平均高度 h'' 与工作高度 h' 之比的百分数。即 $h''/h'\times100\%$。 接触形状以齿面接触痕迹总的几何形状的状态确定。 接触位置以接触痕迹离齿面啮入、啮出端或齿顶、齿根的位置确定
蜗杆副切向综合误差 	$\Delta F'_{ic}$	安装好的蜗杆副啮合转动时，在蜗轮和蜗杆相对位置变化的一个整周期内，蜗轮的实际转角与理论转角之差的总幅度值。以蜗轮分度圆弧长计
蜗杆副切向综合公差	F'_{ic}	
蜗杆副一齿切向综合误差	$\Delta f'_{ic}$	安装好的蜗杆副啮合转动时，在蜗轮一转范围内多次重复出现的周期性转角误差的最大幅度值。以蜗轮分度圆弧长计
蜗杆副一切齿切向综合公差	f'_{ic}	
蜗杆副的中心距偏差 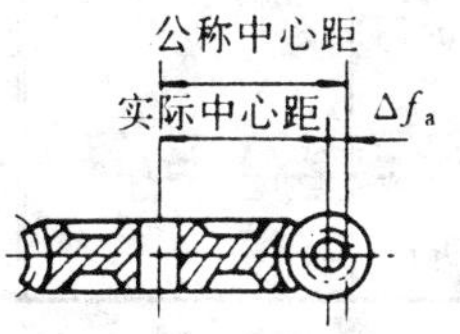	Δf_a	在安装好的蜗杆副中间平面内，实际中心距与公称中心距之差
蜗杆副的中心距极限偏差		
上偏差	$+f_a$	
下偏差	$-f_a$	
蜗杆副的中间平面偏移 	Δf_x	在安装好的蜗杆副中，蜗轮中间平面与传动中间平面之间的距离
蜗杆副的中间平面极限偏差		
上偏差	$+f_x$	
下偏差	$-f_x$	

续表 15-47

名称	代号	定义
蜗杆副的侧隙 圆周侧隙	j_t	在安装好的蜗杆副中，蜗杆固定不动时，蜗轮从工作齿面接触到非工作齿面接触所转过的分度圆弧长
法向侧隙	j_n	在安装好的蜗杆副中，蜗杆和蜗轮的工作齿面接触时，两非工作齿面间的最小距离
最小圆周侧隙	$j_{t\min}$	
最大圆周侧隙	$j_{t\max}$	
最小法向侧隙	$j_{n\min}$	
最大法向侧隙	$j_{n\max}$	

名称	代号	定义
蜗杆副的轴交角偏差 实际轴交角 公称轴交角 Δf_Σ	Δf_Σ	在安装好的蜗杆副中，实际轴交角与公称轴交角之差。 偏差值按蜗轮齿宽确定，以其线性值计
蜗杆副的轴交角极限偏差		
上偏差	$+f_\Sigma$	
下偏差	$-f_\Sigma$	

注：① 允许在靠近蜗杆分度圆柱的同轴圆柱面上检验。
② 允许用配对蜗杆代替测量蜗杆进行检验。这时，也即为蜗杆副的误差。
③ 允许在靠近中间平面的齿高中部进行测量。
④ 在确定接触痕迹长度 b''时，应扣除超过模数值的断开部分。

二、各项公差和极限偏差

表 15-48　蜗杆的公差和极限偏差 f_k、f_{ht}、f_{px}、f_{pxl}、f_{fl}值　μm

代号	模数 m/mm	精度等级				
		6	7	8	9	10
f_k	≥1～3.5	11	14	—	—	—
	>3.5～6.3	14	20	—	—	—
	>6.3～10	18	25	—	—	—
	>10～16	24	32	—	—	—
	>16～25	32	45	—	—	—
f_{ht}	≥1～3.5	22	32	—	—	—
	>3.5～6.3	28	40	—	—	—
	>6.3～10	36	50	—	—	—
	>10～16	45	63	—	—	—
	>16～25	63	90	—	—	—

续表 15－48

代号	模数 m/mm	精度等级				
		6	7	8	9	10
f_{px}	≥1～3.5	7.5	11	14	20	28
	＞3.5～6.3	9	14	20	25	36
	＞6.3～10	12	17	25	32	48
	＞10～16	16	22	32	46	63
	＞16～25	22	32	45	63	85
f_{pxl}	≥1～3.5	13	18	25	36	—
	＞3.5～6.3	16	24	34	48	—
	＞6.3～10	21	32	45	63	—
	＞10～16	28	40	56	80	—
	＞16～25	40	53	75	100	—
f_{f1}	≥1～3.5	11	16	22	32	45
	＞3.5～6.3	14	22	32	45	60
	＞6.3～10	19	28	40	53	75
	＞10～16	25	36	53	75	100
	＞16～25	36	53	75	100	140

注：f_{px}应为正、负值(±)。

表 15－49　蜗杆齿槽径向跳动公差 f_r 值　　μm

分度圆直径 d_1 /mm	模数 m /mm	精度等级				
		6	7	8	9	10
≤10	≥1～3.5	11	14	20	28	40
＞10～18	≥1～3.5	12	15	21	29	41
＞18～31.5	≥1～6.3	12	16	22	30	42
＞31.5～50	≥1～10	13	17	23	32	45
＞50～80	≥1～16	14	18	25	36	48
＞80～125	≥1～16	16	20	28	40	56
＞125～180	≥1～25	18	25	32	45	63
＞180～250	≥1～25	22	28	40	53	75
＞250～315	≥1～25	25	32	45	63	90
＞315～400	≥1～25	28	36	53	71	100

表 15－50　蜗杆齿厚公差 T_{s1} 值　　μm

模数 m/mm	精度等级				
	6	7	8	9	10
≥1～3.5	36	45	53	67	95
＞3.5～6.3	45	56	71	90	130

续表 15-50

模数 m/mm	精度等级				
	6	7	8	9	10
>6.3~10	60	71	90	110	160
>10~16	80	95	120	150	210
>16~25	110	130	160	200	280

注：1. 精度等级按蜗杆第Ⅱ公差组确定。

2. 对传动最大法向侧隙 $j_{n\max}$ 无要求时，允许将蜗杆齿厚公差 T_{s1} 增大，最大不超过两倍。

表 15-51　蜗轮的 F''_i、f''_i、F_r 值　μm

分度圆直径 d_2 /mm	模数 m/mm	蜗轮径向综合公差 F''_i 值					蜗轮一齿径向综合公差 f''_i 值					蜗轮齿圈径向跳动公差 F_r 值				
		精度等级														
		6	7	8	9	10	6	7	8	9	10	6	7	8	9	10
≤125	1~3.5	—	56	71	90	112	—	20	28	36	45	28	40	50	63	80
	>3.5~6.3	—	71	90	112	140	—	25	36	45	56	36	50	63	80	100
	>6.3~10	—	80	100	125	160	—	28	40	50	63	40	56	71	90	112
>125~400	≥1~3.5	—	63	80	100	125	—	22	32	40	50	32	45	56	71	90
	>3.5~6.3	—	80	100	125	160	—	28	40	50	63	40	56	71	90	112
	>6.3~10	—	90	112	140	180	—	32	45	56	71	45	63	80	100	125
	>10~16	—	100	125	160	200	—	36	50	63	80	50	71	90	112	140
>400~800	≥1~3.5	—	90	112	140	180	—	25	36	45	56	45	63	80	100	125
	>3.5~6.3	—	100	125	160	200	—	28	40	50	63	50	71	90	112	140
	>6.3~10	—	112	140	180	224	—	32	45	56	71	56	80	100	125	160
	>10~16	—	140	180	224	280	—	40	56	71	90	71	100	125	160	200
	>16~25	—	180	224	280	355	—	50	71	90	112	90	125	160	200	250
>800~1600	≥1~3.5	—	100	125	160	200	—	28	40	50	63	50	71	90	112	140
	>3.5~6.3	—	112	140	180	224	—	32	45	56	71	56	80	100	125	160
	>6.3~10	—	125	160	200	250	—	36	50	63	80	63	90	112	140	180
	>10~16	—	140	180	224	280	—	40	56	71	90	71	100	125	160	200
	>16~25	—	180	224	280	355	—	50	71	90	112	90	125	160	200	250

表 15-52　蜗轮齿距累积公差 F_p 和 k 个齿距累积公差 F_{pk} 值　μm

分度圆弧长 L/mm	精度等级				
	6	7	8	9	10
≤11.2	11	16	22	32	45
>11.2~20	16	22	32	45	63
>20~32	20	28	40	56	80
>32~50	22	32	45	63	90
>50~80	25	36	50	71	100

续表 15－52

分度圆弧长 L/mm	精度等级				
	6	7	8	9	10
>80～160	32	45	63	90	125
>160～315	45	63	90	125	180
>315～630	63	90	125	180	250
>630～1000	80	112	160	224	315
>1000～1600	100	140	200	280	400
>1600～2500	112	160	224	315	450

注：1. F_p 和 F_{pk} 按分度圆弧长 L 查表：

查 F_p 时，取 $L=\frac{1}{2}\pi d_2=\frac{1}{2}\pi m z_2$；

查 F_{pk} 时，取 $L=k\pi m$（k 为 2 到小于 $z_2/2$ 的整数）。

2. 除特殊情况外，对于 F_{pk}，k 值规定取为小于 $z_2/6$ 的最大整数。

表 15－53　蜗轮的 f_{f2} 和 f_{pt} 值　μm

分度圆直径 d_2 /mm	模数 m/mm	蜗轮齿形公差 f_{f2} 值					蜗轮齿距极限偏差（$\pm f_{pt}$）的 f_{pt} 值				
		精度等级									
		6	7	8	9	10	6	7	8	9	10
≤125	≥1～3.5	8	11	14	22	36	10	14	20	28	40
	>3.5～6.3	10	14	20	32	50	13	18	25	36	50
	>6.3～10	12	17	22	36	56	14	20	28	40	56
>125～400	≥1～3.5	9	13	18	28	45	11	16	22	32	45
	>3.5～6.3	11	16	22	36	56	14	20	28	40	56
	>6.3～10	13	19	28	45	71	16	22	32	45	63
	>10～16	16	22	32	50	80	18	25	36	50	71
>400～800	≥1～3.5	12	17	25	40	63	13	18	25	36	50
	>3.5～6.3	14	20	28	45	71	14	20	28	40	56
	>6.3～10	16	24	36	56	90	18	25	36	50	71
	>10～16	18	26	40	63	100	20	28	40	56	80
	>16～25	24	36	56	90	140	25	36	50	71	100
>800～1600	≥1～3.5	17	24	36	56	90	14	20	28	40	56
	>3.5～6.3	18	28	40	63	100	16	22	32	45	63
	>6.3～10	20	30	45	71	112	18	25	36	50	71
	>10～16	22	34	50	80	125	20	28	40	56	80
	>16～25	28	42	63	100	160	25	36	50	71	100

蜗轮切向综合误差 F_i' 的计算公式为

$$F_i' = F_p + f_{f2}$$

式中，F_p 由表 15－52 中查取；f_{f2} 由表 15－53 中查取。

蜗轮一齿切向综合误差 f_i' 的计算公式为

$$f_i' = 0.6(f_{pt} + f_{f2})$$

式中，f_{pt}可从表 15－53 中查取；f_{f2}可从表 15－53 中查取。

表 15－54　蜗杆传动的$\pm f_x$、$\pm f_a$值　　μm

传动中心距 a /mm	传动中间平面极限偏移$\pm f_x$的 f_x 值					传动中心距极限偏差$\pm f_a$的 f_a 值				
	精度等级									
	6	7	8	9	10	6	7	8	9	10
≤30	14	21		34		17	26		42	
＞30～50	16	25		40		20	31		50	
＞50～80	18.5	30		48		23	37		60	
＞80～120	22	36		56		27	44		70	
＞120～180	27	40		64		32	50		80	
＞180～250	29	47		74		36	58		92	
＞250～315	32	52		85		40	65		105	
＞315～400	36	56		92		45	70		115	
＞400～500	40	63		100		50	78		125	
＞500～630	44	70		112		55	87		140	
＞630～800	50	80		130		62	100		160	
＞800～1000	56	92		145		70	115		180	
＞1000～1250	66	105		170		82	130		210	
＞1250～1600	78	125		200		97	155		250	

表 15－55　蜗杆传动的最小法向侧隙 $j_{n\,min}$值　　μm

传动中心距 a /mm	侧隙种类							
	h	g	f	e	d	c	b	a
≤30	0	9	13	21	33	52	84	130
＞30～50	0	11	16	25	39	62	100	160
＞50～80	0	13	19	30	46	74	120	190
＞80～120	0	15	22	35	54	87	140	220
＞120～180	0	18	25	40	63	100	160	250
＞180～250	0	20	29	46	72	115	185	290
＞250～315	0	23	32	52	81	130	210	320
＞315～400	0	25	36	57	89	140	230	360
＞400～500	0	27	40	63	97	155	250	400
＞500～630	0	30	44	70	110	175	280	440
＞630～800	0	35	50	80	125	200	320	500
＞800～1000	0	40	56	90	140	230	360	560
＞1000～1250	0	46	66	105	165	260	420	660
＞1250～1600	0	54	78	125	195	310	500	780

表 15－56　蜗杆齿厚上偏差 E_{ss1} 中的误差补偿部分 $E_{s\Delta}$ 值　μm

精度等级	模数 m /mm	传动中心距 a/mm													
		≤30	>30~50	>50~80	>80~120	>120~180	>180~250	>250~315	>315~400	>400~500	>500~630	>630~800	>800~1000	>1000~1250	>1250~1600
6	>1~3.5	30	30	32	36	40	45	48	50	56	60	65	75	85	100
	>3.5~6.3	32	36	38	40	45	48	50	56	60	63	70	75	90	100
	>6.3~10	42	45	45	48	50	52	56	60	63	68	75	80	90	105
	>10~16	—	—	—	58	60	63	65	68	71	75	80	85	95	110
	>16~25	—	—	—	—	75	78	80	85	85	90	95	100	110	120
7	≥1~3.5	45	48	50	56	60	71	75	80	85	95	105	120	135	160
	>3.5~6.3	50	56	58	63	68	75	80	85	90	100	110	125	140	160
	>6.3~10	60	63	65	71	75	80	85	90	95	105	115	130	140	165
	>10~16	—	—	—	80	85	90	95	100	105	110	125	135	150	170
	>16~25	—	—	—	—	115	120	120	125	130	135	145	155	165	185
8	≥1~3.5	50	56	58	63	68	75	80	85	90	100	110	125	140	160
	>3.5~6.3	68	71	75	78	80	85	90	95	100	110	120	130	145	170
	>6.3~10	80	85	90	90	95	100	100	105	110	120	130	140	150	175
	>10~16	—	—	—	110	115	115	120	125	130	135	140	155	165	185
	>16~25	—	—	—	—	150	155	155	160	160	170	175	180	190	210
9	≥1~3.5	75	80	90	95	100	110	120	130	140	155	170	190	220	260
	>3.5~6.3	90	95	100	105	110	120	130	140	150	160	180	200	225	260
	>6.3~10	110	115	120	125	130	140	145	155	160	170	190	210	235	270
	>10~16	—	—	—	160	165	170	180	185	190	200	220	230	255	290
	>16~25	—	—	—	—	215	220	225	230	235	245	255	270	290	320
10	≥1~3.5	100	105	110	115	120	130	140	145	155	165	185	200	230	270
	>3.5~6.3	120	125	130	135	140	145	155	160	170	180	200	210	240	280
	>6.3~10	155	160	165	170	175	180	185	190	200	205	220	240	260	290
	>10~16	—	—	—	210	215	220	225	230	235	240	260	270	290	320
	>16~25	—	—	—	—	280	285	290	295	300	305	310	320	310	370

注：精度等级按蜗杆的第Ⅱ公差组确定。

表 15-57　传动轴交角极限偏差 $\pm f_{\Sigma}$ 的 f_{Σ} 值　μm

蜗轮齿宽 b_2 /mm	精度等级				
	6	7	8	9	10
≤30	10	12	17	24	34
>30～50	11	14	19	28	38
>50～80	13	16	22	32	45
>80～120	15	19	24	36	53
>120～180	17	22	28	42	60
>180～250	20	25	32	48	67
>250	22	28	36	53	75

表 15-58　蜗轮齿厚公差 T_{s2} 值　μm

分度圆直径 d_2/mm	模数 m /mm	精度等级				
		6	7	8	9	10
≤125	≥1～3.5	71	90	110	130	160
	>3.5～6.3	85	110	130	160	190
	>6.3～10	90	120	140	170	210
>125～400	≥1～3.5	80	100	120	140	170
	>3.5～6.3	90	120	140	170	210
	>6.3～10	100	130	160	190	230
	>10～16	110	140	170	210	260
	>16～25	130	170	210	260	320
>400～800	≥1～3.5	85	110	130	160	190
	>3.5～6.3	90	120	140	170	210
	>6.3～10	100	130	160	190	230
	>10～16	120	160	190	230	290
	>16～25	140	190	230	290	350
>800～1600	≥1～3.5	90	120	140	170	210
	>3.5～6.3	100	130	160	190	230
	>6.3～10	110	140	170	210	260
	>10～16	120	160	190	230	290
	>16～25	140	190	230	290	350

注：1. 精度等级按蜗轮第Ⅱ公差组确定。

2. 在最小法向侧隙保证的条件下 T_{s2} 公差带允许采用对称分布。

三、精度等级和公差组

标准将蜗杆、蜗轮及传动的制造精度分成 12 个等级，精度由高到低，依次为 1，2，…，12 级。蜗杆、蜗轮的精度等级一般取成相同。也允许取成不同，除 F_r、F''_i、f''_i、f_r 外，其蜗杆、蜗轮左右齿面的精度等级也可以取成不同。

根据各项公差特性对传动性能的主要保证作用，将公差分成 3 个组。3 个公差组的精度等级一般取成相同，也可以取成不同，但在同一公差组中，各项公差应取相同的精度等级。

表 15－59　蜗杆、蜗轮和蜗杆传动公差的分组

公差组	公差或极限偏差		
	蜗杆传动	蜗　杆	蜗　轮
Ⅰ	F'_{ic}	—	F'_i，F''_i，F_p，F_{pk}，F_r
Ⅱ	f'_{ic}	f_h，f_{hl}，f_{px}，f_{pxl}，f_r	f'_i，f''_i，f_{pt}
Ⅲ	接触斑点 f_a，f_x，f_Σ	f_{f1}	f_{f2}

四、检验组

每个公差组包括了多种误差评定指标，根据工作要求和生产规模，在各公差组中选定一项或几项指标组成检验组，作为验收的依据。

表 15－60　蜗杆传动公差组的检验组

第Ⅰ公差组检验组				第Ⅱ公差组检验组				第Ⅲ公差组检验组			
蜗　杆		蜗　轮		蜗　杆		蜗　轮		蜗　杆		蜗　轮	
项目	说明	项目	说明	项目	说明	项目	说明	项目	说明	项目	说明
		$\Delta F'_i$		Δf_h Δf_{hl}	用于单头蜗杆	$\Delta f'_i$		Δf_{f1}		Δf_{f2}	当蜗杆副接触斑点有要求时可不检验
		ΔF_p ΔF_{pk}		Δf_{px} Δf_{kl}	用于多头蜗杆	$\Delta f''_i$	用于 7～12 级精度				
		ΔF_p	用于 5～12 级精度	Δf_{px} Δf_{pxl} Δf_r		Δf_{pt}	用于 5～12 级精度				

续表 15－60

第Ⅰ公差组检验组				第Ⅱ公差组检验组				第Ⅲ公差组检验组			
蜗　杆		蜗　轮		蜗　杆		蜗　轮		蜗　杆		蜗　轮	
项目	说明	项目	说明	项目	说明	项目	说明	项目	说明	项目	说明
		ΔF_r	用于9～12级精度	Δf_{px} Δf_{pxl}	用于7～9级精度						
		$\Delta F''_i$	用于7～12级精度	Δf_{px}	用于10～12级精度						

五、对传动的检验要求

表 15－61　蜗杆传动传动质量评定项目

精度等级	评定项目	公差值
1～12级①	$\Delta F'_{ic}$	$F'_{ic}=F_p+f'_{ic}$
	$\Delta f'_{ic}$	$f'_{ic}=0.7(f'_i+f_h)$
	接触斑点③	见表 15－62
5级和5级以下②允许用	$\Delta F'_i$ 代替 $\Delta F'_{ic}$	$F'_i=F_p+f_{f2}$
	$\Delta f'_i$ 代替 Δf_{ic}	$f'_i=0.6(f_{pt}+f_{f2})$

① 进行 $\Delta F'_{ic}$、$\Delta f'_{ic}$和接触斑点检验的蜗杆传动，允许相应的第Ⅰ、Ⅱ、Ⅲ公差组的蜗杆蜗轮检验组和 Δf_a、Δf_x、Δf_Σ 中任一项超差。

② 或以蜗杆、蜗轮相应公差组的检验组中最低结果来评定传动的第Ⅰ、Ⅱ公差组的精度等级。

③ 对不可调中心距的蜗杆传动，检验接触斑点的同时，还应检验 Δf_a、Δf_x 和 Δf_Σ。

表 15－62　接触斑点的要求

精度等级	沿齿高接触斑点不少于/%	沿齿长接触斑点不少于/%	接触斑点的形状	接触斑点的位置
1,2	75	70	在齿高方向无断缺，不允许成带状条纹	趋近齿面中部，允许略偏于啮入端，在齿顶和啮入、啮出端的棱边处不允许接触
3,4	70	65		
5,6	65	60		
7,8	55	50	不要求	应偏于啮出端，但不允许在齿顶和啮入、啮出端的棱边接触
9,10	45	40		
11,12	30	30		

注：采用修形齿面的蜗杆传动，接触斑点的要求可不受本标准规定的限制。

侧隙要求：

标准根据工作条件和使用要求，将最小法向侧隙 $j_{n\,min}$的值分为 8 种，分别用字母代号 a，b，c，d，e，f，g，h 表示，其中 a 的侧隙最大，依次减小，h 的侧隙为 0。

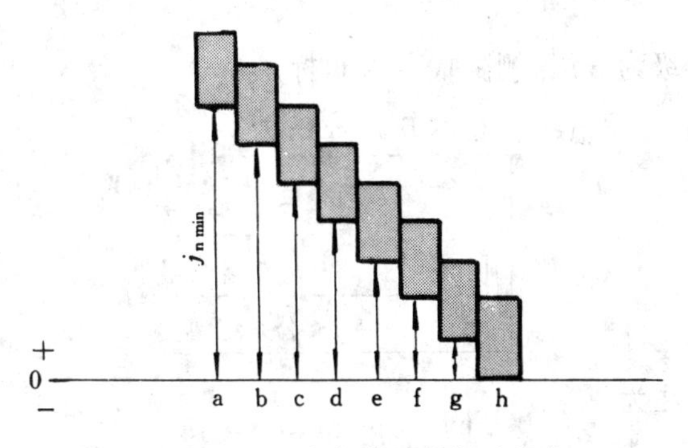

图 15－3　蜗杆传动的侧隙种类

齿厚公差：

蜗杆传动的侧隙规范由蜗杆、蜗轮的齿厚公差 T_{s1}，T_{s2}的大小和公差带的位置来保证。在传动中心距 a 一定的情况下，以蜗轮分度圆齿厚为基准，用减薄蜗杆齿厚，即取上偏差 E_{ss1}为负值来保证最小法向侧隙 $j_{n\,min}$。最大法向侧隙则由蜗杆、蜗轮的齿厚公差 T_{s1}、T_{s2}决定。即：

$E_{ss1}=-(j_{nmin}/\cos\alpha_n+E_{s\Delta})$，$E_{s\Delta}$为制造误差的补偿部分。齿厚下偏差 $E_{si}=E_{ss1}-T_{s1}$。

蜗轮的齿厚上偏差 $E_{ss2}=0$，下偏差 $E_{si2}=T_{s2}$。

六、对齿坯的检验要求

表 15－63　齿坯公差

精　度　等　级		6	7	8	9	10
孔	尺寸公差	IT6	IT7		IT8	
	形状公差	5	6		7	
轴	尺寸公差	IT5	IT6		IT7	
	形状公差	4	5		6	
齿顶圆直径		IT8			IT9	

注：同表 15－19 注。

表 15－64　齿坯基准面径向和端面跳动公差　　μm

基准面直径 d /mm	精度等级		
	5、6	7、8	9、10
≤31.5	4	7	10
>31.5～63	6	10	16
>63～125	8.5	14	22
>125～400	11	18	28
>400～800	14	22	36
>800～1600	20	32	50

注：同表 15－19 注。

七、精度的标注

标注规定应标出精度等级、齿厚极限偏差或相应侧隙种类代号和本标准代号。

示例如下。

蜗杆Ⅱ、Ⅲ公差组精度等级为5级，侧隙代号为f，标注为

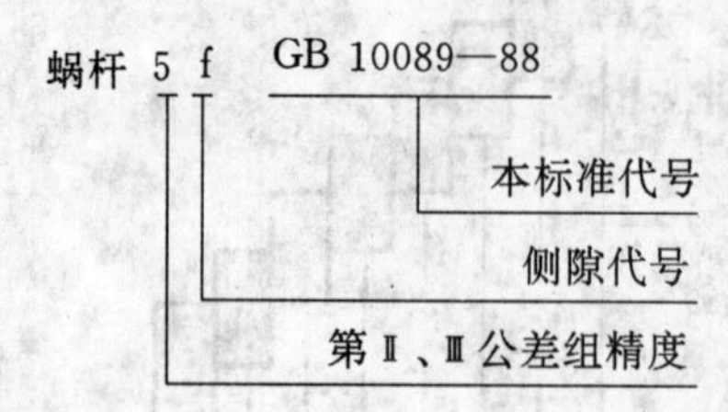

若齿厚为非标准值，则标注为

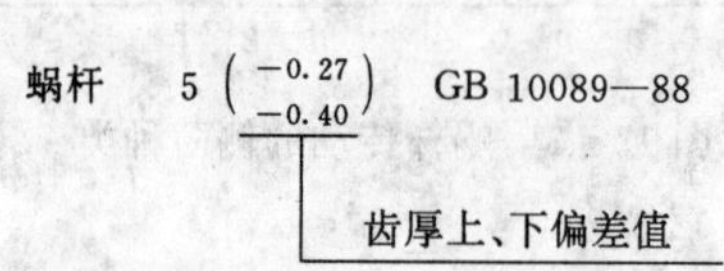

蜗轮三个公差组精度等级均为5级，侧隙代号为f，标注为

5 f GB 10089—88

第Ⅰ、Ⅱ、Ⅲ公差组的精度

若齿厚为非标准值，则标注为

5(±0.10) GB 10089—88

若三个公差组精度等级分别为5、6、6级，则标注为

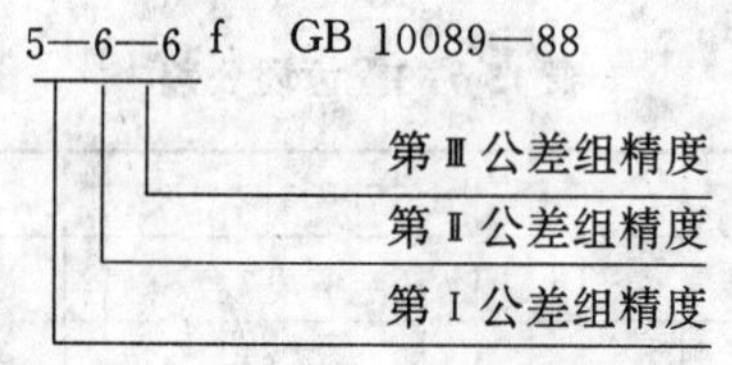

若齿厚无公差要求则标注为

5—6—6 GB 10089—88

对传动，若Ⅰ、Ⅱ、Ⅲ公差组均为5级，侧隙代号为f，标注为

传动 5f GB 10089—88

若侧隙为非标准值，圆周侧隙 $j_{tmin}=0.03$ mm，$j_{tmax}=0.06$ mm，则标注为

传动 $5\left(\begin{smallmatrix}0.03\\0.06\end{smallmatrix}\right)$ GB 10089—88

若为法向侧隙 $j_{nmin}=0.03$ mm，$j_{nmax}=0.06$ mm，则标注为

传动 $5\left(\begin{smallmatrix}0.03\\0.06\end{smallmatrix}\right)$ GB 10089—88

第十六章　滚动轴承

§16.1　轴承代号新、旧标准对照

GB/T272—93《滚动轴承　代号方法》替代GB272—88，采用国际通用代号方法，即轴承代号由前置代号、基本代号、后置代号三部分构成，而基本代号又由类型代号、尺寸代号和内径代号组成。

表16-1　常用轴承类型及代号的新、旧标准对照(GB/T297—93)

轴承名称	原(旧)标准					新标准		
	宽度系列代号	结构代号	类型代号	直径系列代号	轴承代号	类型代号	尺寸系列代号	轴承代号
深沟球轴承	0	00	0	1	100	6	(1)0	6000
				2	200		(0)2	6200
				3	300		(0)3	6300
				4	400		(0)4	6400
调心球轴承	0	00	1	2	1200	1	(0)2	1200
				5	1500	(1)	22	2200
				3	1300	1	(0)3	1300
				6	1600	(1)	23	2300
外圈无挡边圆柱滚子轴承	0	00	2	2	2200	N	(0)2	N 200
				3	2300		(0)3	N 300
				4	2400		(0)4	N 400
内圈无挡边圆柱滚子轴承	0	03	2	2	32200	NU	(0)2	NU200
				3	32300		(0)3	NU300
解接触球轴承	0	03	6	1	3 4—6100 6200 6300 6400 6	7	(1)0	7000
		04		2			(0)2	7200
		06		3			(0)3	7300
				4			(0)4	7400
圆锥滚子轴承	0	00	7	2	7200	3	02	30200
				3	7300		03	30300
				5	7500		22	32200
推力球轴承	0	00	8	1	8100	5	11	51100
				2	8200		12	51200
				3	8300		13	51300
				4	8400		14	51400
双向推力球轴承	0	03	8	2	38200	5	22	52200
				3	38300		23	52300
				4	38400		24	52400

注：括号“( )”中的数字在代号中省略。

§16.2 常用滚动轴承

表 16-2 深沟球轴承(GB/T 276—94)

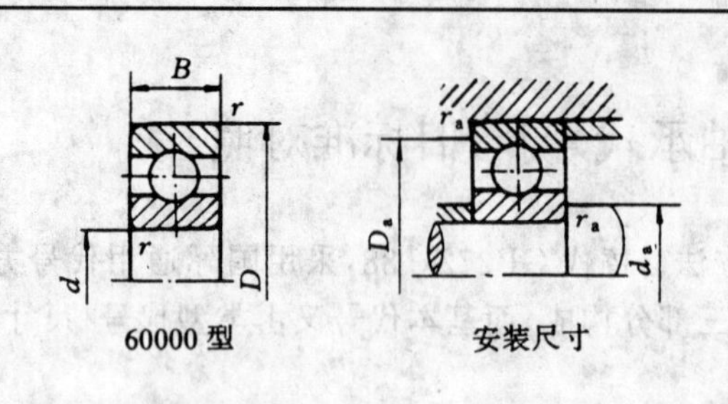

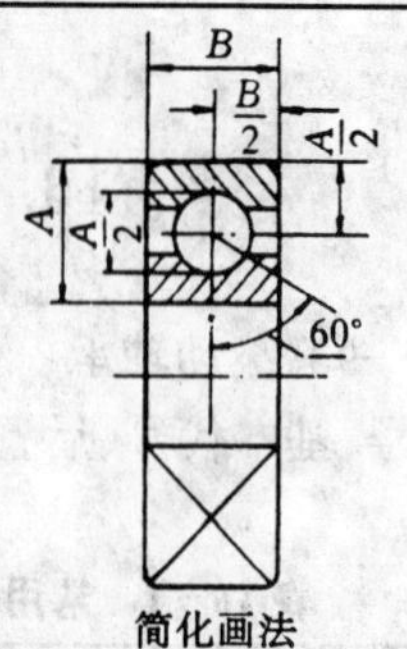

标记示例:滚动轴承 6210 GB/T 276—94

F_a/C_{0r}	e	Y	径向当量动载荷	径向当量静载荷
0.014	0.19	2.30	当$\frac{F_a}{F_r}\leqslant e$, $P_r=F_r$	$P_{0r}=F_r$
0.028	0.22	1.99	当$\frac{F_a}{F_r}>e$, $P_r=0.56F_r+YF_a$	$P_{0r}=0.6F_r+0.5F_a$
0.056	0.26	1.71		取上列两式计算结果的较大值
0.084	0.28	1.55		
0.11	0.30	1.45		
0.17	0.34	1.31		
0.28	0.38	1.15		
0.42	0.42	1.04		
0.56	0.44	1.00		

轴承代号		基本尺寸/mm				安装尺寸/mm			基本额定动载荷 C_r	基本额定静载荷 C_{0r}	极限转速 /r·min	
新标准	旧标准	d	D	B	r_s min	d_a min	D_a max	r_{as} max	/kN	/kN	脂润滑	油润滑
(1)0 尺寸系列												
6000	100	10	26	8	0.3	12.4	23.6	0.3	4.58	1.98	20000	28000
6001	101	12	28	8	0.3	14.4	25.6	0.3	5.10	2.38	19000	26000
6002	102	15	32	9	0.3	17.4	29.6	0.3	5.58	2.85	18000	24000
6003	103	17	35	10	0.3	19.4	32.6	0.3	6.00	3.25	17000	22000
6004	104	20	42	12	0.6	25	37	0.6	9.38	5.02	15000	19000
6005	105	25	47	12	0.6	30	42	0.6	10.0	5.85	13000	17000
6006	106	30	55	13	1	36	49	1	13.2	8.30	10000	14000
6007	107	35	62	14	1	41	56	1	16.2	10.5	9000	12000
6008	108	40	68	15	1	46	62	1	17.0	11.8	8500	11000
6009	109	45	75	16	1	51	69	1	21.0	14.8	8000	10000
6010	110	50	80	16	1	56	74	1	22.0	16.2	7000	9000
6011	111	55	90	18	1.1	62	83	1	30.2	21.8	6300	8000
6012	112	60	95	18	1.1	67	88	1	31.5	24.2	6000	7500
6013	113	65	100	18	1.1	72	93	1	32.0	24.8	5600	7000
6014	114	70	110	20	1.1	77	103	1	38.5	30.5	5300	6700
6015	115	75	115	20	1.1	82	108	1	40.2	33.2	5000	6300

续表 16-2

轴承代号		基本尺寸/mm				安装尺寸/mm			基本额定动载荷 C_r /kN	基本额定静载荷 C_{0r} /kN	极限转速 /r·min	
新标准	旧标准	d	D	B	r_s min	d_a min	D_a max	r_{as} max			脂润滑	油润滑
(1)0 尺寸系列												
6016	116	80	125	22	1.1	87	118	1	47.5	39.8	4800	6000
6017	117	85	130	22	1.1	92	123	1	50.8	42.8	4500	5600
6018	118	90	140	24	1.5	99	131	1.5	58.0	49.8	4300	5300
6019	119	95	145	24	1.5	104	136	1.5	57.8	50.0	4000	5000
6020	120	100	150	24	1.5	109	141	1.5	64.5	56.2	3800	4800
(0)2 尺寸系列												
6200	200	10	30	9	0.6	15	25	0.6	5.10	2.38	19000	26000
6201	201	12	32	10	0.6	17	27	0.6	6.82	3.05	18000	24000
6202	202	15	35	11	0.6	20	30	0.6	7.65	3.72	17000	22000
6203	203	17	40	12	0.6	22	35	0.6	9.58	4.78	16000	20000
6204	204	20	47	14	1	26	41	1	12.8	6.65	14000	18000
6205	205	25	52	15	1	31	46	1	14.0	7.88	12000	16000
6206	206	30	62	16	1	36	56	1	19.5	11.5	9500	13000
6207	207	35	72	17	1.1	42	65	1	25.5	15.2	8500	11000
6208	208	40	80	18	1.1	47	73	1	29.5	18.0	8000	10000
6209	209	45	85	19	1.1	52	78	1	31.5	20.5	7000	9000
6210	210	50	90	20	1.1	57	83	1	35.0	23.2	6700	8500
6211	211	55	100	21	1.5	64	91	1.5	43.2	29.2	6000	7500
6212	212	60	110	22	1.5	69	101	1.5	47.8	32.8	5600	7000
6213	213	65	120	23	1.5	74	111	1.5	57.2	40.0	5000	6300
6214	214	70	125	24	1.5	79	116	1.5	60.8	45.0	4800	6000
6215	215	75	130	25	1.5	84	121	1.5	66.0	49.5	4500	5600
6216	216	80	140	26	2	90	130	2	71.5	54.2	4300	5300
6217	217	85	150	28	2	95	140	2	83.2	63.8	4000	5000
6218	218	90	160	30	2	100	150	2	95.8	71.5	3800	4800
6219	219	95	170	32	2.1	107	158	2.1	110	82.8	3600	4500
6220	220	100	180	34	2.1	112	168	2.1	122	92.8	3400	4300
(0)3 尺寸系列												
6300	300	10	35	11	0.6	15	30	0.6	7.65	3.48	18000	24000
6301	301	12	37	12	1	18	31	1	9.72	5.08	17000	22000
6302	302	15	42	13	1	21	36	1	11.5	5.42	16000	20000
6303	303	17	47	14	1	23	41	1	13.5	6.58	15000	19000
6304	304	20	52	15	1.1	27	45	1	15.8	7.88	13000	17000
6305	305	25	62	17	1.1	32	55	1	22.2	11.5	10000	14000
6306	306	30	72	19	1.1	37	65	1	27.0	15.2	9000	12000
6307	307	35	80	21	1.5	44	71	1.5	33.2	19.2	8000	10000
6308	308	40	90	23	1.5	49	81	1.5	40.8	24.0	7000	9000
6309	309	45	100	25	1.5	54	91	1.5	52.8	31.8	6300	8000
6310	310	50	110	27	2	60	100	2	61.8	38.0	6000	7500

续表 16－2

轴承代号		基本尺寸/mm				安装尺寸/mm			基本额定动载荷 C_r /kN	基本额定静载荷 C_{0r} /kN	极限转速 /r·min	
新标准	旧标准	d	D	B	r_s min	d_a min	D_a max	r_{as} max			脂润滑	油润滑
(0)3 尺寸系列												
6311	311	55	120	29	2	65	110	2	71.5	44.8	5300	6700
6312	312	60	130	31	2.1	72	118	2.1	81.8	51.8	5000	6300
6313	313	65	140	33	2.1	77	128	2.1	93.8	60.5	4500	5600
6314	314	70	150	35	2.1	82	138	2.1	105	68.0	4300	5300
6315	315	75	160	37	2.1	87	148	2.1	112	76.8	4000	5000
6316	316	80	170	39	2.1	92	158	2.1	122	86.5	3800	4800
6317	317	85	180	41	3	99	166	2.5	132	96.5	3600	4500
6318	318	90	190	43	3	104	176	2.5	145	108	3400	4300
6319	319	95	200	45	3	109	186	2.5	155	122	3200	4000
6320	320	100	215	47	3	114	201	2.5	172	140	2800	3600
(0)4 尺寸系列												
6403	403	17	62	17	1.1	24	55	1	22.5	10.8	11000	15000
6404	404	20	72	19	1.1	27	65	1	31.0	15.2	9500	13000
6405	405	25	80	21	1.5	34	71	1.5	38.2	19.2	8500	11000
6406	406	30	90	23	1.5	39	81	1.5	47.5	24.5	8000	10000
6407	407	35	100	25	1.5	44	91	1.5	56.8	29.5	6700	8500
6408	408	40	110	27	2	50	100	2	65.5	37.5	6300	8000
6409	409	45	120	29	2	55	110	2	77.5	45.5	5600	7000
6410	410	50	130	31	2.1	62	118	2.1	92.2	55.2	5300	6700
6411	411	55	140	33	2.1	67	128	2.1	100	62.5	4800	6000
6412	412	60	150	35	2.1	72	138	2.1	108	70.0	4500	5600
6413	413	65	160	37	2.1	77	148	2.1	118	78.5	4300	5300
6414	414	70	180	42	3	84	166	2.5	140	99.5	3800	4800
6415	415	75	190	45	3	89	176	2.5	155	115	3600	4500
6416	416	80	200	48	3	94	186	2.5	162	125	3400	4300
6417	417	85	210	52	4	103	192	3	175	138	3200	4000
6418	418	90	225	54	4	108	207	3	192	158	2800	3600
6420	420	100	250	58	4	118	232	3	222	195	2400	3200

注：1. 表中 C_r 值适用于轴承为真空脱气轴承钢材料。如为普通电炉钢，C_r 值降低；如为真空重熔或电渣重熔轴承钢，C_r 值提高。

2. $r_{s\,min}$ 为 r 的单向最小倒角尺寸；$r_{as\,max}$ 为 r_{as} 的单向最大倒角尺寸。

表 16-3 角接触球轴承(GB/T 292—94)

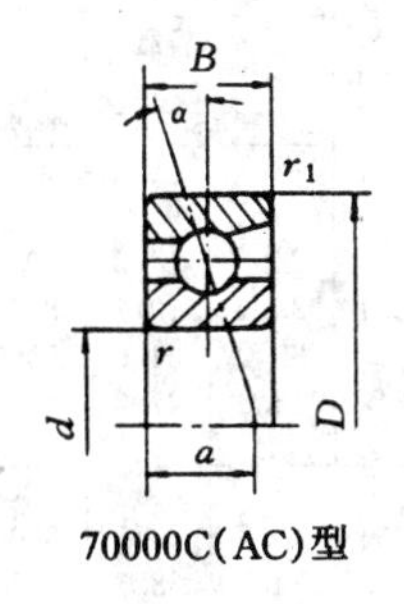

70000C(AC)型

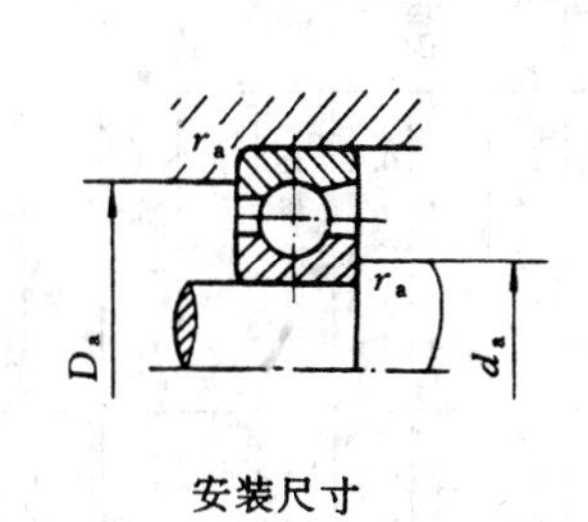

安装尺寸

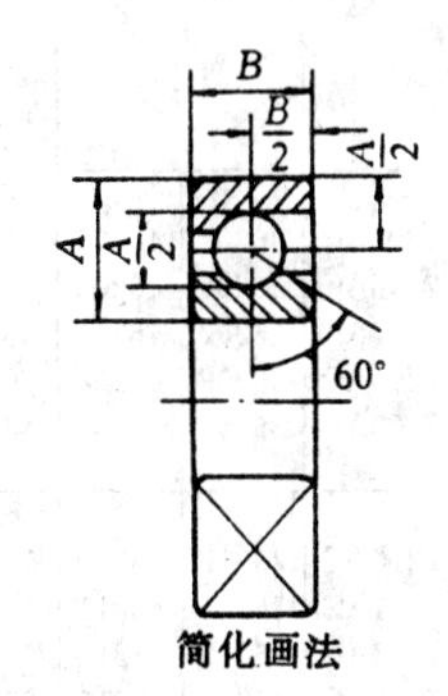

简化画法

标记示例:滚动轴承 7210C GB/T 292—94

iF_a/C_{0r}	e	Y	70000 C 型	70000 AC 型
0.015 0.029 0.058 0.087 0.12 0.17 0.29 0.44 0.58	0.38 0.40 0.43 0.46 0.47 0.50 0.55 0.56 0.56	1.47 1.40 1.30 1.23 1.19 1.12 1.02 1.00 1.00	径向当量动载荷 当 $F_a/F_r \leqslant e$ $P_r=F_r$ 当 $F_a/F_r>e$ $P_r=0.44F_r+YF_a$ 径向当量静载荷 $P_{0r}=0.5F_r+0.46F_a$ 当 $P_{0r}<F_r$ 取 $P_{0r}=F_r$	径向当量动载荷 当 $F_a/F_r \leqslant 0.68$ $P_r=F_r$ 当 $F_a/F_r>0.68$ $P_r=0.41F_r+0.87F_a$ 径向当量静载荷 $P_{0r}=0.5F_r+0.38F_a$ 当 $P_{0r}<F_r$ 取 $P_{0r}=F_r$

轴承代号				基本尺寸/mm					安装尺寸/mm			70000C(a=15°)			70000AC(a=25°)			极限转速/r·min⁻¹	
新标准		旧标准		d	D	B	r_s min	r_{1s} min	d_a min	D_a max	r_{as} max	a/mm	基本额定动载荷 C_r/kN	基本额定静载荷 C_{0r}/kN	a mm	基本额定动载荷 C_r/kN	基本额定静载荷 C_{0r}/kN	脂润滑	油润滑
(0)1 尺寸系列																			
7000C	7000AC	36100	46100	10	26	8	0.3	0.15	12.4	23.6	0.3	6.4	4.92	2.25	8.2	4.75	2.12	19000	28000
7001C	7001AC	36101	46101	12	28	8	0.3	0.15	14.4	25.6	0.3	6.7	5.42	2.65	8.7	5.20	2.55	18000	26000
7002C	7002AC	36102	46102	15	32	9	0.3	0.15	17.4	29.6	0.3	7.6	6.25	3.42	10	5.95	3.25	17000	24000
7003C	7003AC	36103	46103	17	35	10	0.3	0.15	19.4	32.6	0.3	8.5	6.60	3.85	11.1	6.30	3.68	16000	22000
7004C	7004AC	36104	46104	20	42	12	0.6	0.15	25	37	0.6	10.2	10.5	6.08	13.2	10.0	5.78	14000	19000
7005C	7005AC	36105	46105	25	47	12	0.6	0.15	30	42	0.6	10.8	11.5	7.45	14.4	11.2	7.08	12000	17000
7006C	7006AC	36106	46106	30	55	13	1	0.3	36	49	1	12.2	15.2	10.2	16.4	14.5	9.85	9500	14000
7007C	7007AC	36107	46107	35	62	14	1	0.3	41	56	1	13.5	19.5	14.2	18.3	18.5	13.5	8500	12000
7008C	7008AC	36108	46108	40	68	15	1	0.3	46	62	1	14.7	20.0	15.2	20.1	19.0	14.5	8000	11000
7009C	7009AC	36109	46109	45	75	16	1	0.3	51	69	1	16	25.8	20.5	21.9	25.8	19.5	7500	10000
7010C	7010AC	36110	46110	50	80	16	1	0.3	56	74	1	16.7	26.5	22.0	23.2	25.2	21.0	6700	9000
7011C	7011AC	36111	46111	55	90	18	1.1	0.6	62	83	1	18.7	37.2	30.5	25.9	35.2	29.2	6000	8000
7012C	7012AC	36112	46112	60	95	18	1.1	0.6	67	88	1	19.4	38.2	32.8	27.1	36.2	31.5	5600	7500
7013C	7013AC	36113	46113	65	100	18	1.1	0.6	72	93	1	20.1	40.0	35.5	28.2	38.0	33.8	5300	7000
7014C	7014AC	36114	46114	70	110	20	1.1	0.6	77	103	1	22.1	48.2	43.5	30.9	45.8	41.5	5000	6700
7015C	7015AC	36115	46115	75	115	20	1.1	0.6	82	108	1	22.7	49.5	46.5	32.2	46.8	44.2	4800	6300
7016C	7016AC	36116	46116	80	125	22	1.5	0.6	89	116	1.5	24.7	58.5	55.8	34.9	55.5	53.2	4500	6000
7017C	7017AC	36117	46117	85	130	22	1.5	0.6	94	121	1.5	25.4	62.5	60.2	36.1	59.2	57.2	4300	5600
7018C	7018AC	36118	46118	90	140	24	1.5	0.6	99	131	1.5	27.4	71.5	69.8	38.8	67.5	66.5	4000	5300
7019C	7019AC	36119	46119	95	145	24	1.5	0.6	104	136	1.5	28.1	73.5	73.2	40	69.5	69.8	3800	5000
7020C	7020AC	36120	46120	100	150	24	1.5	0.6	109	141	1.5	28.7	79.2	78.5	41.2	75	74.8	3800	5000
(0)2 尺寸系列																			
7200C	7200AC	36200	46200	10	30	9	0.6	0.15	15	25	0.6	7.2	5.82	2.95	9.2	5.58	2.82	18000	26000
7201C	7201AC	36201	46201	12	32	10	0.6	0.15	17	27	0.6	8	7.35	3.52	10.2	7.10	3.35	17000	24000
7202C	7202AC	36202	46202	15	35	11	0.6	0.15	20	30	0.6	8.9	8.68	4.62	11.4	8.53	4.40	16000	22000
7203C	7203AC	36203	46203	17	40	12	0.6	0.3	22	35	0.6	9.9	10.8	5.95	12.8	10.5	5.65	15000	20000
7204C	7204AC	36204	46204	20	47	14	1	0.3	26	41	1	11.5	14.5	8.22	14.9	14.0	7.82	13000	18000

续表 16-3

轴承代号				基本尺寸/mm					安装尺寸/mm			70000C($\alpha=15°$)			70000AC($\alpha=25°$)			极限转速 /r·min^{-1}	
新标准		旧标准		d	D	B	r_s	r_{1s}	d_s	D_a	r_{as}	a /mm	基本额定 动载荷 C_r /kN	基本额定 静载荷 C_{0r} /kN	a /mm	基本额定 动载荷 C_r /kN	基本额定 静载荷 C_{0r} /kN	脂润滑	油润滑
							min		min	max									
7205C	7205AC	36205	46205	25	52	15	1	0.3	31	46	1	12.7	16.5	10.5	16.4	15.8	9.88	11000	16000
7206C	7206AC	36206	46206	30	62	16	1	0.3	36	56	1	14.2	23.0	15.0	18.7	22.0	14.2	9000	13000
7207C	7207AC	36207	46207	35	72	17	1.1	0.6	42	65	1	15.7	30.5	20.0	21	29.0	19.2	8000	11000
7208C	7208AC	36208	46208	40	80	18	1.1	0.6	47	73	1	17	36.8	25.8	23	35.2	24.5	7500	10000
7209C	7209AC	36209	46209	45	85	19	1.1	0.6	52	78	1	18.2	38.5	28.5	24.7	36.8	27.2	6700	9000
7210C	7210AC	36210	46210	50	90	20	1.1	0.6	57	83	1	19.4	42.8	32.0	26.3	40.8	30.5	6300	8500
7211C	7211AC	36211	46211	55	100	21	1.5	0.6	64	91	1.5	20.9	52.8	40.5	28.6	50.5	38.5	5600	7500
7212C	7212AC	36212	46212	60	110	22	1.5	0.6	69	101	1.5	22.4	61.0	48.5	30.8	58.2	46.2	5300	7000
7213C	7213AC	36213	46213	65	120	23	1.5	0.6	74	111	1.5	24.2	69.8	55.2	33.5	66.5	52.5	4800	6300
7214C	7214AC	36214	46214	70	125	24	1.5	0.6	79	116	1.5	25.3	70.2	60.0	35.1	69.2	57.5	4500	6000
7215C	7215AC	36215	46215	75	130	25	1.5	0.6	84	121	1.5	26.4	79.2	65.8	36.6	75.2	63.0	4300	5600
7216C	7216AC	36216	46216	80	140	26	2	1	90	130	2	27.7	89.5	78.2	38.9	85.0	74.5	4000	5300
7217C	7217AC	36217	46217	85	150	28	2	1	95	140	2	29.9	99.8	85.0	41.6	94.8	81.5	3800	5000
7218C	7218AC	36218	46218	90	160	30	2	1	100	150	2	31.7	122	105	44.2	118	100	3600	4800
7219C	7219AC	36219	46219	95	170	32	2.1	1.1	107	158	2.1	33.8	135	115	46.9	128	108	3400	4500
7220C	7220AC	36220	46220	100	180	34	2.1	1.1	112	168	2.1	35.8	148	128	49.7	142	122	3200	4300
(0)3 尺寸系列																			
7301C	7301AC	36301	46301	12	37	12	1	0.3	18	31	1	8.6	8.10	5.22	12	8.08	4.88	16000	22000
7302C	7302AC	36302	46302	15	42	13	1	0.3	21	36	1	9.6	9.38	5.95	13.5	9.08	5.58	15000	20000
7303C	7303AC	36303	46303	17	47	14	1	0.3	23	41	1	10.4	12.8	8.62	14.8	11.5	7.08	14000	19000
7304C	7304AC	36304	46304	20	52	15	1.1	0.6	27	45	1	11.3	14.2	9.68	16.8	13.8	9.10	12000	17000
7305C	7305AC	36305	46305	25	62	17	1.1	0.6	32	55	1	13.1	21.5	15.8	19.1	20.8	14.8	9500	14000
7306C	7306AC	36306	46306	30	72	19	1.1	0.6	37	65	1	15	26.5	19.8	22.2	25.2	18.5	8500	12000
7307C	7307AC	36307	46307	35	80	21	1.5	0.6	44	71	1.5	16.6	34.2	26.8	24.5	32.8	24.8	7500	10000
7308C	7308AC	36308	46308	40	90	23	1.5	0.6	49	81	1.5	18.5	40.2	32.3	27.5	38.5	30.5	6700	9000
7309C	7309AC	36309	46309	45	100	25	1.5	0.6	54	91	1.5	20.2	49.2	39.8	30.2	47.5	37.2	6000	8000
7310C	7310AC	36310	46310	50	110	27	2	1	60	100	2	22	53.5	47.2	33	55.5	44.5	5600	7500
7311C	7311AC	36311	46311	55	120	29	2	1	65	110	2	23.8	70.5	60.5	35.8	67.2	56.8	5000	6700
7312C	7312AC	36312	46312	60	130	31	2.1	1.1	72	118	2.1	25.6	80.5	70.2	38.7	77.8	65.8	4800	6300
7313C	7313AC	36313	46313	65	140	33	2.1	1.1	77	128	2.1	27.4	91.5	80.5	41.5	89.8	75.5	4300	5600
7314C	7314AC	36314	46134	70	150	35	2.1	1.1	82	138	2.1	29.2	102	91.5	44.3	98.5	86.0	4000	5300
7315C	7315AC	36315	46315	75	160	37	2.1	1.1	87	148	2.1	31	112	105	47.2	108	97.0	3800	5000
7316C	7316AC	36316	46316	80	170	39	2.1	1.1	92	158	2.1	32.8	122	118	50	118	108	3600	4800
7317C	7317AC	36317	46317	85	180	41	3	1.1	99	166	2.5	34.6	132	128	52.8	125	122	3400	4500
7318C	7318AC	36318	46318	90	190	43	3	1.1	104	176	2.5	36.4	142	142	55.6	135	135	3200	4300
7319C	7319AC	36319	46319	95	200	45	3	1.1	109	186	2.5	38.2	152	158	58.5	145	148	3000	4000
7320C	7320AC	36320	46320	100	215	47	3	1.1	114	201	2.5	40.2	162	175	61.9	165	178	2600	3600
(0)4 尺寸系列																			
	7406AC		46406	30	90	23	1.5	0.6	39	81	1				26.1	42.5	32.2	7500	10000
	7407AC		46407	35	100	25	1.5	0.6	44	91	1.5				29	53.8	42.5	6300	8500
	7408AC		46408	40	110	27	2	1	50	100	2				31.8	62.0	49.5	6000	8000
	7409AC		46409	45	120	29	2	1	55	110	2				34.6	66.8	52.8	5300	7000
	7410AC		46410	50	130	31	2.1	1.1	62	118	2.1				37.4	76.5	64.2	5000	6700
	7412AC		46412	60	150	35	2.1	1.1	72	138	2.1				43.1	102	90.8	4300	5600
	7414AC		46414	70	180	42	3	1.1	84	166	2.5				51.5	125	125	3600	4800
	7416AC		46416	80	200	48	3	1.1	94	186	2.5				58.1	152	162	3200	4300

注：表中 C_r 值，对(1)0、(0)2 系列为真空脱气轴承钢的负荷能力，对(0)3、(0)4 系列为电炉轴承钢的负荷能力。

表 16-4 圆锥滚子轴承(GB/T 297—94)

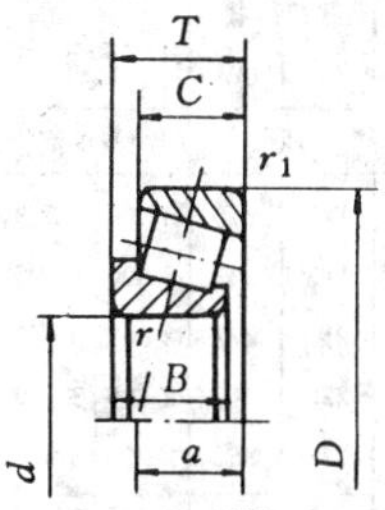

30000 型 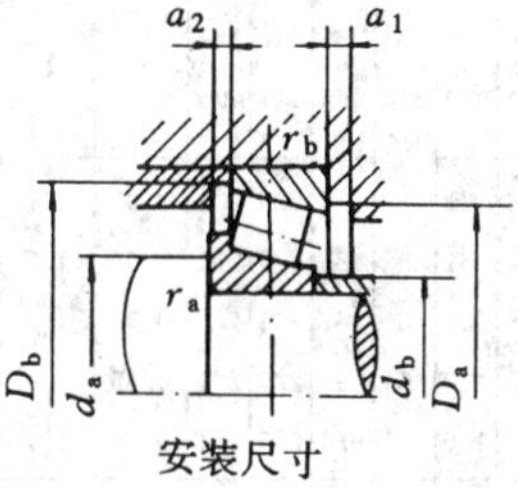　　安装尺寸 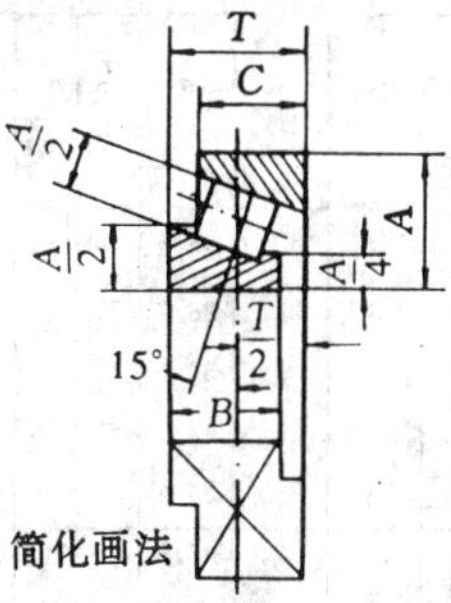　　简化画法

径向当量动载荷	当 $\frac{F_a}{F_r} \leqslant e$ $P_r = F_r$ 当 $\frac{F_a}{F_r} > e$ $P_r = 0.4F_r + YF_a$
径向当量静载荷	$P_{0r} = F_r$ $P_{0r} = 0.5F_r + Y_0F_a$ 取上列两式计算结果的较大值

标记示例:滚动轴承 30310 GB/T 297—94

轴承代号		尺寸/mm								安装尺寸/mm									计算系数			基本额定		极限转速	
																						动载荷	静载荷	/r·min⁻¹	
新标准	旧标准	d	D	T	B	C	r_s min	r_{1s} min	a ≈	d_a min	d_b max	D_a min	D_a max	D_b min	a_1 min	a_2 min	r_{as} max	r_{bs} max	e	Y	Y_0	C_r	C_{0r}		
																						/kN		脂润滑	油润滑
02 尺寸系列																									
30203	7203E	17	40	13.25	12	11	1	1	9.9	23	23	34	34	37	2	2.5	1	1	0.35	1.7	1	20.8	21.8	9 000	12 000
30204	7204E	20	47	15.25	14	12	1	1	11.2	26	27	40	41	43	2	3.5	1	1	0.35	1.7	1	28.2	30.5	8 000	10 000
30205	7205E	25	52	16.25	15	13	1	1	12.5	31	31	44	46	48	2	3.5	1	1	0.37	1.6	0.9	32.2	37.0	7 000	9 000
30206	7206E	30	62	17.25	16	14	1	1	13.8	36	37	53	56	58	2	3.5	1	1	0.37	1.6	0.9	43.2	50.5	6 000	7 500
30207	7207E	35	72	18.25	17	15	1.5	1.5	15.3	42	44	62	65	67	3	3.5	1.5	1.5	0.37	1.6	0.9	54.2	63.5	5 300	6 700
30208	7208E	40	80	19.75	18	16	1.5	1.5	16.9	47	49	69	73	75	3	4	1.5	1.5	0.37	1.6	0.9	63.0	74.0	5 000	6 300
30209	7209E	45	85	20.75	19	16	1.5	1.5	18.6	52	53	74	78	80	3	5	1.5	1.5	0.4	1.5	0.8	67.8	83.5	4 500	5 600
30210	7210E	50	90	21.75	20	17	1.5	1.5	20	57	58	79	83	86	3	5	1.5	1.5	0.42	1.4	0.8	73.2	92.0	4 300	5 300
30211	7211E	55	100	22.75	21	18	2	1.5	21	64	64	88	91	95	4	5	2	1.5	0.4	1.5	0.8	90.8	115	3 800	4 800
30212	7212E	60	110	23.75	22	19	2	1.5	22.3	69	69	96	101	103	4	5	2	1.5	0.4	1.5	0.8	102	130	3 600	4 500
30213	7213E	65	120	24.75	23	20	2	1.5	23.8	74	77	106	111	114	4	5	2	1.5	0.4	1.5	0.8	120	152	3 200	4 000
30214	7214E	70	125	26.25	24	21	2	1.5	25.8	79	81	110	116	119	4	5.5	2	1.5	0.42	1.4	0.8	132	175	3 000	3 800
30215	7215E	75	130	27.25	25	22	2	1.5	27.4	84	85	115	121	125	4	5.5	2	1.5	0.44	1.4	0.8	138	185	2 800	3 600
30216	7216E	80	140	28.25	26	22	2.5	2	28.1	90	90	124	130	133	4	6	2.1	2	0.42	1.4	0.8	160	212	2 600	3 400
30217	7217E	85	150	30.5	28	24	2.5	2	30.3	95	96	132	140	142	5	6.5	2.1	2	0.42	1.4	0.8	178	238	2 400	3 200
30218	7218E	90	160	32.5	30	26	2.5	2	32.3	100	102	140	150	151	5	6.5	2.1	2	0.42	1.4	0.8	200	270	2 200	3 000
30219	7219E	95	170	34.5	32	27	3	2.5	34.2	107	108	149	158	160	5	7.5	2.5	2.1	0.42	1.4	0.8	228	308	2 000	2 800
30220	7220E	100	180	37	34	29	3	2.5	36.4	112	114	157	168	169	5	8	2.5	2.1	0.42	1.4	0.8	255	350	1 900	2 600
03 尺寸系列																									
30302	7302E	15	42	14.25	13	11	1	1	9.6	21	22	36	36	38	2	3.5	1	1	0.29	2.1	1.2	22.8	21.5	9 000	12 000
30303	7303E	17	47	15.25	14	12	1	1	10.4	23	25	40	41	43	3	3.5	1	1	0.29	2.1	1.2	28.2	27.2	8 500	11 000
30304	73034E	20	52	16.25	15	13	1.5	1.5	11.1	27	28	44	45	48	3	3.5	1.5	1.5	0.3	2	1.1	33.0	33.2	7 500	9 500
30305	7305E	25	62	18.25	17	15	1.5	1.5	13	32	34	54	55	58	3	3.5	1.5	1.5	0.3	2	1.1	46.8	48.0	6 300	8 000
30306	7306E	30	72	20.75	19	16	1.5	1.5	15.3	37	40	62	65	66	3	5	1.5	1.5	0.31	1.9	1.1	59.0	63.0	5 600	7 000
30307	7307E	35	80	22.75	21	18	2	1.5	16.8	44	45	70	71	74	3	5	2	1.5	0.31	1.9	1.1	75.2	82.5	5 000	6 300
30308	7308E	40	90	25.25	23	20	2	1.5	19.5	49	52	77	81	84	3	5.5	2	1.5	0.35	1.7	1	90.8	108	4 500	5 600
30309	7309E	45	100	27.25	25	22	2	1.5	21.3	54	59	86	91	94	3	5.5	2	1.5	0.35	1.7	1	108	130	4 000	5 000
30310	7310E	50	110	29.25	27	23	2.5	2	23	60	65	95	100	103	4	6.5	2	2	0.35	1.7	1	130	158	3 800	4 800
30311	7311E	55	120	31.5	29	25	2.5	2	24.9	65	70	104	110	112	4	6.5	2.5	2	0.35	1.7	1	152	188	3 400	4 300

续表 16－4

轴承代号		尺寸/mm								安装尺寸/mm									计算系数			基本额定		极限转速 /r·min−1	
新标准	旧标准	d	D	T	B	C	r_s min	r_{1s} min	a ≈	d_a min	d_b max	D_a min	D_a max	D_b min	a_1 min	a_2 min	r_{as} max	r_{bs} max	e	Y	Y_0	动载荷 C_r /kN	静载荷 C_{0r} /kN	脂润滑	油润滑
30312	7312E	60	130	33.5	31	26	3	2.5	26.6	72	76	112	118	121	5	7.5	2.5	2.1	0.35	1.7	1	170	210	3 200	4 000
30313	7313E	65	140	36	33	28	3	2.5	28.7	77	83	122	128	131	5	8	2.5	2.1	0.35	1.7	1	195	242	2 800	3 600
30314	7314E	70	150	38	35	30	3	2.5	30.7	82	89	130	138	141	5	8	2.5	2.1	0.35	1.7	1	218	272	2 600	3 400
30315	7315E	75	160	40	37	31	3	2.5	32	87	95	139	148	150	5	9	2.5	2.1	0.35	1.7	1	252	318	2 400	3 200
30316	7316E	80	170	42.5	39	33	3	2.5	34.4	92	102	148	158	160	5	9.5	2.5	2.1	0.35	1.7	1	278	352	2 200	3 000
30317	7317E	85	180	44.5	41	34	4	3	35.9	99	107	156	166	168	6	10.5	3	2.5	0.35	1.7	1	305	388	2 000	2 800
30318	7318E	90	190	46.5	43	36	4	3	37.5	104	113	165	176	178	6	10.5	3	2.5	0.35	1.7	1	342	440	1 900	2 600
30319	7319E	95	200	49.5	45	38	4	3	40.1	109	118	172	186	185	6	11.5	3	2.5	0.35	1.7	1	370	478	1 800	2 400
30320	7320E	100	215	51.5	47	39	4	3	42.2	114	127	184	201	199	6	12.5	3	2.5	0.35	1.7	1	405	525	1 600	2 000
22尺寸系列																									
32206	7506E	30	62	21.25	20	17	1	1	15.6	36	36	52	56	58	3	4.5	1	1	0.37	1.6	0.9	51.8	63.8	6 000	7 500
32207	7507E	35	72	24.25	23	19	1.5	1.5	17.9	42	42	61	65	68	3	5.5	1.5	1.5	0.37	1.6	0.9	70.5	89.5	5 300	6 700
32208	7508E	40	80	24.75	23	19	1.5	1.5	18.9	47	48	68	73	75	3	6	1.5	1.5	0.37	1.6	0.9	77.8	97.2	5 000	6 300
32209	7509E	45	85	24.75	23	19	1.5	1.5	20.1	52	53	73	78	81	3	6	1.5	1.5	0.4	1.5	0.8	80.8	105	4 500	5 600
32210	7510E	50	90	24.75	23	19	1.5	1.5	21	57	57	78	83	86	3	6	1.5	1.5	0.42	1.4	0.8	82.8	108	4 300	5 300
32211	7511E	55	100	26.75	25	21	2	1.5	22.8	64	62	87	91	96	4	6	2	1.5	0.4	1.5	0.8	108	142	3 800	4 800
32212	7512E	60	110	29.75	28	24	2	1.5	25	69	68	95	101	105	4	6	2	1.5	0.4	1.5	0.8	132	180	3 600	4 500
32213	7513E	65	120	32.75	31	27	2	1.5	27.3	74	75	104	111	115	4	6	2	1.5	0.4	1.5	0.8	160	222	3 200	4 000
32214	7514E	70	125	33.25	31	27	2	1.5	28.8	79	79	108	116	120	4	6.5	2	1.5	0.42	1.4	0.8	168	238	3 000	3 800
32215	7515E	75	130	33.25	31	27	2	1.5	30	84	84	115	121	126	4	6.5	2	1.5	0.44	1.4	0.8	170	242	2 800	3 600
32216	7516E	80	140	35.25	33	28	2.5	2	31.4	90	89	122	130	135	5	7.5	2.1	2	0.42	1.4	0.8	198	278	2 600	3 400
32217	7517E	85	150	38.5	36	30	2.5	2	33.9	95	95	130	140	143	5	8.5	2.1	2	0.42	1.4	0.8	228	325	2 400	3 200
32218	7518E	90	160	42.5	40	34	2.5	2	36.8	100	101	138	150	153	5	8.5	2.1	2	0.42	1.4	0.8	270	395	2 200	3 000
32219	7519E	95	170	45.5	43	37	3	2.5	39.2	107	106	145	158	163	5	8.5	2.5	2.1	0.42	1.4	0.8	302	448	2 000	2 800
32220	7520E	100	180	49	46	39	3	2.5	41.9	112	113	154	168	172	5	10	2.5	2.1	0.42	1.4	0.8	340	512	1 900	2 600
23尺寸系列																									
32303	7603E	17	47	20.25	19	16	1	1	12.3	23	24	39	41	43	3	4.5	1	1	0.29	2.1	1.2	35.2	36.2	8 500	11 000
32304	7604E	20	52	22.25	21	18	1.5	1.5	13.6	27	26	43	45	48	3	4.5	1.5	1.5	0.3	2	1.1	42.8	46.2	7 500	9 500
32305	7605E	25	62	25.25	24	20	1.5	1.5	15.9	32	32	52	55	58	3	5.5	1.5	1.5	0.3	2	1.1	61.5	68.8	6 300	8 000
32306	7606E	30	72	28.75	27	23	1.5	1.5	18.9	37	38	59	65	66	4	6	1.5	1.5	0.31	1.9	1.1	81.5	96.5	5 600	7 000
32307	7607E	35	80	32.75	31	25	2	1.5	20.4	44	43	66	71	74	4	8.5	2	1.5	0.31	1.9	1.1	99.0	118	5 000	6 300
32308	7608E	40	90	35.25	33	27	2	1.5	23.3	49	49	73	81	83	4	8.5	2	1.5	0.35	1.7	1	115	148	4 500	5 600
32309	7609E	45	100	38.25	36	30	2	1.5	25.6	54	56	82	91	93	4	8.5	2	1.5	0.35	1.7	1	145	188	4 000	5 000
32310	7610E	50	110	42.25	40	33	2.5	2	28.2	60	61	90	100	102	5	9.5	2	2	0.35	1.7	1	178	235	3 800	4 800
32311	7611E	55	120	45.5	43	35	2.5	2	30.4	65	66	99	110	111	5	10	2.5	2	0.35	1.7	1	202	270	3 400	4 300
32312	7612E	60	130	48.5	46	37	3	2.5	32	72	72	107	118	122	6	11.5	2.5	2.1	0.35	1.7	1	228	302	3 200	4 000
32313	7613E	65	140	51	48	39	3	2.5	34.3	77	79	117	128	131	6	12	2.5	2.1	0.35	1.7	1	260	350	2 800	3 600
32314	7614E	70	150	54	51	42	3	2.5	36.5	82	84	125	138	141	6	12	2.5	2.1	0.35	1.7	1	298	408	2 600	3 400
32315	7615E	75	160	58	55	45	3	2.5	39.4	87	91	133	148	150	7	13	2.5	2.1	0.35	1.7	1	348	482	2 400	3 200
32316	7616E	80	170	61.5	58	48	3	2.5	42.1	92	97	142	158	160	7	13.5	2.5	2.1	0.35	1.7	1	388	542	2 200	3 000
32317	7617E	85	180	63.5	60	49	4	3	43.5	99	102	150	166	168	8	14.5	3	2.5	0.35	1.7	1	422	592	2 000	2 800
32318	7618E	90	190	67.5	64	53	4	3	46.2	104	107	157	176	178	8	14.5	3	2.5	0.35	1.7	1	478	682	1 900	2 600
32319	7619E	95	200	71.5	67	55	4	3	49	109	114	166	186	187	8	16.5	3	2.5	0.35	1.7	1	515	738	1 800	2 400
32320	7620E	100	215	77.5	73	60	4	3	52.9	114	122	177	201	201	8	17.5	3	2.5	0.35	1.7	1	600	872	1 600	2 000

注：1. 同表 16－2 中注 1。

2. $r_{s\,min}$、$r_{1s\,min}$分别为r、r_1的单向最小倒角尺寸；$r_{as\,max}$、$r_{bs\,max}$分别为r_{as}、r_{bs}的单向最大尺寸。

表 16-5　圆柱滚子轴承(GB/T 283—94)

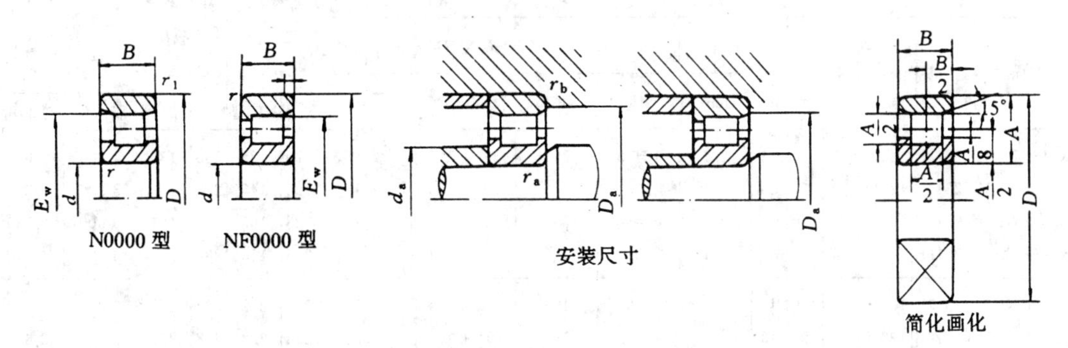

标记示例:滚动轴承 N216E　GB/T 283—94

径向当量动载荷		径向当量静载荷
$P_r=F_r$	对轴向承载的轴承(NF 型 2、3 系列) $P_r=F_r+0.3F_a$　$(0\leqslant F_a/F_r\leqslant 0.12)$ $P_r=0.94F_r+0.8F_a$　$(0.12\leqslant F_a/F_r\leqslant 0.3)$	$P_{0r}=F_r$

轴承代号				尺寸/mm							安装尺寸/mm				基本额定动载荷 C_r/kN		基本额定静载荷 C_{0r}/kN		极限转速 /r·min⁻¹	
新标准		旧标准		d	D	B	r_s	r_{1s}	E_w		d_a	D_a	r_{as}	r_{bs}						
							min		N 型	NF 型	min		max		N 型	NF 型	N 型	NF 型	脂润油	油润滑
(0)2 尺寸系列																				
N204E	NF204	2204E	12204	20	47	14	1	0.6	41.5	40	25	42	1	0.6	25.8	12.5	24.0	11.0	12 000	16 000
N205E	NF205	2205E	12205	25	52	15	1	0.6	46.5	45	30	47	1	0.6	27.5	14.2	26.8	12.8	10 000	14 000
N206E	NF206	2206E	12206	30	62	16	1	0.6	55.5	53.5	36	56	1	0.6	36.0	19.5	35.5	18.2	8 500	11 000
N207E	NF207	2207E	12207	35	72	17	1.1	0.6	64	61.8	42	64	1	0.6	46.5	28.5	48.0	28.0	7 500	9 500
N208E	NF208	2208E	12208	40	80	18	1.1	1.1	71.5	70	47	72	1	1	51.5	37.5	53.0	38.2	7 000	9 000
N209E	NF209	2209E	12209	45	85	19	1.1	1.1	76.5	75	52	77	1	1	58.5	39.8	63.8	41.0	6 300	8 000
N210E	NF210	2210E	12210	50	90	20	1.1	1.1	81.5	80.4	57	83	1	1	61.2	43.2	69.2	48.5	6 000	7 500
N211E	NF211	2211E	12211	55	100	21	1.5	1.1	90	88.5	64	91	1.5	1	80.2	52.8	95.5	60.2	5 300	6 700
N212E	NF212	2212E	12212	60	110	22	1.5	1.5	100	97	69	100	1.5	1.5	89.8	62.8	102	73.5	5 000	6 300
N213E	NF213	2213E	12213	65	120	23	1.5	1.5	108.5	105.5	74	108	1.5	1.5	102	73.2	118	87.5	4 500	5 600
N214E	NF214	2214E	12214	70	125	24	1.5	1.5	113.5	110.5	79	114	1.5	1.5	112	73.2	135	87.5	4 300	5 300
N215E	NF215	2215E	12215	75	130	25	1.5	1.5	118.5	118.3	84	120	1.5	1.5	125	89.0	155	110	4 000	5 000
N216E	NF216	2216E	12216	80	140	26	2	2	127.3	125	90	128	2	2	132	102	165	125	3 800	4 800
N217E	NF217	2217E	12217	85	150	28	2	2	136.5	135.5	95	137	2	2	158	115	192	145	3 600	4 500
N218E	NF218	2218E	12218	90	160	30	2	2	145	143	100	146	2	2	172	142	215	178	3 400	4 300
N219E	NF219	2219E	12219	95	170	32	2.1	2.1	154.5	151.5	107	155	2.1	2.1	208	152	262	190	3 200	4 000
N220E	NF220	2220E	12220	100	180	34	2.1	2.1	163	160	112	164	2.1	2.1	235	168	302	212	3 000	3 800
(0)3 尺寸系列																				
N304E	NF304	2304E	12304	20	52	15	1.1	0.6	45.5	44.5	26.5	47	1	0.6	29.0	18.0	25.5	15.0	11 000	15 000
N305E	NF305	2305E	12305	25	62	17	1.1	1.1	54	53	31.5	55	1	1	38.5	25.5	35.8	22.5	9 000	12 000
N306E	NF306	2306E	12306	30	72	19	1.1	1.1	62.5	62	37	64	1	1	49.2	33.5	48.2	31.5	8 000	10 000
N307E	NF307	2307E	12307	35	80	21	1.5	1.1	70.2	68.2	44	71	1.5	1	62.0	41.0	63.2	39.2	7 000	9 000
N308E	NF308	2308E	12308	40	90	23	1.5	1.5	80	77.5	49	80	1.5	1.5	76.8	48.8	77.8	47.5	6 300	8 000
N309E	NF309	2309E	12309	45	100	25	1.5	1.5	88.5	86.5	54	89	1.5	1.5	93.0	66.8	98.0	66.8	5 600	7 000
N310E	NF310	2310E	12310	50	110	27	2	2	97	95	60	98	2	2	105	76.0	112	79.5	5 300	6 700
N311E	NF311	2311E	12311	55	120	29	2	2	106.5	104.5	65	107	2	2	128	97.8	138	105	4 800	6 000
N312E	NF312	2312E	12312	60	130	31	2.1	2.1	115	113	72	116	2.1	2.1	142	118	155	128	4 500	5 600

续表 16-5

轴承代号				尺寸/mm							安装尺寸/mm				基本额定动载荷 C_r/kN		基本额定静载荷 C_{or}/kN		极限转速 /r·min^{-1}	
新标准		旧标准		d	D	B	r_s	r_{1s}	E_w		d_a	D_a	r_{as}	r_{bs}						
							min		N 型	NF 型	min		max		N 型	NF 型	N 型	NF 型	脂润油	油润滑
N313E	NF313	2313E	12313	65	140	33	2.1		124.5	121.5	77	125	2.1		170	125	188	135	4 000	5 000
N314E	NF314	2314E	12314	70	150	35	2.1		133	130	82	134	2.1		195	145	220	162	3 800	4 800
N315E	NF315	2315E	12315	75	160	37	2.1		143	139.5	87	143	2.1		228	165	260	188	3 600	4 500
N316E	NF316	2316E	12316	80	170	39	2.1		151	147	92	151	2.1		245	175	282	200	3 400	4 300
N317E	NF317	2317E	12317	85	180	41	3		160	156	99	160	2.5		280	212	332	242	3 200	4 000
N318E	NF318	2318E	12318	90	190	43	3		169.5	165	104	169	2.5		298	228	348	265	3 000	3 800
N319E	NF319	2319E	12319	95	200	45	3		177.5	173.5	109	178	2.5		315	245	380	288	2 800	3 600
N320E	NF320	2320E	12320	100	215	47	3		191.5	185.5	114	190	2.5		365	282	425	340	2 600	3 200
(0)4 尺寸系列																				
N406		2406		30	90	23	1.5		73		39	—	1.5		57.2		53.0		7 000	9 000
N407		2407		35	100	25	1.5		83		44	—	1.5		70.8		68.2		6 000	7 500
N408		2408		40	110	27	2		92		50	—	2		90.5		89.8		5 600	7 000
N409		2409		45	120	29	2		100.5		55	—	2		102		100		5 000	6 300
N410		2410		50	130	31	2.1		110.8		62	—	2.1		120		120		4 800	6 000
N411		2411		55	140	33	2.1		117.2		67	—	2.1		128		132		4 300	5 300
N412		2412		60	150	35	2.1		127		72	—	2.1		155		162		4 000	5 000
N413		2413		65	160	37	2.1		135.3		77	—	2.1		170		178		3 800	4 800
N414		2414		70	180	42	3		152		84	—	2.5		215		232		3 400	4 300
N415		2415		75	190	45	3		160.5		89	—	2.5		250		272		3 200	4 000
N416		2416		80	200	48	3		170		94	—	2.5		285		315		3 000	3 800
N417		2417		85	210	52	4		179.5		103	—	3		312		345		2 800	3 600
N418		2418		90	225	54	4		191.5		108	—	3		352		392		2 400	3 200
N419		2419		95	240	55	4		201.5		113	—	3		378		428		2 200	3 000
N420		2420		100	250	58	4		211		118	—	3		418		480		2 000	2 800
22 尺寸系列																				
N2204E		2504E		20	47	18	1	0.6	41.5		25	42	1	0.6	30.8		30.0		12 000	16 000
N2205E		2505E		25	52	18	1	0.6	46.5		30	47	1	0.6	32.8		33.8		11 000	14 000
N2206E		2506E		30	62	20	1	0.6	55.5		36	56	1	0.6	45.5		48.0		8 500	11 000
N2207E		2507E		35	72	23	1.1	0.6	64		42	64	1	0.6	57.5		63.0		7 500	9 500
N2208E		2508E		40	80	23	1.1	1.1	71.5		47	72	1	1	67.5		75.2		7 000	9 000
N2209E		2509E		45	85	23	1.1	1.1	76.5		52	77	1	1	71.0		82.0		6 300	8 000
N2210E		2510E		50	90	23	1.1	1.1	81.5		57	83	1	1	74.2		88.8		6 000	7 500
N2211E		2511E		55	100	25	1.5	1.1	90		64	91	1.5	1	94.8		118		5 300	6 700
N2212E		2512E		60	110	28	1.5	1.5	100		69	100	1.5	1.5	122		152		5 000	6 300
N2213E		2513E		65	120	31	1.5	1.5	108.5		74	108	1.5	1.5	142		180		4 500	5 600
N2214E		2514E		70	125	31	1.5	1.5	113.5		79	114	1.5	1.5	148		192		4 300	5 300
N2215E		2515E		75	130	31	1.5	1.5	118.5		84	120	1.5	1.5	155		205		4 000	5 000
N2216E		2516E		80	140	33	2	2	127.3		90	128	2	2	178		242		3 800	4 800
N2217E		2517E		85	150	36	2	2	136.5		95	137	2	2	205		272		3 600	4 500
N2218E		2518E		90	160	40	2	2	145		100	146	2	2	230		312		3 400	4 300
N2219E		2519E		95	170	43	2.1	2.1	154.5		107	155	2.1	2.1	275		368		3 200	4 000
N2220E		2520E		100	180	46	2.1	2.1	163		112	164	2.1	2.1	318		440		3 000	3 800

注：1. 同表 16-2 中注 1。

2. $r_{s\,min}$、$r_{1s\,min}$分别为 r、r_1 的单向最小倒角尺寸；$r_{as\,max}$、$r_{bs\,max}$分别为 r_{as}、r_{bs}的单向最大倒角尺寸。

3. 后缀带 E 为加强型圆柱滚子轴承，应优先选用。

表 16-6　推力球轴承(GB/T 301—1995)

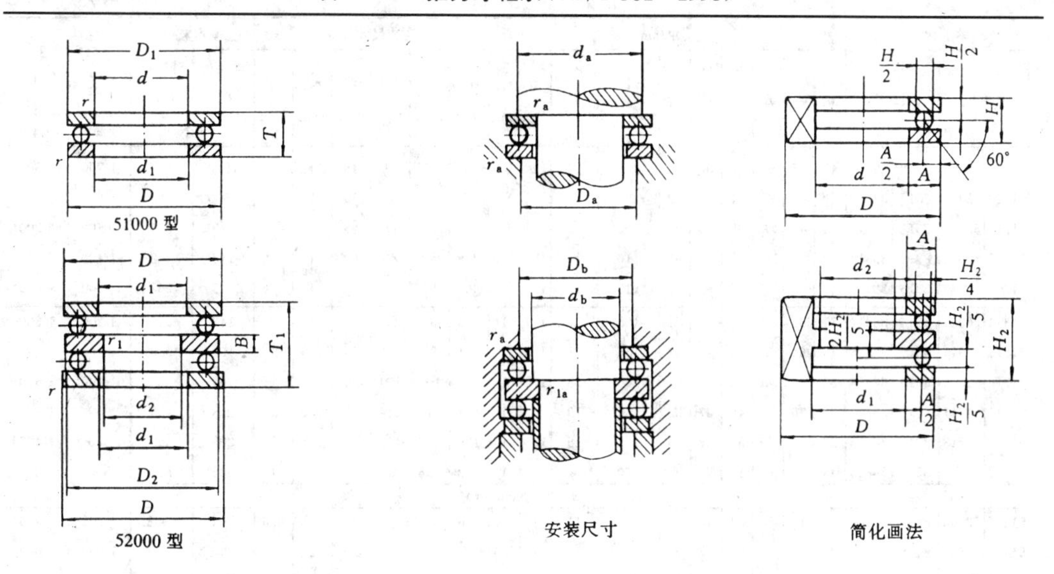

标示例：　　　　　　　　　　　　　　　　　　　　轴向当量动载荷 $P_a=F_a$

滚动轴承　51208　GB/T 301—95　　　　　　　　　轴向当量静载荷　$P_{0a}=F_a$

轴承代号				尺寸/mm											安装尺寸/mm						基本额定		极限转速	
新标准		旧标准		d	d_2	D	T	T_1	d_1 min	D_1 max	D_2 max	B	r_s min	r_{1s} min	d_a min	D_a max	D_b min	d_b max	r_{as} max	r_{1as} max	动载荷 C_a /kN	静载荷 C_{0a} /kN	/r·min⁻¹ 脂润滑	/r·min⁻¹ 油润滑
12(51000 型)、22(52000 型)尺寸系列																								
51200	—	8200	—	10	—	26	11	—	12	26	—	—	0.6	—	20	16		—	0.6	—	12.5	17.0	6 000	8 000
51201	—	8201	—	12	—	28	11	—	14	28	—	—	0.6	—	22	18		—	0.6	—	13.2	19.0	5 300	7 500
51202	52202	8202	38202	15	10	32	12	22	17	32	32	5	0.6	0.3	25	22		15	0.6	0.3	16.5	24.8	4 800	6 700
51203	—	8203	—	17	—	35	12	—	19	35	—	—	0.6	—	28	24		—	0.6	—	17.0	27.2	4 500	6 300
51204	52204	8204	38204	20	15	40	14	26	22	40	40	6	0.6	0.3	32	28		20	0.6	0.3	22.2	37.5	3 800	5 300
51205	52205	8205	38205	25	20	47	15	28	27	47	47	7	0.6	0.3	38	34		25	0.6	0.3	27.8	50.5	3 400	4 800
51206	52206	8206	38206	30	25	52	16	29	32	52	52	7	0.6	0.3	43	39		30	0.6	0.3	28.0	54.2	3 200	4 500
51207	52207	8207	38207	35	30	62	18	34	37	62	62	8	1	0.3	51	46		35	1	0.3	39.2	78.2	2 800	4 000
51208	52208	8208	38208	40	30	68	19	36	42	68	68	9	1	0.6	57	51		40	1	0.6	47.0	98.2	2 400	3 600
51209	52209	8209	38209	45	35	73	20	37	47	73	73	9	1	0.6	62	56		45	1	0.6	47.8	105	2 200	3 400
51210	52210	8210	38210	50	40	78	22	39	52	78	78	9	1	0.6	67	61		50	1	0.6	48.5	112	2 000	3 200
51211	52211	8211	38211	55	45	90	25	45	57	90	90	10	1	0.6	76	69		55	1	0.6	67.5	158	1 900	3 000
51212	52212	8212	38212	60	50	95	26	46	62	95	95	10	1	0.6	81	74		60	1	0.6	73.5	178	1 800	2 800
51213	52213	8213	38213	65	55	100	27	47	67	100		10	1	0.6	86	79	79	65	1	0.6	74.8	188	1 700	2 600
51214	52214	8214	38214	70	55	105	27	47	72	105		10	1	1	91	84	84	70	1	1	73.5	188	1 600	2 400
51215	52215	8215	38215	75	60	110	27	47	77	110		10	1	1	96	89	89	75	1	1	74.8	198	1 500	2 200
51216	52216	8216	38216	80	65	115	28	48	82	115		10	1	1	101	94	94	80	1	1	83.8	222	1 400	2 000
51217	52217	8217	38217	85	70	125	31	55	88	125		12	1	1	109	101	109	85	1	1	102	280	1 300	1 900
51218	52218	8218	38218	90	75	135	35	62	93	135		14	1.1	1	117	108	108	90	1	1	115	315	1 200	1 800
51220	52220	8220	38220	100	85	150	38	67	103	150		15	1.1	1	130	120	120	100	1	1	132	375	1 100	1 700
13(51000 型)、23(52000 型)尺寸系列																								
51304	—	8304	—	20	—	47	18	—	22	47		—	1	—	36	31	—	—	1	—	35.0	55.8	3 600	4 500
51305	52305	8305	38305	25	20	52	18	34	27	52		8	1	0.3	41	36	36	25	1	0.3	35.5	61.5	3 000	4 300
51306	52306	8306	38306	30	25	60	21	38	32	60		9	1	0.3	48	42	42	30	1	0.3	42.8	78.5	2 400	3 600
51307	52307	8307	38307	35	30	68	24	44	37	68		10	1	0.3	55	48	48	35	1	0.3	55.2	105	2 000	3 200
51308	52308	8308	38308	40	30	78	26	49	42	78		12	1	0.6	63	55	55	40	1	0.6	69.2	135	1 900	3 000

续表 16－6

轴承代号				尺寸/mm											安装尺寸/mm						基本额定		极限转速	
新标准		旧标准		d	d_2	D	T	T_1	d_1 min	D_1 max	D_2 max	B	r_s min	r_{1s} min	d_a min	D_a max	D_b min	d_b max	r_{as} max	r_{1as} max	动载荷 C_a /kN	静载荷 C_{0a} /kN	/r·min−1 脂润滑	/r·min−1 油润滑
51309	52309	8309	38309	45	35	85	28	52	47	85		12	1	0.6	69	61	61	45	1	0.6	75.8	150	1 700	2 600
51310	52310	8310	38310	50	40	95	31	58	52	95		14	1.1	0.6	77	68	68	50	1	0.6	96.5	202	1 600	2 400
51311	52311	8311	38311	55	45	105	35	64	57	105		15	1.1	0.6	85	75	75	55	1	0.6	115	242	1 500	2 200
51312	52312	8312	38312	60	50	110	35	64	62	110		15	1.1	0.6	90	80	80	60	1	0.6	118	262	1 400	2 000
51313	52313	8313	38313	65	55	115	36	65	67	115		15	1.1	0.6	95	85	85	65	1	0.6	115	262	1 300	1 900
51314	52314	8314	38314	70	55	125	40	72	72	125		16	1.1	1	103	92	92	70	1	1	148	340	1 200	1 800
51315	52315	8315	38315	75	60	135	44	79	77	135		18	1.5	1	111	99	99	75	1.5	1	162	380	1 100	1 700
51316	52316	8316	38316	80	65	140	44	79	82	140		18	1.5	1	116	104	104	80	1.5	1	160	380	1 000	1 600
51317	52317	8317	38317	85	70	150	49	87	88	150		19	1.5	1	124	111	114	85	1.5	1	208	495	950	1 500
51318	52318	8318	38318	90	75	155	50	88	93	155		19	1.5	1	129	116	116	90	1.5	1	205	495	900	1 400
51320	52320	8320	38320	100	80	170	55	97	103	170		21	1.5	1	142	128	128	100	1.5	1	235	595	800	1 200
14(51000型)、24(52000型)尺寸系列																								
51405	52405	8405	38405	25	15	60	24	45	27	60		11	1	0.6	46	39		25	1	0.6	55.5	89.2	2 200	3 400
51406	52406	8406	38406	30	20	70	28	52	32	70		12	1	0.6	54	46		30	1	0.6	72.5	125	1 900	3 000
51407	52407	8407	38407	35	25	80	32	59	37	80		14	1.1	0.6	62	53		35	1	0.6	86.5	155	1 700	2 600
51408	52408	8408	38408	40	30	90	36	65	42	90		15	1.1	0.6	70	60		40	1	0.6	112	205	1 500	2 200
51409	52409	8409	38409	45	35	100	39	72	47	100		17	1.1	0.6	78	67		45	1	0.6	140	262	1 400	2 000
51410	52410	8410	38410	50	40	110	43	78	52	110		18	1.5	0.6	86	74		50	1.5	0.6	160	302	1 300	1 900
51411	52411	8411	38411	55	45	120	48	87	57	120		20	1.5	0.6	94	81		55	1.5	0.6	182	355	1 100	1 700
51412	52412	8412	38412	60	50	130	51	93	62	130		21	1.5	0.6	102	88		60	1.5	0.6	200	395	1 000	1 600
51413	52413	8413	38413	65	50	140	56	101	68	140		23	2	1	110	95		65	2.0	1	215	448	900	1 400
51414	52414	8414	38414	70	55	150	60	107	73	150		24	2	1	118	102		70	2.0	1	255	560	850	1 300
51415	52415	8415	38415	75	60	160	65	115	78	160		160	26	2	1	110		75	2.0	1	268	615	800	1 200
51416	—	8416	—	80	—	170	68	—	83	170		—	—	2.1	—	117		—	2.1	—	292	692	750	1 100
51417	52417	8417	38417	85	65	180	72	128	88	177		179.5	29	2.1	1.1	124		85	2.1	1	318	782	700	1 000
51418	52418	8418	38418	90	70	190	77	135	93	187		189.5	30	2.1	1.1	131		90	2.1	1	325	825	670	950
51420	52420	8420	38420	100	80	210	85	150	103	205		209.5	33	3	1.1	145		100	2.5	1	400	1080	600	850

注：1. 同表 16－2 中注 1。

2. $r_{s\,min}$、$r_{1s\,min}$为 r、r_1 的最小单向倒角尺寸；$r_{as\,max}$、$r_{las\,max}$为 r_a、r_{1s}的最大单向倒角尺寸。

§16.3 滚动轴承的配合

表 16-7 向心轴承和轴的配合 轴公差带代号 （GB/T 275—93）

运转状态		负荷状态	深沟球轴承、调心球轴承和角接触球轴承	圆柱滚子轴承和圆锥滚子轴承	调心滚子轴承	公差带
圆柱孔轴承						
说明	举例		轴承公称内径/mm			
旋转的内圈负荷及摆动负荷	一般通用机械、电动机、机床主轴、泵、内燃机、正齿轮传动装置、铁路机车车辆轴箱、破碎机等	轻负荷	≤18	—	—	h5
			>18~100	≤40	≤40	j6
			>100~200	>40~140	>40~100	k6
			—	>140~200	>100~200	m6
		正常负荷	≤18	—	—	j5 js5
			>18~100	≤40	≤40	k5
			>100~140	>40~100	>40~65	m5
			>140~200	>100~140	>65~100	m6
			>200~280	>140~200	>100~140	n6
			—	>200~400	>140~280	p6
			—	—	>280~500	r6
		重负荷		>50~140	>50~100	n6
				>140~200	>100~140	p6
				>200	>140~200	r6
				—	>200	r7
固定的内圈负荷	静止轴上的各种轮子，张紧轮绳轮、振动筛、惯性振动器	所有负荷	所有尺寸			f6 g6 h6 j6
仅有轴向负荷			所有尺寸			j6、js6
圆锥孔轴承						
所有负荷	铁路机车车辆轴箱	装在退卸套上的所有尺寸				h8(IT6)
	一般机械传动	装在紧定套上的所有尺寸				h9(IT7)

注：1. 凡对精度有较高要求的场合，应用 j5，k5……代替 j6，k6……

2. 圆锥滚子轴承、角接触球轴承配合对游隙影响不大，可用 k6、m6 代表 k5、m5。

3. 重负荷下轴承游隙应选大于 0 组。

4. 凡有较高精度或转速要求的场合，应选用 h7(IT5)代替 h8(IT6)等。

5. IT6，IT7 表示圆柱度公差数值。

表 16-8　向心轴承和外壳的配合　孔公差带代号　(GB/T 275—93)

运转状态		负荷状态	其他状况	公差带(1)	
说　明	举　例			球轴承	滚子轴承
固定的外圈负荷	一般机械、铁路机车车辆轴箱、电动机、泵、曲轴主轴承	轻、正常重	轴向易移动,可采用剖分式外壳	H7、G7(2)	
		冲击	轴向能移动,可采用整体或剖分式外壳	J7、Js7	
摆动负荷		轻、正常			
		正常、重	轴向不移动,采用整体式外壳	K7	
		冲击		M7	
旋转的外圈负荷	张紧滑轮、轮毂轴承	轻		J7	K7
		正常		K7、M7	M7、N7
		重		—	N7、P7

注：(1) 并列公差带随尺寸的增大从左到右选择,对旋转精度有较高要求时,可相应提高一个公差等级。

(2) 不适用于剖分式外壳。

表 16-9　配合面——轴和外壳的形位公差(GB/T 275—93)

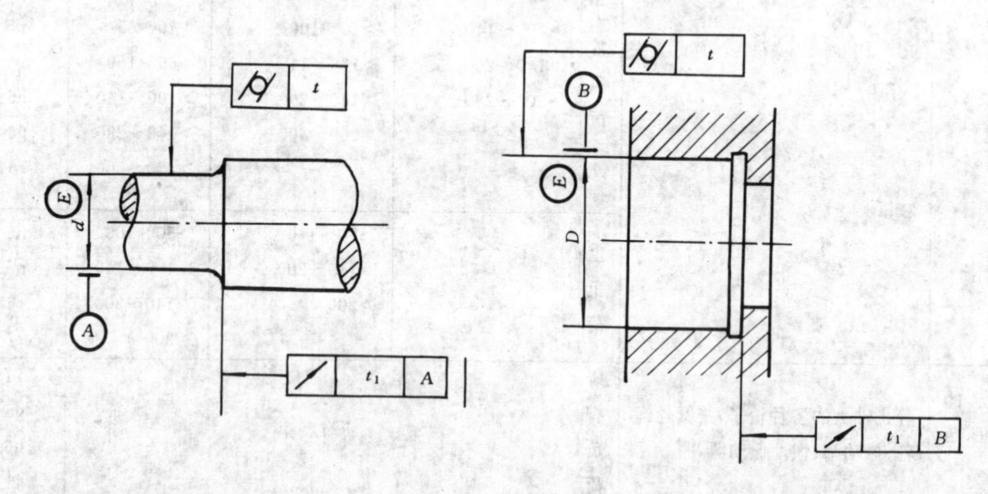

基本尺寸/mm		圆柱度 t				端面圆跳动 t_1			
		轴　颈		外　壳　孔		轴　肩		外　壳　孔　肩	
		轴承公差等级							
		G	E(Ex)	G	E(Ex)	G	E(Ex)	G	E(Ex)
超过	到	公　差　值　μm							
	6	2.5	1.5	4	2.5	5	3	3	5
6	10	2.5	1.5	4	2.5	6	4	10	6
10	18	3.0	2.0	5	3.0	8	5	12	8
18	30	4.0	2.5	6	4.0	10	6	15	10
30	50	4.0	2.5	7	4.0	12	8	20	12
50	80	5.0	3.0	8	5.0	15	10	25	15

续表 16－9

基本尺寸/mm		圆柱度 t				端面圆跳动 t_1			
		轴　颈		外　壳　孔		轴　肩		外　壳　孔　肩	
		轴承公差等级							
		G	E(Ex)	G	E(Ex)	G	E(Ex)	G	E(Ex)
超过	到	公　差　值　μm							
80	120	6.0	4.0	10	6.0	15	10	25	15
120	180	8.0	5.0	12	8.0	20	12	30	20
180	250	10.0	7.0	14	10.0	20	12	30	20
250	315	12.0	8.0	16	12.0	25	15	40	25
315	400	13.0	9.0	18	13.0	25	15	40	25
400	500	15.0	10.0	20	15.0	25	15	40	25

表 16－10　配合面的表面粗糙度　　μm

轴或轴承座直径/mm		轴或外壳配合表面直径公差等级								
		IT7			IT6			IT5		
		表面粗糙度								
超过	到	R_a	R_a		R_a	R_a		R_a	R_a	
			磨	车		磨	车		磨	车
	80	10	1.6	3.2	6.3	0.8	1.6	4	0.4	0.8
80	500	16	1.6	3.2	10	1.6	3.2	6.3	0.8	1.6
端面		25	3.2	6.3	25	3.2	6.3	10	1.6	3.2

第十七章　联轴器

§17.1　联轴器轴孔和键槽型式

表 17－1　轴孔和键槽的型式、代号及系列尺寸（GB3852—83）

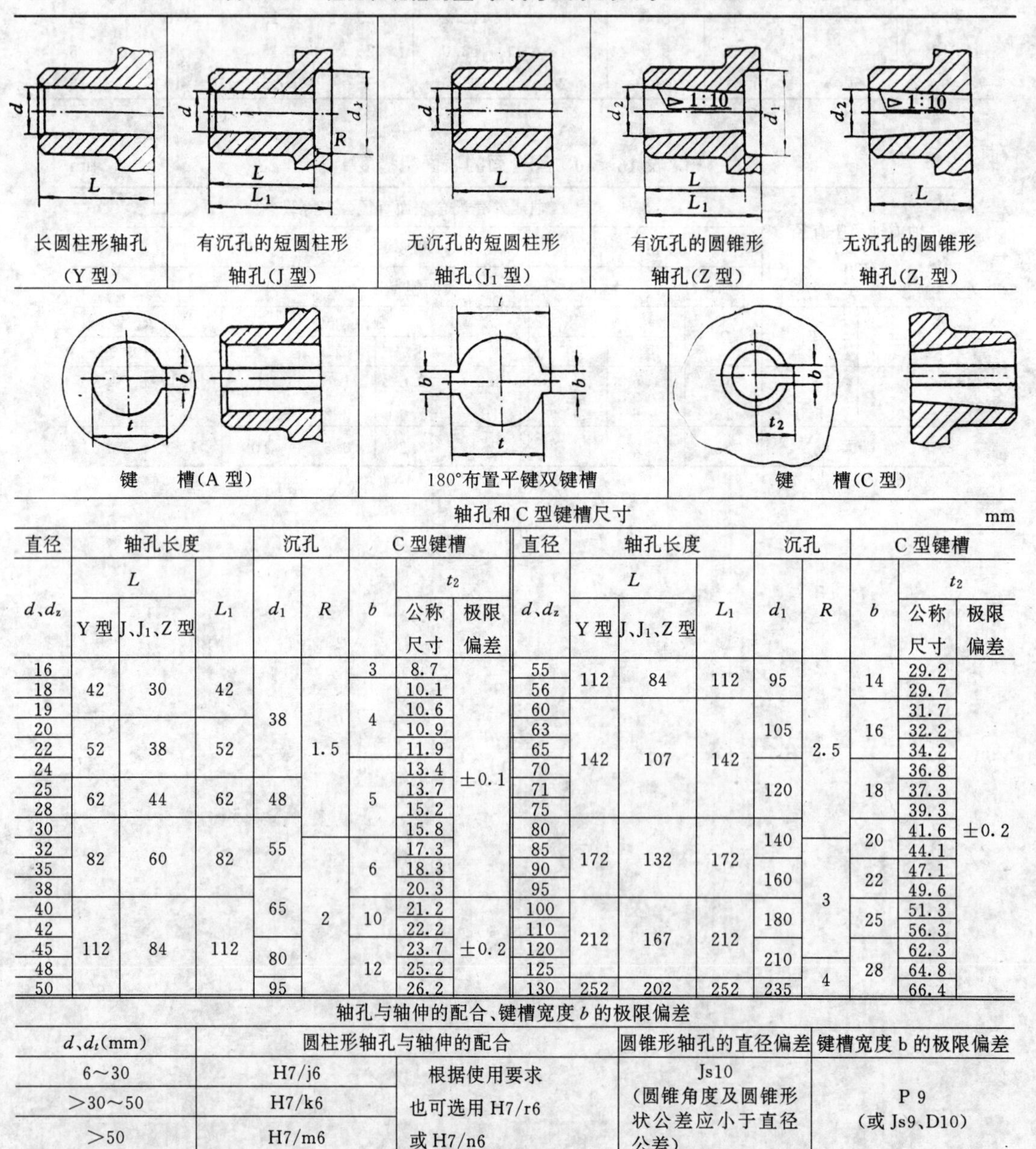

长圆柱形轴孔（Y 型）　有沉孔的短圆柱形轴孔（J 型）　无沉孔的短圆柱形轴孔（J_1 型）　有沉孔的圆锥形轴孔（Z 型）　无沉孔的圆锥形轴孔（Z_1 型）

键　　槽（A 型）　180°布置平键双键槽　键　　槽（C 型）

轴孔和 C 型键槽尺寸　　mm

直径	轴孔长度			沉孔		C 型键槽		
d、d_z	L Y 型	L J、J_1、Z 型	L_1	d_1	R	b	t_2 公称尺寸	t_2 极限偏差
16	42	30	42	38	1.5	3	8.7	±0.1
18						4	10.1	
19							10.6	
20	52	38	52				10.9	
22							11.9	
24						5	13.4	
25	62	44	62	48			13.7	
28							15.2	
30	82	60	82	55			15.8	
32					2	6	17.3	
35							18.3	
38				65			20.3	
40	112	84	112			10	21.2	±0.2
42							22.2	
45				80		12	23.7	
48							25.2	
50				95			26.2	

直径	轴孔长度			沉孔		C 型键槽		
d、d_z	L Y 型	L J、J_1、Z 型	L_1	d_1	R	b	t_2 公称尺寸	t_2 极限偏差
55	112	84	112	95	2.5	14	29.2	±0.2
56							29.7	
60	142	107	142	105		16	31.7	
63							32.2	
65							34.2	
70				120		18	36.8	
71							37.3	
75							39.3	
80	172	132	172	140		20	41.6	
85					3		44.1	
90				160		22	47.1	
95							49.6	
100	212	167	212	180		25	51.3	
110							56.3	
120				210		28	62.3	
125					4		64.8	
130	252	202	252	235			66.4	

轴孔与轴伸的配合、键槽宽度 b 的极限偏差

d、d_t(mm)	圆柱形轴孔与轴伸的配合		圆锥形轴孔的直径偏差	键槽宽度 b 的极限偏差
6～30	H7/j6	根据使用要求也可选用 H7/r6 或 H7/n6	Js10（圆锥角度及圆锥形状公差应小于直径公差）	P 9（或 Js9、D10）
＞30～50	H7/k6			
＞50	H7/m6			

注：无沉孔的圆锥形轴孔（Z_1 型）和 B_1 型，D 型键槽尺寸，详见 GB3852—83。

§ 17.2 凸缘联轴器

表 17－2 凸缘联轴器(GB5843－86)

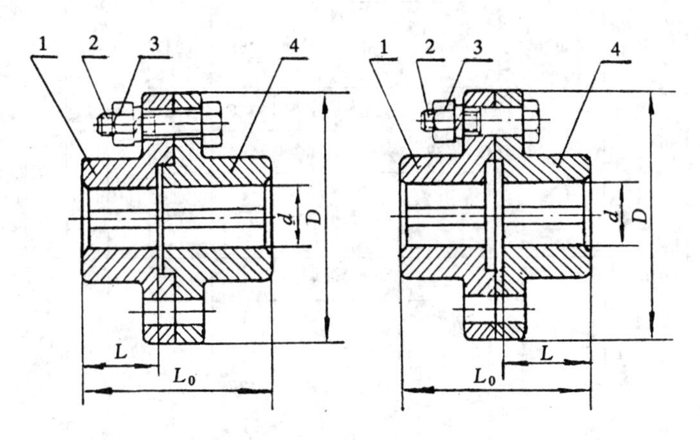

标记示例：

YL5 联轴器 $\frac{\text{J}30\times60}{\text{J}_1\text{B}28\times44}$ GB5843－86

主动端：J 型轴孔，A 型键槽 d=30 mm，L=60 mm

从动端：J_1 型轴孔，B 型键槽 d=28 mm，L=44 mm

1,4——半联轴器；
2——螺栓；
3——锁紧螺母。

型号	公称扭矩 T_n /N·m	许用转速 $[n]$/r·min^{-1}		轴孔直径 d(H7) /mm	轴孔长度 L/mm		L_0/mm		D	D_1	螺栓		转动惯量 /kg·m^2	质量/kg
		铁	钢		Y 型	J、J_1 型	Y 型	J、J_1 型	mm		数量	直径		
YL3 YLD3	25	6 400	10 000	14	32	27	68	58	90	69	3 3*	M8	0.006	1.99
				16、18、19	42	30	88	64						
				20、22、(24)	52	38	108	80						
				(25)	62	44	128	92						
YL4 YLD4	40	5 700	9 500	18、19	42	30	88	64	100	80			0.009	2.47
				20、22、24	52	38	108	80						
				25、(28)	62	44	128	92						
YL5 YLD5	63	5 500	9 000	22、24	52	38	108	80	105	85	4 4*	M8	0.013	3.19
				25、28	62	44	128	92						
				30、(32)	82	60	168	124						
YL6 YLD6	100	5 200	8 000	24	52	38	108	80	110	90			0.017	3.99
				25、28	62	44	128	92						
				30、32、(35)	82	60	168	124						

续表 17－2

型号	公称扭矩 T_n /N·m	许用转速 $[n]$/r·min^{-1} 铁	许用转速 $[n]$/r·min^{-1} 钢	轴孔直径 d(H7) /mm	轴孔长度 L/mm Y型	轴孔长度 L/mm J、J_1型	L_0/mm Y型	L_0/mm J、J_1型	D mm	D_1 mm	螺栓 数量	螺栓 直径	转动惯量 /kg·m^2	质量/kg
YL7 YLD7	160	4 800	7 600	28	62	44	128	92	120	95	4 3*	M10	0.029	5.66
				30、32、35、38	82	60	168	124						
				(40)	112	82	228	172						
YL8 YLD8	250	4 300	7 000	32、35、38	82	60	169	125	130	105			0.043	7.29
				40、42、(45)	112	84	229	173						
YL9 YLD9	400	4 100	6 800	38	82	60	169	125	140	115	6 3*		0.064	9.53
				40、42、45、48、(50)	112	84	229	173						
YL10 YLD10	630	3 600	6 000	45、48、50、55、(56)					160	130	6 4*		0.112	12.46
				(60)	142	107	289	219						
YL11 YLD11	1 000	3 200	5 300	50、55、56	112	84	229	173	180	150	8 4*	M12	0.205	17.97
				60、63、65、70	142	107	289	219						
YL12 YLD12	1 600	2 900	4 700	60、63、65、70、71、75					200	170	12 6*		0.443	30.62
				(80)	172	132	349	269					0.463	29.52
YL13 YLD13	2 500	2 600	4 300	70、71、75	142	107	289	219	220	185	8 6*	M16	0.646	35.58
				80、85、(90)	172	132	349	269						
YL14 ULD14	4 000	2 300	3 800	80、85、90、95	172	132	350	270	250	215	12 8*		1.353	57.13
				100(110)	212	167	430	340						
YL15 YLD15	6 300	2 000	3 400	(90)(95)	172	132	350	270	290	250	12 6*	M20	2.845	89.59
				100、110、120、(125)	212	167	430	340						

注：1. 本联轴器刚性好，传递扭矩大，适用于两轴对中精度良好的一般轴系传动。

2. 括号内的轴孔直径仅用于钢制联轴器。

3. 带＊号的螺栓数量用于铰制孔用螺栓。

§ 17.3 弹性柱销联轴器

表 17-3 弹性柱销联轴器（GB 5014—85） mm

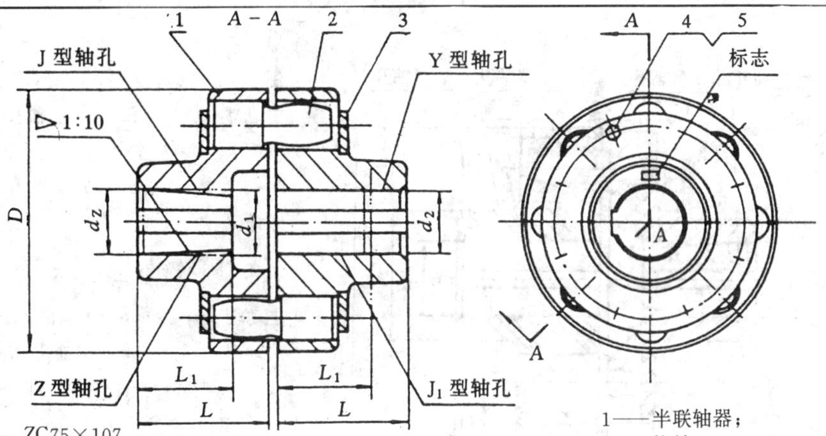

标记示例：HL7 联轴器 $\frac{\text{ZC}75\times107}{\text{JB}70\times107}$ GB5014—85

主动端：Z 型轴孔，C 型键槽，d_Z=75 mm，L_1=107 mm

从动端：J 型轴孔，B 型键槽，d_Z=70 mm，L_1=107 mm

1——半联轴器；
2——柱销；
3——挡板；
4——螺栓；
5——垫圈。

<table>
<tr><th rowspan="3">型号</th><th rowspan="3">公称扭矩 T_n /N·m</th><th colspan="2" rowspan="2">许用转速[n] /r·min^{-1}</th><th rowspan="3">轴孔直径* d_1, d_2, d_Z</th><th colspan="3">轴孔长度</th><th rowspan="3">D</th><th rowspan="3">质量 m /kg</th><th rowspan="3">转动惯量 I /kg·m²</th><th colspan="3">许用补偿量</th></tr>
<tr><th>Y 型</th><th colspan="2">J、J₁、Z 型</th><th>径向</th><th>轴向</th><th>角向</th></tr>
<tr><th>铁</th><th>钢</th><th>L</th><th>L_1</th><th>L</th><th>ΔY</th><th>ΔX</th><th>$\Delta\alpha$</th></tr>
<tr><td rowspan="3">HL1</td><td rowspan="3">160</td><td rowspan="3">7100</td><td rowspan="3">7100</td><td>12,14</td><td>32</td><td>27</td><td>32</td><td rowspan="3">90</td><td rowspan="3">2</td><td rowspan="3">0.0064</td><td rowspan="11">0.15</td><td rowspan="3">±0.5</td><td rowspan="22">⩽0°30′</td></tr>
<tr><td>16,18,19</td><td>42</td><td>30</td><td>42</td></tr>
<tr><td>20,22,(24)</td><td rowspan="2">52</td><td rowspan="2">38</td><td rowspan="2">52</td></tr>
<tr><td rowspan="3">HL2</td><td rowspan="3">315</td><td rowspan="3">5600</td><td rowspan="3">5600</td><td>20,22,24</td><td rowspan="3">120</td><td rowspan="3">5</td><td rowspan="3">0.253</td><td rowspan="5">±1</td></tr>
<tr><td>25,28</td><td>62</td><td>44</td><td>62</td></tr>
<tr><td>30,32,(35)</td><td rowspan="2">82</td><td rowspan="2">60</td><td rowspan="2">82</td></tr>
<tr><td rowspan="2">HL3</td><td rowspan="2">630</td><td rowspan="2">5000</td><td rowspan="2">5000</td><td>30,32,35,38</td><td rowspan="2">160</td><td rowspan="2">8</td><td rowspan="2">0.6</td></tr>
<tr><td>40,42,(45),(48)</td><td rowspan="2">112</td><td rowspan="2">84</td><td rowspan="2">112</td></tr>
<tr><td rowspan="2">HL4</td><td rowspan="2">1250</td><td rowspan="2">2800</td><td rowspan="2">4000</td><td>40,42,45,48,50,55,56</td><td rowspan="2">195</td><td rowspan="2">22</td><td rowspan="2">3.4</td><td rowspan="3">±1.5</td></tr>
<tr><td>(60),(63)</td><td rowspan="3">142</td><td rowspan="3">107</td><td rowspan="3">142</td></tr>
<tr><td>HL5</td><td>2000</td><td>2500</td><td>3550</td><td>50, 55, 56, 60, 63, 65, 70, (71),(75)</td><td>220</td><td>30</td><td>5.4</td></tr>
<tr><td rowspan="2">HL6</td><td rowspan="2">3150</td><td rowspan="2">2100</td><td rowspan="2">2800</td><td>60,63,65,70,71,75,80</td><td rowspan="2">280</td><td rowspan="2">53</td><td rowspan="2">15.6</td><td rowspan="8">0.20</td><td rowspan="8">±2</td></tr>
<tr><td>(85)</td><td>172</td><td>132</td><td>172</td></tr>
<tr><td rowspan="3">HL7</td><td rowspan="3">6300</td><td rowspan="3">1700</td><td rowspan="3">2240</td><td>70,71,75</td><td>142</td><td>107</td><td>142</td><td rowspan="3">320</td><td rowspan="3">98</td><td rowspan="3">41.1</td></tr>
<tr><td>80,85,90,95</td><td>172</td><td>132</td><td>172</td></tr>
<tr><td>100,(110)</td><td rowspan="3">212</td><td rowspan="3">167</td><td rowspan="3">212</td></tr>
<tr><td>HL8</td><td>10000</td><td>16000</td><td>2120</td><td>80, 85, 90, 95, 100, 110, (120),(125)</td><td>360</td><td>119</td><td>56.5</td></tr>
<tr><td rowspan="2">HL9</td><td rowspan="2">16000</td><td rowspan="2">1250</td><td rowspan="2">1800</td><td>100,110,120,125</td><td rowspan="2">410</td><td rowspan="2">197</td><td rowspan="2">133.3</td></tr>
<tr><td>130,(140)</td><td>252</td><td>202</td><td>252</td></tr>
<tr><td rowspan="3">HL10</td><td rowspan="3">25000</td><td rowspan="3">1120</td><td rowspan="3">1560</td><td>110,120,125</td><td>212</td><td>167</td><td>212</td><td rowspan="3">480</td><td rowspan="3">322</td><td rowspan="3">273.2</td><td rowspan="3">0.25</td><td rowspan="3">±2.5</td></tr>
<tr><td>130,140,150</td><td>252</td><td>202</td><td>252</td></tr>
<tr><td>160,(170),(180)</td><td>302</td><td>242</td><td>302</td></tr>
</table>

注：1. 该联轴器最大型号为 HL14，详见 GB5014—85。2. 带制动轮的弹性销联轴器 HLL 型可参阅 GB5014—85。3. “*”栏内带()的值仅适用于钢制联轴器。4. 轴孔型式及长度 L、L_1，可根据需要选取。

§17.4 TL型弹性套柱销联轴器

表 17-4 TL型弹性套柱销联轴器(GB4323—85) mm

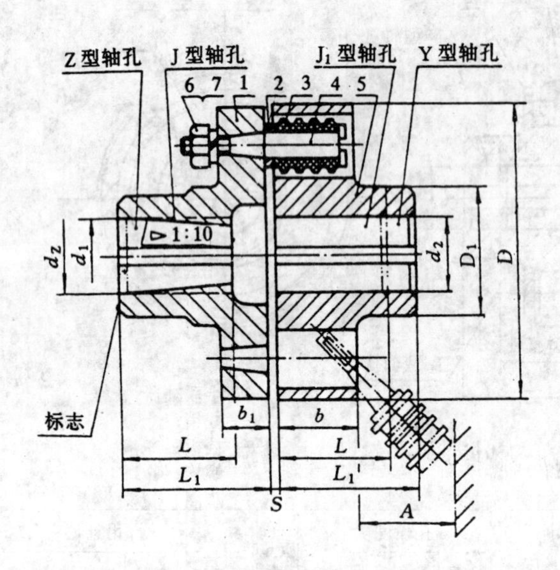

标记示例:

例1:TL6 联轴器 40×12 GB4323—85

主动端 d_1=40 mm,Y型轴孔,L=112 mm,A型键槽。

从动端 d_2=40 mm,Y型轴孔,L=112 mm,A型键槽。

例2:TL3 联轴器$\frac{ZC16\times30}{JB18\times30}$ GB4323—85

主动端 d_Z=16 mm,Z型轴孔,L=30 mm,C型键槽;

从动端 d_2=18 mm,J型轴孔,L=30 mm,B型键槽;

1、5——半联轴器,材料为HT200、35钢等;

2——套环,材料为35钢等;

3——弹性套,材料为尼龙6;

4——柱销(带螺纹),材料为35钢等;

6——螺母,材料为A3、35钢等;

7——垫圈,材料为65Mn。

型号	许用转矩 $[T]$ /N·m	许用转速$[n]$/r·min^{-1}		轴孔直径 d_1、d_2、d_Z		轴孔长度			D	D_1	b	b_1	S	A
		铁	钢	铁	钢	Y型 L	J、J_1、Z型 L	L_1						
TL3	31.5	4700	6300	16 18 19	16 18 19	42	30	42	95	35	23	15	4	35
				20	20 22	52	38	52						
TL4	63	4200	5700	20 22 24	20 22 24				106	42				
				—	25 28	62	44	62						
TL5	125	3600	4600	25 28	25 28				130	56				
				30 32 —	30 32 35	82	60	82						
TL6	250	3300	3800	32 35 38	32 35 38				160	71	38	17	5	45
				40 —	40 42	112	84	112						
TL7	500	2800	3600	40 42	40 42				190	80				
				45 —	45 48									
TL8	710	2400	3000	45 48 50 55 —	45 48 50 55 56	112	84	112	224	95	48	19	6	65
				—	60 63	142	107	142						

第十八章　润滑与密封

§18.1　润滑剂

表 18-1　常用润滑油的性质和用途

名　称	代　号	运动粘度		闪点开口（℃）不低于	凝　点（℃）不高于	主　要　用　途
		40 ℃	50 ℃			
全损耗系统用油（GB443—89）	L—AN5	4.14～5.06	(3.27～3.91)	110	—10	对润滑油无特殊要求的锭子、轴承、齿轮和其他低负荷机械
	L—AN7	6.12～7.48	(4.63～5.52)			
	L—AN10	9.00～11.00	6.53～7.83	125		
	L—AN15	13.5～16.5	9.43～11.3	165	—15	中小型机床齿轮变速箱、中小型机床导轨
	L—AN22	19.8～24.2	13.6～16.3	170		
	L—AN32	28.8～35.2	19.0～22.6			
	L—AN46	41.4～50.6	26.1～31.3	180	—10	大型机床
	L—AN68	61.2～74.8	37.1～44.4	190		低速重载机床、锻压、铸工设备
	L—AN100	90.0～110	52.4～56.0	210	0	
	L—AN150	135～165	75.9～91.2	220		
中负荷工业齿轮油（GB5903—86）	63	61.2～74.8	37.1～44.4	170	—8	有冲击的低负荷及中负荷齿轮，齿面应力为 500～1000 N/mm²，如化工、冶金、矿山等机械的齿轮
	100	90～110	52.4～63.0			
	150	135～165	75.9～91.2	200		
	220	198～242	108～129			
	320	288～352	151～182			
	460	414～506	210～252			
	680	612～748	300～360	220		
L — CPE/P 蜗轮蜗杆油（摘自 SH0094 — 91）	N220	198～242	108～129			用于蜗杆蜗轮传动的润滑
	N320	288～352	151～182			
	N460	414～506	210～252			
	N680	612～748	300～360			
	N1000	900～1000	425～509			

表 18-2 常用润滑脂的主要性质和用途

名称	牌号	滴点（℃）不低于	工作锥入度（25 ℃ 150 g）1/10 mm	应用
钠基润滑脂（GB492－89）	ZN－2 ZN－3	160 160	265～295 220～250	工作温度在－10～110 ℃的一般中负荷机械设备轴承的润滑；不耐水（或潮湿）
钙钠基润滑脂（SH0368－92）	1 2	120 135	250～290 200～240	在 80～100 ℃，有水分或较潮湿环境中工作中的机械润滑；多用于铁路机车、列车、小电动机、发电机滚动轴承（温度较高者）的润滑，不适于低温工作
石墨钙基润滑脂（SH0369－92）		80	—	人字齿轮，起重机、挖掘机的底盘齿轮，矿山机械，绞车钢丝绳等高负荷、高压力、低速度的粗糙机械润滑及一般开式齿轮润滑，能耐潮湿
滚珠轴承脂（SY1514－82）①	ZG40－2	120	250～290 －40 ℃时为 30	机车、汽车、电机及其他机械的滚动轴承润滑，适用工作温度≤90 ℃
通用锂基润滑脂（SY7324－87）	1 2 3	170 175 180	310～340 265～295 220～250	适用于－20～120 ℃宽温度范围内各种机械设备的轴承
7407 号齿轮润滑脂（SY4036－84）		160	75～90	适用于各种低速、中、重载荷齿轮、链和联轴器等部位的润滑，使用温度≤120 ℃，可承受冲击载荷≤25 000 MPa

① 该标准经 1988 年确认，继续执行。

§18.2 润滑装置

表 18-3 直通式压注油杯（GB1152－89） mm

标记示例：

连接螺纹 M10×1，直通式压注油杯的标记：

油杯 M10 × 1 GB1152－89

d	H	h	h_1	扳手口宽 S	钢球直径（按 GB308）
M6	13	8	6	8	3
M8×1	16	9	6.5	10	
M10×1	18	10	7	11	

表 18-4 旋盖式油杯(GB1154—89)

mm

A 型

最小容量 /cm^3	d	l	H	h	h_1	d_1	D	L (max)	扳手口宽 S
1.5	M8×1		14	22	7	3	16	33	10
3	M10×1	8	15	23	8	4	20	35	13
6			17	26			26	40	
12			20	30			32	47	
18	M14×1.5		22	32			36	50	18
25		12	24	34	10	5	41	55	
50	M16×1.5		30	44			51	70	21
100			38	52			68	85	

标记示例：

最小容量为 25 cm^3，A 型旋盖式油杯的标记：

油杯 A25 GB1154—89

注：B 型旋盖式油杯见 GB1154—89。

表 18-5 压配式压注油杯(GB1155—89)

mm

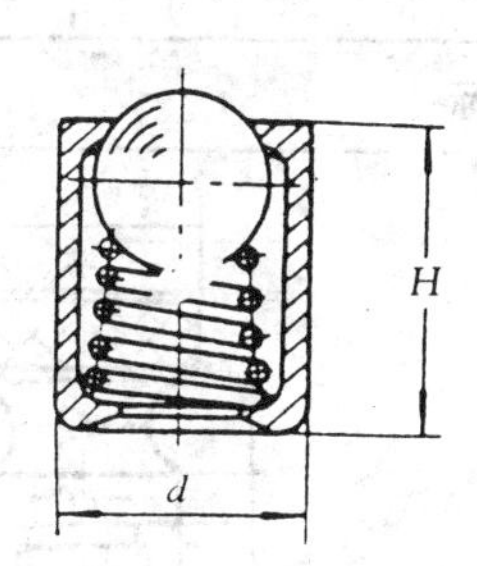

d 基本尺寸	d 极限偏差	H	钢 球 (按 GB308)
6	+0.040 +0.028	6	4
8	+0.049 +0.034	10	5
10	+0.058 +0.040	12	6
16	+0.063 +0.045	20	11
25	+0.085 +0.064	30	13

标记示例：

d=6，压配式压注油杯的标记：

油杯 6 GB1155—89

表 18-6 压配式圆形油标(GB1160.1—89)

mm

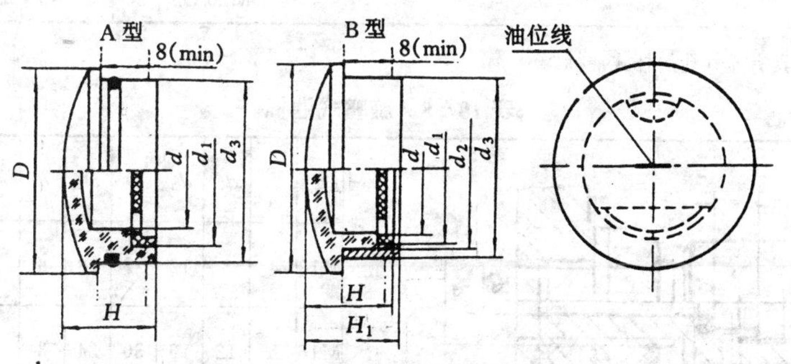

标记示例：视孔 d=32 mm，A 型压配式圆形油标的标记：

油标 A32 GB1160.1

续表 18－6

d	D	d_1		d_2		d_3		H	H_1	O形密封圈（按GB3452.1）
		尺寸	极限偏差	尺寸	极限偏差	尺寸	极限偏差			
12	22	12	−0.050 −0.160	17	−0.050 −0.160	20	−0.065 −0.195	14	16	15×2.65
16	27	18		22	−0.065 −0.195	25				20×2.65
20	34	22	−0.065 −0.195	28		32	−0.080 −0.240	16	18	25×3.55
25	40	28		34	−0.080 −0.240	38				31.5×3.55
32	48	35	−0.080 −0.240	41		45		18	20	38.7×3.55
40	58	45		51	−0.100 −0.290	55	−0.100 −0.290			48.7×3.55
50	70	55	−0.100 −0.290	61		65		22	24	
63	85	70		76		80				

表 18－7　杆式油标　　mm

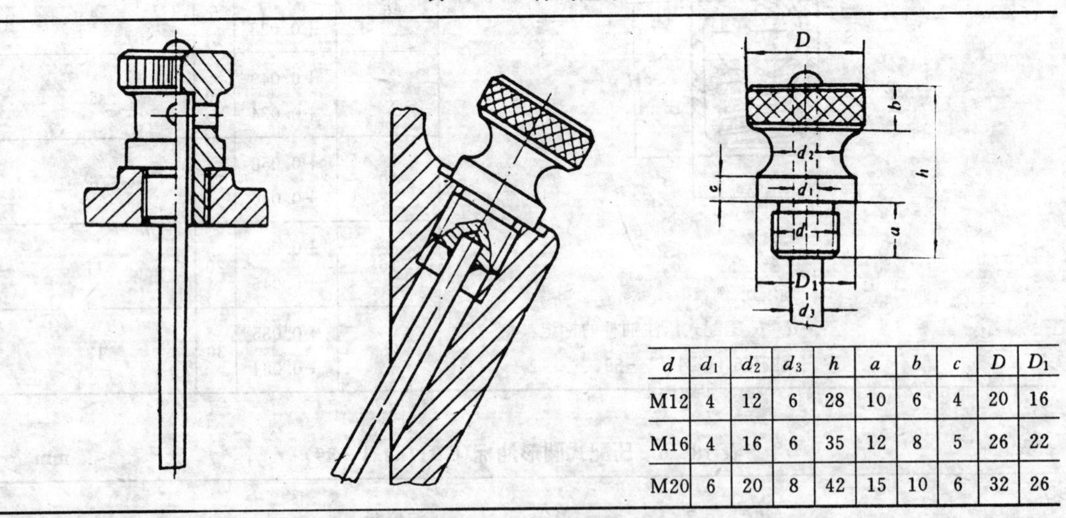

d	d_1	d_2	d_3	h	a	b	c	D	D_1
M12	4	12	6	28	10	6	4	20	16
M16	4	16	6	35	12	8	5	26	22
M20	6	20	8	42	15	10	6	32	26

注：表中左图为具有通气孔的杆式油标。

表 18－8　旋塞式油标　　mm

d	d_1	d_2	d_3	D	D_1	a	b	c	e	l_1	l_2
M12	4	8	12	22	18	6	5	8	8	22	22
M16	5	12	16	30	24	8	5	10	10	28	28
M20	5	16	24	32	28	10	5	12	12	30	34

注：成对使用：一个装在最高油面处，一个装在最低油面处。

表 18－9 管螺纹外六角螺塞及其组合结构(JB/ZQ4451－86) mm

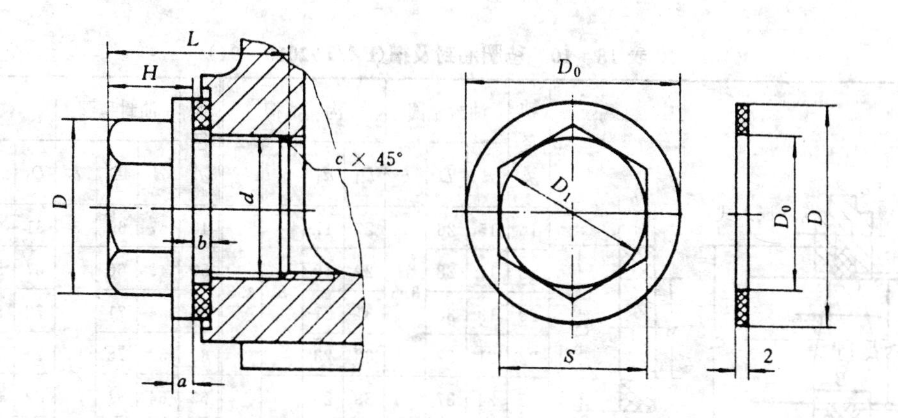

d	d_1	D_0	D	S 基本尺寸	S 极限偏差	L	H	a	b	c	质量/kg	可用减速器的中心距 a_Σ
G⅛ A	8	16	11.5	10	0 −0.20	18	8	3	2	1.5	0.014	—
G¼ A	11	20	15	13	0 −0.24	21	9				0.025	
G3/8 A	14	25	20.8	18		22	10				0.044	
G½ A	18	30	24.2	21	0 −0.28	28	13	4	3	2	0.086	单级 $a=100$
G¾ A	23	38	31.2	27		33	15				0.159	单级 $a\leqslant300$ 两级 $a_\Sigma\leqslant425$ 三级 $a_\Sigma\leqslant500$
G1 A	29	45	39.3	34	0 −0.34	37	17		4		0.272	
G1¼A	38	55	47.3	41		48	23	5		2.5	0.553	单级 $a\leqslant450$ 两级 $a_\Sigma\leqslant750$ 三级 $a_\Sigma\leqslant950$
G1½A	44	62	53.1	46		50	25				0.739	
G1¾A	50	68	57.7	50		57	27				1.013	单级 $a\leqslant700$ 两级 $a_\Sigma\leqslant1300$ 三级 $a_\Sigma\leqslant1650$
G2A	56	75	63.5	55	0 −0.40	60	30	6			1.327	

注：1. 螺塞用于减速器底座的放油孔中，此孔专门为排放减速器内润滑油用。

2. 螺塞材料：Q235；封油垫材料：耐油橡胶、石棉橡胶纸、工业用皮革。

§18.3 密封装置

表 18-10 毡圈油封及槽(FZ/T92010—91) mm

嵌入式

凸缘式

毡圈

$B=10\sim12$(钢)

$B=12\sim15$(铸铁)

标记示例：轴径 $d_0=40$ mm，毡圈油封

毡圈 40 FZ/T92010—91

轴径	油封毡圈			沟槽				轴径	油封毡圈			沟槽			
d_0	d	D	b	D_1	d_1	b_1	b_2	d_0	d	D	b	D_1	d_1	b_1	b_2
16	15	26	3.5	27	17	3	4.3	48	47	60	5	61	49	4	5.5
18	17	28		29	19			50	49	66	7	67	51	5	7.1
20	19	30		31	21			55	54	71		72	56		
22	21	32		33	23			60	59	76		77	61		
25	24	37	5	38	26	4	5.5	65	64	81		82	66		
28	27	40		41	29			70	69	88		89	71	6	8.3
30	29	42		43	31			75	74	93		94	76		
32	31	44		45	33			80	79	98		99	81		
35	34	47		48	36			85	84	103		104	86		
38	37	50		51	39			90	89	110	8.5	111	91	7	9.6
40	39	52		53	41			95	94	115		116	96		
42	41	54		55	43			100	99	124	9.5	125	101	8	11.1
45	44	57		58	46			105	104	129		130	106		

注：本标准适用于密封处速度 $v<5$ m/s。

表 18-11 油沟式密封槽(JB/ZQ4245—86) mm

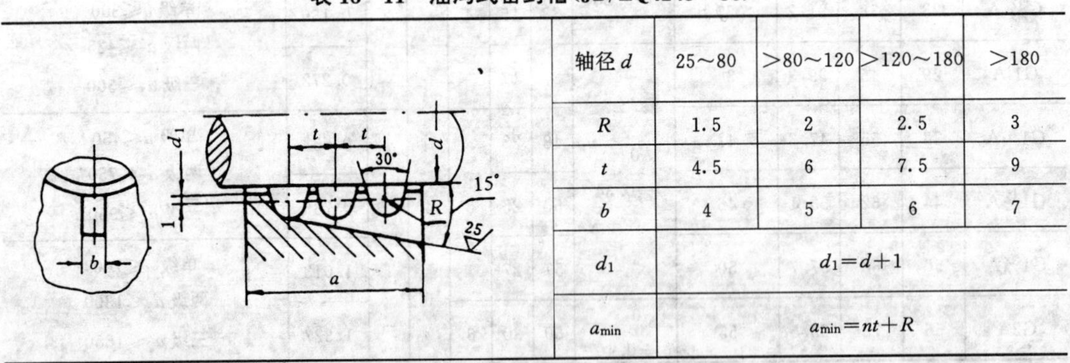

轴径 d	25～80	>80～120	>120～180	>180
R	1.5	2	2.5	3
t	4.5	6	7.5	9
b	4	5	6	7
d_1	$d_1=d+1$			
a_{min}	$a_{min}=nt+R$			

注：1. 表中 R、t、b 尺寸，在个别情况下，可用于与表中不相对应的轴径上。

2. 一般油沟数 $n=2\sim4$ 个，使用 3 个的较多。

表 18-12　内包骨架旋转轴唇形密封圈(GB9877.1—88)　　mm

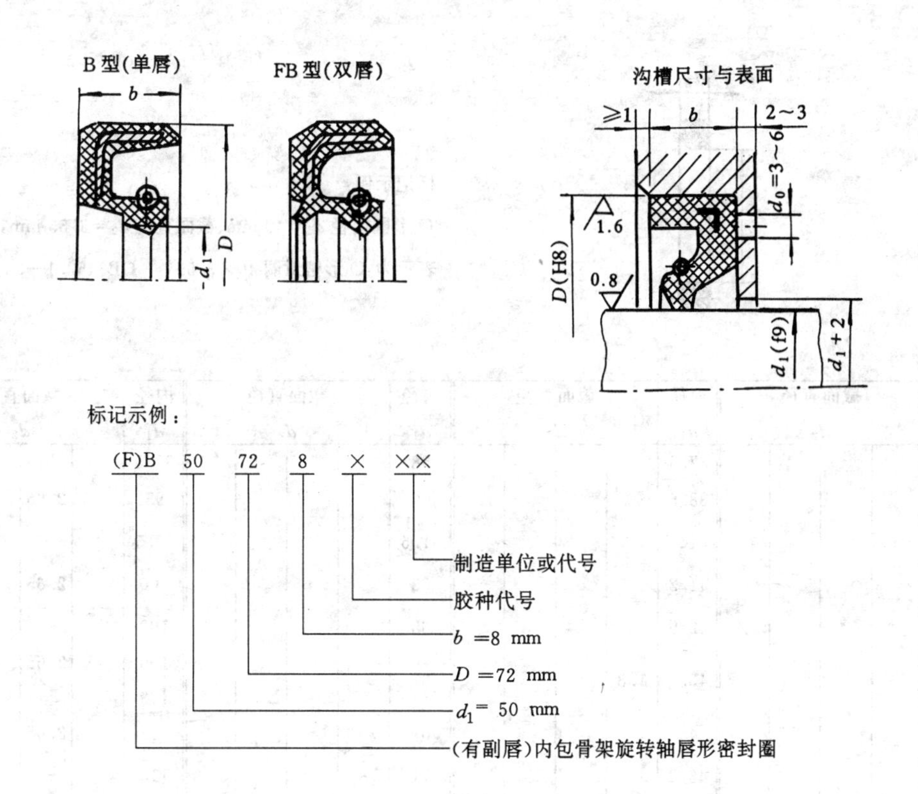

d_1	D	b	d_1	D	b	d_1	D	b
16	(28),30,(35)		38	55,58,62		70	90,95,(100)	
18	30,35,(40)		40	55,(60),62		75	95,100	10
20	35,40,(45)		42	55,62,(65)		80	100,(105),110	
22	35,40,47	7	45	62,65,(70)	8	85	(105),110,120	
25	40,47,52		50	68,(70),72		90	(110),(115),120	
28	40,47,52		(52)	72,75,80		95	120,(125),(130)	12
30	42,47,(50),52		55	72,(75),80		100	125,(130),(140)	
32	45,47,52	8	60	80,85,(90)		(105)	130,140	
35	50,52,55		65	85,90,(95)	10	110	140,(150)	

注：1. 括弧内尺寸尽量不采用。

2. 为便于拆卸密封圈，在壳体上应有 d_0 孔 3~4 个。

3. 在一般情况下(中速)采用胶种为 B-丙稀酸酯橡胶(ACM)。

表 18-13 通用 O 形橡胶密封圈(GB3452.1—92)

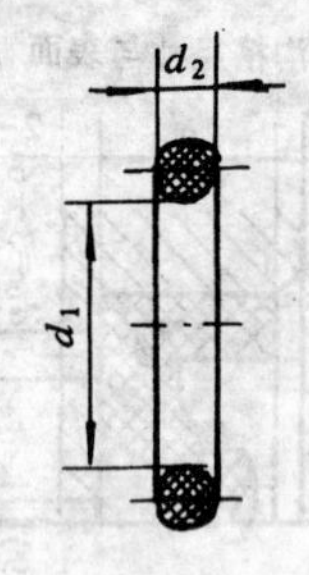

标记示例：

O 形圈内径 d_1=40 mm、截面直径 d_2=3.55 mm，

表示为:O 形密封圈 40×3.55　　GB3452.1—92。

mm

内径 d_1	截面直径 d_2			
20				
21.2				
22.4				
23.6				
25				
25.8				
26.5				
28				
30	1.8	2.65	3.55	—
31.5				
32.5				
33.5				
34.5				
35.5				
36.5				

内径 d_1	截面直径 d_2			
37.5				
38.5				
40				
41.2				
42.5				
43.7	1.8			
45				
46.2				
47.5		2.65	3.55	5.3
48.5				
50				
51.5	—			
53	—			
54.5	—			
56	—			

内径 d_1	截面直径 d_2			
58				
60				
61.5				
63		2.65		
65				
67				
69	—			
71				
73			3.55	5.3
75		—		
77.5		—		
80		2.65		
82.5		—		
85	1.8	2.65		
87.5	—	—		
90	1.8	2.65		

内径 d_1	截面直径 d_2			
92.5	—	—		
95	1.8	2.65		
97.5		—		
100		2.65		
103		—		
106		2.65		
109		—		
112		2.65		
115		—		
118	—	2.65	3.55	5.3
122		—		
125		2.65		
128		—		
132		2.65		
136		—		
140		2.65		

沟　　槽　　尺　　寸

截面直径 d_2	$b^{+0.25}$	$h^{+0.1}$	$r_1 \leqslant$	r_2	图例
1.8±0.08	2.6	1.28	0.5	0.1～0.3	r_2　b　r_2　h　r_1
2.65±0.09	3.8	1.97	0.5	0.1～0.3	
3.55±0.10	5.0	2.75	1.0	0.2～0.4	
5.3±0.13	7.3	4.24	1.0	0.2～0.4	

§18.4　滚动轴承常用的密封形式

表 18－14　常用滚动轴承的密封形式

密封形式		基本类型及应用示例	密封形式		基本类型及应用示例
接触式密封	毡圈密封	(a)　(b)	非接触式密封	迷宫密封槽密封	
	旋转轴唇形密封圈密封	(a)　(b)		挡油盘（内密封）	1～2　0.5　60°　2～3　6～9　(a)　0.5　(b)　(c)
				组合式密封	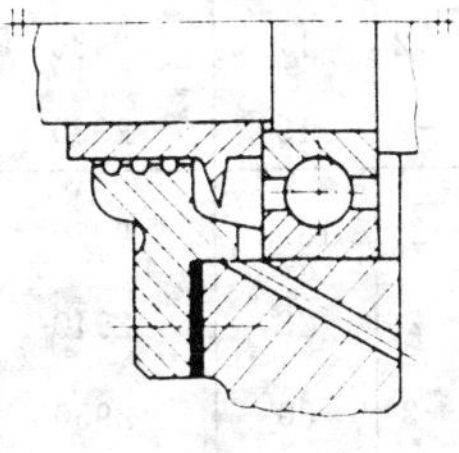
	O形橡胶密封圈密封			油沟密封槽密封	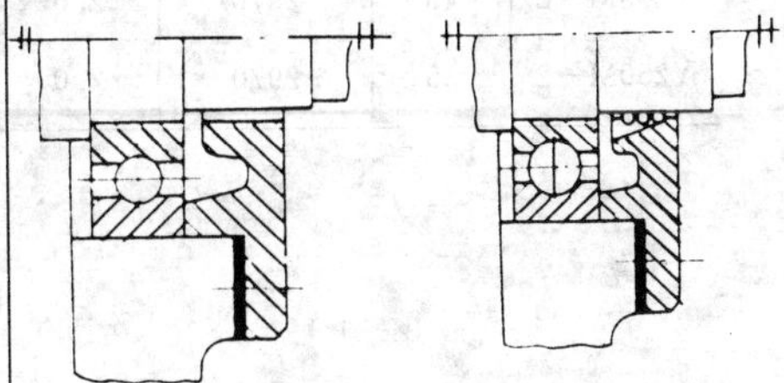 (a)　(b)

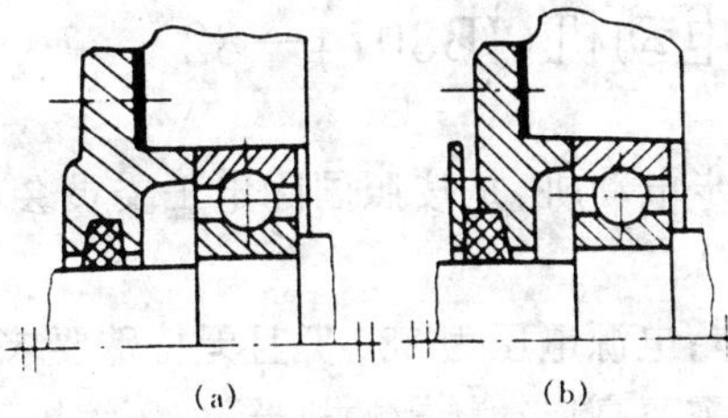

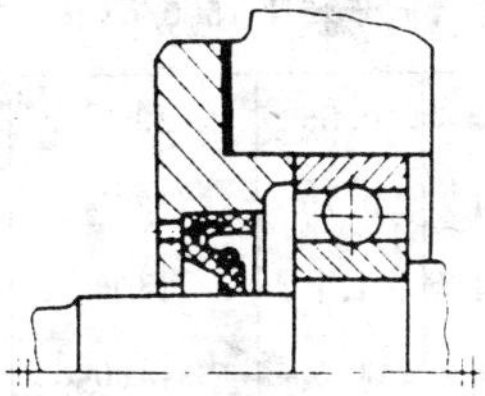

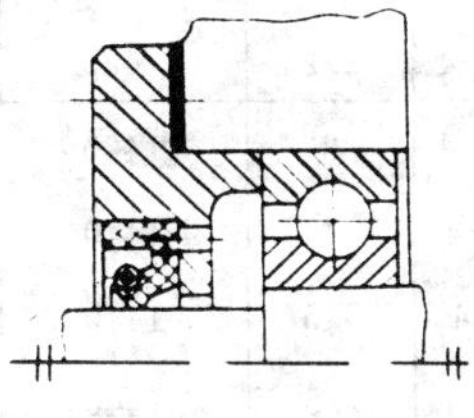

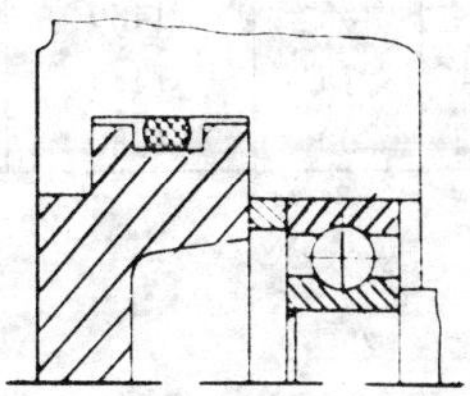

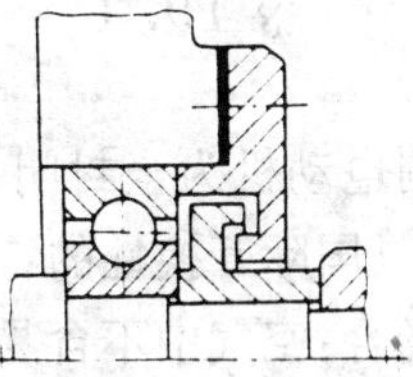

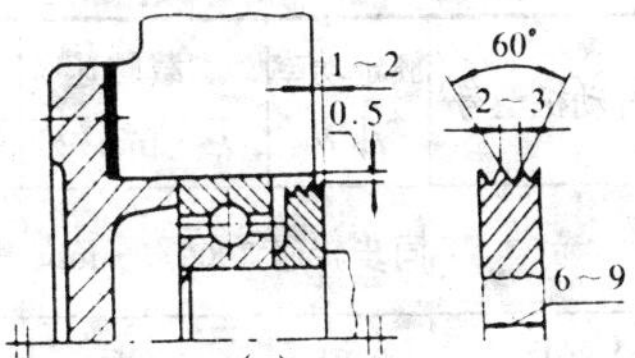

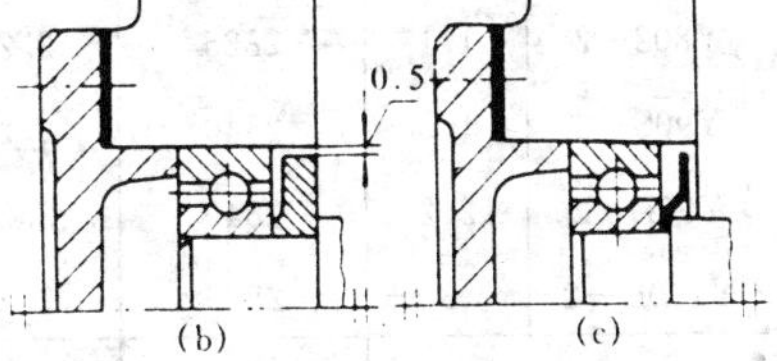

第十九章　电动机

§19.1　Y 系列三相异步电动机(JB3074—82)

Y 系列电动机为全封闭自扇冷式笼型三相异步电动机，是按照国际电工委员会(IEC)标准设计的，具国际互换性的特点。

使用场合：空气中不含易燃、易爆或腐蚀性气体；电源电压为 380 V 且无特殊要求的机械，如机床、风机、运输机、搅拌机、农业机械，也可用于需要高启动转矩的机器，如压缩机等。

表 19-1　Y 系列三相异步电动机技术数据

电动机型号	额定功率 /kW	满载转速 /r·min^{-1}	堵转转矩/额定转矩	最大转矩/额定转矩
同步转速 3000/r·min^{-1}，2 极				
Y801－2	0.75	2825	2.2	2.2
Y802－2	1.1	2825	2.2	2.2
Y90S－2	1.5	2840	2.2	2.2
Y90L－2	2.2	2840	2.2	2.2
Y100L－2	3	2880	2.2	2.2
Y112M－2	4	2890	2.2	2.2
Y132S1－2	5.5	2920	2.0	2.2
Y132S2－2	7.5	2920	2.0	2.2
Y160M1－2	11	2930	2.0	2.2
Y160M2－2	15	2930	2.0	2.2
Y160L－2	18.5	2930	2.0	2.2
Y180M－2	22	2940	2.0	2.2
Y200L1－2	30	2950	2.0	2.2
Y200L2－2	37	2950	2.0	2.2
Y225M－2	45	2970	2.0	2.2
Y250M－2	55	2970	2.0	2.2

电动机型号	额定功率 /kW	满载转速 /r·min^{-1}	堵转转矩/额定转矩	最大转矩/额定转矩
同步转速 1500/r·min^{-1}，4 极				
Y801－4	0.55	1390	2.2	2.2
Y802－4	0.75	1390	2.2	2.2
Y90S－4	1.1	1400	2.2	2.2
Y90L－4	1.5	1400	2.2	2.2
Y100L1－4	2.2	1420	2.2	2.2
Y100L2－4	3	1420	2.2	2.2
Y112M－4	4	1440	2.2	2.2
Y132S－4	5.5	1440	2.2	2.2
Y132M－4	7.5	1440	2.2	2.2
Y160M－4	11	1460	2.2	2.2
Y160L－4	15	1460	2.2	2.2
Y180M－4	18.5	1470	2.0	2.2
Y180L－4	22	1470	2.0	2.2
Y200L－4	30	1470	2.0	2.2
Y225S－4	37	1480	1.9	2.2
Y225M－4	45	1480	1.9	2.2
Y250M－4	55	1480	2.0	2.2
Y280S－4	75	1480	1.9	2.2
Y280M－4	90	1480	1.9	2.2

续表 19－1

电动机型号	额定功率/kW	满载转速/r·min^{-1}	堵转转矩/额定转矩	最大转矩/额定转矩
同步转速 1 000/r·min^{-1},6 极				
Y90S－6	0.75	910	2.0	2.0
Y90L－6	1.1	910	2.0	2.0
Y100L－6	1.5	940	2.0	2.0
Y112M－6	2.2	940	2.0	2.0
Y132S－6	3	960	2.0	2.0
Y132M1－6	4	960	2.0	2.0
Y132M2－6	5.5	960	2.0	2.0
Y160M－6	7.5	970	2.0	2.0
Y160L－6	11	970	2.0	2.0
Y180L－6	15	970	1.8	2.0
Y200L1－6	18.5	970	1.8	2.0
Y200L2－6	22	970	1.8	2.0
Y225M－6	30	980	1.7	2.0
Y250M－6	37	980	1.8	2.0
Y280S－6	45	980	1.8	2.0
Y280M－6	55	980	1.8	2.0

电动机型号	额定功率/kW	满载转速/r·min^{-1}	堵转转矩/额定转矩	最大转矩/额定转矩
同步转速 750/r·min^{-1},8 极				
Y132S－8	2.2	710	2.0	2.0
Y132M－8	3	710	2.0	2.0
Y160M1－8	4	720	2.0	2.0
Y160M2－8	5.5	720	2.0	2.0
Y160L－8	7.5	720	2.0	2.0
Y180L－8	11	730	1.7	2.0
Y200L－8	15	730	1.8	2.0
Y225S－8	18.5	730	1.7	2.0
Y225M－8	22	730	1.8	2.0
Y250M－8	30	730	1.8	2.0
Y280S－8	37	740	1.8	2.0
Y280M－8	45	740	1.8	2.0
Y315S－8	55	740	1.6	2.0

注：电动机型号意义：以 Y132S2－2－B3 为例，Y 表示系列代号，132 表示机座中心高，S 表示短机座，第二种铁心长度(M—中机座，L—长机座)，2 为电动机的极数，B3 表示安装形式。

表 19－2 Y 系列电动机安装代号

安装形式	基本安装形式	由 B3 派生的安装形式				
	B3	V5	V6	B6	B7	B8
示意图						
中心高/mm	80～280	80～160				

安装形式	基本安装形式	由 B5 派生的安装形式		基本安装形式	由 B35 派生的安装形式	
	B5	V1	V3	B35	V15	V36
示意图						
中心高/mm	80～225	80～280	80～160	80～280	80～160	

表 19-3　Y 系列电动机的安装及外形尺寸　机座带底脚，端盖无凸缘（B3，B6，B7，B8，V5，V6 型）　　mm

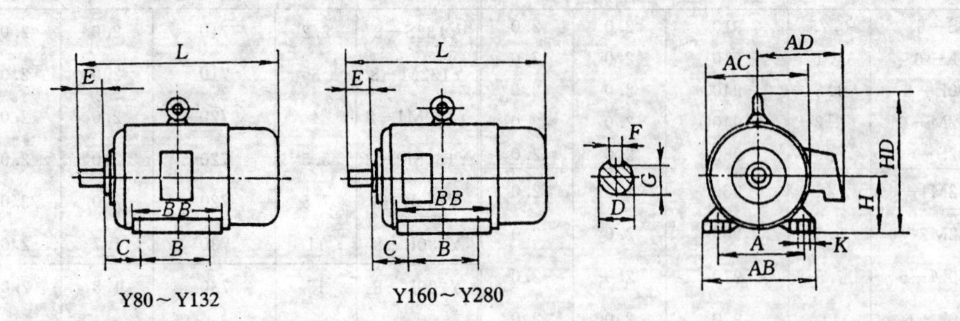

机座号	极　数	A	B	C	D	D 公差	E	F	G	H	K	AB	AC	AD	HD	BB	L
80	2,4	125	100	50	19	+0.009 −0.004	40	6	15.5	80	10	165	165	150	170	130	285
90S	2,4,6	140	100	56	24		50	8	20	90	10	180	175	155	190	130	310
90L	2,4,6	140	125	56	24		50	8	20	90	10	180	175	155	190	155	335
100L	2,4,6	160		63	28		60	8	24	100	12	205	205	180	245	170	380
112M	2,4,6	190	140	70	28		60	8	24	112	12	245	230	190	265	180	400
132S	2,4,6,8	216		89	38	+0.018 +0.002	80	10	33	132	12	280	270	210	315	200	475
132M	2,4,6,8	216	178	89	38		80	10	33	132	12	280	270	210	315	238	515
160M	2,4,6,8	254	210	108	42		110	12	37	160	15	330	325	255	385	270	600
160L	2,4,6,8	254	254	108	42		110	12	37	160	15	330	325	255	385	314	645
180M	2,4,6,8	279	241	121	48		110	14	42.5	180	15	355	360	285	430	311	670
180L	2,4,6,8	279	279	121	48		110	14	42.5	180	15	355	360	285	430	349	710
200L	2,4,6,8	318	305	133	55	+0.030 +0.011	110	16	49	200	19	395	400	310	475	379	775
225S	4,8	356	286	149	60		140	18	53	225	19	435	450	345	530	368	820
225M	2	356	311	149	55		110	16	49	225	19	435	450	345	530	393	815
225M	4,6,8	356	311	149	60				53	225	19	435	450	345	530	393	845
250M	2	406	349	168	60			18	53	250	24	490	495	385	575	455	930
250M	4,6,8	406	349	168	65		140	18	58	250	24	490	495	385	575	455	930
280S	2	457	368	190	65		140	18	58	280	24	550	555	410	640	530	1000
280S	4,6,8	457	368	190	75		140	20	67.5	280	24	550	555	410	640	530	1000
280M	2	457	419	190	65		140	18	58	280	24	550	555	410	640	581	1050
280M	4,6,8	457	419	190	75		140	20	67.5	280	24	550	555	410	640	581	1050

§19.2 YZR、YZ 系列三相异步电动机(JB3229—83)

冶金及起重用三相异步电动机是用于驱动各种形式的起重机械和冶金设备中的辅助机械的专用系列产品。性能特点:具较大的过载能力和较高的机械强度,适用于短时或断续周期运行、频繁启动和制动、有时过负荷及具较大振动与冲击的设备。

YZR 系列为绕线转子电动机,适于冶金及起重用。

YZ 系列为笼型转子电动机,适用于 30 kW 以下,启动不很频繁,电网容量允许满压启动的场合。

根据负荷的不同性质,电动机常用的工作制分为 S_2(短时工作制)、S_3(断续周期工作)、S_4(包括启动的断续周期性工作制)、S_5(包括电制动的断续周期工作制)四种。电动机额定工作制为 S_3,每一工作周期为 10 min,电动机的基准负荷持续率 *FC* 为 40%。

表 19-4 YZR 系列电动机技术数据

型号	S_2				S_3 6 次/h①								
	30 min		60 min		*FC*=15%		*FC*=25%		*FC*=40%			*FC*=60%	
	额定功率/kW	转速/r·min⁻¹	额定功率/kW	转速/r·min⁻¹	额定功率/kW	转速/r·min⁻¹	额定功率/kW	转速/r·min⁻¹	额定功率/kW	最大转矩/额定转矩	转速/r·min⁻¹	额定功率/kW	转速/r·min⁻¹
YZR112M−6	1.8	815	1.5	866	2.2	725	1.8	815	1.5	2.5	866	1.1	912
YZR132M1−6	2.5	892	2.2	908	3.0	855	2.5	892	2.2	2.86	908	1.3	924
YZR132M2−6	4.0	900	3.7	908	5.0	875	4.0	900	3.7	2.51	908	3.0	937
YZR160M1−6	6.3	921	5.5	930	7.5	910	6.3	921	5.5	2.56	930	5.0	935
YZR160M2−6	8.5	930	7.5	940	11	908	8.5	930	7.5	2.78	940	6.3	949
YZR160L−6	13	942	11	957	15	920	13	942	11	2.47	945	9.0	952
YZR180L−6	17	955	15	962	20	946	17	955	15	3.2	962	13	963
YZR200L−6	26	956	22	964	33	942	26	956	22	2.88	964	19	969
YZR225M−6	34	957	30	962	40	947	34	957	30	3.3	962	26	968
YZR250M1−6	42	960	37	965	50	950	42	960	37	3.13	960	32	970
YZR250M2−6	52	958	45	965	63	947	52	958	45	3.48	965	39	969
YZR280S−6	63	966	55	969	75	960	63	966	55	3	969	48	972
YZR160L−8	9	694	7.5	705	11	676	9	694	7.5	2.73	705	6	717
YZR180L−8	13	700	11	700	15	690	13	700	11	2.72	700	9	720
YZR200L−8	18.5	701	15	712	22	690	18.5	701	15	2.94	712	13	718
YZR225M−8	26	708	22	715	33	696	26	708	22	2.96	715	18.5	721
YZR250M1−8	35	715	30	720	42	710	35	715	30	2.64	720	26	725
YZR250M2−8	42	716	37	720	52	706	42	716	37	2.73	720	32	725
YZR280M−8	63	722	55	725	75	715	63	722	55	2.85	725	43	730
YZR315S−8	85	724	75	727	100	719	85	724	75	2.74	727	63	731
YZR280S−10	42	571	37	560	55	564	42	571	37	2.8	572	32	578
YZR280M−10	55	556	45	560	63	548	55	556	45	3.16	560	37	569
YZR315S−10	63	580	55	580	75	574	63	580	55	3.11	580	48	585
YZR315M−10	85	576	75	579	100	570	85	576	75	3.45	579	63	584
YZR355M−10	110	581	90	585	132	676	110	581	90	3.33	589	75	588

续表 19-4

型号	S_3		S_4及S_5									
			150次/h[①]						300次/h[①]			
	FC=100%		*FC*=25%		*FC*=40%		*FC*=60%		*FC*=40%		*FC*=60%	
	额定功率/kW	转速/r·min^{-1}	额定功率/kW	转速/r·min^{-1}	额定功率/kW	转速/r·min^{-1}	额定功率/kW	转速/r·min^{-1}	额定功率/kW	转速/r·min^{-1}	额定功率/kW	转速/r·min^{-1}
YZR112M−6	0.8	940	1.6	845	1.3	890	1.1	920	1.2	900	0.9	930
YZR113M1−6	1.5	940	2.2	908	2.0	913	1.7	931	1.8	926	1.6	936
YZR132M2−6	2.5	950	3.7	915	3.3	925	2.8	940	3.4	925	2.8	940
YZR160M1−6	4.0	944	5.8	927	5.0	935	4.8	937	5.0	935	4.8	937
YZR160M2−6	5.5	956	7.5	940	7.0	945	6.0	954	6.0	954	5.5	959
YZR160L−6	7.5	970	11	950	10	957	8.0	969	8.0	969	7.5	971
YZR180L−6	11	975	15	960	13	965	12	969	12	969	11	972
YZR200L−6	17	973	21	965	18.5	970	17	973	17	973		
YZR225M−6	22	975	28	965	25	969	22	973	22	973	20	977
YZR250M1−6	28	975	33	970	30	973	28	975	26	977	25	978
YZR250M2−6	33	974	42	967	37	971	33	975	31	976	30	977
YZR280S−6	40	976	52	970	45	974	42	975	40	977	37	978
YZR160L−8	5	724	7.5	712	7	716	5.8	724	6.0	722	50	727
YZR180L−8	7.5	726	11	711	10	717	8.0	728	8.0	728	7.5	729
YZR200L−8	11	723	15	713	13	718	12	720	12	720	11	724
YZR225M−8	17	723	21	718	18.5	721	17	724	17	724	15	727
YZR250M1−8	22	729	29	700	25	705	22	712	22	712	20	716
YZR250M2−8	27	729	33	725	30	727	28	728	26	730	25	731
YZR280M−8	40	732	52	727	45	730	42	732	42	732	37	735
YZR315S−8	55	734	64	731	60	733	56	733	52	735	48	736
YZR280S−10	27	582	33	578	30	579	28	580	26	582	25	583
YZR280M−10	33	587	42		37		33		31		28	
YZR315S−10	40	588	50	583	45	585	42	586	40	587	37	587
YZR315M−10	50	587	65	584	60	585	55	586	50	587	48	588
YZR355M−10	63	589	80	587	72	588	65	589	60	590	55	590

① 热等效启动次数。

表 19-5　YZR、YZ 系列电动机安装形式及其代号

安装形式	代号	制造范围(机座号)	备注
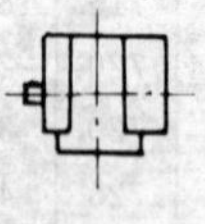	IM1001	112～160	
	IM1003	180～400	锥形轴伸
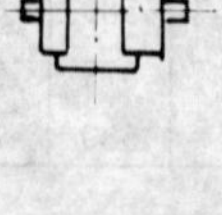	IM1002	112～160	
	IM1004	180～400	锥形轴伸

表 19－6　YZR 系列电动机的安装及外形尺寸
（IM1001、IM1003 及 IM1002、IM1004 型）

mm

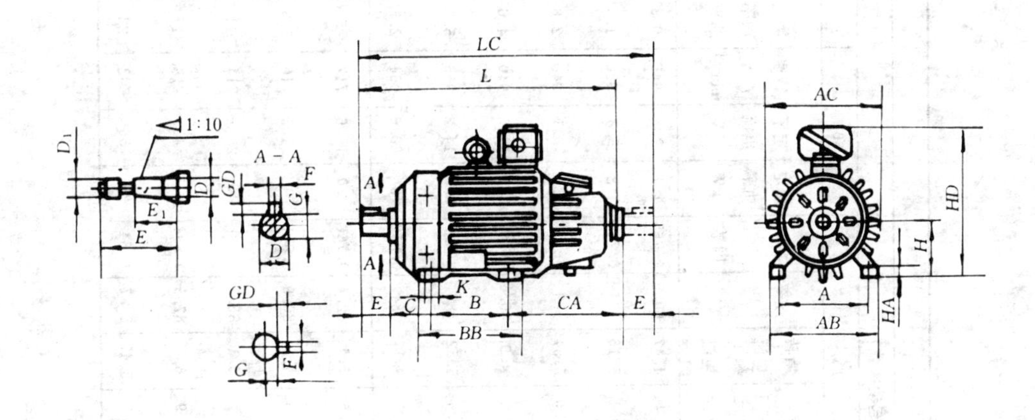

机座号	安装尺寸														外形尺寸						
	H	A	B	C	CA	K	螺栓直径	D	D_1	E	E_1	F	G	GD	AC	AB	HD	BB	L	LC	HA
112M	112	190	140	70	300	12	M10	32		80		10	27	8	245	250	330	235	590	670	15
132M	132	216	178	89				38					33		285	275	360	260	645	727	17
160M	160	254	210	108	330	15	M12	48		110		14	42.5	9	325	320	420	290	758	868	20
160L			254															335	800	912	
180L	180	279	279	121	360			55	M36×3		82		19.9		360	360	460	380	870	980	22
200L	200	318	305	133	400	19	M16	60	M42×3	140	105	16	21.4	10	405	405	510	400	975	1118	25
225M	225	356	311	149	450			65					23.9		430	455	545	410	1050	1190	28
250M	250	406	349	168	540	24	M20	70	M48×3			18	25.4	11	480	515	605	510	1195	1337	30
280S	280	457	368	190				85	M56×3	170	130	20	31.7	12	535	575	665	530	1265	1438	32
280M			419															580	1315	1489	
315S	315	508	406	216	600	28	M24	95	M64×4			22	35.2	14	620	640	750		1390	1562	35
315M			457								165							630	1440	1613	
355M	355	610	560	254				110	M80×4	210		25	41.9		710	740	840	730	1650	1864	38
355L			630		630						200							800	1720	1934	
400L	400	686	710	280		35	M30	130	M100×4	250		28	50	16	840	855	950	910	1865	2120	50

表 19-7　YZ 系列电动机技术数据

型号	S2						S3																			
							6 次/h(热等效起动次数)																			
	30 min			60 min			15%			25%			40%								60%			100%		
	额定功率/kW	定子电流/A	转速/r·min^{-1}	额定功率/kW	定子电流/A	转速/r·min^{-1}	额定功率/kW	定子电流/A	转速/r·min^{-1}	额定功率/kW	定子电流/A	转速/r·min^{-1}	额定功率/kW	定子电流/A	转速/r·min^{-1}	最大转矩/额定转矩	堵转转矩/额定转矩	堵转电流/额定电流	效率/%	功率因数	额定功率/kW	定子电流/A	转速/r·min^{-1}	额定功率/kW	定子电流/A	转速/r·min^{-1}
YZ112M-6	1.8	4.9	892	1.5	4.25	920	2.2	6.5	810	1.8	4.9	892	1.5	4.25	920	2.7	2.44	4.47	69.5	0.765	1.1	2.7	946	0.8	3.5	980
YZ132M1-6	2.5	6.5	920	2.2	5.9	935	3.0	7.5	804	2.5	6.5	920	2.2	5.9	935	2.9	3.1	5.16	74	0.745	1.8	5.3	950	1.5	4.9	960
YZ132M2-6	4.0	9.2	915	3.7	8.8	912	5.0	11.6	890	4.0	9.2	915	3.7	8.8	912	2.8	3.0	5.54	79	0.79	3.0	7.5	940	2.8	7.2	945
YZ100M1-6	6.3	14.1	922	5.5	12.5	933	7.5	16.8	903	6.3	14.1	922	5.5	12.5	933	2.7	2.5	4.9	80.6	0.83	5.0	11.5	940	4.0	10	953
YZ100M2-6	8.5	18	943	7.5	15.9	948	11	25.4	926	8.5	18	943	7.5	15.9	948	2.9	2.4	5.52	83	0.86	6.3	14.2	956	5.5	13	961
YZ160L-6	15	32	920	11	24.6	953	15	32	920	13	28.7	936	11	24.6	953	2.9	2.7	6.17	84	0.852	9	20.6	964	2.5	18.8	972
YZ100L-8	9	21.1	694	7.5	18	705	11	27.4	675	9	21.1	694	7.5	18	705	2.7	2.5	5.1	82.4	0.766	6.0	15.6	717	5	14.2	724
YZ180L-8	13	30	675	11	25.8	694	15	35.3	654	13	30	675	11	25.8	694	2.5	2.6	4.9	80.9	0.811	9	21.5	710	7.5	19.2	718
YZ200L-8	18.5	40	697	15	33.1	710	22	47.5	686	18.5	40	697	15	33.1	710	2.8	2.7	6.1	86.2	0.80	13	28.1	714	11	26	720
YZ225M-8	26	53.5	701	22	45.8	712	33	69	687	26	53.5	701	22	45.8	712	2.9	2.9	6.2	87.5	0.834	18.5	40	718	17	37.5	720
YZ250M1-8	35	74	681	30	63.3	694	42	89	663	35	74	681	30	63.3	694	2.54	2.7	5.47	85.7	0.84	26	56	702	22	45	717

表 19－8　YZ 系列电动机的安装及外形尺寸

（IM1001、IM1003 及 IM1002、IM1004 型）　　　　mm

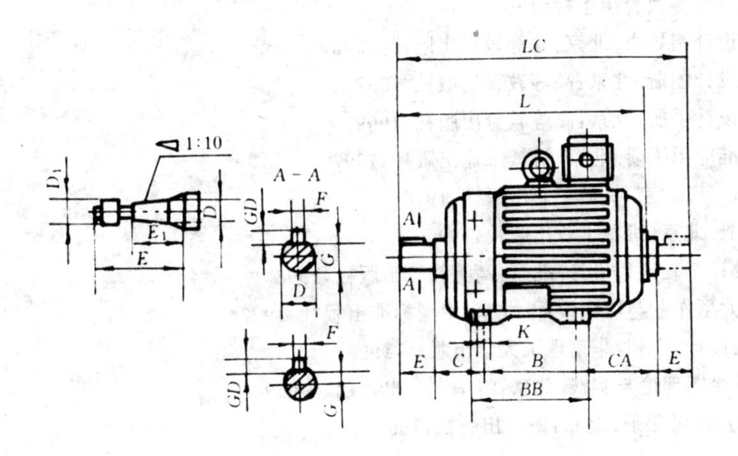

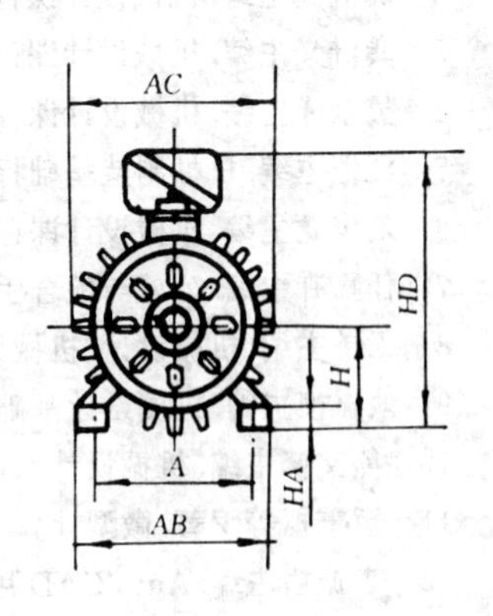

<table>
<tr><th rowspan="2">机座号</th><th colspan="14">安装尺寸</th><th colspan="7">外形尺寸</th></tr>
<tr><th>H</th><th>A</th><th>B</th><th>C</th><th>CA</th><th>K</th><th>螺栓直径</th><th>D</th><th>D_1</th><th>E</th><th>E_1</th><th>F</th><th>G</th><th>GD</th><th>AC</th><th>AB</th><th>HD</th><th>BB</th><th>L</th><th>LC</th><th>HA</th></tr>
<tr><td>112M</td><td>112</td><td>190</td><td>140</td><td>70</td><td>135</td><td rowspan="2">12</td><td rowspan="2">M10</td><td>32</td><td rowspan="4"></td><td rowspan="2">80</td><td rowspan="4"></td><td rowspan="2">10</td><td>27</td><td rowspan="2">8</td><td>245</td><td>250</td><td>325</td><td>235</td><td>420</td><td>505</td><td>15</td></tr>
<tr><td>132M</td><td>132</td><td>216</td><td>178</td><td>89</td><td>150</td><td>38</td><td>33</td><td>285</td><td>275</td><td>355</td><td>260</td><td>495</td><td>577</td><td>17</td></tr>
<tr><td>160M</td><td rowspan="2">160</td><td rowspan="2">254</td><td>210</td><td rowspan="2">108</td><td rowspan="3">180</td><td rowspan="3">15</td><td rowspan="3">M12</td><td rowspan="2">48</td><td rowspan="3">110</td><td rowspan="3">14</td><td rowspan="2">42.5</td><td rowspan="3">9</td><td rowspan="2">325</td><td rowspan="2">320</td><td rowspan="2">420</td><td>290</td><td>608</td><td>718</td><td rowspan="2">20</td></tr>
<tr><td>160L</td><td>254</td><td>335</td><td>650</td><td>762</td></tr>
<tr><td>180L</td><td>180</td><td>279</td><td>279</td><td>121</td><td>55</td><td>M36×3</td><td>82</td><td>19.9</td><td>360</td><td>360</td><td>460</td><td>380</td><td>685</td><td>800</td><td>22</td></tr>
<tr><td>200L</td><td>200</td><td>318</td><td>305</td><td>133</td><td>210</td><td rowspan="2">19</td><td rowspan="2">M16</td><td>60</td><td rowspan="2">M42×3</td><td rowspan="3">140</td><td rowspan="3">105</td><td rowspan="2">16</td><td>21.4</td><td rowspan="2">10</td><td>405</td><td>405</td><td>510</td><td>400</td><td>780</td><td>928</td><td>25</td></tr>
<tr><td>225M</td><td>225</td><td>356</td><td>311</td><td>149</td><td>258</td><td>65</td><td>23.9</td><td>430</td><td>455</td><td>545</td><td>410</td><td>830</td><td>998</td><td>28</td></tr>
<tr><td>250M</td><td>250</td><td>406</td><td>349</td><td>168</td><td>295</td><td>24</td><td>M20</td><td>70</td><td>M48×3</td><td>18</td><td>25.4</td><td>11</td><td>480</td><td>515</td><td>605</td><td>510</td><td>935</td><td>1092</td><td>30</td></tr>
</table>

参 考 文 献

1 邱宣怀主编.机械设计.北京:高等教育出版社,1997
2 龚溎义主编.机械设计课程设计指导书.北京:高等教育出版社,1993
3 龚溎义主编.机械设计课程设计图册.北京:高等教育出版社,1987
4 吴宗泽主编.机械设计课程设计手册.北京:高等教育出版社,1999
5 汪恺主编.机械制造基础标准应用手册.北京:机械工业出版社,1997
6 刘俊龙主编.机械设计课程设计.北京:机械工业出版社,1996
7 任嘉卉主编.公差与配合手册.北京:机械工业出版社,1995
8 王昆主编.机械设计、机械设计基础课程设计.北京:高等教育出版社,1998
9 谈嘉祯主编.机械设计基础大型作业与课程设计.北京:中国标准出版社,1997
10 熊文修主编.机械设计课程设计.广州:华南理工大学出版社,1996
11 童秉枢等编著.微型计算机绘图理论与实践.北京:清华大学出版社,1995
12 李振格主编.Auto CAD用户参考手册.北京:海洋出版社,1991